黄尚明◎著

中国环境变迁史丛书

『十一五』国家重点图书出版规划项目

先秦环境变迁史

中州古籍出版社
·郑州·

图书在版编目（CIP）数据

先秦环境变迁史 / 黄尚明著 . —郑州：中州古籍出版社，
2021. 10（2023. 6 重印）
（中国环境变迁史丛书）
ISBN 978-7-5348-9720-7

Ⅰ . ①先… Ⅱ . ①黄… Ⅲ . ①生态环境 – 变迁 – 研究 – 中
国 – 先秦时代 Ⅳ . ① X321.2

中国版本图书馆 CIP 数据核字（2021）第 143706 号

XIANQIN HUANJING BIANQIAN SHI
先秦环境变迁史

策划编辑	杨天荣
责任编辑	杨天荣
责任校对	岳秀霞
美术编辑	王 歌

出 版 社	中州古籍出版社（地址：郑州市郑东新区祥盛街 27 号 6 层 邮编：450016 电话：0371-65788693）
发行单位	河南省新华书店发行集团有限公司
承印单位	河南瑞之光印刷股份有限公司
开 本	710 mm × 1000 mm 1/16
印 张	28.5
字 数	496 千字
版 次	2021 年 10 月第 1 版
印 次	2023 年 6 月第 3 次印刷
定 价	99.00 元

《中国环境变迁史丛书》 总序

一部环境通史，有必要开宗明义，先介绍环境的概念、学科属性、学术研究状况等，并交代写作的思路与框架。因此，特作总序于前。

一、何谓环境

何谓环境？《辞海》解释之一为：一般指围绕人类生存和发展的各种外部条件和要素的总体。……分为自然环境和社会环境。[①] 由此可知，环境分为自然环境与社会环境。

本书所述的环境主要指自然环境，指人类社会周围的自然境况。"自然环境是人类赖以生存的自然界，包括作为生产资料和劳动条件的各种自然条件的总和。自然环境处在地球表层大气圈、水圈、陆圈和生物圈的交界面，是有机界和无机界相互转化的场所。"[②]

环境有哪些元素？空气、气候、河流湖泊、大海、土壤、动物、植物、灾害等，都是环境的元素。需要说明的是，这些环境元素不是一成不变的，在不同的时期、不同的学科、不同的语境，人们对环境元素的理解是有差异的。在一些专家看来，环境是一个泛指的名词，是一个相对的概念，是相对于主体而言的客体，因此，不同的学科对环境的含义就有不同的理解，如环境保护法明确指出环境是指"大气、水、土地、矿藏、森林、草原、野生动物、野生植

[①] 《辞海》，上海辞书出版社 2020 年版，第 1817 页。

[②] 胡兆量、陈宗兴编：《地理环境概述》，科学出版社 2006 年版，第 1 页。

物、名胜古迹、风景游览区、温泉、疗养区、自然保护区、生活居住区等"①。

二、何谓环境史

国内外学者对环境史的定义做过许多探讨，表述的内容差不多，但没有达成一个共识。如，包茂宏认为："环境史是以建立在环境科学和生态学基础上的当代环境主义为指导，利用跨学科的方法，研究历史上人类及其社会与环境之相互作用的关系。"② 梅雪芹认为："作为一门学科，环境史不同于以往历史研究和历史编纂模式的根本之处在于，它是从人与自然互动的角度来看待人类社会发展历程的。"③

享誉盛名的美国学者唐纳德·休斯在《什么是环境史》一书中，用整整一部著作讨论环境史，他在序中说：环境史是"一门历史，通过研究作为自然一部分的人类如何随着时间的变迁，在与自然其余部分互动的过程中生活、劳作与思考，从而推进对人类的理解"④。显然，休斯笔下的环境史是人类史，是作为自然一部分的人类的历史，是人与自然关系的历史。

根据学术界的观点，结合我们研究的体会，我们认为：环境史是客观存在的历史。从学科属性而言，环境史是自然史与人类史的交叉学科。人类史与环境史是有区别的，在环境史研究中应当更多关注自然，而不是关注人。环境史是从人类社会视角观察自然的历史，研究的是自然与人类的历史。还要说明的是，我们所说的环境史，不包括与人类没有直接关系的纯自然现象，那样一些现象是动物学、植物学、细菌学等自然学科所研究的内容。

进入我们视觉的环境史是古老的。从广义而言，有了人类，就有环境史，就有了环境史的信息，就有了可供环境史研究的资料。人类对环境的关注、记载、研究的历史，可以上溯到很久以前，即可与人类文明史的起点同步。有了

---

① 朱颜明等编著：《环境地理学导论》，科学出版社 2002 年版，第 1 页。

② 包茂宏：《环境史：历史、理论和方法》，《史学理论研究》2000 年第 4 期。

③ 梅雪芹：《马克思主义环境史学论纲》，《史学月刊》2004 年第 3 期。

④ ［美］J. 唐纳德·休斯著，梅雪芹译：《什么是环境史》，北京大学出版社 2008 年版，第 2 页。

人类，就有了对环境的观察、选择、利用、改造。因此，我们说，环境史是古老的，其知识系统是悠久的。环境史是伴随着人类历史的步伐而走到了现在。

如果从更广义而言，环境史还应略早于人类史。有了环境才有人类，人类是环境演迁到一定阶段的产物。因此，环境史可以向上追溯，追溯到环境与人类社会的产生。作为环境史研究，可以从远观、中观、近观三个层次探究环境的历史。环境史的远观比人类史要早，环境史的中观与人类诞生相一致，环境史的近观是在 20 世纪才成为一门独立的学科。

三、环境史学的产生

人类生活在自然环境之中，但环境长期没有作为人类研究的主要内容。直到工业社会以来，环境才逐渐进入人类研究的视野，环境史学才逐渐成为历史学的一部分。为什么会产生环境史学？为什么会产生环境史的研究？环境史学的产生是 20 世纪以来的事情，之所以会产生环境史学，当然是学术多元发展的结果，更重要的是人类社会发展的结果，是环境问题越来越严重的结果。具体说来，有五点原因。

其一，人类社会越来越关注人自身的生存质量。随着物质文明与精神文明的发展，人们的欲望增加，人类的享乐主义盛行。人们都希望不断提高生活质量，要住宽敞的大房子，要吃尽天下的山珍海味，要到环境优美的地方旅游，要过天堂般的舒适生活。因此，人们对环境质量的要求越来越高，对环境的关注度超过了以往任何时候。

其二，人类对自己所处的生活环境越来越不满意。人类生存的环境条件日益恶化，各种污染严重威胁人们的生活与生命，如空气、水、大米、肉、蔬菜、水果等无一不受到污染，各种怪病层出不穷。事实上，生活在工业社会的人们，虽然在科技上得到一些享受，但在衣食方面、空气与水质方面远远不如农耕社会那么纯粹天然。

其三，人类越来越感到资源欠缺。随着工业化的进程，环境资源消耗增大，且正在消耗殆尽，如石油、木材、淡水、土地等，已经供不应求。以汽车工业为例，虽然生产汽车在短时间内拉动了经济，便利了人们的生活，但同时也带来了空气污染、石油消耗、交通拥挤等后患。

其四，人类面临的灾害越来越多。洪水、干旱、地震、海啸、瘟疫等频频发生，这些灾害严酷地摧残着人类，使人类付出了极大的代价。生活在这个地球上的人类，越来越艰难，无不感到自然界越来越可怕了。也许是互联网太发达，人们天天听到的都是环境恶化的坏消息。

其五，人类希望社会可持续发展，希望人与自然更加和谐，希望子孙后代也有好的生活空间。英国学者汤因比主张研究自然环境，用历史的眼光对生物圈进行研究，从人类的长远利益出发进行研究，目的是要让人类能够长期地在地球这个生物圈生活下去。他说："迄今一直是我们唯一栖身之地的生物圈，也将永远是我们唯一的栖身之地，这种认识就会告诫我们，把我们的思想和努力集中在这个生物圈上，考察它的历史，预测它的未来，尽一切努力保证这唯一的生物圈永远作为人类的栖身之处，直到人类所不能控制的宇宙力量使它变成一个不能栖身的地方。"①

人类似乎正处在文明的巅峰，又似乎处在文明的末日。换言之，人类正在创造美好的世界，又正在挖自己的坟墓。人类的环境之所以演变到今天这种情况，有其必然性。随着工业化的进程，随着大科学主义的无限膨胀，随着人类消费欲望的不断增多，随着人类的盲目与自大，随着人类对环境的残酷掠夺与虐待，环境一定会受到破坏，资源一定会减少，生态一定会不断恶化。有人甚至认为环境破坏与资本主义有关，"把人类当前面临的全球生态环境问题放在一个比较长的时段上进行观察，我们发现，这是一个经过了长期累积、在工业化以后日趋严重、到全球化时代已无法回避的问题。在近代以来的每个历史阶段，全球性的生态环境问题都与资本主义有关"②。如果没有资本主义，也许环境不会恶化成现在这个样子。但是，资本主义相对以前的社会形态毕竟是一个进步，环境恶化不能完全怪罪于社会的演进。

要改变环境恶化的这种情况，必须依靠人类的文化自觉。幸好，人类还有良知，人类还有先知先觉的智者。环境史学科的产生，就是人类良知的苏醒，就是学术自觉的表现。为了创造美好的社会，保持现代社会的可持续性发展，各国学者都关注环境，并致力于从环境史中总结经验。正因为人类社会越来越

---

① [英] 汤因比著，徐波等译：《人类与大地母亲》，上海人民出版社2001年版，第8页。

② 俞金尧：《资本主义与近代以来的全球生态环境》，《学术研究》2009年6期。

关注环境，当然就会产生环境史学，开展环境史的研究。

四、环境史研究的内容

环境史研究可以分为三个方面：

第一，环境的历史。在人类社会的历史长河中，与人类息息相关的环境的历史，是环境史研究最基本的内容。历史上环境的各种元素的状况与变化，是环境史研究的主要板块。环境史不仅要关注环境过去的历史，还要着眼于环境的现状与未来。现在的环境对未来环境是有影响的，决定着未来的环境的状况。当前的环境与未来的环境都是历史上环境的传承，受到历史上环境的影响。

第二，人类社会与环境的关系的历史。历史上，环境是怎样决定或影响着人类社会？人类社会又是怎样反作用于环境？环境与农业、游牧业、商业的关系如何？环境与民族的发展如何？环境与城市的建设、居住的建筑、交通的变化有什么关系？这都是环境史应当关注的。

第三，人类对环境的认识史。人类对环境有一个渐进的认识过程，从简单、糊涂、粗暴的认识，到反思、科学的认识，都值得总结。人类的智者自古就提倡人与自然和谐，提倡保护自然。古希腊斯多葛派的创始人芝诺说过："人生的目的就在于与自然和谐相处。"

由以上三点可知，环境史研究的目的，一是掌握有关环境本身的真实信息、确切的规律，二是了解人类有关环境问题上的经验教训与成就，三是追求人类社会与环境的和谐相处与持续发展。

五、环境史研究的社会背景与学术背景

研究环境史，或者把它当作一门环境史学科，应是 20 世纪以来的事情。环境史学是古老而年轻的学科。在这门年轻学科构建的背景之中，既有社会的酝酿，也有学术的准备。

1. 社会的酝酿

1968 年，在罗马成立了罗马俱乐部，其创建者是菲亚特汽车公司总裁佩

切伊（1908—1984），他联合各国各方面的学者，展开对世界环境的研究。佩切伊与池田大作合著《二十一世纪的警钟》。1972 年，世界上首次以人类与环境为主题的大会在瑞典斯德哥尔摩召开，发表了《联合国人类环境会议宣言》，会议的口号是"只有一个地球"，首次明确提出："保护和改善人类环境已经成为人类一个紧迫的目标。"联合国把每年的 6 月 5 日确定为世界环境日。1992 年在巴西召开了世界环境与发展大会，有 183 个国家和地区的代表团参加了会议，有 102 个国家的元首或政府首脑参加，通过了《里约环境与发展宣言》《21 世纪议程》。这次会议提出全球伦理有三个公平原则：世界范围内当代人之间的公平性、代际公平性、人类与自然之间的公平性。

2. 学术的准备

环境史学有相当长的准备阶段，20 世纪有许多关于研究环境的成果，这些成果构成了环境史学的酝酿阶段。

早在 20 世纪初，德国的斯宾格勒在《西方的没落》中就提出"机械的世界永远是有机的世界的对头"的观点，认为工业化是一种灾难，它使自然资源日益枯竭。[①] 资本主义的初级阶段，造成严重的环境污染，引起劳资双方极大的对立。斯宾格勒正是在这样的背景下写出了他的忧虑。

美国的李奥帕德（又译为莱奥波尔德）撰有《大地伦理学》一文，1933 年发表于美国的《林业杂志》，后来又收入他的《沙郡年记》。《大地伦理学》是现代环境主义运动的《圣经》，李奥帕德本人被称为"现代环境伦理学之父"。他超越了狭隘的人类伦理观，提出了人与自然的伙伴关系。其主要观点是要把伦理学扩大到人与自然，人不是征服者的角色，而是自然界共同体的一个公民。

德国的海德格尔在《论人类中心论的信》（1946）中反对以人类为中心，他说："人不是存在者的主宰，人是存在者的看护者。"[②] 另一位德国思想家施韦泽（又译为史韦兹，1875—1965 年在世），著有《敬畏生命》（上海社会科学科学院出版社 2003 年版），主张把道德关怀扩大到生物界。

---

① [德] 斯宾格勒：《西方的没落》，黑龙江教育出版社 1988 年版，第 24 页。

② 宋祖良：《海德格尔与当代西方的环境保护主义》，《哲学研究》1993 年第 2 期。

1962 年，美国生物学家蕾切尔·卡逊著《寂静的春天》（中国环境科学出版社 1993 年版），揭露美国的某些团体、机构等为了追求更多的经济利益而滥用有机农药的情况。此书被译成多种文字出版，学术界称其书标志着生态学时代的到来。

此外，世界自然保护同盟主席施里达斯·拉夫尔在《我们的家园——地球》中提出，不能仅仅告诉人们不要砍伐森林，而应让他们知道把拯救地球与拯救人类联系起来。[①] 英国学者拉塞尔在《觉醒的地球》（东方出版社 1991 年版）中提出地球是活的生命有机体，人类应有高度协同的世界观。

美国学者在 20 世纪先后创办了《环境评论》《环境史评论》《环境史》等刊物。美国学者约瑟夫·M.佩图拉在 20 世纪 80 年代撰写了《美国环境史》，理查德·怀特在 1985 年发表了《美国环境史：一门新的历史领域的发展》，对环境史学作了概述。以上这些学者从理论、方法上不断构建环境史学科，其学术队伍与成果是世界公认的。

显然，环境史是在社会发展到一定阶段之后，由于一系列环境问题引发出学人的环境情怀、环境批判、环境觉悟而诞生的。限于篇幅，我们不能列举太多的环境史思想与学术成果，正是有这些丰硕的成果，为环境史学科的创立奠定了基础。

六、中国环境史的研究状况与困惑

中国是一个悠久的文明古国，一个以定居为主要生活方式的农耕文明古国，一个还包括游牧文明、工商文明的文明古国，一个地域辽阔的多民族大家庭的文明古国。在这样的国度，环境史的资料毫无疑问是相当丰富的。在世界上，没有哪一个国家的环境史资料比中国多。中国人研究环境史有得天独厚的条件，没有哪个国家可以与中国相提并论。

尽管环境史作为一门学科，学术界公认是外国学者最先构建的，但这并不能说明中国学者研究环境史就滞后。中国史学家一直有研究环境史的传统，先

[①] ［英］施里达斯·拉夫尔：《我们的家园——地球》，中国环境科学出版社 1993 年版。

秦时期的《禹贡》《山海经》就是环境史的著作。秦汉以降，中国出现了《水经注》《读史方舆纪要》等许多与环境相关的书籍，涌现出郦道元、徐霞客等这样的环境学家。史学在中国古代是比较发达的学科，而史学与地理学是紧密联系在一起的，任何一个史学家都不能不研究地理环境，因此，中国古代的环境史研究是发达的。

环境史是史学与环境学的交叉学科。历史学家离不开对环境的考察，而对环境的考察也离不开历史的视野。时移势易，生态环境在变化，社会也在变化。社会的变化往往是明显的，而山川的变化非要有历史眼光才看得清楚。早在20世纪，中国就有许多历史学家、地理学家、物候学家研究环境史，发表了一些高质量的环境史的著作与论文，如竺可桢在《考古学报》1972年第1期发表的《中国近五千年来气候变迁的初步研究》就是环境史研究的代表作。此外，谭其骧、侯仁之、史念海、石泉、邹逸麟、葛剑雄、李文海、于希贤、曹树基、蓝勇等一批批学者都在研究环境史，并取得了丰硕的成果。国家环保局也很重视环境史的研究，曲格平、潘岳等人也在开展这方面的研究。

显然，环境史学科正在中华大地兴起，一大群跨学科的学者正在环境史田园耕耘。然而，时常听到有人发出疑问，如：

有人问：中国古代不是有地理学史吗？为什么还要换一个新名词环境史学呢？

答：地理史与环境史是有联系的，也是有区别的。环境史的内涵与外延大于地理史。环境史是新兴的前沿学科，是国际性的学科。中国在与世界接轨的过程中，一定要在各个学科方面也与世界接轨。应当看到，中国传统地理学有自身的局限性，它不可能完全承担环境史学的任务。正如有的学者所说：传统地理学的特点在于依附经学，寓于史学，掺有大量堪舆成分，持续发展，文献丰富，擅长沿革考证，习用平面地图。① 直到清代乾隆年间编《四库全书总目》，仍然把地理学作为史学的附庸，编到史部中，分为宫殿、总志、都、会、郡、县、河渠、边防、山川、古迹、杂记、游记、外记等子目。这些说明，传统地理学不是一门独立的学科，需要重新构建，但它可以作为环境史学

① 孙关龙：《试析中国传统地理学的特点》，参见孙关龙、宋正海主编：《自然国学》，学苑出版社2006年版，第326—331页。

的前身。

有人问：研究环境史有什么现代价值？

答：清代顾祖禹在《读史方舆纪要·序》中说："孙子有言：'不知山林险阻沮泽之形者，不能行军。不用乡导者，不能得地利。'"环境史的现代价值一言难尽。如地震方面：20世纪50年代，中国科学院绘制《中国地震资料年表》，其中有近万次地震的资料，涉及震中、烈度，这对于了解地震的规律性是极有用的。地震有灾害周期、灾异链，许多大型工程都是在经过查阅大量地震史资料之后，从而确定工程抗震系数。又如兴修水利方面：黄河小浪底工程大坝设计参考了黄河历年洪水的数据，特别是1843年的黄河洪水数据。长江三峡工程防洪设计是以1870年长江洪水的数据作为参考。又如矿藏方面：环境史成果有利于我们了解矿藏的分布情况、探矿经验、开采情况。又如，有的学者研究了清代以来三峡地区水旱灾害的情况①，意在说明在三峡工程竣工之后，环境保护仍然是三峡地区的重要任务。

说到环境史的现代价值，休斯在《什么是环境史》第一章有一段话讲得好，他说："环境史的一个有价值的贡献是，它使史学家的注意力转移到时下关注的引起全球变化的环境问题上来，譬如，全球变暖，气候类型的变动，大气污染及对臭氧层的破坏，包括森林与矿物燃料在内的自然资源的损耗……"② 可见，正因为有环境史，所以人类更加关心环境的过去、现在与未来，而这是其他学科所没有的魅力。毫无疑问，环境史研究既有很大的学术意义，又有很大的社会意义，对中国的现代化建设有重要价值，值得我们投入到其中。

每个国家都有自己的环境史。中华民族有五千多年的文明史，作为中国的学者，应当首先把本国的环境史梳理清楚，这才对得起"俱往矣"的列祖列宗，才对得起当代社会对我们的呼唤，才对得起未来的子子孙孙。如果能够对约占世界四分之一人口的中国环境史有一个基本的陈述，那将是对世界的一个

① 华林甫：《清代以来三峡地区水旱灾害的初步研究》，《中国社会科学》1991年第1期。

② ［美］J.唐纳德·休斯著，梅雪芹译：《什么是环境史》，北京大学出版社2008年版，第2页。

贡献。中华民族的学者曾经对世界作出过许多贡献，现在该是在环境史方面也
作出贡献的时候了！

王玉德

2020 年 6 月 3 日

序　言

一、　环境史学

20 世纪 70 年代，环境史学首先在美国成为一个独立的研究领域，随后传入中国。环境史的研究对象是什么？西方多位学者曾经为环境史下过定义。如美国学者伍斯特（Donald Worster）曾为环境史下过一个简洁的定义："环境史是有关自然在人类生活中之角色与地位。"他指出，环境史研究大致上从三个层次进行，探索三大问题：①自然本身在过去如何被组织起来以及如何作用；②社会经济与环境间之互动；③在个人与群体中形成的对于自然的观念、伦理、法律、神话及其他意义结构。他也强调，虽分为三个层次，其实要探索的是一个整体。

澳大利亚国立大学的伊懋可（Mark Elvin）也曾简洁地为环境史下过一个定义："环境史较精确地定义为透过历史时间来研究特定的人类系统与其他自然系统相会的界面。"其他自然系统指气候、地形、岩石、土壤、水、植被、动物和微生物。这些系统生产、制造能量及可供人类开发的资源，并重新利用废物。

澳大利亚学者多佛斯（Stephen Dovers）认为，伍斯特指出的三大问题确实把环境史的范畴涵盖得很好，然而，作为操作的定义则有所不足。于是，多佛斯提出两个操作的定义。其一，比较简单地说，环境史尝试解释我们如何达到今日的地步、我们现在生活的环境为什么是这个样子。其二，比较正式地说，环境史探讨并描述生物物理环境过去的状态，探讨人类对于非人类环境的影响及其间之关系。环境史尝试解释各种景观以及今日所面临的问题、其演化与动态，从而阐明未来的问题与机会所在。他也指出，作环境史研究有两个基本的理由：一是有好故事可说。二是了解我们如何达到今日的地步，这有助于更加了解我们自己。从实用的角度来说，环境史对于解决今日的环境问题会有帮助。①

美国环境史学会及欧洲环境史学会创建人 J. 唐纳德·休斯，2005 年在《地中海地区：一部环境史》中提出："环境史，作为一门历史，是对自古至今人类社会和自然环境之间相互作用的研究；作为一种方法，是使用生态分析作为理解人类历史的一种手段。"2006 年在《什么是环境史》一书中，他又提出环境史"是一门历史，通过研究作为自然一部分的人类如何随着时间的变迁，在与自然其余部分互动的过程中生活、劳作与思考，从而推进对人类的理解"②。

中国学者包茂宏认为："环境史就是以建立在环境科学和生态学基础上的当代环境主义为指导，利用跨学科的方法，研究历史上人类及其社会与环境之相互作用的关系；通过反对环境决定论、反思人类中心主义文明观来为濒临失衡的地球和人类文明寻找一条新路，即生态中心主义文明观。环境史可以分为三个阶段：人与环境基本和谐相处——环境与前现代文明，人类中心主义——现代文明对环境的征服，走向生态中心主义——超越现代文明的新文明观。分界点是 1492 年和 1969 年。"③

景爱认为："人类与自然的关系，从人类出现以来大体上经历了三个阶段，即从单纯依赖自然发展到利用自然、改造自然，然后转变为在利用自然、改造自然的同时保护自然。这三个阶段的产生，与人类智慧的开发、科学技术的进步有直接的关系，是人类对自然认识不断深化的过程。""环境史就是人类与自然的关系史，通过历史的研究，寻找人类开发和利用自然的得与失，从中总结历史的经验教训，作为今日的借鉴。"④

---

① 刘翠溶：《中国环境史研究刍议》，《南开学报》（哲学社会科学版）2006 年第 2 期。

② ［美］J. 唐纳德·休斯著，梅雪芹译：《什么是环境史》，北京大学出版社 2008 年版，分别见译者序第 4 页、正文第 1 页。

③ 包茂宏：《环境史：历史、理论和方法》，《史学理论研究》2000 年第 4 期。

④ 景爱：《环境史：定义、内容与方法》，《史学月刊》2004 年第 3 期。

包茂宏、景爱的定义与外国学者伊懋可、J. 唐纳德·休斯等人的定义大致相同，只是表述上略有差别。环境史不只研究环境的历史，还研究人与自然的关系史，即研究人类社会与自然环境相互作用、相互影响的历史过程。离开了人，环境史的研究既不全面，又没有着落。

梅雪芹对环境史的出现背景、研究对象、研究方法、学术意义、理论指导、相关学科等有关问题进行了系统论述。①

二、先秦时期环境史研究概况

环境史作为一门学科虽然产生于20世纪70年代，但环境史学与历史地理学、气象学、生态学、动物学、植物学、考古学等研究的问题有许多相同的地方。中国学者从20世纪30年代开始，一直就关注环境问题的研究，朱士光在论文中列举了许多前辈学者的环境史研究成果。竺可桢在《国风》1932年第4期上发表的《中国历史时代之气候变迁》，《禹贡》1934年第2期登载的蒙文通讲、王树民记录的《古代河域气候有如今江域说》等，是20世纪30年代研究环境史问题的代表作。1962年初，北京大学侯仁之教授发表了《历史地理学刍议》一文，认为历史地理学是现代地理学的一个组成部分，历史地理学的"主要研究对象是人类历史时期地理环境的变化，这种变化主要是由于人的活动和影响而产生的"。"历史地理学的主要工作不仅要'复原'过去时代的地理环境，而且还须寻找其发展演变的规律，阐明当前地理环境的形成和特点。"该文总结了此前有关历史地理学理论研究的成果，建立起了颇为完整的基本理论和方法论。谭其骧院士主编的《中国历史地图集》八大册与谭其骧、史念海、陈桥驿汇总定稿的《中国自然地理·历史自然地理》，既是历史地理学也是环境史研究的重要著作。朱士光认为，改革开放以来中国环境史的兴盛，虽然也受到国外当然包括英、美等国环境史学家学术思想与研究方法的影响，但毋庸置疑，其渊源还在中国自身蕴含的丰厚的史学以及20世纪30年

---

① 梅雪芹：《环境史学与环境问题》，人民出版社2004年版；梅雪芹：《环境史研究叙论》，中国环境科学出版社2011年版。

代兴起并发展成熟的历史地理学的激发。①

侯仁之对毛乌素沙漠和乌兰布和沙漠的研究，谭其骧对黄河的变迁史、上海成陆史的研究，史念海对黄土高原环境变迁的研究，陈桥驿对绍兴天然植被的研究都取得了重要成就。

环境史成为一门独立的学科后，中外学者研究中国环境史的成果逐渐增多。1993年12月，在香港举行了中国生态环境历史学术讨论会。1995年，台湾“中央研究院”经济研究所出版了台湾学者刘翠溶和澳大利亚学者伊懋可主编的《积渐所至：中国环境史论文集》，1998年剑桥大学出版社出版了该书的英文版。这可能是中国环境史的第一本论文集，内容涉及面广。

王玉德、张全明主编的《中华五千年生态文化》（华中师范大学出版社1999年版），堪称国内系统研究生态环境史的开山之作。该书确立了相对系统的生态环境史的理论框架，共分上、下两编，上编根据历史的发展线索，分别介绍了先秦、秦汉、魏晋南北朝、隋唐五代、宋元、明、清各时期的生态文化，下编分历代气候与生态文化、土壤与生态文化、生物资源与生态文化、治水与生态文化、矿产与生态文化、灾害与生态文化、古代生态旅游文化和古代生态思想等8个专题，阐述了五千年生态文化，有较高的学术价值。

环境考古学在研究环境史方面，取得了突出成就。中国的环境考古学是在周昆叔等学者的倡导下创立并发展的，1990年10月21—24日，在陕西临潼召开了首届中国环境考古学术讨论会，截至目前已经召开了五次年会，每次年会都出版了年会论文集《环境考古研究》，共出版五辑。1994年，在中国第四纪研究委员会下成立了环境考古专业委员会。研究先秦环境史必须借鉴环境考古的研究成果。2004年，汤卓炜撰写了《环境考古学》教材，对环境考古学的研究对象、理论和方法进行了系统论述。② 2012年，夏正楷出版了《环境考古学——理论与实践》一书，对环境考古学的研究对象、学科历史、学科理论、自然环境对人类的影响、生态系统与考古学文化、人类与自然灾害、旧石器时代的人地关系、新石器时代文化与全新世环境、华夏文明的环境背景等问题进

① 朱士光：《关于中国环境史研究几个问题之管见》，《山西大学学报》（哲学社会科学版）2006年第3期。

② 汤卓炜编著：《环境考古学》，科学出版社2004年版。

行了认真探讨。①

　　先秦时期的环境史研究所面临的困境一是史料不足，文献乏载，二是资料缺乏系统性和连贯性，所以研究过程相当艰难。许多考古报告和简报有环境史方面的史料，孢粉分析、植硅石分析、土壤研究、动物考古、植物考古等研究成果，都是环境变迁研究的宝贵资料，为研究先秦时期的环境变迁提供了便利，如果没有这些材料和研究成果，研究工作就难以开展。袁靖撰写的《中国动物考古学》一书，对动物考古学的研究对象、研究历史、理论方法、家畜驯化、肉食资源、随葬或埋藏动物、研究展望等问题，进行了系统研究，对本书的撰写颇有启发。②

　　环境史是一种多学科交叉的学科，涉及多学科的内容，如气候、动物、植被、土壤、水环境、海岸变迁、矿产、灾害、生态思想、环保措施等，各领域都有许多研究成果，文中所引用者，随文注释，恕不在此一一叙述。

　　国外研究中国环境史的学者以澳大利亚学者伊懋可为代表，发表的主要论文收在 2004 年出版的《象群的撤退》一书中。③ 伊懋可从大象的退隐入手，进一步研究与大象退隐有关的森林滥伐、土壤侵蚀、水利灌溉、农业过密化、军事政治需要、文化的作用等诸多因素。日本、美国等国家都有关于中国环境史研究的成果，如美国学者 J. 唐纳德·休斯在《什么是环境史》一书中对孟子的环境保护思想进行了专门研究，突出了孟子在世界环境保护史上的重要地位。

　　本书研究的时段为先秦，史学界一般称夏商周这段历史为先秦史，但"先秦史"这个概念一般不包含史前史，由于考古学科的发展，史前时期的知识不断丰富，因此本书把史前时期也纳入先秦时期。

---

① 夏正楷编著：《环境考古学——理论与实践》，北京大学出版社 2012 年版。

② 袁靖：《中国动物考古学》，文物出版社 2015 年版。

③ Mark Elvin. The Retreat of Elephants：An Environmental History of China. NewHaven and London：Yale University Press，2004.

目录

第一章

先秦时期的气候

气候有各种定义，概括起来有两类。一类认为一地的气候就是该地长时期内天气状态的综合反映；另一类认为一地的气候就是该地在长期内的大气平均状态，或气候是长时期内的大气的统计状态。在前一类定义中，在给出气候的定义前，需要首先给出天气的定义。后一类定义没有首先给出天气定义的先决条件，同时又能够定量地对气候状态进行描述。[①] 本书采用后一类定义。本书主要依据文献记载、考古资料、孢粉分析数据、植物群、动物群等资料，考察气候构成要素气温和降水等情况，以期恢复先秦时期的气候面貌。本书为了研究方便，将气候、植被等内容一直追溯到石器时代。实际上石器时代的气候资料反而更丰富一些，而夏、商、周时期的文献记载却显得非常不足，考古资料、勘探资料也相对较少。

第一节　旧石器时代的气候

一、旧石器时代早期的气候

旧石器时代以人类打制石器为标志，已经有 250 余万年的历史。旧石器时代可分为早、中、晚三个时期。早期从距今 250 万年至 20 万年，中期从距今 20 万年至 3 万年，晚期从距今 3 万年至 1 万年。

古人类学家过去以人是制造工具的动物为标准，在埃塞俄比亚古纳（Gona）地方已发现 250 万年前的石器，其是迄今已知的最早的人类工具。一般认为其是能人（Homo habilis）的作品。有人将这一阶段的人类分为两个种，即能人和鲁多夫人（Homo rudolfensis）。现在以人是直立行走的动物为标准，那么南方古猿则是最早的人类，可将人类起源的时间追溯到 400 多万年前，甚

---

① 张家诚主编：《中国气候总论》，气象出版社 1991 年版，第 1 页。

至 600 多万年前，把人类历史提前了数百万年。如 20 世纪 70 年代发现了 300
多万年前的南方古猿阿法种（Australopithecus afarensis），包括在埃塞俄比亚发
现的著名的露西（Lucy）骨架和在坦桑尼亚莱托里（Laetoli）地方发现的系列
脚印化石。1994 年和 1995 年怀特和米芙利基分别相继报道的南方古猿始祖种
（Australopithecus ramidus）和湖畔种（A. anamensis）将人类的历史记录延长
到距今 440 万年。南方古猿始祖种的属名后来改成了地猿（Ardipithecus）。

　　中国的古人类化石和人类遗址比较多。1985—1988 年，黄万波等人在巫
山龙骨坡进行发掘，发现了人类化石，包括一枚门齿和一块下颌骨，称作巫山
猿人。经测定，巫山猿人生活的年代距今 204 万—201 万年。1991 年，发掘者
黄万波出版了《巫山猿人遗址》报告，在学术界引起广泛关注。有人持不同
意见，认为那枚门齿的形态属于现代人，推测是后期混进去的，下颌则是猿
的。从而否定了巫山猿人化石的测年结果。[①]

　　学术争论属正常现象，因为这是一个重大突破。科学史上的每一次重大突
破，都会引起争论，随着证据的逐渐增多，才会得到科学界的普遍承认。1890
年，荷兰人杜布瓦发现爪哇直立猿人化石，这是人类学史上的重大发现。1894
年，他发表了自己的研究成果，认为爪哇直立猿人是猿类向人类发展的中间环
节，是现代人的祖先。这篇论文也引起了学术界的激烈争论，遭到某些学术权
威和教会势力的强烈反对，杜布瓦也否定了自己的观点。直到北京猿人发现以
后，爪哇猿人的价值才被充分肯定。

　　根据遗址的植物孢粉分析，巫山猿人生活的时期属于早更新世第一个温暖
潮湿的时期，当时巫山一带的气候可能属于亚热带气候。

　　我国晚于巫山猿人的人类化石要推云南元谋猿人的两枚门牙。按动物群对
比为早更新世，用古地磁测年法确定为距今大约 170 万年，但是这个数据未被
普遍接受，有的专家认为只有 50 万—60 万年，最近作出的 ESR 年龄是 110 万
—160 万年。元谋猿人生活的时代气候为较温暖湿润的亚热带气候。

　　较早的化石还有陕西蓝田公王岭的头盖骨，古地磁年代为距今 115 万—
110 万年。公王岭动物群有明显的南方色彩和东洋界动物群成分，包含有中国
南方"大熊猫—剑齿象动物群"中的主要成员，如大熊猫、东方剑齿象、中

[①] 吴新智：《巫山龙骨坡似人下颌属于猿类》，《人类学学报》2000 年第 1 期。

国貘、爪兽、毛冠鹿等。根据动物群的生活习性可知，蓝田人时期的气候温暖湿润。孢粉分析结论与此相似。

1998 年在安徽繁昌发现一批旧石器，其年代据伴生动物群判断为 240 万—200 万年前，如果此年代和时期的人工性质都能最终得到承认，则这是中国当时有人类存在的最早间接证据。也意味着人类走出非洲的时间要早于距今200 万年。[1]

1989 年和 1990 年，在郧县曲远河口发现两块早期人类头骨化石，被命名为"郧县人"，距今约 100 万年。郧县人生活的时代属于鄱阳冰期和鄱阳—大姑间冰期，鄱阳冰期属寒温带气候，鄱阳—大姑间冰期时气候为亚热带气候。[2]

北京猿人是我国乃至世界上最有代表性的直立人，时代距今 70 万—20 万年，可分为三大阶段。

第一阶段为第 8—13 层，为中更新世早期，距今 70 万—40 万年。最早进入山洞的并不是人，而是鬣狗，鬣狗留下了成层的鬣狗粪化石。后来人类才成为山洞的居民。最下部第 13 层发现的化石不多，其中以扁角鹿最有代表性，为喜冷的种。第 12 层为粗沙层，化石不多，而且都被水冲磨成了小砾石，根本无法辨别属种。从第 11 层化石增多，对气候有了进一步的反映，第 11 层和第 10 层中，含喜冷和接近喜冷的种多于喜暖的种，这可以说明北京人在周口店居住的这一时期的气候偏冷。向上至第 8—9 层，喜冷的动物虽未减少，但增加了相当多的喜暖的种，喜冷和喜暖的种类几乎各半，显然是代表过渡时期。

第二阶段为第 6—7 层，为中更新世中期，距今 40 万—30 万年。6 层顶部洞顶坍塌的石块增多，人类被迫离开山洞。从第 7 层起向上到第 6 层，喜冷的动物逐渐减少，喜暖的动物占据优势，表示当时的气候从偏冷逐渐向温暖转变。

第三阶段为第 1—5 层，为中更新世晚期，距今 30 万—20 万年。第 5 层喜冷的种又稍有增加，气候似乎又趋向偏于凉爽。至第 4 层喜冷的动物少见，而喜暖的种比以前又有所增加，可以说是代表整个堆积的最温暖的时期。至第

---

① 吴新智：《古人类学研究进展》，《世界科技研究与发展》2000 年第 5 期。

② 李天元主编：《郧县人》，湖北科学技术出版社 2001 年版，第 71 页。

1—3层（即上部堆积）喜暖的种仍比喜冷的种多，表示仍是温暖的气候。①

二、旧石器时代中期的气候

早期智人化石华北地区有金牛山人（也有人认为金牛山人属于进步的直立人），距今28万年左右，气候与北京猿人的第三阶段相当；大荔人距今约20万年，从动物群和植物孢粉来看，大荔人的生态环境为较干凉的气候。

南方地区化石有安徽银山人，距今20万—16万年；湖北长阳人，距今19万年左右。银山人动物群中，有分布于热带或亚热带的动物种类，如剑齿象、貘、犀、中国鬣狗，说明银山人生活时期的气候温暖湿润，为热带或亚热带气候。在与长阳人伴出的动物化石中，有以嫩竹为食的竹鼠、大熊猫，说明当时这里有大片竹林；而东方剑齿象、中国犀和鹿类的存在，则说明附近还有开阔的林边灌丛和草原。以上动物都是喜暖的，所以当时这里的气候是温和而湿润的。

三、旧石器时代晚期的气候

晚期智人化石较多，如山顶洞人，最新测年文化层堆积年龄为距今2.7万年，下窨开始堆积的年龄为3.4万年左右。资阳人化石距今3万年。河套人的年代距今5万—3.7万年。山西峙峪人距今28940±1370年。贾兰坡等根据与峙峪人伴出的王氏水牛化石和其他遗物，推断峙峪人生活时期的气温比现在低。② 段万倜等的研究表明，1万年前的大理冰期，气温比现在低8℃—12℃。③

这个时期属于旧石器时代晚期，正处于第四纪的最后一次冰期的晚一阶段。属于最后冰期最冷峰前的间冰阶，气候有所回暖，然后又向新的冷

---

① 贾兰坡：《北京人时代周口店附近一带的气候》，《地层学杂志》1978年第1期。

② 贾兰坡等：《山西峙峪旧石器时代遗址发掘报告》，《考古学报》1972年第1期。

③ 段万倜、浦庆余、吴锡浩：《我国第四纪气候变迁的初步研究》，参见《全国气候变化学术讨论会文集（一九七八年）》，科学出版社1981年版，第7—17页。

锋发展。到距今 1.8 万年，处于最后冰期的最冷峰，是第四纪冰期气候最冷的一个时期。在最后冰期最冷峰来临前的间冰阶，各地的环境与今天各自的情况差别不大。但最冷峰来临后，对南岭以北地区气候影响很大，华北的西北部地区由于气候干冷，形成了荒漠草原区、冻土区，占据了华北大部分地区，仅在东南部还保留局部的温带半湿润、半干旱的草原或森林——草原环境。南岭以北的南方地区原来属亚热带气候，现在则变成了温带气候。①

---

① 王幼平：《中国远古人类文化的源流》，科学出版社 2005 年版，第 201—204 页。

第二节　新石器时代的气候

自 1 万年前至今的全新世，是人类诞生以来的最佳气候期之一，但也可以划分为几个阶段，即早、中、晚期，其中中全新世距今 7500—2500 年，又可以距今 5000 年为界划为早、晚两段。早全新世与中全新世早段为气温的上升期，中全新世晚段与晚全新世为气温的下降期。也就是说，在距今 5000 年左右，气候处于最适宜期，并开始走下坡路，出现一次比较普遍的降温事件。与此同时，在孢粉资料中，中国出现了栎等阔叶喜温树种比例的下降事件，欧洲出现了榆下降事件。① 各个地区的气候既有时代共性，又存在着地区差别。目前学术界对新石器时代区域气候的研究成果较多，现就笔者所见介绍如下。

一、黄河中下游地区的气候

1. 陕西关中地区的气候

关中地区的考古学文化序列为：老官台文化（公元前 5900—前 5000 年）→仰韶文化（公元前 5000—前 3000 年，现在学者们已经把仰韶文化分解为三个依次发展的文化，即半坡文化→庙底沟文化→西王村文化或半坡晚期文化）→庙底沟二期文化（公元前 2900—前 2600 年）→客省庄二期文化（公元前 2600—前 2000 年）。有的学者把庙底沟文化称为西阴文化，因 1926 年李济发掘的山西夏县西阴村遗址而得名。

---

① 曹兵武：《从仰韶到龙山：史前中国文化演变的社会生态学考察》，参见周昆叔、宋豫秦主编：《环境考古研究》（第二辑），科学出版社 2000 年版，第 26 页。中国科学院考古研究所、陕西省西安半坡博物馆编：《西安半坡——新石器时代墓葬发掘报告》，文物出版社 1963 年版。

豫陕之间考古学文化序列为：仰韶文化→庙底沟二期文化→三里桥文化。

陕西岐山五里铺全新世黄土剖面微量元素 Pb、Cu、Zn、Cd、Mn 含量研究表明：距今 11000 年，属末次冰盛期的干冷气候；距今 11000—10000 年，为末次冰期干冷气候向全新世温暖环境的过渡时期；距今 10000—6000 年，气候温暖湿润，但中间出现过以干冷为特征的气候短暂恶化事件；距今 6000—5000 年，气候干冷；距今 5000—3100 年，气候温暖湿润。[①]

陕西扶风辛店村剖面的研究结论与前者相似：距今 11500 年，干旱寒冷；距今 11500—8500 年，转暖转湿；距今 8500—6000 年，最温暖湿润；距今 6000—5000 年，干旱阶段；距今 5000—3100 年，温暖湿润。[②]

1954 年秋到 1957 年夏之间，中国科学院考古研究所对半坡遗址进行了发掘，发掘面积约 10000 平方米。遗址属于仰韶文化时期，根据研究，农业在半坡人民的生活中显然起着主要作用。种植的作物有小米，可能有些蔬菜。虽然也养猪狗，但打猎捕鱼仍然是主要的。动物骨骼遗迹表明，在猎获的野兽中有獐、竹鼠和貉等，因为獐和竹鼠是亚热带动物，而现在西安地区已不存在这类动物，推断当时的气候必然比现在温暖潮湿。[③] 獐现在只分布于长江流域的沼泽地带。竹鼠以食竹笋、竹根为生，现在沿陕西省境内秦岭北麓一带，如华山县等地，还有竹林存在，但数量不多，西安附近已经见不到竹鼠了。貉喜栖于河湖。这些动物指示了半坡时期的温和潮湿气候。[④]

临潼姜寨遗址时代距今 6500 年左右，出土了竹鼠等动物，花粉分析结果表明，乔木花粉中有冬青花粉，冬青现在仅分布在长江以南。

仰韶文化时期也有过降温事件，孙建中等对半坡遗址壕沟剖面孢粉分析表明，在剖面 2—3 米深度，乔木花粉数量虽较多，但阔叶树花粉占的比例少，

---

① 庞奖励、黄春长、张占平：《陕西五里铺黄土微量元素组成与全新世气候不稳定性研究》，《中国沙漠》2001 年第 2 期。

② 黄萍、庞奖励、黄春长：《渭北黄土台塬全新世地层高分辨率研究》，《地层学杂志》2001 年第 2 期。

③ 中国科学院考古研究所、陕西省西安半坡博物馆编：《西安半坡——新石器时代墓葬发掘报告》，文物出版社 1963 年版。

④ 计宏祥：《从动物化石看古气候》，《化石》1974 年第 2 期。

针叶树花粉占多数，尤以松树花粉居多，达 9.7%。在剖面 3.29—3.04 米处，针叶树花粉占多数，松树占 9.7%，铁杉占 6.4%，云杉占 4.8%，冷杉占 0.5%。松树、铁杉、云杉、冷杉花粉的存在，说明气温曾一度下降。①

陕西扶风案板遗址位于扶风县城东南 4 千米处的案板村南一带，面临沣河，东傍美阳河，处于两河交汇处的黄土台塬上，高出沣河河床 55—60 米。该地区现在的植被是以杨、栎为主的夏绿阔叶林，属暖温带气候，年平均气温 12.4℃。根据遗址西部的张家壕和南部的傍龙寺两个地点孢粉分析，可分为三个阶段：

第一阶段为升温期，其时间为 12000—8000 年前，为早全新世，相当于中石器时代和新石器时代早期。

第二阶段为温暖期，其时间为 8000—3000 年前，为中全新世，相当于新石器时代中、晚期，即老官台文化、仰韶文化和龙山文化时期。

第三阶段为降温期，其时间大约从西周初年开始，即 3000 年前至今，为晚全新世。②

总之，关中地区在老官台文化时期，气温开始回升；在仰韶文化、客省庄二期文化期间，一直处于温暖期，属于亚热带气候，与现在长江流域一带气候相当，偶尔也有降温现象。

2. 山西南部的气候

山西芮城清凉寺史前墓地第二期墓葬的第 54 号墓和第 82 号墓出土 15 块鳄鱼骨板，骨板的形状多为方形或椭圆形，也有的近三角形。第三期墓葬第 146 号墓出土两块鳄鱼骨板，呈椭圆形。第二期墓葬的年代为公元前 2350 年—前 2050 年，第三、四期墓葬的年代为公元前 2050—前 1900 年。说明该时期山西南部气候比较温暖湿润，属亚热带气候，与同时期山东一带的气候相似。③

山西襄汾陶寺遗址距今 4200—4000 年，属龙山时代。在孢粉中，乔木花

① 孙建中、赵景波等：《黄土高原第四纪》，科学出版社 1991 年版。

② 王世和、张宏彦、傅勇、严军、周杰：《案板遗址孢粉分析》，参见周昆叔主编：《环境考古研究》（第一辑），科学出版社 1991 年版，第 56—65 页。

③ 山西省考古研究所等：《山西芮城清凉寺史前墓地》，《考古学报》2011 年第 4 期。

粉占 59.8%，灌木及草本花粉占 38.7%，蕨类孢子占 1.4%，具体来说，乔木有油松、桦、鹅耳枥、榛、椴、栗、榆、栎，灌木与草本有杜鹃、悬钩子、蒿、莎草、山萝卜、菊科、唇形科、禾本科、藜科、毛茛科、豆科，蕨类主要是水龙骨。这是暖温带落叶阔叶林，反映当时温暖偏湿的气候。①

3. 河南地区的气候

河南地区的新石器时代文化序列为：裴李岗文化（公元前 6200—前 5500 年）→仰韶文化（公元前 5000—前 3000 年）→庙底沟二期文化（公元前 2900—前 2600 年）→以王湾三期文化为核心的龙山时期文化（公元前 2600—前 1900 年）。

河南龙山文化可分为王湾类型、后岗类型、王油坊类型、三里桥类型、下王岗类型。王湾类型分布于以洛阳为中心的伊洛水流域，后岗类型分布于河南北部、河北南部和山东西部等地区，王油坊类型分布于河南东部和安徽西北部地区，三里桥类型分布于豫晋陕交界地区，下王岗类型分布于河南西南部丹江流域。

裴李岗文化是 20 世纪 70 年代后期发现的一支中原地区的新石器时代中期文化，^{14}C 测年数据年代分布在距今 7920—6855 年之间。若按树轮校正年代，则在距今 8600—7600 年之间。

在裴李岗文化遗址采集的植物籽实中，农作物有粟和黍，其他有麻栎、榛、白榆、胡桃、梅、酸枣等树种。动物有鹿、獐、麂和野猪、獾、兔等。鱼类有鳖、龟和鳄鱼等。这些植物和动物多分布在温暖干旱或湿润地区，这个时期的气候环境是处于末次冰期转向大暖期的过渡阶段。

以贾湖遗址为例，裴李岗文化层下的下伏黄土层的孢粉组合中，虽有少量喜暖的因素如赤杨属、茜草科、大戟科、水龙骨科等，但未见榆，少见栎，耐旱的蒿属、菊科、藜科占绝对优势。表明末次冰期之后的气温已回升许多，但仍不很高，降水量也不大，仍很干旱，大体呈现出温干的气候特征，属于温和半干旱气候。

在下伏地层表面，即裴李岗人初来此活动时地面上的孢粉组合中，喜暖的因素进一步增加，出现榆属、枫香属、山毛榉属、水蕨属等，柳属和栎属比例

① 孔昭宸、杜乃秋：《山西襄汾陶寺遗址孢粉分析》，《考古》1992 年第 2 期。

也有所增加，环纹藻比例大增，而耐旱的蒿属等植物比例减少50%以上，呈现出蒿属草原面积缩小而湖沼面积扩大的趋势。反映的气候条件可能与现在相似或略暖湿一些，属温和半湿润气候。

裴李岗文化时期，出现了大量的现今分布于长江流域及其以南地区的动物，如鳄、闭壳龟、獐、麂等。环纹藻类比例更大，蒿属植物比例更小，反映出草原面积进一步缩小而湖沼面积进一步扩大的趋势，表明当时的气温和降水量都比现今这一地区高，呈现了温暖湿润的气候特征，与现在的长江流域气候特征相似。裴李岗文化分布区，现在属北暖温带温和半湿润气候区，年平均气温14℃—15℃，年降水量为600—800毫米；而属北亚热带湿润区的长江流域，年平均气温为16℃—18℃，年降水量为1200—1400毫米。由此推测，裴李岗文化时期的年平均气温要比现今这一地区高2℃—3℃，年降水量要高600毫米左右。裴李岗文化时期及其前夕，气温和降水量都呈逐渐上升的趋势。[1]

仰韶文化时期的气候持续温暖湿润。竺可桢认为从仰韶文化到安阳殷墟，大部分时间的年平均气温比现今高2℃左右，1月平均气温比现在高3℃—5℃。[2]

河南灵宝市西坡遗址属仰韶文化中期村落遗址，出土了竹鼠、豪猪、猕猴和獐等动物骨骼，均为喜温哺乳动物，见于今天的长江流域，但在黄河流域已经消失了。说明当时气候温暖湿润。[3]

距今6500—4800年的郑州西山仰韶文化遗址出土了竹鼠、獐、达维四不像鹿、毛冠鹿等动物骨骼，这些动物现在分布在长江以南，属喜暖动物。说明西山遗址当时的气候温暖湿润，与现在的长江流域气候相当。[4]

严富华等对郑州大河村遗址的孢粉分析表明，仰韶文化时期气候暖和湿润，气温可能较今高2℃—3℃。龙山文化时期气候温和稍干，大概与当地现

[1] 张居中：《环境与裴李岗文化》，参见周昆叔主编：《环境考古研究》（第一辑），科学出版社1991年版，第122—129页。

[2] 竺可桢：《中国近五千年来气候变迁的初步研究》，《考古学报》1972年第1期。

[3] 马萧林：《河南灵宝西坡遗址动物群及相关问题》，《中原文物》2007年第4期。

[4] 陈全家：《郑州西山遗址出土动物遗存研究》，《考古学报》2006年第3期。

今气候相仿。①

　　河南龙山文化时期的气候比仰韶文化时期略显干燥。驻马店杨庄遗址遗存共分为三期，即石家河文化、河南龙山文化、二里头文化二三期。石家河文化时期气候以温暖湿润为主。河南龙山文化时期气候介于暖温带和半湿润气候类型之间，比前期略微干燥。二里头文化早期，本地区又进入温暖湿润的亚热带和暖温带过渡性气候期。②

　　从以上材料可知河南地区在裴李岗文化时期，气候温暖湿润，与现在的长江流域亚热带气候特征相似。仰韶文化时期该地区仍属亚热带气候。到了龙山文化时代，气候略显干燥。

　　4. 山东地区的气候

　　黄河下游地区文化区系以泰山为中心自成一体，其发展序列为：后李文化（约在公元前6300—前5400年）→北辛文化（约在公元前5400—前4200年）→大汶口文化（公元前4200—前2600年）→龙山文化（约在公元前2600—前2000年）。

　　鲁东沿海的青岛胶州湾地区（包括胶州湾周围的崂山、即墨、胶县、胶南一带）北部属胶莱平原一部分，南部除崂山外，均为海拔100—720米的山地丘陵。根据20000年以来孢粉组合分析，其中涉及全新世的有：距今11000—8500年，气候温和略干；距今8500—5000年，气候温暖湿润；距今5000—2500年，气候温和略干；第六阶段（距今2500年至今）气候转凉。③

　　胶东半岛北部地区距今7000—6500年，植被主要为阔叶林，气候温和略湿。距今6500—5000年，植被以阔叶栎林为主，并出现少量喜暖湿的南方树种，气候比较温暖湿润。距今5000—2500年，植被为以栎、松占优势的针阔

---

① 严富华、麦学舜、叶永英：《据花粉分析试论郑州大河村遗址的地质时代和形成环境》，《地震地质》1986年第1期。

② 北京大学考古学系等编著：《驻马店杨庄：中全新世淮河上游的文化遗存与环境信息》，科学出版社1998年版，第208页。

③ 王永吉、李善为：《青岛胶州湾地区20000年以来的古植被与古气候》，《植物学报》1983年第4期。

叶混交林，气候趋向温和略干。①

　　鲁西北地区，距今约 8000 年，就有人类活动，最早的新石器时代文化遗存当属后李文化。后李遗址的孢粉分析结果主要是草本植物花粉居优势，占76.3%—91.1%。在草本花粉中，根据数量的多少，依次为蒿属、禾本科、藜科及菊科，还有少量蓼草及香蒲等。木本植物花粉主要以针叶植物松居多数，最多可占孢粉总数的 12%，还有少量的桦、栎、榆及胡桃等阔叶植物花粉，蕨类植物孢子含量较少，有卷柏、水龙骨科等。孢粉分析结果表明，其植被具有明显的草原特征，气候环境温和稍干掺杂着暖湿，属于温带大陆性季风气候，可能比今高出 2℃—3℃。②

　　对山东莘县、禹城县、惠民县 3 个钻孔孢粉资料的分析表明，全新世以来，鲁西北平原地区的环境经历了 4 个大的发展阶段。距今 11000—8000 年，孢粉类型增多，木本植物中喜温的阔叶树较多，有栎、榛、柳、桦、榆、胡桃、栗、椴、鹅耳枥等，草本植物除蒿属、藜科、禾本科外，还有麻黄、菊科、旋花科、败酱科、茜草科、百合科、毛茛科和蕨类植物，属于典型的针阔混交林的森林草原景观，气候迅速变暖。距今 8000—5000 年，喜温的阔叶树花粉大量增加，栎高达 38.7%，椴高达 46.2%，桦高达 15.4%，榆、胡桃、榛、鹅耳枥等也有一定数量，此外，还出现了一些现生长在亚热带地区的树种，如枫香、枫杨等，草本植物花粉大量减少，蕨类孢子中出现了较多现生长在亚热带地区的水蕨孢子、香蒲、莎草科等水生湿生植物花粉，表明当时平原上存在很多湖沼，孢粉组合表明气候进一步变暖，降水量明显增加，是冰期后气候最适宜期。此期是以阔叶林为主的森林草原植被，气候温暖湿润，1 月平均气温可能比现在高 2℃—4℃，年降水量比现在多 100—200 毫米，为冰后期最温暖湿润时期。距今 5000—2500 年，植物花粉含量下降，虽然亚热带成分的存在反映当时气候仍然比较温暖，但耐旱的蒿属、藜科植物花粉的增加，表明气候变干，降水量减少。距今 2500 年以来，草原面积进一步扩大，表明气

① 赵济等：《胶东半岛沿海全新世环境演变》，海洋出版社 1992 年版。

② 严富华、麦学舜：《淄博临淄后李庄遗址的环境考古学研究》，中国第二届环境考古学讨论会论文，1994 年。

候变凉、变干，可能人类活动也对植被产生了一定的影响。①

　　有学者对庙岛群岛全新世黄土研究表明：全新世早期（距今10000—8000年），气候开始转暖；全新世中期（距今8000—2500年），分两个阶段，距今8000—6000年，黑垆土发育从微弱到成熟，距今5600—2500年，黑垆土发育成熟，黄土中花粉含量高，从草原景观向针阔叶混交林及草原景观发展，大部分时间的年平均气温高于现代2℃左右，是全新世最温暖的时期；全新世晚期，黑垆土发育接近尾声，花粉含量减少，有少量的蒿属、松、鹅耳枥等，气候有干湿冷暖波动，但总的趋势是比从前冷干。②

　　北辛文化是继后李文化兴起的一支原始文化。北辛遗址出土的许多兽骨、鱼骨和贝壳等，充分证明当时狩猎和采集经济是很发达的。经过鉴定，发现有家猪、牛、梅花鹿、獐、麋鹿、貉、獾、鸡、鳖、龟、青鱼、丽蚌、中国圆田螺、鳄鱼残腹甲等的兽骨、壳体。丽蚌现在只生存于长江下游以南的淡水湖泊中，标志着当时气候比较温暖。麋鹿是生活于沼泽湿地、芦苇草丛中的典型动物，适合于温暖湿润的气候条件。牛和獐的发现，说明该地区有广阔的水域、河谷和湖沼，而且岸边芦苇茂密、杂草丛生，非常适宜上述野生动物的生存。孢粉鉴定有潮湿环境下的双星藻、同心环纹藻、水龙骨等。比较多的湿生植物孢粉和一些喜暖栎属花粉的存在，也证明7000年前山东的气候的确较现在潮湿，沼泽湖泊面积比现在大，气温高出当前2℃—3℃。③

　　兖州的西桑园遗址北辛文化地层出土有鳄鱼残骸及骨板，均被焚烧过。

　　汶上县的东贾柏遗址北辛文化中、晚期地层中出土有鳄鱼头骨、腹甲、骨板，多被焚烧打碎弃置于垃圾坑中，并出土5个个体地平龟的遗骸。

　　兖州王因遗址在北辛文化晚期和大汶口文化早期地层均出土有：扬子鳄的皮下骨板及头骨残骸等，至少属于20个个体。它们也被烧、打碎，与其他食

① 许清海等：《30ka B. P. 来鲁北平原的植被与环境》,参见梁名胜、张吉林主编：《中国海陆第四纪对比研究》,科学出版社1991年版，第188—199页。

② 曹家欣、刘耕年、石宁等：《山东庙岛群岛全新世黄土》,《第四纪研究》1993年第1期。

③ 中国社会科学院考古研究所山东队、山东省滕县博物馆：《山东滕县北辛遗址发掘报告》,《考古学报》1984年第2期。

物垃圾弃置一起,证明是当地所产,是食物的一项来源。水牛骨骼,包括头骨及其他体骨,水牛属于喜暖动物。大量的淡水动物,如龟、鳖、鱼、蚌等的残骸。其中有现今生存在长江流域洞庭湖一带的长吻鮠、圆吻鲴、南方大口鲇等。还有数百公斤分属于 33 个种的淡水软体动物的壳体,其中有丽蚌、楔蚌、尖嵴蚌等。

根据孢粉分析,有禾本科植物,可能为水稻的花粉;有亚热带蕨类的孢子,如蜈蚣草、海金沙、水龙骨、唐松草等。[①]

北辛、西桑园、东贾柏、王因四处遗址,都是北辛文化至大汶口文化早期遗址,都处于鲁中南汶、泗流域。北辛遗址地处东经 117°12′、北纬 34°62′。西桑园、王因遗址均在北纬 35°以北。这里出土的鳄鱼,其个体数量或是残骸被烧、被打碎后弃置的状况,说明鳄鱼无疑是在这一区域生存的动物。大量的淡水软体动物中有丽蚌、楔蚌、尖嵴蚌等,喜暖的有鱼类、水牛。诸如双星藻、同心环纹藻、蜈蚣草、海金沙等,都说明当时这一地区较今日温暖湿润,附近有河流和湖泊等大面积的水域,水草茂盛,是宜于鳄鱼及流水型淡水蚌生存的环境。

根据以上资料可知,北辛文化时期,以汶、泗流域为中心的鲁中南地区有着一个像现今长江流域洞庭湖一带一样的生态环境,只有这样,鳄鱼、丽蚌、楔蚌、尖嵴蚌、长吻鮠、圆吻鲴等才赖以繁衍生存。

大汶口文化与仰韶文化时代相当,是一支发达的原始文化,以工艺精湛的制陶业著称于世。

广饶五村遗址的年代为大汶口文化中期阶段,距今约 5000 年。该遗址位于泰山东北的黄河下游,濒临莱州湾,地处东经 118°22′、北纬 37°5′。发掘中出土了大量陶、石等文化遗物,发掘的动物种类主要有软体动物、鱼类动物和哺乳动物三大类 21 个属种。动物中以哺乳动物为多。以鹿类为主。水生动物有鱼类和蚌类。文蛤等为栖息在海水盐度较低的河口等“两和水”区域的贝类,海生软体动物主要是生活于河流入海口处泥沙质中的浅海相种类,以毛蚶为代表,淡水生软体动物则为栖息于河流或与河流相通的湖泊中的丽蚌、楔蚌

---

① 高广仁、胡秉华:《王因遗址形成时期的生态环境》,参见《庆祝苏秉琦考古五十五年论文集》,文物出版社 1990 年版,第 165—171 页。

和珠蚌等。淡水鱼为吞食能力很强的青鱼。软体动物和鱼类可能是当时居民的主要捕捞和食用对象。楔蚌和丽蚌等主要分布在温暖湿润的南方以及与河流相通的湖泊中，说明鲁北地区气候较今日温暖，年平均气温可能比现在高4℃—5℃，应同现在南方各省区相似。[1]

泰安大汶口遗址中属大汶口文化晚期的第10号墓中随葬有84枚鳄鱼骨板以及地平龟。大汶口位于汶水流域，在北纬35°以北。[2]

根据以上资料可知，大汶口文化时期，以汶、泗流域为中心的鲁中南地区和以五村为代表的鲁北地区即莱州湾一带及其以南大片地区，应与现在南方省区的气候相似。并有适宜于丽蚌、扭蚌等动物生息的河流湖泊。浅海相软体动物的存在，还说明当时的海岸线不会离五村太远。

大汶口文化中晚期阶段，枣庄建新遗址孢粉分析反映出的生态环境，具有偏旱的自然景观，很可能表明当时气温略有下降，湖沼收缩。当时生长的植物有栎、胡桃、榆等暖温带落叶乔木树种。同时出现了喜温干的松树以及中旱生的草本和小半灌木，如蓼、藜、豆科、蒿、禾本科、麻黄和生长于森林区及森林草原带的干燥山坡上呈匍匐状的中华卷柏。还有生长在潮湿林下或沟谷的草本状蕨类，如紫萁和中华里白等。

从植硅石分析结果来看，均属于禾草类，其中羊茅类禾草植硅石占优势，还有芦苇和竹子，形状有方形、棒形、扇形、芦苇扇形、尖形、圆形、椭圆形、哑铃形、竹类鞍形，有颖片和叶片硅化表皮。另外，见到有水生藻类—环纹藻及松属、蒿属、藜科、卷柏属的花粉。羊茅类禾草一般喜生长于较为湿润的土壤中，特别是芦苇和竹子的存在，一定程度上反映出当时的气候环境是较为湿润的。[3]

沂沭河流域孢粉分析结果也证明大汶口文化时期气候温暖湿润。沭河是淮河的一条支流，发源于鲁中的沂山山脉。现在该区地带性土壤为棕壤，植被为

---

[1] 张学海主编：《广饶县五村遗址发掘报告》，《海岱考古》（第一辑），山东大学出版社1989年版，第61—123页。

[2] 山东省文物管理处、济南市博物馆编：《大汶口：新石器时代墓葬发掘报告》，文物出版社1974年版。

[3] 何德亮：《山东史前时期自然环境的考古学观察》，《华夏考古》1996年第3期。

暖温带落叶阔叶林，属于暖温带季风气候类型。齐乌云采集了 9 个遗址的孢粉标本，时代分别属于大汶口文化晚期、龙山文化和岳石文化时期。

　　第一孢粉带属大汶口文化晚期。孢粉组合以乔木植物花粉为主，占 78.6%—90.4%；灌木及草本植物花粉次之，占 8.2%—14.6%；蕨类及藻类植物孢子较少，仅占 0.9%—8.8%。在乔木植物花粉中，以松为主的针叶植物花粉居多，占 43.7%—66.1%；阔叶植物花粉占 21%—35.4%，包括桦属、栎属、胡桃属、椴属、榆属等。灌木及草本植物花粉以榛属、蒿属、菊科、禾本科含量为最多，蕨类植物孢子出现了石松属、卷柏属、水龙骨科和真蕨纲。说明这里应是一个温和偏湿气候条件下的以针叶树为主的针阔混交林植被。气候比现在温暖湿润。

　　龙山文化时期的气候略有变化。沭河第二孢粉带属龙山文化。孢粉组合以乔木植物花粉为主，占 77.2%—91.7%；灌木及草本植物花粉次之，占 5%—20%；蕨类及藻类植物孢子较少，仅占 1.2%—6.7%。乔木植物花粉相对增多，以针叶树花粉为主，松属含量最多，占 45.3%—71.7%，冷杉属占 1.4%—11.7%；其次为阔叶植物，有桦属、胡桃属、栎属、栗属等。灌木及草本植物花粉中，蒿属、藜科、禾本科含量最多，其他还有榛属、菊科、紫菀属、伞形科、蓼属等。藻类及蕨类植物孢子中，含少量石松属、卷柏属等，偶见几粒环纹藻、真蕨纲、水龙骨科等。该孢粉带明显的特征就是草本植物花粉含量超过了木本植物花粉。

　　龙山文化时期孢粉组合以乔木植物花粉为主，其中针叶植物花粉含量远远超过了阔叶植物花粉，与上期相比，阔叶林面积缩小，针叶林面积扩大，冷杉属含量相对增多。因此，此时是一个温凉偏湿气候条件下的以针叶树为主的针阔混交林植被。但是喜暖湿的栎属、胡桃属、椴属、榆属等落叶阔叶树种及低洼、沼泽地区分布的水龙骨科、膜蕨属、真蕨纲、狐尾藻属等植物孢粉的出现，一定程度上反映了这一时期虽比上一时期干凉些，但还是有一定的湿度。当时在丘陵山地上分布着针阔混交林，而在池塘、河边、低洼地分布着藻类及蕨类植物。

　　在龙山文化结束时期，气候、植被曾一度有过明显变化，在龙山文化的温凉偏湿气候接近尾声时出现了冷凉干燥的森林草原植被。龙山文化时期的气候虽然比大汶口文化时期更凉、更干，但比现在仍较温暖湿润。①

泗水尹家城的一座龙山文化木椁墓葬中随葬有鳄鱼制品的残存及成堆的鳄鱼骨板。尹家城位于泗水流域，在北纬 35°以北。② 临朐朱封位于沂山北侧，东经 118°30′、北纬 36°32′。临朐朱封龙山文化 202 号墓中随葬两堆鳄鱼骨板，达数十枚。③ 这说明龙山文化时期，尹家城、朱封一带的气候还是比较温暖湿润的。

兖州西吴寺遗址的孢粉分析结果表明：龙山时期气候暖湿，植被较茂盛，生长着松、栎、榆、桑、漆树等科属的乔木和藜、蓼、蒿等科的草，以及生长于静水或缓流湖泊、小溪中的环纹藻。还发现有丰富的禾本科植物和一定数量小麦（近似科）孢粉的存在。兽骨鉴定也显示了当时森林覆盖度较好，间有沼泽与草地。当时的经济生活是以农业为主，家畜饲养为辅的经济类型。当时人们饲养的家畜有猪、狗、牛和鸡等。动物群中鹿类所占比例较大，看来狩猎活动在社会经济生活中仍占一定地位，同时也说明当时存在着适应大型有蹄动物生活的自然环境。④

1930—1931 年，山东历城发掘龙山文化遗址时，在一个灰坑中找到一块炭化的竹节，有些陶器器形也似竹节。⑤ 竹子的存在，说明当时气候是相当温暖的。

山东日照两城镇龙山文化遗址出土的木炭和木材标本有麻栎、辽东栎木、杜梨和刚竹等树种，现在刚竹林分布的最北界限在安徽的滁州和江苏南京一

---

① 齐乌云：《山东沭河上游史前自然环境变化对文化演进的影响》，《考古》2006 年第 12 期。

② 于海广：《山东泗水尹家城遗址第三次发掘简介》，《文史哲》1982 年第 2 期。

③ 中国社会科学院考古研究所山东工作队：《山东临朐朱封龙山文化墓葬》，《考古》1990 年第 7 期。

④ 国家文物局考古领队培训班：《兖州西吴寺》，文物出版社 1990 年版。

⑤ 竺可桢：《中国近五千年来气候变迁的初步研究》，《考古学报》1972 年第 1 期。原注为："龙山灰坑中发现一块炭化竹节，系根据当时参加遗址发掘的尹达同志的转达。龙山文化出土的一部分陶器器形似竹节，系夏鼐同志面告。"

带，说明山东地区龙山文化时期气候比现在温暖湿润。①

归纳以上材料，山东地区在后李文化时期，气候为温带大陆性季风气候。在北辛文化和大汶口文化时期，属亚热带气候，到大汶口文化中晚期，气温略有下降。龙山文化时期的气候虽然比大汶口文化时期变凉变干，仍然是亚热带气候。

二、淮河流域的气候

新石器时代，江苏淮北地区与山东海岱地区基本上是一个文化体系。考古学文化发展序列为：北辛文化→大汶口文化→龙山文化。

沭阳县万北遗址一期，^{14}C 测年为距今 5800±90 年，该文化层中水生动物的蚌类富集成层堆积。万北二期出土的动物骨骼以麋鹿和家猪最多，家犬和梅花鹿数量较少。万北一、二期属于北辛文化时期。万北三期属于大汶口文化中期。

麋鹿适宜于温暖湿润的气候，是一种生活于沼泽湿地、芦苇丛生之地的典型动物。早在更新世中晚期就广泛分布于淮河下游地区，现在万北遗址的北辛文化层中发现该动物的大量骨骼，说明距今 6000 年的万北地区是一温暖湿润、水草丰茂的沼泽湿地环境。万北遗址出土的少量梅花鹿骨骼说明当时这一地区的气温比现在要高。遗址底部含大量贝壳的黏土层夹于两沙层之间，代表着一种河湖交替环境。而且其中的丽蚌现只生存于长江下游以南地区的淡水湖泊中，标志着当时的气候是温暖的。因此，万北遗址的形成过程中，生态环境是由河湖交替相转变为湖沼相，气候温暖潮湿。

万北遗址中的孢粉组合自下而上可分为三带，其中带 I、带 II 时代属北辛文化和大汶口文化时期，带 III 属于商周时期。

带 I（即万北一期文化层）在 3.31—4.10 米层位。孢粉组合中木本植物花粉占孢粉总数的 34%，主要成分有栎属、青冈属、栗属、槠属、榆属、桦属，及水青冈、朴、榛、桦、枫杨、柳、盐肤木、女贞、胡桃、鼠李和松等。

---

① 靳桂云、于海广、栾丰实等：《山东日照两城镇龙山文化（4600~4000aB·P.）遗址出土木材的古气候意义》，《第四纪研究》2006 年第 4 期。

主要是山毛榉科、桦科以及松属。陆生草本植物花粉较多，约占孢粉总数的56%，以禾本科、藜科和蒿属为主，其他还有菊科、百合属、唇形科、豆科、伞形科、十字花科、石竹科、旋花科等。湿生和水生草本植物花粉占一定比例（10.7%），主要有香蒲、荇菜、泽泻、茨菰、莎草科、毛茛科、铁线莲以及狐尾藻。蕨类植物孢子也有出现，约占孢粉总数的2.9%，有水蕨、剑蕨、鳞盖蕨、莲座蕨、膜蕨科、石松、卷柏等。另外还有一些淡水藻类孢子，如水绵、双星藻、环纹藻等。

这说明当时的植被为亚热带落叶、常绿阔叶混交林。目前这类植物主要生长在淮河以南的江淮丘陵地区。而今的沭阳县万北地区已无常绿树种生长，属于暖温带落叶阔叶林区，说明当时万北地区的气候比现在温暖和湿润，当时沭阳地区的年平均气温要比现在高1.1℃，1月份平均气温比现在高3℃左右。

带Ⅱ（即万北二期和万北三期）孢粉贫乏，仅在2.5米处有些花粉，其他部位孢粉很少，木本植物只出现个别栎属、松属、桦属、榆属的花粉。草本植物出现蒿属、菊科、禾本科、藜科、十字花科的花粉。水生湿生植物花粉及淡水藻类孢子消失。本阶段如此贫乏的孢粉，可能为两种原因所致：一是气候原因，可能在万北一期的暖温期后，气候出现波动，即在6000年以后出现一段气候变凉干、降雨量减少的阶段，当时降雨量少，湖泊干涸，使常绿树种不能生长，水生湿生草本植物消失；二是人工原因，在万北一期的适宜气候期，人类繁盛，人类活动加强，从而产生了大量砍伐森林的行径，使生态环境遭到严重破坏，反过来影响气候，趋于干旱。

邳县刘林、大墩子遗址均位于沂河西部，相距较近。邳县大墩子遗址下文化层属北辛文化，¹⁴C测年为距今5785±105年；邳县刘林墓地和大墩子中文化层墓地属大汶口文化早期遗存，时限为公元前4300—前3500年；大墩子晚期墓葬属大汶口文化晚期，时限为公元前3500—前2800年；花厅墓葬属大汶口文化中晚期。

刘林、大墩子遗址动物群基本上与万北遗址的相同，另外还有獐、水牛、獾等，说明这几个遗址形成时期的自然环境有相近之处。獐是一种喜湿性动物，在全新世早期到中期可以说是遍及黄淮平原，现在只生存于长江中下游的丘陵地带，虽说与人类的捕猎有关，但与气候的变化、环境的变迁也不无关系。獐与麋鹿、水牛的遗骸共存于刘林、大墩子地区的新石器时代的地层中，说明在北辛文化到大汶口文化早期这一阶段，这一地区依然有着广阔的水域，河谷、湖沼发育，岸边地带芦苇茂密。与万北遗址有所不同的是，刘林、大墩子地区丘陵山地较多，山林灌木丛生，草地茂盛，生存于森林边缘和山前草地的梅花鹿，穴居于河谷、草原和山麓靠近溪流带的貉在这一地区有一定数量的分布。刘林、大墩子一带当时与现今长江中下游的生态环境相似。

花厅遗址的动物作为随葬品埋葬于墓葬中，最多的是猪，其次是狗。而随葬品中的獐牙钩形器、象牙梳（也存在于刘林、大墩子两遗址的大汶口文化中期墓葬中），告诉我们当时这些地区有獐和象的存在。象的遗骸还零星地发现于东海县的桃林、民主河，宿迁的嶂山以及邳县沂河流域的全新世地层中，而现代的野生象只生存于热带的森林中，说明在新石器时代大汶口文化中晚期的花厅地区存在森林草原景观，气候湿热。当时花厅地区年平均气温要比现在高1.5℃左右。[1]

根据安徽蒙城尉迟寺遗址的孢粉分析，距今4600—4000年，这里的植被有紫萁属、水龙骨科和泥炭藓属等水生植物，说明当时气候温暖。[2]

安徽蚌埠禹会村遗址文化性质为龙山文化，年代为距今4500—4000年，植被以禾本科等草本为主，乔木以松属、落叶栎属、榆树为主，气候温凉干燥。其中，前期木本含量较多，蕨类植物也较多，气候较温暖湿润；后期草本植物较多，蕨类植物很少，气候较凉干。[3]

总之，淮河流域气候在新石器时代属于亚热带气候，温暖湿润，但是气候也有波动。

① 唐领余、李民昌、沈才明：《江苏淮北地区新石器时代人类文化与环境》，参见周昆叔主编：《环境考古研究》（第一辑），科学出版社1991年版，第164—172页。
② 中国社会科学院考古研究所编著：《蒙城尉迟寺——皖北新石器时代聚落遗存的发掘与研究》，科学出版社2001年版。
③ 中国社会科学院考古研究所等编著：《蚌埠禹会村》，科学出版社2013年版，第394—406页。

三、东北地区的气候

在东北地区，新石器时代中期的温和气候向北一直可延伸至黑龙江省呼玛县，在呼玛以西 60 公里的兴隆一带地层的花粉组合中，在全新世中期有落叶、阔叶树和桤树的优势带，可与北京附近的栎树混交林对比。该地现今处于中温带北缘，表明当时的气候远较今天温暖。[①]

小兴安岭东部黑龙江伊春汤洪岭林场沼泽剖面的孢粉分析表明：距今10000—9300 年，植被是以桦树为主，含有少量松的针阔混交林，分水岭上生长着云杉、冷杉针叶林。当时气候寒冷湿润，气温比现在低得多。距今9300—7600 年，阔叶树花粉增多，以桦、桤上升最为明显，当时处在大暖期的起始阶段。距今 7600—3250 年，植被为以栎、榆、胡桃等为主的阔叶林，气候较温暖湿润，年平均气温高出现今 1℃—2℃。[②]

根据长白山西北坡吉林省通化市孤山屯沼泽沉积物的氨基酸、有机碳、有机氮和有机碳同位素的垂直分布的研究结果：距今 13500—12500 年，气候严寒，严寒期持续大约 1000 年。距今 12500—9500 年，气温迅速上升。距今9500—4000 年，气温明显高于现今气温，温暖潮湿，属全新世大暖期。其中距今 8600—7500 年，氨基酸、有机碳、有机氮分布均出现较高峰值，此期是大暖期的鼎盛期。距今 4000 年以来，气温有下降的趋势。[③]

三江平原雁窝岛全新世早期桦属花粉占 50%，栎属含量减少，最高只占8%，针叶树冷杉、云杉含量较高，最高为 13%，一般为 5% 左右，为桦树林景观，气候比中全新世凉爽稍干。全新世中期地层栎属花粉含量占孢粉总数 20%

---

① 华北地质研究所：《黑龙江呼玛兴隆第四纪晚期孢粉组合及其意义》，《华北地质科技情报》1974 年第 4 期。

② 杨永兴：《小兴安岭东部全新世森林沼泽形成、发育与古环境演变》，《海洋与湖沼》2003 年第 1 期。

③ 王金权、刘金陵：《长白山区全新世大暖期的氨基酸和碳同位素记录》，《微体古生物学报》2001 年第 4 期。

以上，松属、桦属花粉含量各占12%，反映当时是以阔叶林为主的森林草原景观，气候较今温暖湿润。全新世晚期地层桦属花粉占13%左右，松属占7%左右，栎属占8%左右，蒿属占20%左右，为针阔叶混交林的森林草原景观。气候与现代相似，略偏凉。[①]

勤得利和抚远距今9500—5000年的泥炭剖面上显示榆属、栎属花粉占优势，反映其植被为温带落叶阔叶林，温度和湿度都较今高。[②] 据勤得利农场沼泽剖面的孢粉分析结果，距今8000—5590年，植被为以温性落叶阔叶树为主的阔叶、针叶混交林，气候温暖湿润，年平均气温高于现在2℃—3℃，降雨量高于现在150—200毫米。距今5590—3300年，木本植物花粉减少，草本植物增加，植被为针阔叶混交林和草原，气候比前期稍干凉。[③]

据东北西部古土壤的孢粉分析结果：距今11000年前后，出现以蒿为建群属并有茜草科、麻黄等植物组成的沙地草原景观，气候转暖变湿。距今8000年前后，气候变得更为湿润，麻黄等耐旱植物减少，而藻类、蕨类等喜阴湿的植物增多。距今7200年，气候又开始变干。距今7000年，气候进一步变干。距今5500年，气候才又变到半干旱半湿润过渡的状况，以蒿类为主的沙生植被开始发育，并生长有柳、桦等木本植物，同时发育了黑钙土。距今5000年时，气候又稍变干，藜和麻黄等耐旱植物增多。距今4000年，风沙活动日益增强，古土壤被流沙覆盖。[④]

吉林乾安大布苏泡子晚全新世孢粉组合显示：早期气候较暖湿，泡子水量较多，盐田度低，周围生长大量木贼和水韭，呈现温带湿草甸景观。后期气候

① 谢又予：《三江平原雁窝岛地区沼泽的成因问题》，《地理研究》1982年第3期。

② 夏玉梅：《三江平原12000年来的植被和气候》，转引自文焕然、文榕生：《中国历史时期冬半年气候冷暖变迁》，科学出版社1996年版，第10页。

③ 杨永兴、王世岩：《8.0ka B.P.以来三江平原北部沼泽发育和古环境演变研究》，《地理科学》2003年第1期。

④ 裘善文、李取生、夏玉梅、王璟璐：《东北西部沙地与全新世环境》，参见施雅风主编、孔昭宸副主编：《中国全新世大暖期气候与环境》，海洋出版社1992年版，第153—160页。

转干旱，水中盐碱度增大，形成藜科、蒿属、毛茛科为主的草甸草原植被。[①]

　　辽宁南部丹东到旅大一带的孢粉分析表明：早全新世含有榆等阔叶树的桦木林迅速发展起来，桦和榆的适应范围较广，但在水分适中的条件下生长最好，为温带的阳性树种。目前我国东北部的桦木林在大兴安岭中段、南段至围场一带分布比较集中，榆林在西辽河较多见，估计辽宁南部当时的气候条件可能相当于现在的西辽河至围场一带，年平均温度6℃左右，干燥度1.50左右，属于中温带半湿润半干旱气候。与现在相比，年平均温度稍低一些（低2℃—4℃），湿润程度稍差一些，总的说比较温和、干燥。中全新世，气候转暖，桦木林被以栎和桤木为主的阔叶林所替代，目前这样的暖温带落叶阔叶林主要分布于山东、山西、河北的山地丘陵，而辽宁南部为其分布区的北界。估计当时的气候条件可能与现在的山东半岛比较相近，而东段阔叶林中桤木较多，西段以栎为主，正说明东段比西段温度要低一些。中全新世的前期，气候最为温暖、湿润，年平均温度约13℃，比现在高3℃—5℃，干燥度<1.00，属于暖温带湿润气候。中全新世的后期，气候条件要比前期干燥，但仍比较温暖，年平均温度12℃左右，比现在高2℃—4℃，干燥度1.50左右，属于暖温带半湿润半干旱气候。晚全新世主要为针阔叶混交林，与目前的松、栎林大致相似，气候条件接近现代，基本上属于暖温带湿润半湿润气候区的北界。[②]

　　呼伦贝尔高原西部呼伦湖沉积剖面的孢粉分析表明：距今10600—7500年，初期为桦林草原，到距今10000年之后，干旱科属增加，桦被松柏科的针叶林取代，气候明显变干变暖。距今7500—5000年，草原成为主体，以桦树为主的阔叶林面积有所扩大，气候温暖湿润。距今5000—3500年，为针叶树林草原，草本中耐旱的藜科、麻黄较多，气候温凉偏干。[③]

　　综合来看，东北地区在早全新世时期，属于中温带半湿润半干旱气候。在

---

① 王淑英、王雨灼：《吉林省乾安县大布苏泡子晚全新世孢粉组合特征及其意义》，《植物学报》1987年第6期。

② 中国科学院贵阳地球化学研究所第四纪孢粉组、C¹⁴组：《辽宁省南部一万年来自然环境的演变》，《中国科学》1977年第6期。

③ 羊向东、王苏民、薛滨、童国榜：《晚更新世以来呼伦湖地区孢粉植物群发展与环境变迁》，《古生物学报》1995年第5期。

中全新世时期，属于暖温带气候，年平均气温比现在高 3℃—5℃。在晚全新
世，气候与现代接近。

四、华北地区的气候

南庄头遗址位于河北省徐水县南庄头村东北（东经 115°84′，北纬 39°
32′），地处河北平原西部边缘的瀑河冲积扇上。西距太行山十多公里，东与白
洋淀区接近，南庄头遗址的年代约距今 1 万年。孢粉分析结果表明，这时有耐
旱的半灌木麻黄、菊科、蒿属，禾本科花粉较多，当时的环境就总体而言是偏
凉干。但在南庄头新石器早期先人们生活的中期，气候环境较好一些。这里在
全新世之初是浅水湖泊环境，在湖中多生长有水生植物莎草和香蒲，但后来逐
渐减少。[①]

天津附近的孢粉研究证明，在 7000 年前这里生长着水蕨。现今它们已在
河北省境内绝迹，而生长在淮河流域（如洪泽湖）。[②]

上宅遗址位于北京市平谷区平谷盆地东部，上宅村后沟河北岸台地上，海
拔 100 米。遗址背依燕山山脉，附近茅山海拔 800 米。遗址的第三层至第八层
遗存属于上宅文化，[14]C 测年数据共三个：T0706 第五层标本（实验室编号
BK85078）为距今 6000±105 年，另一件标本为距今 6340±200 年，T0309 第七
层一件标本（实验室编号 BK85079）距今 6540±100 年。以上数据均未经树轮
校正。[③]

根据上宅遗址的孢粉分析结果，第八文化层，也就是上宅文化初始时期，

----

① 原思训、陈铁梅、周昆叔：《南庄头遗址[14]C 年代测定与文化层孢粉分析》，参见周
　昆叔主编：《环境考古研究》（第一辑），科学出版社 1991 年版，第 122—129 页。
② 华北地质研究所第四纪孢粉室：《全新世时期天津古地理和气候》，1975 年。转
　引自中国科学院《中国自然地理》编辑委员会：《中国自然地理：历史自然地
　理》，科学出版社 1982 年版，第 7 页。
③ 北京市文物研究所、北京市平谷县文物管理所上宅考古队：《北京平谷上宅新石
　器时代遗址发掘简报》，《文物》1989 年第 8 期。

发现 60 粒桦树花粉。桦树要求凉爽的环境，目前在暖温带地区自然生长在海拔 1000 米的山上，说明第八文化层时期其后一度比较凉爽。

第五文化层中含阔叶树花粉虽不多，但在整个上宅遗址剖面上是出现最多的，有榆、桤木、鹅耳枥和椴，说明该期气候温润适宜。[①]

北京西郊肖家河和河北三河县泃洳淀埋藏泥炭沼的孢粉组合也表明当时气候也较温暖。[②]

文焕然等综合北京及周边各地点的研究成果，总结北京地区 12000 年以来的气候变迁规律。如对房山县坟庄，海淀区高里掌、辛力屯，延庆县大王庄、西五里营，通县尹家河，怀柔县桃山，顺义县西府，以及京西的肖家河，河北三河泃洳淀等不同地点的植物孢粉与动物遗存研究，距今 12000 年来北京地区植被与气候可划分为五个阶段：

距今 12000—10000 年，前期温湿，后期温干，沼泽消退，泥炭沉积中止。距今 10000—8000 年，气温短暂下降，是一个持续不长的冷期。距今 8000—6000 年，是气候温暖期。距今 6000—2000 年，总体上看，气候温暖，但在距今 5620±100 年，4730±115 年，4510±100 年，部分地区曾出现一个时间不长的冷期。距今 3500—3200 年，气候转凉。距今 2000 年至今，气候温凉偏干。[③]

刘金陵等在燕山南麓泥炭孢粉组合中发现的阔叶树种，也同样反映了这一阶段的温和气候。[④]

根据河北怀来太师庄的孢粉样品分析结果，距今 5678—5400 年，孢粉组合中以乔木植物花粉为主，其中松树花粉占优势，约占组合的 80% 以上。草本植物花粉以蒿属花粉占优势。孢粉组合的特征表明此时气候总体上来讲比较湿润，从氧同位素值的变化情况看，该时期气温为长期的小幅度低温波动。

---

① 周昆叔：《上宅新石器文化遗址环境考古》，《中原文物》2007 年第 2 期。

② 周昆叔：《对北京市附近两个埋藏泥炭沼的调查及其孢粉分析》，《第四纪研究》1965 年第 1 期。

③ 文焕然、文榕生：《中国历史时期冬半年气候冷暖变迁》，科学出版社 1996 年版，第 12 页。

④ 刘金陵、李文漪、孙孟蓉、刘牧灵：《燕山南麓泥炭的孢粉组合》，《中国第四纪研究》1965 年第 1 期。

距今 5400—4800 年，孢粉组合中乔木植物花粉占优势。可以细分为两个阶段：

距今 5400—5200 年，松属花粉明显减少，桦属、栎属、榛属花粉出现峰值，喜暖的榆属、朴树属、椴属的花粉也是全剖面最高的时段，枫杨属、化香树属等亚热带植物的花粉在本段出现，草本植物花粉中湿生、水生植物花粉较多，气候温暖湿润。

距今 5200—4800 年，阔叶树花粉逐渐减少，以松为主的针叶花粉逐渐增多，蒿属花粉明显增多，表明气候比较干冷。

氧同位素值反映为持续的温度波动上升，并在晚期形成一个高温时段。

距今 4800—4200 年，孢粉组合中乔木植物花粉占优势，草本植物花粉较少。松属花粉显著增加，而落叶阔叶树花粉则明显减少，孢粉组合表明此时气候冷干。从氧同位素值变化曲线来看，距今 4800—4600 年，持续降温，而且后期降温幅度大，到距今 4600—4200 年，形成稳定的全剖面最低温阶段。

距今 4200—3380 年，孢粉组合中乔木植物花粉与草本植物花粉比例相近。乔木植物花粉中仍以松属为主。

从氧同位素值的变化曲线来看，在早期快速升温之后，温暖的气候状况一直持续到距今 3380 年左右，而且这一段时间的温度是全剖面中最高的，反映此时温度较高。

距今 3300—2140 年。孢粉组合中草本植物占绝对优势。乔木植物花粉仍以松属为主。木本植物花粉几乎消失，草本植物花粉中蒿属花粉占的比例迅速增大。[1]

河北东部与天津一带全新世中期，海河河口地区乔木花粉此时增至 16.4%—24.5%，阔叶树种占绝对优势，以桦、栎、榆、椴等属树种为主，总量可达阔叶树花粉的 76.7%—92.3%。[2]

滦河下游两个泥炭田剖面分析表明，5000 年前木本花粉达到最高点，约为 40%，其中松属下降到 10%，桦属下降到 10% 以下，适应温暖气候阔叶树

① 靳桂云：《燕山南北长城地带中全新世气候环境的演化及影响》，《考古学报》2004 年第 4 期。

② 李元芳等：《海河河口地区全新世环境及其地层》，《地理学报》1989 年第 3 期。

花粉数量增多，种类多样，榆和栎各达 40% 和 20%，鹅耳枥、槭、桦、榛、胡桃、杨梅、花椒、柞木等都有出现，其中杨梅和柞木现今当地均不见有分布。此外，还有不少水生植物，如菖蒲等，特别是有现代只在温暖水域生长的菱的花粉。[①]

河北阳原盆地西打渔湾、槽村和平顶村 3 个剖面的全新世孢粉图式变化和组合特征呈现松属花粉优势带、松—栎—椴属花粉优势带与松—桦属花粉优势带，据[14]C 测定它们的年代分别为距今 7920—7885 年、6665—5605 年与 3210 年。表明该盆地全新世以来，同样经历了冷暖的气候波动。[②]

冀中平原全新世中期阔叶林中，栎属就占木本植物的 50%，还有少量的杨梅、枫香、枫杨等。[③]

白洋淀南端孢粉组合显示：距今 11000—9000 年，气候温和偏湿；距今 9500—7500 年，气候偏凉和半干燥；距今 7500—3000 年，当时气温较今高 2℃，降水量较今多 200 毫米；距今 3000 年至今，气候转凉，半干燥。[④]

根据河北南部曲周四町乡沉积样品的粒度、矿物磁性参数和稳定同位素组分的变化可知：距今 10210—10000 年，气候温暖湿润。距今 10000—8500 年，气候较为凉干。距今 8500—8000 年，气候再度变为温暖湿润。距今 8000—7200 年，气候又趋于凉干，但与距今 10000—8500 年相比，仍略偏暖湿。自距今 7200 年始，气候又转向温暖湿润，至距今 6500 年，为最甚。距今 6500 年以后气候再度趋凉干。[⑤]

---

① 李文漪等：《河北东部全新世温暖期植被与环境》，《植物学报》1985 年第 6 期。

② 降廷梅等：《河北省阳原县全新世孢粉及环境分析》，《北京师范大学学报》1988 年第 1 期。

③ 浦庆余等：《中国第四纪自然环境的基本特征和研究现状》，《第四纪冰川与第四纪地质论文集》（第五集），地质出版社 1988 年版。

④ 许清海等：《白洋淀地区全新世以来植被演替和气候变化初探》，《植物生态学与地植物学学报》1988 年第 2 期。

⑤ 王红亚、石元春、于澎涛、汪美华、郝晋民、李亮：《河北平原南部曲周地区早、中全新世冲积物的分析及古环境状况的推测》，《第四纪研究》2002 年第 4 期。

内蒙古扎赉诺尔古人类地点第六层顶部属晚更新世至早全新世地层，距今11460±230年，依据孢粉分析结果，乔木植物花粉占孢粉总数的13.4%，其中主要有樟子松、冷杉、桦、栎、椴、榆和胡桃等常绿针叶和温带落叶阔叶树种。植被为温带落叶阔叶林或针叶林，并有一定水面的湖泊和草甸，气候较为温暖，人们在湖沼广泛分布的森林和草原环境中过着狩猎生活。到第四层，森林减少，草原面积扩大，湖沼退缩。

据鄂温克伊敏河细石器地点3.62米剖面的孢粉系统分析，其地生长着樟子松、云杉、松、落叶松、榆、桦、栎、胡桃等乔木，灌木和草本植物主要有蒿属、藜科、禾本科、莎草科、葎草属、伞形科、石竹科等，还有丰富的水生植物孢粉和泥炭藓孢子，说明细石器时代这里有静而浅的湖沼，在较干坡地，有松属生长。其后，森林又趋减少，中温性草原发展。至上层，蒿属下降，松属和栎属相应增加，水面再次扩大。①

内蒙古敖汉旗兴隆洼遗址发现许多距今8000—7000年半炭化的胡桃楸果核，显示当时气候湿润，现今那里气候干燥少雨，植被属于暖温型草原向中温型草原过渡带。②

距今3400多年的大甸子遗址孢粉分析表明当时尚有针叶落叶阔叶混交林，并有一定水域，气候较今温暖湿润。

察哈尔右翼中旗大义发泉村细石器文化层的中期花粉含量比晚期多三分之一，而且有喜湿乔木栎树和草本十字花科的花粉，晚期增加了要求较干燥的松树和适应性较强的麻黄花粉，说明该文化层的自然环境前期暖湿，后期变干变冷。③

内蒙古、山西、河北交界一带全新世孢粉组合分析与^{14}C测定年代情况：据阳高县、浑源县资料反映，在泥炭形成期气候温暖略干。王官屯剖面距今

---

① 孔昭宸、杜乃秋：《内蒙古自治区几个考古地点的孢粉分析在古植被和古气候上的意义》，《植物生态学与地植物学丛刊》1981年第3期。

② 中国社会科学院考古研究所内蒙古工作队：《内蒙古敖汉旗兴隆洼遗址发掘简报》，《考古》1985年第10期。

③ 周昆叔等：《察右中旗大义发泉村细石器文化遗址花粉分析》，《考古》1975年第1期。

6800—2330 年先是以松属占优势，有少量蒿属和麻黄属的植被；继而转为以松属占优势，还有桦、椴、栎、胡桃等温带落叶阔叶林；后来又转为与早期相似的植被状况。黑土塘剖面距今 6078—2330 年，早期气候温干，湖泊不发育，分布着松属温性针叶林；后期气候有利温带针叶落叶阔叶混交林生长，较高山地尚有冷杉生长。从后地河泥炭层（距今 7400±91 年和 4700±120 年）孢粉组合推测，围场地区在距今 7000 多年前，气候温和略干。尽管距今 7400—4500年间，森林曾一度减少，总的看来，在距今 7000—1300 年间，坝上高原当时较今温暖潮湿。[①]

岱海盆地位于内蒙古高原南缘，为一内陆封闭湖盆。经纬度分别为北纬45°15′—40°50′，东经 112°10′—113°。海拔 1230 米。湖盆为地堑陷落区，南北两侧山地对峙。北侧蛮汗山，最高峰 2304 米；南侧马头山，最高峰2100 米。

老虎山剖面，位于岱海以西 20 千米老虎山石城聚落址的东侧。在剖面中发现了五个湿润期发育起来的古土壤层。从下至上是距今 6305±90 至 5970±90年（13 层）的黑沙土层、距今 5730±80 年以前（11 层）的黑沙土层、距今4800（？）年至 4465±80 年期间（9 层）的黑沙土层、距今 3660±75 年至 3155±80 年期间（7 层）的黑沙土层和距今 2500 至 1870±30 年期间（4 层）的浅黑色粉沙层。这五层古土壤代表了岱海地区距今 6300—1900 年期间五个湿润稳定期。

再结合北京师范大学资环系对岱海湖周围其他剖面的研究成果，可以看出气候变化情况是：距今 11000 年左右气温回升；距今 8000 年有过一段寒冷期，即弓沟沿剖面形成了融冻褶皱，岱海地区的气温降到 0℃ 以下；距今 8000 年时出现重大转折，进入了温暖期，但温暖期保持不久；距今 7000 年以后才转向温和湿润；距今 6000 年增温至最高点，一直延续到距今 5000 年前后；以后温度逐渐降低。这期间有两次短期降温事件发生，即距今 6000 年前后和距今5000 年前后，在岱海东河沿剖面发现的两层融冻褶皱层，就是在这两个时期

---

① 杨锡彬等：《河北省坝上高原东区泥炭矿产成因条件及形成期初步探讨》，转引
　　自文焕然、文榕生：《中国历史时期冬半年气候冷暖变迁》，科学出版社 1996 年
　　版，第 13 页。

内形成的。从首花河口剖面提供的信息看到，距今 4800 年左右出现了凉湿环境，一直延续到距今 4000 年以后，老虎山剖面第 9 层的黑沙土大约在此时间内形成。从第 9 层上（8 层）出现的黑沙土和砾石层分析，当系凉湿时期的洪积层。在老虎山剖面第 7 层以上（6 层）出现了颗粒均匀风成小砾石层，此层正当距今 3100 年以后，全国亦普遍进入了干冷期。①

岱海的孢粉分析结果表明：距今 10000—7900 年，林地面积有所增加，林中松和栎的成分增加，气温回升，降水量增加。距今 7900—7250 年，岱海周边为针阔混交林，海拔较高的山上为云杉林，气候冷湿，降水较多。距今 7250—6000 年，林中阔叶树成分增加，针叶树成分减少，气候温暖稍湿。距今 6000—5100 年，针叶树成分进一步减少，气候温暖湿润，降水量较多。距今 5100—4800 年，森林面积略有缩小，气候温暖稍干。距今 4800—4450 年，森林面积又有所扩大，气候温暖稍湿。距今 4450—3900 年，森林面积大规模缩小，气候冷干。②

根据内蒙古大青山调角海子沉积物的孢粉分析结果：距今 11502—10170 年植被为高山草类冻原，特别是距今 10950—10300 年，植被为寒冻荒漠。这一时期气温比现在低 5℃ 以上，降水量比现代少 100 毫米以上。距今 10170—9400 年，植被为生长少量桦树的森林草原。这一时期气温仅比现代低 1℃—1.5℃，降水量高于现代 30—50 毫米。距今 9400—6850 年，气候总体以温湿为特征，年平均气温和年降水量分别比现代高 1.5℃—2.0℃ 和 150—200 毫米。距今 6850—6330 年，植被为针阔叶混交林，代表性乔木为桦、松，其中混生栎、云杉、榆、椴、胡桃等。当时气温比现在高 2℃—3℃，降水量至少高于现代 150—200 毫米。距今 6330—3805 年，气候总体以相对暖干为特征，气温比现代高 2℃—3℃，降水量高于现代 50—100 毫米。气候冷干波动时气温接近或略低于现代，降水量高于现代 50 毫米。其中，距今 4652—3805 年，气候温暖

---

① 田广金：《岱海地区考古学文化与生态环境之关系》，参见周昆叔、宋豫秦主编：《环境考古研究》（第二辑），科学出版社 2000 年版，第 72—80 页。

② 许清海、肖举乐、中村俊夫、阳小兰、杨振京、梁文栋、井内美郎、杨素叶：《孢粉资料定量重建全新世以来岱海盆地的古气候》，《海洋地质与第四纪地质》2003 年第 4 期。

湿润，气温比现代高 3℃，降水量高于现代 150 毫米以上。①

　　根据对陕西靖边湖沼相沉积剖面的地球化学分析和孢粉分析：距今 12000—10000 年，气温回暖，出现疏林草原景观。距今 10000—8500 年，气候以温湿为主，曾在距今 10000—9500 年，出现过一次干冷事件。距今 8500—3000 年，气候温暖湿润，毛乌素沙地广泛发育着黑垆土。②

　　内蒙古土默特平原察素齐泥炭剖面的孢粉分析表明：距今 9100—7400 年，植被为典型草原，气候偏干偏冷。距今 7400—5000 年，气候趋于湿润。其中，距今 7400—6000 年，植被为草本为主的森林草原，气候温和偏干旱。距今 6000—5000 年，植被为以乔木为主的森林草原，气候温和半湿润。距今 5000—4100 年，植被为针阔叶混交林，以松、栎为主，气候暖湿。③

　　西辽河流域在距今 10000—7300 年，气候波动明显。距今 10000—8900 年和距今 8500—7700 年为暖温期，暖温带落叶阔叶林景观带向西北推移，尤其是距今 8500—7700 年，暖温期暖温带落叶阔叶林景观北推 3 个纬度左右。距今 8900—8700 年和距今 7700—7300 年时段发生了两次强烈降温事件。距今 7300—4800 年，为大暖期稳定暖湿期，暖温带落叶阔叶林景观带向北推移了 2—3 个纬度。距今 4800—4000 年为大暖期亚稳定暖湿期。④

　　宋豫秦等综合西辽河流域自然层和文化层的孢粉分析结果，将该地区距今 9000 年以来的气候演变划分为十个阶段。

　　第一阶段：距今 9000 年，气候干燥；第二阶段：距今 8000—7000 年，气候由温和较干向温暖较干过渡；第三阶段：距今 7000 年左右，气候温暖较干；第四阶段：距今 7000—6000 年，气候由温暖较干向温湿过渡；第五阶段：距

---

① 杨志荣、史培军、方修琦：《大青山调角海子地区 11kaB. P. 以来的植被与生态环境演化》，《植物生态学报》1997 年第 6 期。

② 苏志珠、董光荣、李小强、陈慧忠：《晚冰期以来毛乌素沙漠环境特征的湖沼相沉积记录》，《中国沙漠》1999 年第 2 期。

③ 宋长青、宋湘君：《内蒙古土默特平原北部全新世古环境变迁》，《地理学报》1997 年第 5 期。

④ 胡金明、崔海亭、李宜垠：《西辽河流域全新世以来人地系统演变历史的重建》，《地理科学》2002 年第 5 期。

今 5500 年左右，气候温暖干燥；第六阶段：距今 5300—4000 年，气候由半干旱向温暖湿润过渡；第七阶段：距今 4000—3600 年，由温暖湿润转变为温暖较干气候；第八阶段：距今 3000—2000 年，气候相对干燥；第九阶段：距今 2000—1000 年，气候温暖较湿；第十阶段：距今 200 年，气候较干冷。其中第一至七阶段属史前时期。[①]

综上所述，华北地区距今 12000—10000 年，气温开始回升；距今 10000—8000 年，气温一度下降；距今 8000—3000 年，属于大暖期，为暖温带气候，气温比现在高约 2℃，降水较今多 200 毫米，中间出现过多次冷暖的气候波动；距今 3000—2000 年，气候干冷。

五、西北地区的气候

1. 甘肃地区的气候

甘肃地区的史前文化谱系为：大地湾文化（公元前 5900—前 5000 年）→庙底沟类型（公元前 3900—前 3600 年）→石岭下类型（公元前 3800—前 3200 年）→马家窑文化（公元前 3100—前 2700 年）→半山文化（公元前 2600—前 2300 年）→马厂文化（公元前 2600—前 2300 年）→齐家文化（公元前 2200—前 1600 年）。

李吉均等通过对中国西部的山地冰川、湖泊水位、孢子花粉组成状况、黄土中埋藏古土壤层位的分布时段等方面的综合考察，提出中国西部全新世气候变化呈现了一个"三部曲"的图式，即距今 7500—3500 年间的气候最适宜期及其两头的相对寒冷期。在"三部曲"的背景上，穿插了多次气候波动，以七个冰进时期为代表即距今 8300 年、5700 年、4000 年、3000 年、2000 年、1000 年、200 年前后的七次冰进事件。[②]

有的研究者通过对甘肃北部及青海东部的风沙堆积及沙漠化过程的考察研

---

① 宋豫秦等：《中国文明起源的人地关系简论》，科学出版社 2002 年版，第 42 页。

② 李吉均：《中国西北地区晚更新世以来环境变迁模式》，《第四纪研究》1990 年第 3 期；周尚哲等：《中国西部全新世千年尺度环境变化的初步研究》，《环境考古研究》（第一辑），科学出版社 1991 年版。

究发现，在全新世中期，各地沙丘趋于固定，广泛发育沙黑垆土。到全新世中晚期的距今 4000 年前后开始，风沙活动再次活跃，新沙丘广泛分布。①

有的研究者从行星运动对气候变化的影响等方面进行探讨，结果发现，在距今 4000 年前后，应有一次持续了约 200 年的低温时期。②

葫芦河是渭河上游的一条支流，发源于宁夏南部山地，由北往南，在甘肃省天水市附近入渭河。从葫芦河流域的古文化分布状况的综合考察中也可看出，自仰韶晚期以后，开始了气候逐渐向干冷方向变化的过程。由于距今 4000 年前后这次气候变化在许多方面都有明确的反映，所以一般把它看作全新世以来的新冰期或寒冷期。③

莫多闻等利用黏土矿物分析、碳酸钙含量分析、孢粉分析的方法，研究了葫芦河流域秦安县雒家川、静宁县番子坪、大地湾一级阶地三个剖面，从综合分析结果可知，本地区自距今 8500 年左右或更早的时期，气候开始由干凉转为温湿，至距今 8000 年以后，变为温暖湿润气候，温暖湿润的气候一直延续到距今 6000 年左右。距今 6000 年至 5000 年间气候有变干凉的趋势。④

从秦安大地湾遗址仰韶晚期房屋建筑中大量使用圆木的情况，可推知当时该地应有森林植被存在。⑤

在甘青地区的齐家文化农业经济开始衰落的阶段，即距今 4000 年前后，中国西部的气候和环境正是处在一个由温暖转向寒冷的新冰期开始阶段。

在距今 6000 年以来的高温期中，中国西部大部分地区表现为湿热同步的

---

① 董光荣等：《由萨拉乌苏河地层看晚更新世以来毛乌素沙漠的变迁》，《中国沙漠》1983 年第 2 期；徐叔鹰等：《青海湖东岸的风沙堆积》，《中国沙漠》1983 年第 3 期。

② 任振球等：《行星运动对中国五千年来气候变迁的影响》，《全国气候变化学术讨论会文集（一九七八年）》，科学出版社 1981 年版。

③ 李非等：《葫芦河流域的古文化与古环境》，《考古》1993 年第 9 期。

④ 莫多闻等：《甘肃葫芦河流域中全新世环境演化及其对人类活动的影响》，《地理学报》1996 年第 1 期。

⑤ 李非等：《葫芦河流域的古文化与古环境》，《考古》1993 年第 9 期。

气候环境。这一时期在黄土高原地区，地带性森林一度逼近其东南边缘，高原内部的山地、高地和沟谷森林也获得了更优越的生长条件。①

在兰州马啣山 3560 米高度剖面所采这一时期的孢粉样品组合显示，其中有较多种类的阔叶乔木花粉，特别是喜暖湿的椴树花粉明显增多，反映出由于气候暖湿，森林上界上升。②

根据天水市师赵村遗址、西山坪遗址孢粉样品分析结果，距今 5700 年前后天水地区有一短暂而明显的气温下降时期。③

甘肃祖厉河、葫芦河、渭河上游、宁夏清水河流域等地普遍存在沼泽—湿地相地层，安成邦等人研究了甘肃秦安大地湾和定西苏家湾剖面，据 ¹⁴C 测年数据，该地层的形成时间为距今 9000—3800 年。距今 9000 年以前，黄土高原西部地区寒冷干旱。距今 9000—7500 年，乔、灌木植物花粉的含量快速增长，乔木成分以松为主，落叶阔叶树种零星出现，气候总体特征为温凉略湿。距今 7500—6500 年，乔木植物花粉占优势，以松为主，气候湿润。距今 6500—5900 年，落叶阔叶树迅速增加，形成松、云杉、冷杉、榆、桦、栎等的针阔混交林，同时，湿生、水生植物成分大量出现，说明气候温暖湿润。距今 5900—5500 年，针叶树花粉重新占据优势，湿生、水生植物花粉仍占有一定比例，说明气候温暖程度下降，仍然较为湿润。距今 5000—3800 年，木本植物成分的含量显著降低，乔木中的松逐步退缩，草本蒿等扩展，水生、湿生植物花粉仍有出现，气候的湿润程度降低，但总体上仍然较为湿润。④ 距今 4000 年之前环境较为温暖湿润，距今 4000 年之后，孢粉中乔木成分含量降低，陆

① 唐少卿等：《历史时期甘肃黄土高原自然条件变化的若干问题》，《兰州大学学报》（社会科学版）1984 年第 1 期。

② 汪世兰等：《马啣山地区全新世孢粉组合特征及古植被的演变规律》，《兰州大学学报》（自然科学版）1988 年第 2 期。

③ 赵抃：《甘肃省天水市两个新石器时代遗址的孢粉分析》，参见周昆叔主编：《环境考古研究》（第一辑），科学出版社 1991 年版，第 100—104 页。

④ 安成邦、冯兆东、唐领余：《黄土高原西部全新世中期湿润气候的证据》，《科学通报》2003 年第 21 期。

生草本的含量达到 80%，有机质含量出现谷值，粒度陡然升高，CaCO₃含量降低，炭屑含量出现低谷，说明甘肃中部在距今 4000 年气候开始变干变凉。①

　　根据甘肃石羊河流域尾闾区（青土湖）三角城剖面的孢粉分析：距今 10000—9800 年，水生植物开始出现，流域的湿度上升。距今 9800—9200 年，为气候的波动干燥期。距今 9200—8550 年，是以湿润气候为背景的波动期。距今 8550—8250 年，是湿度相对适中、略微偏干的时期。距今 8250—7750 年，整个流域植被覆盖度较大，是一个持续时间较长的湿润期。距今 7750—7250 年，流域湿度小，荒漠植被范围扩大，气候非常干燥。距今 7250—7000 年，植被长势好，生物种类多，气候非常湿润。距今 7000—6800 年，孢粉浓度极低，山下荒漠范围扩大，以旱生的草本和灌木为主，气候极端干燥。距今 6800—6450 年，云杉属占绝对优势，水中发育有淡水绿藻，气候湿润。距今 6450—6300 年，圆柏属含量很高，干旱植物和草本形成峰值，孢粉浓度低，其后再度变得干燥。②

　　祁连山西南敦德冰芯的氧同位素曲线表明：距今 10000—8700 年，温度和缓地波动上升。距今 8500 年前后，发生了一次极为显著的高温事件。距今 8500—7200 年，为不稳定的暖期。距今 7200—6100 年，为稳定的暖湿阶段。距今 6000—5000 年，是温度波动频繁而整体偏凉的阶段。距今 4900—2900 年，是温度波动和缓而整体偏暖的阶段。③

　　总之，甘肃地区距今 8500 年，气候开始由干凉转为温湿；距今 8000 年，气候温暖湿润，这种气候一直持续到距今 6000 年；距今 6000—5000 年，气候渐趋干凉；距今 4000 年，气候变干变凉。

---

① 安成邦等：《甘肃中部距今 4000 年前后气候干凉化与古文化变化》，参见周昆叔等主编：《环境考古研究》（第三辑），北京大学出版社 2006 年版，第 231—237 页。

② 朱艳等：《石羊河流域早全新世湖泊孢粉记录及其环境意义》，《科学通报》2001 年第 19 期。

③ 姚檀栋、施雅风、L. G. Thompson、N. Gundestrup：《祁连山敦德冰芯记录的全新世气候变化》，施雅风主编：《中国全新世大暖期气候与环境》，海洋出版社 1992 年版。

2. 青海地区的气候

青海柴达木盆地中部的察尔汗盐湖（在都兰、格尔木等地）湖水中含盐量及周围植被的演变也反映出气候变迁。察尔汗盐湖西部别勒滩干盐湖 101 米深的钻孔取得的孢粉资料分析表明：从距今 11000 多年起，随着全球性气温回升，冰川消融，降水量增加，盐湖又趋淡化，荒漠植被有所减少，而温带蕨类水龙骨出现，水生沼生香蒲重新生长在淡化的湖沼边缘，禾本科、蓼科等组成的杂类草则生长在盐渍化减弱地区，一些乔木树种重新出现。总的来看，当时气候较今潮湿、温暖。[1]

根据柴达木盆地东部达布逊湖东南岸钻孔资料的微古生物记录：距今 10100—8000 年，没有发现介形类化石，气候可能还比较干冷。距今 8000—4500 年，介形类开始繁盛，并以淡水属种为主，显示气候湿润。距今 4500—3800 年，介形类化石稀少，仅出现耐盐属种，气候又趋干冷。[2]

根据青海玛多斗格涌盆地的孢粉及易溶盐等分析：距今 10400—7500 年，孢粉浓度低，旱生灌木麻黄含量较高，气候干凉。距今 7500—3500 年，是该地区最温暖的时期。其中，有三次冷暖干湿波动，距今 7500—5800 年，孢粉浓度大，湿生草本莎草科含量较高，所反映的温度和湿度均为全新世最高值。距今 5800—4500 年，是相对凉干的阶段。距今 4500—3500 年，是一个温暖湿润的阶段。[3]

在青海的青海湖盆地和贵南盆地，在距今 6000 年左右，形成了厚 80—100 厘米的古土壤层，其中孢粉组合显示出当时的植被是较湿润的草原环境。相应的年降水量也要比现在高出许多，这样才可使甘肃东部地区的森林植被、青海

[1] 杜乃秋、孔昭宸：《青海柴达木盆地察尔汗盐湖的孢粉组合及其在地理和植物学的意义》，《植物学报》1983 年第 3 期。

[2] 景民昌、孙镇城、杨草联、李东明、孙乃达：《柴达木盆地达布逊湖地区 3 万年来气候演化的微古生物记录》，《海洋地质与第四纪地质》2001 年第 2 期。

[3] 张玉芳、张俊牌、徐建明、林防：《黄河源区全新世以来的古气候演化》，《地球科学》1995 年第 4 期。

湖等湖泊的高湖面状况维持较长的时期。①

在接着而来的距今4000年前后的新冰期阶段，地带性森林从甘肃黄土高原南离，高原的绝大部分被草原和荒漠草原占据，古土壤发育明显减少或缺失。在北面，风沙活动再次活跃。② 在西部的高山地带，山谷冰川开始向前推进。③

据有的研究者推断，距今4000年前后的这次寒冷期作用期间，年平均气温比现今低1℃—2℃，持续时间约为200年。与前一阶段的高温期气候相比，年平均气温下降幅度为3℃—4℃，同时，年降水量也明显减少。显然，这是一次十分剧烈的气候变化。④

在青海东部，湖泊水位大幅度下降，干燥度增加引起新沙丘发育：贵南盆地的植被景观为荒漠草原，孢粉组合小麻黄属激增到78.21%，禾本科只占17.36%。⑤

综上所述，青海地区在距今11000年左右，气候较今天温暖潮湿；距今6000年，气候较湿润，降雨量比现在高出许多；距今4000年，年平均温度比现今低1℃—2℃。

3. 新疆地区的气候

新疆准噶尔盆地艾比湖全新世孢粉组合显示：①早全新世（距今10000—7500年）较以前气温有所回升，但是气候干凉；②中全新世（距今7500—

---

① 胡双熙等：《青藏高原东北部边缘区栗钙土的形成与演化》，中国地理学会自然地理专业委员会编：《生物地理和土壤地理研究》，科学出版社1990年版。

② 董光荣等：《由萨拉乌苏河地层看晚更新世以来毛乌素沙漠的变迁》，《中国沙漠》1983年第2期。

③ 陈吉阳：《中国西部山区全新世冰碛地层的划分及地层年表》，《冰川冻土》1987年第4期。

④ 任振球等：《行星运动对中国五千年来气候变迁的影响》，《全国气候变化学术讨论会文集（一九七八年）》，科学出版社1981年版。

⑤ 胡双熙等：《青藏高原东北部边缘区栗钙土的形成与演化》，中国地理学会自然地理专业委员会编：《生物地理和土壤地理研究》，科学出版社1990年版。

2500 年）气候比目前暖湿；③晚全新世（距今 2500 年至现在）气候的温度与湿度都有所下降。①

艾比湖的另一项研究表明：距今 10200—8000 年前，孢粉组合中以蒿、藜、麻黄为主，湿生植物含量较低，植被类型为荒漠草原，气候温凉偏干，其间存在冷暖交替的次级波动。距今 8000—7300 年前为温湿期，亦存在数次冷暖干湿波动，分别为距今 8000 年前的冷干波动和距今 7300 年前的干旱波动。距今 7300—6400 年前处于相对稳定的暖湿期。距今 6400—3500 年前，气候变干，距今 5500 年和距今 4000 年前后存在冷干波动。②

根据新疆哈密巴里坤湖钻孔资料的综合分析结果：距今 12530 年，为冷湿期。距今 10870 年，为暖干期。距今 10084 年，为冷湿期。距今 9370—8970 年，为暖干期。距今 8290 年，为凉湿期。距今 6618 年，为高温高湿期。距今 5000 年，为冷湿期。距今 4180 年，为暖干期。③ 北疆内陆型气候往往冷湿、暖干相伴。巴里坤盆地古气候和古环境演变主要以相对"冷湿与暖干"交替波动为特征。④

新疆天山山脉南坡博斯腾湖钻孔资料的综合分析表明：距今 11500—11000 年，气候明显转为暖干，湖面有所收缩。距今 11000—10000 年，出现一次降温事件，冰雪融水和有效降水增加，湖面上升。距今 10000 年，全球开始大幅增温，至距今 9400 年，出现极暖事件。距今 8800 年，又出现降温事件。距今 7500—7000 年，出现了中全新世另一高温事件，此时湖泊盐度增加，湖面缩小。距今 7000—5500 年期间，温度上升，空气相对湿度增大，湖泊水体

---

① 蒋岐鸣：《新疆天山北麓第四纪沉积与冰期关系问题的探讨》，中国地质学会、新疆地质学会编：《新疆第四纪地质及冰川地质论文选集》，新疆人民出版社 1983 年版，第 197—260 页。

② 吴敬禄：《新疆艾比湖全新世沉积特征及古环境演化》，《地理科学》1995 年第 1 期。

③ 韩淑媞、袁玉江：《新疆巴里坤湖 35000 年来古气候变化序列》，《地理学报》1990 年第 3 期。

④ 韩淑媞、瞿章：《北疆巴里坤湖内陆型全新世气候特征》，《中国科学》B 辑，1992 年第 11 期。

膨胀淡化，湖面上升。距今 5000 年前后，气候干冷，至距今 4500 年，干冷达到最盛。但自距今 4000 年以后，气候的干暖化进程再次加剧，湖泊水位趋浅、湖水水体收缩、盐度增高。[①]

根据塔克拉玛干沙漠北部地区五个沉积剖面的综合分析：距今 9000 年前后，孢粉组合中以麻黄、藜、禾本科为主，代表了小半灌木盐类荒漠植被，气候温良干燥。距今 9000—7500 年前，普遍发育风沙层，植物贫乏，气候温暖干燥。距今 7500—4000 年前，出现泛洪沉积，孢粉丰度增加，水生植物增多，植被为以藜、蒿、麻黄、禾本科为代表的荒漠植被，气候高温干燥。[②]

总之，新疆地区新石器时代的气候距今 10000—8000 年，气温逐渐回升，湿度增加，距今 8000 至 5500 年气候暖湿，距今 5000—4500 年气候干冷，距今 4000 年以后，气候的干暖化进程加剧。

六、长江中游地区的气候

1. 江汉平原的气候

江汉平原地区的新石器时代考古学文化序列为：城背溪文化（公元前 6500—前 5500 年）→大溪文化（公元前 4200—前 3000 年）→屈家岭文化（公元前 3000—前 2700 年）→石家河文化（公元前 2700—前 2000 年）。

江汉平原地区，距今 8000—2500 年同样属历史上的大暖期。[③] 在大暖期内，气候仍然有波动。

根据沔阳沔城镇钻孔的孢粉分析结果：距今 10000—8900 年，喜冷的针叶树种逐渐减少，暖性阔叶树成分呈上升趋势，常绿树种不断增多，气候开始好转，为全新世初期升温阶段。距今 8900—3900 年，植被演替为常绿阔叶、落

[①] 钟巍、舒强：《南疆博斯腾湖近 12.0kaB. P. 以来古气候与古水文状况的变化》，《海洋与湖沼》2001 年第 2 期。

[②] 冯起、王建民：《塔克拉玛干沙漠北部全新世环境演变（Ⅱ）》，《沉积学报》1998 年第 2 期。

[③] 文焕然、文榕生：《中国历史时期冬半年气候冷暖变迁》，科学出版社 1996 年版，第 110 页。

叶阔叶和针叶混交林，森林中主要建群种有青冈栎、栲、栗和松等，总体上反映了暖湿至半湿润的气候特点，当时的温度明显高于现今。从水热条件看，该阶段早期（距今 8900—6700 年）和晚期（距今 4200—3900 年），气候暖偏干或半湿润，而水热配置最佳时期则出现在距今 6500—4400 年，该时段暖湿气候在整个全新世最为稳定。本时段内部存在次级波动，表现为 3 次明显的降温，年代分别为距今 7500—6700 年、距今 4900—4800 年、距今 4400—4200 年。[①]

王红星将长江中游末次冰期以后至距今 3200 年的气候变化划分为以下几个周期：末次冰期以后至距今 10000 年为升温期，年均气温为 10℃；距今 10000—8200 年为温暖期，年均气温为 18℃；距今 8200—7800 年为降温期，年均气温 10℃左右；距今 7800—5600 年为温暖期，年均气温为 18℃—19℃；距今 5600—5400 年为降温期，年均气温为 10℃；距今 5400—4700 年为温暖期，年均气温为 18℃；距今 4700—4200 年为降温期，年均气温为 10℃；距今 4200—3200 年为温暖期，年均气温为 18℃。现在江汉平原地区年均气温为 15℃—16℃，年降水量 1200—1300 毫米。温暖期年均气温比现在高 2℃—3℃，降温期年均气温比现在低 5℃—6℃。[②] 江汉平原温暖期的年降水量在 1300 毫米以上。[③]

天门石家河古城邓家湾遗址石家河文化灰坑内发掘出土万件以上陶塑艺术品，其中有象、貘等喜热动物[④]，表明当时气候还是比较炎热潮湿的。

---

① 羊向东、朱育新、蒋雪中、吴艳宏、王苏民：《沔阳地区一万多年来孢粉记录的环境演变》，《湖泊科学》1998 年第 2 期。

② 王红星：《长江中游地区新石器时代人地关系研究》，周昆叔等主编：《环境考古研究》（第三辑），北京大学出版社 2006 年版，第 192 页。

③ 闾国年：《长江中游湖盆三角洲的形成与演变及地貌的再现与模拟》，测绘出版社 1991 年版，第 164 页。

④ 湖北省文物考古研究所等编著：《邓家湾：天门石家河考古报告之二》，文物出版社 2003 年版。

2. 洞庭湖平原的气候

沅江盆地地层的孢粉以裸子植物花粉为主，占组合的62.2%，有松属、云杉属、雪松属、冷杉属、落叶松属；蕨类植物次之，占组合的26.7%，以水龙骨科占优势；被子植物花粉仅占11.1%，有柳属、枫香属、胡桃属、栲属、枫杨属、栎属等。该组孢粉组合反映出全新世最早植被景观。年代稍晚的澧县盆地，被子植物花粉占47%—70%，裸子植物花粉占14%—16%，蕨类孢子占16%—37%，被子植物有樟属、枫杨属、酸模属、胡桃属、栎属、枫香属、禾本科、十字花科及少量的棕榈属，裸子植物花粉有松属、柏属，距今8500年左右有杉木属。全新世早、中期植被反映气候开始由冷湿向湿热过渡。[①]

在湖南澧县彭头山遗址距今8000年的彭头山文化时期，这里生长着杉木、枫香和枫杨等组成的针阔混交林，气温比现在略低。[②]

据湖南洞庭湖南的湘阴、湘乡和汉寿等县全新世孢粉分析表明，五六千年前，那里的泥炭层中多阔叶常绿木本植物，它的上下层都以松、栎占优势。说明气候比较温暖。[③]

3. 汉水上游地区的气候

陕西西乡县何家湾遗址所出土的半坡类型时期动物遗骸，除鱼类、龟鳖类及软体动物外主要为哺乳类骨骼，共计54件，隶属于4目6科13种，其种名为岩松鼠、黑熊、犀、野猪、林麝、狍、小鹿、水鹿、马鹿、斑鹿、羚羊、苏门羚和野牛。

何家湾动物群除羚羊和鹿以外，其余11种动物均属于动物地理区划中的东洋界种类，即东洋界动物种类占总数的84.6%，而古北界种类仅占15.4%。在何家湾动物群中，林麝、獐、小鹿、水鹿、苏门羚、野牛、犀7种更是典型的东洋界种类，现今的分布皆在秦岭以南。林麝、小鹿、苏门羚的现代种还广

---

① 顾海滨：《洞庭湖地区第四纪古环境演变及其对人类活动影响的初探》，参见周昆叔主编：《环境考古研究》（第一辑），科学出版社1991年版，第173—178页。

② 湖南省文物考古研究所孢粉实验室：《湖南澧县彭头山遗址孢粉分析与古环境探讨》，《文物》1990年第8期。

③ 李文漪等：《根据花粉分析试论湖南省北部全新世的古地理》，《中国第四纪研究》1962年第1期。

泛分布于秦岭、大巴山区，而獐的分布已仅留在长江流域，水鹿现仅分布于四川以南地区，野牛更远退至云南及西藏最南部，成为我国华南区的代表种。

犀牛是最喜热怕晒的动物。犀，或称犀牛，又称印度犀，具有硕大的体躯和头部，它的肩高在1.5米以上，身长2.5—3.5米，体重可达1—2吨，体重仅次于大象，是体型较大的陆栖兽类。野犀生活在热带、亚热带潮湿密林地区，既见于湿地平野，又可见于海拔2000米的山岳地带。

现今全世界范围内，犀类共有5种，其中2种产于非洲，3种产于亚洲。大独角犀，肩高1.50—1.75米，身长约3.15米，体重2吨以上。雌、雄鼻骨部均有大角1个，角呈圆锥形，末端不甚尖锐，长达30—40厘米。现生活在印度的阿萨姆和尼泊尔、不丹一带。

小独角犀，又称爪哇犀，栖居于锡金、印度阿萨姆、孟加拉国、缅甸、泰国、中南半岛的其他国家、马来西亚以及印度尼西亚的苏门答腊、爪哇和加里曼丹等地，现今残存于爪哇岛。小独角犀的体形较大独角犀为小。角较短，雌者多缺。

苏门犀又称双角犀，雌、雄均有二角，分别长于鼻、额处，鼻角长，额角短，全身披着粗毛，毛为褐色或黑色。现生存于印度的阿萨姆、缅甸、泰国、中南半岛的其他国家、马来西亚及印度尼西亚的苏门答腊和加里曼丹等地，数量稀少。[1]

总之，可以看出，何家湾动物群属于比较典型的亚热带动物至暖温带动物过渡的动物群，其中也有现今属于热带分布的个别动物。何家湾动物群与关中地区所出土的同期动物群相比，前者的东洋界种类要比后者更多一些。说明在半坡类型时期，陕南地区不仅比今天更为温暖湿润，而且也比当时关中地区的气候要温暖湿润一些。[2]

陕西省商洛市商州区南约7公里处的紫荆遗址老官台文化时期地层出土的动物骨骼及壳体残骸有属于杜氏珠蚌、家犬、獐、斑鹿的。半坡文化时期地层

[1] 文焕然等：《中国野生犀牛的灭绝》，参见文焕然等：《中国历史时期植物与动物变迁研究》，重庆出版社1995年版，第220—231页。

[2] 杨亚长：《陕南地区新石器时代环境考古问题》，参见周昆叔、宋豫秦主编：《环境考古研究》（第二辑），科学出版社2000年版，第50—51页。

出土的动物骨骼及壳体残骸有属于杜氏珠蚌、中华圆田螺、青蛙、中国鳖、家犬、苏门犀、家猪、黄牛、獐、斑鹿、黄颔蛇科、鸟纲的。西王村文化时期地层出土的动物骨骼及壳体残骸有属于中华圆田螺、家犬、家猪、獐、斑鹿的。客省庄二期文化地层中出土的动物骨骼及壳体残骸有属于鼢鼠、野猫、家犬、家猪、黄牛、獐、斑鹿的。

半坡文化时期地层的亚洲双角犀，属于苏门犀，身材短小，生存于潮湿炎热的密林中。丹江流域出土苏门犀，说明丹江上游当时气候比现在更加温暖湿润。

紫荆遗址出土的河蚌、田螺、鳖和两栖类水生动物材料表明，仰韶文化时期丹江的水量很大，并且商丹盆地有许多沼泽和泥塘。

龙山文化层含有黄牛、鼢鼠、野兔等适宜生活于草地的动物骨骼。据此推断，龙山文化时期商丹盆地并不像仰韶文化时期那样的沼泽地带，而是已经灌木丛生的草地。龙山文化时期商洛的气温可能下降，自然环境大不如前。①

河南淅川下王岗遗址中的动物群，以仰韶文化时期中动物种类最多，喜暖动物有7种，占总数的29%。淅川下王岗遗址第八、九层也出土有苏门犀的骨骼，时代相当于仰韶文化早中期。下王岗仰韶文化地层中还出土了亚洲象、大熊猫和孔雀等亚热带动物骨骼。说明距今五六千年的丹江下游仰韶文化时期气候温暖湿润。②

根据神农架大九湖盆地岩芯沉积物的孢粉分析：距今10600—7450年为气候从冷干转向暖湿的过渡期，年均温从最初低3.5℃和年降水比现今少100毫米左右上升到与今大致相仿的状态，其间波动不大。距今7400—3400年为气候暖湿期，年均温与降水最高时比今分别高3.5℃—4℃和120—150毫米，最低时也比今分别高1.7℃—2.2℃和50—80毫米。据孢粉组合分析，当时至少有两次明显的波动，波峰与波谷区，温度相差2℃左右，降水相差100毫米

① 王宜涛：《紫荆遗址动物群及其古环境意义》，参见周昆叔主编：《环境考古研究》（第一辑），科学出版社1991年版，第96—99页。
② 贾兰坡、张振标：《河南淅川县下王岗遗址中的动物群》，《文物》1977年第6期。

左右。①

4. 赣江流域的气候

江西南昌的西山有分布甚广的泥炭沼泽，从孢粉组合的演变可推知，其时代与北京郊区埋藏的泥炭沼相同，是以栲树为主的森林植被，伴生蕨类和水生植物，气候较目前温暖。②

综合以上江汉平原、洞庭湖平原、汉水流域、赣江流域几个地区的资料，长江中游新石器时代应属亚热带气候，一般比现在气温高 2℃—3℃，降水也相应比现在多，也有明显降温事件发生。

七、长江下游地区的气候

1962 年从安徽安庆市怀宁县西南的长江中打捞出大量古树，^{14}C 测年距今 4890±100 年。古树根部古土壤孢粉中含有喜热的蕨类植物里白和海金沙，它们已不存在于现代的安庆地区，说明五千年前气候比现在温暖。③

安徽枞阳高桥泥炭田（距今 8380±110 年）系统的孢粉分析表明，当时湖沼广布，气候温暖。④

安徽芜湖与江苏南京、江阴距今 5100 年左右的栎、栲、山龙眼、枫香、胡桃、楝和马尾松等的实物、孢粉，表明当时这一带植被属于亚热带常绿林，

---

① 刘会平、唐晓春、孙东怀、王开发：《神农架大九湖 12.5kaBP 以来的孢粉与植被序列》，《微体古生物学报》2001 年第 1 期。

② 王开发：《南昌西山洗药湖泥炭的孢粉分析》，《植物学报》1974 年第 1 期。

③ 黄赐璇等：《安庆古树的古土壤孢粉分析及其古地理研究》，1974 年。转引自中国科学院《中国自然地理》编辑委员会：《中国自然地理：历史自然地理》，科学出版社 1982 年版，第 8 页。

④ 杜乃秋等：《湖北安徽泥炭剖面的孢粉分析对自然环境变化的讨论》，中国植物学会编：《中国植物学会五十周年年会学术报告及论文摘要汇编》，1983 年编。

气候较今温暖湿润。①

　　根据江苏高邮龙虬庄遗址的孢粉分析结果：距今 6600—5000，植被为栲、栗、青冈栎、枫杨、松等常绿落叶阔叶混交林，气候温暖湿润。距今 5500 年以后，气候由温暖向干凉转变，降雨量减少。②

　　在距今 7500—5000 年之间，太湖地区分布着相当于现今浙南的常绿阔叶林，年均气温较现代高 2℃—3℃，降水量较现代高 500—600 毫米。③

　　根据太湖钻孔的孢粉分析结果：距今 11000—9000 年，气温可能较现在略低。距今 9000—5000 年，气候温暖适宜，年均温较今高 1℃—2℃。距今 5000年至现在，气温较前一阶段有所下降。④

　　江苏常州圩墩遗址时代属马家浜文化时期，根据孢粉分析结果，第一层（生土层）和第二层（下文化层）花粉丰富，其中木本花粉以阔叶树为主，主要是壳斗科中的落叶栎树和常绿的青冈栎，还有从花粉形态上难以鉴别出常绿或落叶的栗类，其中既含有落叶的板栗属，也含常绿的栲属和石柯属。另外在 2.68 米处还发现个别杨梅和山核桃。针叶树松属有一定含量，在 2.30 米以下常可见到个别冷杉和铁杉。草本主要有禾本科，其中大量可能为稻谷的花粉。蒿和莎草科也有一定的含量。水生植物香蒲属含量高而变幅大。

　　上述孢粉组合基本上反映了本区存在着生长较好的亚热带常绿落叶阔叶混交林；香蒲的高比例说明河网湖沼发育；禾本科的优势，尤其是伴生大量的稻米反映了当时农业已很兴旺，水稻生长很好。

　　剖面下层虽出现中亚热带树种杨梅和山核桃，但数量太少；同层又出现温凉性针叶树冷杉和铁杉，虽然数量也很少，但出现的频率高于杨梅和山核桃。

---

① 王开发等：《太湖地区第四纪沉积的孢粉组合及其古植被与古气候》，《地理科学》1983 年第 1 期。

② 李民昌、张敏、汤陵华：《高邮龙虬庄史前人类生存环境与经济生活》，《环境考古研究》（第二辑），科学出版社 2000 年版。

③ 王开发、张玉兰：《根据孢粉分析推论沪杭地区一万多年来的气候变迁》，《历史地理》创刊号，上海人民出版社 1981 年版。

④ 许雪珉等：《11000 年以来太湖地区的植被与气候变化》，《古生物学报》1996 年第 2 期。

估计当时夏季最热月的月平均气温不会超过 26℃—27℃。

再从第二层（下文化层）底部 2.10 米处的花粉比例看，其中青冈栎占孢粉总数的 7.5%，超过了落叶栎树（4.3%），如果只用木本植物计算就更明显，常绿青冈栎占木本总数的 39.7%，而落叶栎树只占 23.1%，可见在圩墩遗址人类活动的早期，常绿阔叶林的优势是明显的，故青冈栎是当时的湿生树种。很可能当时的海洋气候明显，冬季比现在暖而夏天比现在稍凉。[①]

江苏吴江龙南遗址文化遗存属于良渚文化晚期，孢粉采样面在 T4104 北壁，第 8、9 层是自然堆积层，第 3—7 层为文化层，第 1、2 层为耕土层。共取孢粉样 16 块。第 9 层时代 [14]C 测年为距今 6505±210 年，第 3 文化层 [14]C 测年为距今 4750±165 年，第 7 文化层 [14]C 测年为距今 5360±120 年。[②] 龙南遗址孢粉带 I、II 木本植物花粉皆以常绿阔叶乔灌木成分占优势，当时的森林植被，无疑是常绿阔叶林。第 8 层与第 7、6 层的年代在距今 6500—5000 年间，气候较现代湿热。但在第 5 层堆积期（距今 5000 年左右），孢粉带 III 反映的植被为常绿阔叶落叶混交林。草本植物中水生植物数量锐减，陆生草本剧增。气候环境有向凉、干的变化趋势，可能与现代相似。[③]

上海附近的崧泽、亭林和唯亭遗址孢粉，[14]C 测年距今 5460±110 年，据分析，主要生长着以青冈栎、栲为主的常绿阔叶和阔叶落叶的混交林，杂生桑、榆、漆树，还有如眼子等水生草本植物。说明气候温暖潮湿，大约相当于现今的浙江省中南部气候，年平均气温高出现代 2℃—3℃。[④]

学者们对太湖北部钻孔沉积物进行磁化率、粒度、色度分析，结果表明太

① 韩辉友：《江苏常州圩墩遗址马家浜文化的古环境》，参见周昆叔主编：《环境考古研究》（第一辑），科学出版社 1991 年版，第 153—156 页。

② 苏州博物馆、吴江县文物管理委员会：《江苏吴江龙南新石器时代村落遗址第一、二次发掘简报》，《文物》1990 年第 7 期。

③ 肖家仪：《江苏吴县龙南遗址孢粉组合及其环境考古意义》，参见周昆叔主编：《环境考古研究》（第一辑），科学出版社 1991 年版，第 157—163 页。

④ 王开发等：《根据孢粉分析推断上海地区近六千年以来的气候变迁》，《大气科学》1978 年第 2 卷第 2 期。

湖在距今 6000 至 5400 年，处于一个相对温暖湿润的阶段。距今 5400 年之后气候变冷变干，距今 2000 年，温湿度回升。[①]

长江下游新石器时代气候属于亚热带气候，气温比现在要高 2℃—3℃，降水量较现在多 500—600 毫升。

八、东南地区的气候

浙江跨湖桥遗址距今 8200—7000 年，根据孢粉分析结果，该时期跨湖桥一带属亚热带气候。[②]

浙江桐乡罗家角遗址孢粉组合可分五个层面，自下而上是：

①生土层，气候热暖湿润，气温应比目前高；②第四文化层，据本层出土的芦苇¹⁴C 测定，经树轮校正后为 6905±155 年，属马家浜文化，气候较生土层温凉，人类从事耕作活动；③第三文化层，气候热暖湿润；④第一、二文化层，气候比前一时期温凉略干；⑤近代沉积层，孢粉中以木本花粉居首位，植被为常绿阔叶落叶阔叶混交林。罗家角遗址孢粉组合反映了气候由暖转冷，波动起伏的变化过程。[③]

杭州湾一带孢粉组合显示：距今 7500—6000 年间，气候较今暖得多。距今 6000—4000 年，气温显著降低，中间大体上又有两个较显著的起伏：距今 6000—5600 年间，适应温热的树种减少，以至消失，而落叶阔叶树增多，犀、象也消失了；距今 5600—5400 年间，气温和湿度皆降低，距今 5300—5000 年间，是一个回暖的高峰；距今 5000—4000 年间，气温又大幅度降低；距今 4000—3500 年，前期变凉，后期间暖，温度和湿度均与今相仿。[④]

---

① 郑祥民、吴永红、周立旻：《太湖北部河谷沉积中记录的中晚全新世沉积环境演变》，参见莫多闻等主编：《环境考古研究》（第五辑），科学出版社 2016 年版，第 204—209 页。

② 浙江省文物考古研究所等：《跨湖桥》，文物出版社 2004 年版。

③ 王开发、蒋新禾：《浙江罗家角遗址的孢粉研究》，《考古》1985 年第 12 期。

④ 吴维棠：《从新石器时代文化遗址看杭州湾两岸的全新世古地理》，《地理学报》1983 年第 2 期。

　　根据福建省闽江下游和九龙江下游的钻孔孢粉分析结果：距今 12000—
10000 年，气候由温凉到温和稍干，并不断转暖。距今 10000—8000 年，气候
温暖湿润。距今 8000—5000 年，相当于中全新世大西洋期，进入全新世高温
期。植被主要是栲属、常绿栎，另外，尚有天料木科、山茶科、山矾属等大量
热带亚热带植物成分，反映了福建沿海此时生长着繁盛的南亚热带常绿季雨林
植被，气候热暖湿润，各地的温度湿度均较现今高。距今 5000—4000 年，孢
粉中含有大量的松属和落叶成分栗属等，反映了当时此地生长着中亚热带常绿
阔叶林和松林植被，气候暖和稍干，目前该种植被分布区比闽中沿海年平均气
温低 1℃—2℃。闽南沿海这一时期的孢粉分析结果，反映了当时此地生长着
含较多针叶和落叶阔叶成分的南亚热带常绿阔叶林，显示出福建沿海此时气温
下降，并比现今略低，是高温期中的一次低温亚期。①
　　东南地区新石器时代气候为亚热带气候，总体上也比现在温暖湿润。距今
10000—8000 年，气候温暖湿润。距今 8000—5000 年，进入高温期。距今
5000—4000 年，温度略降，气候暖和稍干。

九、华南地区的气候

　　根据珠江三角洲万顷沙钻孔的孢粉分析，珠江三角洲地区距今 6000 年以
来基本以暖湿气候为主，全新世海侵盛期期间（距今 5000—2250 年）表现得
最为热湿，此后有短期（距今 2250—1900 年）的偏凉干气候，随后恢复
暖湿。②
　　根据深圳新民钻孔的孢粉分析：距今 7080±120 年，属全新世大西洋期早
期，当时气候热而湿润，后期气温比前期低一些。到大西洋期晚期，当时气温
比前阶段低一些，湿度也小一点，气候暖而略湿。距今 5000—2500 年，属亚

---

① 王绍鸿、吴学忠：《福建沿海全新世高温期的气候与海面变化》，《台湾海峡》
　　1992 年第 4 期。
② 王建华等：《珠江三角洲 GZ-2 孔全新统孢粉特征及古环境意义》，《古地理学
　　报》2009 年第 6 期。

华北期,前期气候热而潮湿,后期气候暖热稍干。①

根据潮汕地区钻孔资料的孢粉分析,得出如下结论:

①距今 10000—8500 年是该区淡水沼泽较发育的时期,腐木层也多集中在早全新世。这在某种程度上表明了年蒸发量较小而湿度较大的特点。季风常绿阔叶林的繁盛及少量热带分子的加入,证明当时的年均温不小于现代或与现代较为接近。

②距今 8500—5000 年是本区全新世以来红树林分布最广的时期。这种热带特征的海滩植物群落无论是种类还是分布面积都远远超过现代。因此可认为,自大西洋期开始,气温上升。估计年均温比现代高 1℃—2℃。

③距今 4000—3000 年,气候特征已基本接近现代。随着沿海低地森林面积的减少和草坡面积的扩大,当地的湿度可能较前一时期略低。②

根据广西桂林甑皮岩遗址的孢粉分析:距今 12000—11000 年,气候比现代温凉。距今 11000—10000 年,松属孢粉减少,喜暖的藻类增加,反映了气候趋于暖湿。距今 10000—9000 年,气候比较温暖湿润。距今 9000—8000 年,孢粉中主要是山麻杆属、刺蒴麻属和无患子属,还有少量的栎属和栲属,有亚热带树林,气候温暖湿润。距今 8000—7000 年,阔叶树比例上升,气候温暖湿润。③

海南岛北部琼山市双池玛珥湖的钻孔资料研究表明,距今 9000—7200 年为气温回升不稳定期,距今 7200—2700 年为最高温期。④

根据珠江三角洲钻孔资料的孢粉分析结果,珠江三角洲全新世气候变化幅度不大,大约从距今 7500 年起已属南亚热带海洋性季风气候,其间有过几次波动性变化,比较显著的是,距今 5000—4500 年的变凉和距今 4500—3400 年

---

① 张玉兰、余素华:《深圳地区晚第四纪孢粉组合及古环境演变》,《海洋地质与第四纪地质》1999 年第 2 期。

② 郑卓:《潮汕平原全新世孢粉分析及古环境探讨》,《热带海洋》1990 年第 2 期。

③ 中国社会科学院考古研究所、广西壮族自治区文物工作队、桂林甑皮岩遗址博物馆、桂林市文物工作队编:《桂林甑皮岩》,文物出版社 2003 年版,第 254—270 页。

④ 郑卓、王建华、王斌、刘春莲、邹和平、张华、邓韫、白雁:《海南岛双池玛珥湖全新世高分辨率环境记录》,《科学通报》2003 年第 3 期。

的炎热。[1]

　　台湾中部头社湖的孢粉分析表明：耐热的栲属植物含量在早全新世达到14%，到距今 3500 年前后，一直占 6%，说明在距今 3500 年以前气温较高，距今 3500 年以后气温下降。在距今 8500 年左右和距今 7000—6000 年间孢子含量大幅度降低，说明在此期间气温有所降低。[2]

　　华南地区新石器时代气候为热带气候，比现代气温高 1℃—2℃。距今 10000—8500 年气候与现在接近，距今 8500—5000 年为高温期，距今 5000—4500 年变凉。

十、西南地区的气候

　　西南地区新石器时代气候地区之间差异比较大，在全国气候大背景下，因地理环境的不同，四川、云南、贵州、西藏又有自己的特点。总体上气候比现在温暖湿润。

　　四川冕宁距今 6058±167 年曾生长着由常绿乔木石栎、青冈，落叶阔叶乔木核桃、桦，针叶乔木松、铁杉、黄杉等组成的混交林。而现今这些地方生长的是由云南松和栎、杨、桤木等组成的针叶落叶阔叶混交林，植被变化反映了当时较今温暖湿润。[3]

　　根据四川冕宁安宁河谷彝海洼地钻孔资料的孢粉分析：距今 9900—9500 年，湖盆周围是以松、栎为主的疏林灌丛，气候温凉偏干。距今 9500—8800 年，湖盆周围是针叶落叶阔叶混交林，建群种为松、桦和落叶栎。气候偏干，后期向凉偏湿转化。距今 8800—5000 年，湖区为常绿硬叶阔叶林，建群种为高山栎、石栎等常绿硬叶栎类。其间气候有波动，距今 8200—7400 年、距今 6800—6500 年、距今 6100—5000 年等时段，中生落叶阔叶树种增多，气候温

---

① 李平日、方国祥、黄光庆：《珠江三角洲全新世环境演变》，《第四纪研究》1991年第 2 期。

② Huang Chi-yue，Ping-Mei Liew，Meixun Zhao，Tzu-Chun Chang，Chao-Ming Kuo，Min-Te Chen，Chung-Ho Wang，Lian-Fu Zheng，"Deep sea and lake records of the Southeast Asian paleomonsoons for the last 25 thousand years"．Earth and Planetary Science Letters，Volume 146，Issues 1‑2，January 1997，Pages 59-72.

③ 刘和林、王德根：《冕宁"古森林"的研究》，《林业科学》1984 年第 4 期。

湿。而其他时段常绿硬叶阔叶树种增多,气候暖偏干。距今 5000—2600 年,湖区植被为常绿阔叶林,亚热带成分的增多及温带常见落叶成分的减少,表明气温升高,但耐旱树种的增多,表明降水减少,干湿季节分明。[①]

贵州梵净山(武陵山主峰,在贵州江口北)九龙池全新世孢粉组合地层自下而上可划分为 4 个孢粉组合带,[14]C 测定为距今 5000 年左右。当地古植被变化依次是:以常绿阔叶树为主的常绿落叶阔叶混交林,以落叶阔叶树为主的常绿落叶阔叶混交林,落叶阔叶林,以松、栎为主的针叶落叶混交林及喜冷湿的莎草增多。反映了当地气候温暖湿热—温暖—温暖偏凉—温暖偏凉湿这样的变化过程。[②]

根据云南洱海湖泊沉积物的有机碳稳定同位素记录和硅藻分析结果:距今8100—7400 年,气候温暖,湖面较高。距今 7400—6900 年,气候冷干,湖面较低。距今 6900—5900 年,气候由温干向暖湿转化,湖面上升。距今 5900—4700 年,气候由温湿变为冷干,又向温湿转变,湖面上下波动。距今 4700—4000 年,气候偏暖干,湖面较低。[③]

西藏阿里改则县洞错沉积物磁化率分析表明:距今 10500—8470 年,沉积了黄灰色碳酸盐粉沙质黏土,气候温暖湿润。距今 8470—8170 年,沉积物为稳定芒硝层,气候转向寒冷干旱。距今 8170—7590 年,沉积物为灰黄色黏土,盐类沉积停止,气候温暖湿润。距今 7590—7400 年,剖面中出现了三层芒硝和三层含芒硝黏土的互层沉积,表明在寒冷的大背景下,经历了三干三湿的气候过程。距今 7400—6940 年,沉积物为稳定的芒硝层,气候干冷。距今6940—6620 年,沉积物为含芒硝的碳酸盐黏土,气候温和湿润。距今 6620—6410 年,出现较纯净的芒硝沉积,气候寒冷干燥。距今 6410 年之后,沉积物为粉沙质碳酸盐黏土,气候又恢复至温暖湿润。[④]

---

① 童国榜、吴瑞金、吴艳宏、石英、刘志明、李月丛:《四川冕宁地区一万年来的植被与环境演变》,《微体古生物学报》2000 年第 4 期。

② 陈佩英:《贵州省梵净山九龙池剖面全新世孢粉组合与古环境》,《贵州地质》1989 年第 2 期。

③ 张振克、吴瑞金、王苏民、夏威岚、吴艳宏:《近 8kaBP 来云南洱海地区气候演化的有机碳稳定同位素记录》,《海洋地质与第四纪地质》1998 年第 3 期。

④ 魏乐军、郑绵平、蔡克勤、葛文胜:《西藏洞错全新世早中期盐湖沉积的古气候记录》,《地学前缘》2002 年第 1 期。

徐仁等根据对第四纪冰川、冰缘冻土、哺乳动物化石及孢粉分析的研究，认为距今 7500—5000 年，青藏高原的气候也显著地转暖。对喜马拉雅山中段聂拉木细石器地层古植物的研究表明，当时气温比今天要高出 3℃—5℃。[①]

昌都卡若遗址（距今 4690±135 年）发现有热带亚热带地区植物，也有干旱环境中的蒿等，表明当时气候温暖偏干，有栽培植物出现。距今 8000—5000 年，林芝尼洋河两岸及易贡（已改设波密县）一带，高山上生长着云杉、冷杉、云南松、高山松，低缓的山坡上，有高山栎、水青树科、木兰科、樟科等多种亚热带针叶阔叶树种，当时气候与现今的察隅一带相当，可见气温高于今。[②]

学者对西藏地区当雄、仲巴、拉萨等地泥炭层的孢粉研究表明：距今 10000—8000 年，植被为高山草甸，气候冷湿；距今 8000—3500 年，植被转为高山灌丛、草甸，气候温湿；距今 3500 年以来，植被又转变成高山草原，气候干冷。定日亚里新石器时期植物化石表明当时尚有杜鹃、荚蒾、鼠李、忍冬等高山灌丛生长。沉错湖畔孢粉组合显示：在深层，以草本植物为主，反映出当时气候干凉。在中层，据树木残体^{14}C 测定约为距今 3000 年，孢粉种类多。木本植物上升为首位（占 50%），属森林草甸植被，反映气候较温暖。表层，木本植物又大减，草本植物上升为首位，又转变为草甸植被，气候干凉。[③]

西藏中部和南部全新世地层孢粉资料表明，距今 13000—7500 年气候回暖，距今 7500—3000 年转为温暖潮湿气候，距今 3000 年至今再转为干燥寒冷气候。[④]

根据雅鲁藏布江南岸的佩枯错沉积剖面的介形类动物研究结果：距今

① 徐仁等：《珠穆朗玛峰地区第四纪古植物学的研究》，中国科学院西藏科学考察队：《珠穆朗玛峰地区科学考察报告》（第四纪地质），科学出版社 1976 年版。

② 吴玉书等：《卡若遗址的孢粉分析与栽培作物的研究》，西藏自治区文物管理委员会、四川大学历史系：《昌都卡若》，文物出版社 1985 年版。

③ 汪佩芳等：《西藏南部全新世泥炭孢粉组合及自然环境演化的探讨》，《地理科学》1981 年第 2 期。

④ Huang Cixuan and Liang Yulian, Based upon palynological study to discuss the natural environment of the central and southern Qinghai-Xizang Plateau of Holocene, Jbid (1981), 215—222。汪佩芳等：《西藏南部全新世泥炭孢粉组合及自然环境演化的探讨》，《地理科学》1981 年第 2 期。

10600—9740 年，喜冷水介形类壳体数量大幅度降低，属温度回升期。距今
9740—7680 年，介形类组合反映的古气候进入比较稳定的温暖湿润期。距今
7680—6730 年，喜冷水且喜淡水的介形类丰度值又有不断增大的趋势，温度
下降，但气候仍较湿润。距今 6730—6500 年，湖水位上升且湖水淡化，但气
温显著降低。距今 6500—4470 年，喜冷水介形类丰度值又陡然降低，表明温
度回升，泥炭层的发育表明气候比较湿润。[①]

十一、新石器时期气候带的分界线

新石器时代始于距今 10000 年左右，综合各地的气候变化情况，新石器时
代的气候变迁状况可归纳为：距今 10000—8000 年，气候开始变暖变湿，与现
在的气候相近，略显暖湿；距今 8000—5000 年，属大暖期，气温比现在要高，
降雨量比现在要大，其间出现过冷暖气候的波动；距今 5000—4000 年，气候
比以前干冷，气温和年降水量略有降低。因此，在全新世中期，季风盛行，气
候带相应北移。暖温带北移到湟水流域、岱海地区、西拉木伦河至松辽分水
岭。秦岭—淮河一线是现在中国亚热带与北温带的分界线，在全新世中期，亚
热带东部北移到北纬 37°黄河口，然后经豫北、晋南，抵达北纬 35°的渭河盆
地。[②] 孢粉资料显示，不仅当时阔叶林乃至常绿林的某些树种在这些地区多有
分布，连一些对气候变化反应极其敏锐的亚热带类型的动物在这些地区的考古
遗址也屡有报道。比如仰韶时期中华竹鼠、猕猴等喜暖动物在关中的姜寨、北
首岭、半坡等都有发现；在北纬 40°的河北桑干河流域（阳原丁家堡水库）曾
发现亚洲象的遗存；在山东的王因等遗址，发现有现今分布于长江流域的扬子
鳄等的遗骸。到龙山时代，动植物不但在总的丰度上大为减少，这些亚热带类
型的种类也销声匿迹，这种情况在商代可能略有改善，但也未能改变气温下降

---

① 彭金兰：《西藏佩枯错距今 13000—4500 年间的介形类及环境变迁》，《微体古生
物学报》1997 年第 3 期。

② 周昆叔等：《中原古文化与环境》，张兰生主编：《中国生存环境历史演变规律研
究》（一），海洋出版社 1993 年版。

这一总的趋势。①

十二、影响新石器时代气候的主要因素

　　季风是影响我国气候的重要因素之一。自第三纪中期季风在我国形成，季风就逐渐成为影响我国自然环境的重要因素。我国晚近第四纪主要受东南、西南和西北季风的作用。中东部地区主要受东南季风控制，西南和西北地区主要受西南季风和西北季风的影响。冬季盛行西北风，气候干冷，而夏季盛行东南风，气候暖湿。由于夏季副热带高压的进退，影响到气候带的南北变动，这样自然会对人们的生活、生产带来重大的影响。如像全新世中期气候适宜期，由于夏季副热带高压作用加强，而冬季西北蒙古高压减弱，以至促使我国亚热带北界北移 4（东）至 1（西）个纬度，其他气候带都表现出北移特征。②

　　影响我国气候的因素还有纬度。纬度从高到低，我国气候带依次为亚寒带、温带、亚热带和热带气候。

　　地形特征也是影响气候的重要因素。距今 3400 万年前的第三纪晚期，由于印度板块与亚洲板块的碰撞，青藏高原开始隆起，地中海西去。距今 2500 万年时，青藏高原达到平均海拔 1500—2000 米，距今 800 万年时达到 3000 米，距今 150 万年时达到平均海拔 4000—5000 米。③ 由于青藏高原的隆起，形成了自青藏高原至太平洋岛弧之间的三级阶梯格局。第一阶梯为青藏高原，为世界大河黄河与长江的源头。第二阶梯为云贵高原、黄土高原和蒙新高原区。第三阶梯为华北平原、东北平原和华南丘陵区。由于地势西高东低，致使黄河、长江等大多数河流东流，注入浩渺无际的渤海、黄海、东海和南海之中。地形的多样性导致气候的多样性，山区有垂直自然带的分异。

① 曹兵武：《从仰韶到龙山：史前中国文化演变的社会生态学考察》，参见周昆叔、宋豫秦主编：《环境考古研究》（第二辑），科学出版社 2000 年版，第 27 页。
② 周昆叔：《中国环境考古的回顾与展望》，参见周昆叔、宋豫秦主编：《环境考古研究》（第二辑），科学出版社 2000 年版，第 11 页。
③ 施雅风等主编：《青藏高原晚新生代隆升与环境变化》，广东科技出版社 1998 年版。

第三节　夏商时期的气候

有关夏商时期气候的文献资料非常缺乏。我们以文献资料为基础，结合考古资料，尽量恢复该时期的气候面貌。

一、夏代气候

《夏小正》这篇文献文字古奥，所记星象大多发生在夏代，而《礼记·月令》所记星象出现的时间应在春秋前后。两篇文章记载的物候现象有差别，《夏小正》所记正月"梅、杏、柂桃则华"，二月"祭鲔"，同样的物候现象《礼记·月令》却分别记录在二月和三月。说明《夏小正》物候比《礼记·月令》物候反映的气候要更温暖。《礼记·月令》记载在孟冬之月"水始冰，地始冻"，在仲冬之月"冰益壮，地始坼"，而《夏小正》却没有反映冬季气候很冷的物候现象，相反却在十二月记载了"虞人入梁"。《礼记·王制》载："虞人入泽梁。"郑玄注："梁，绝水取鱼者。"十二月能够去打鱼，说明河流没有结冰。也表明《夏小正》时的冬季气候比《礼记·月令》时的气候更温暖。[①]

新砦遗址位于河南新密市刘寨镇新砦村西北的台地上，南临双洎河，东临圣寿溪水，北面和西面为开阔平地，分布范围约 70 万平方米。此处发现了新砦古城一座。该遗址内文化层堆积一般厚 0.5—2.5 米，主要的文化分属于王湾三期文化、新砦期和二里头早期三个阶段，距今 4200—3750 年。姚政权等对新砦遗址的植硅石进行了分析，植硅石以尖形、哑铃形、棒形含量最为丰富，其他的植硅石形态，诸如扇形、长方形、帽形、齿形和鞍形等，亦有相当

[①] 满志敏：《中国历史时期气候变化研究》，山东教育出版社 2009 年版，第 120—126 页。

数量。植硅石组合表明整个新砦遗址存在期间气候波动不大，为温湿的气候类型。新砦期为短暂的高温湿润气候期。新砦遗址中谷子颖壳的植硅石类型大量存在，且有水稻和小麦的植硅石，说明新砦遗址夏代早期的农业以粟作旱地农业为主，同时种植水稻和小麦，麦类作物至迟在龙山文化晚期已经出现，植硅石分析显示出麦类作物生产呈现逐步增强的趋势。①

宋豫秦等人对二里头遗址距今 4000—3650 年文化层采集样品的孢粉分析表明：先于二里头文化一期的河南龙山文化末期，气候温暖湿润。二里头文化一期前段气温略有下降，湿度变化不明显，为温良湿润气候。后段气候温凉较干。二里头文化二期、三期气候温凉较干。二里头文化四期气候温凉较湿。

龙山文化晚期到二里头文化时期，二里头一带气候为亚热带气候，夏代前期的自然气候条件好于后期。年降水量为 800—1000 毫米。而二里头遗址现在的气候属于暖温带、亚热带过渡型，湿润、半湿润季风气候，多年平均降水量为 600—700 毫米。②

洛阳市皂角树遗址的发掘在环境考古研究方面是一个范例。皂角树遗址位于洛阳市南约 5 公里处关林镇皂角树村北，此处是伊河与古河道（可能系古洛河）交汇的夹角二级阶地，海拔 143 米。皂角树遗址濒临古河，西依龙门山，东面为洛阳盆地。

磁化率的高低，可以表明气温和湿度的高低，在剖面 1.90 米以下，磁化率多在 100—120 厘米克秒（CGSM），且变化不定，1.95 米后磁化率曲线骤然上升，到 1.40 米，^{14}C 年龄为距今 53751±135 年的时段，磁化率曲线出现最高峰值，达 230 厘米克秒。此后曲线下降，至 0.90 米为下降曲线的中值，说明该段气温与湿度降低。0.90 米为深褐红顶层埋藏土的顶界，说明二里头文化时期处在全新世气候适宜期的晚期。

对剖面含的两层埋藏土古土壤进行微结构研究，埋深 0.43—0.88 米的褐色顶层埋藏土含有薄层的黏粒胶膜，常见的是沿孔分布隐晶质碳酸盐胶膜和次

---

① 姚政权、吴妍、王昌燧、赵春青：《河南新密市新砦遗址的植硅石分析》，《考古》2007 年第 3 期。

② 宋豫秦、郑光、韩玉玲、吴玉新：《河南偃师市二里头遗址的环境信息》，《考古》2002 年第 12 期。

生方解石，说明该古土壤类型为接近现代本区分布的碳酸盐褐土或淋溶褐土，气候与现在相仿。埋深为 0.88—2.50 米的暗红褐色顶层埋藏土，该土壤层中上部微结构为沿孔隙分布有泉华状、流胶状黏粒胶膜，厚达 50—150 微米，呈鲜明的红棕色或黄棕色，另外古土壤中还含较多的铁质凝团，这些表明该古土壤为棕壤，而典型的棕壤现今分布在山东地区，因此今古对比，也说明其时虽温度或许相差不多，湿度却有如沿海地区，较今为大。

在遗址的东侧发现了埋深 4 米多的古河道，此古河道在 2.8—0.70 米的底部，有成水平沉积的灰黄色黏质沙土，褐色粗细沙、棕褐色沙质黏土和黄绿色粉沙，说明此时的河流还流水潺潺，而且，皂角树二里头时代的人们就生活在紧依古洛河南岸边一牛轭湖畔的二级黄土阶地上。直到距今 2000 年后，急流夹带的交错沙、砾层填塞在牛扼湖上，流水减少，河床淤浅，到隋代后，人为将洛河改为现今水道。

二里头文化的先民们是生活在有别于现今属棕壤的深红褐色顶层埋藏土上部，即在磁化率曲线呈峰值下降的阶段，表明是处在全新世距今 8000—3000 年气候适宜期的晚期，此时的洛阳盆地不像现今处在暖温带的南部，而是处在气温高出现今约 2℃、降水也多出约 200 毫米的亚热带北缘。二里头先民们在马鹿与梅花鹿等动物出没的以蒿草为主的草原上垦殖，在中性而有机质丰富的棕壤上，不仅善于利用黄土旱作，又能利用冲积平原的水利进行稻作。[1]

齐乌云在山东沭河流域所做的孢粉分析表明第四孢粉带属于岳石文化时期。岳石文化相当于夏商时期。据孢粉分析结果，岳石文化初期气候冷凉干燥，以后又转湿转暖。[2]

从《夏小正》记载的物候现象来看，夏代的气候比现在温暖湿润。植硅石、孢粉、土壤微结构等试验分析结果表明，新砦期为高温湿润期，夏朝都城河南偃师二里头、洛阳皂角树一带属于亚热带气候，年降水量达 800—1000 毫

---

[1] 叶万松、周昆叔、方孝廉、赵春青、谢虎军：《皂角树遗址古环境与古文化初步研究》，参见周昆叔、宋豫秦主编：《环境考古研究》（第二辑），科学出版社 2000 年版，第 34—40 页。

[2] 齐乌云：《山东沭河上游史前自然环境变化对文化演进的影响》，《考古》2006 年第 12 期。

米，气温高出现今约 2℃。

二、商代气候

安阳殷墟是商代晚期都城。1928 年开始系统发掘，杨仲健和德日进对出土的动物群进行了研究，除獐和竹鼠外，还有貘、水牛、犀牛、象、野猪等。[①] 许多动物现在只见于热带和亚热带。如獐和竹鼠分布在长江流域，属亚热带动物。犀牛和象等动物现在只见于热带地区。貘和圣水牛在我国已经绝迹，现有品种只见于东南亚的热带低地森林中。水牛已分布在淮河以南。

胡厚宣在研究甲骨时，发现武丁时期的一块甲骨上的刻文记载打猎时获得一象。

如：……今夕其雨，获象。（《殷墟书契前编》三、三一、三）

说明殷墟一带有野生象，那么殷墟出土的亚化石象不是从南方引进的，而是土产的。[②]

除了胡厚宣引用的一条外，王宇信、杨宝成在甲骨文中还找了另外几条材料：

于癸亥省象，旸日。（《粹》610、《京》3812）

贞令　目象，若。（《乙》6819）

乙亥王卜贞，田噩，往来亡灾，王占曰吉：获象七，雉卅。

壬……田寋。……亡灾，兹（御）……象。（《簠游》86+［此处加号表示两片甲骨拼合］、《簠游》92。）

王卜，贞田桜，往来亡灾。王占曰吉。兹御……百四十八，象二。（《前》2·33·2。《通》21。）

获狼十，麋……虎一……象……雉十一。（《掇二》203）

---

① 德日进、杨钟健：《安阳殷墟之哺乳动物群》（中国古生物志丙种第十二号第一册），国立北平研究院地质学研究所、实业部地质调查所 1936 年印行。

② 胡厚宣：《气候变迁与殷代气候之检讨》，《中国文化研究汇刊》（第四卷上册），成都启文印刷局 1944 年印刷，第 35 页。

辛巳卜贞，王……往来亡〔灾〕，擒只……象一。（《历史研究所拓本》616）①

另外，杨升南、马季凡引用一条：辛未王卜，贞田事往来亡灾。王占曰：吉。获象十、雉十又一。（《合集》37364）②

1935 年秋，曾经在殷墟王陵区发掘过一座象坑。该坑为长方形竖穴，长5.2 米，宽 3.5 米，深 4.2 米，坑内埋大象一匹，象奴一人。③ 1978 年，中国社会科学院考古研究所安阳发掘队又在殷墟王陵区发掘一座象坑，坑中埋一象一猪，象体高 1.6 米，身长 2 米，是一匹幼象，身上还挂一个铜铃。④ 这两座象坑是祭祀商王的祭祀坑，商人用人牲和各种动物牺牲祭祀祖先神，象是牺牲品之一。1975 年，安阳殷墟妇好墓还出土了成对的玉象。⑤

《吕氏春秋·古乐》载：“商人服象，为虐于东夷。”说明商人驯象，将其用于同东夷作战。

甲骨文中的“为”就是人牵着象的意思，河南省简称的“豫”也与原来这里有象有关。

甲骨卜辞里还有狩猎获兕的记载，一次获兕最多达 40 头，兕就是犀牛：

擒，兹获兕四十、鹿二、狐一。（《合集》37375）

□卯卜庚辰王其狩……擒？允擒。获兕三十又六。（《屯南》2857）

有一次商王武丁乘猎车追赶兕，马受惊导致车翻人坠：

癸巳卜，殷，贞旬无祸？王占曰：乃兹亦有祟，若称。甲午王往逐兕，小臣叶车马硪骋王车，子央亦坠。（《合集》10405 正）

安阳花园庄遗址出土了一些能够比较明显地反映出当时环境特征的动物，如绵羊、黄牛等属于华北的动物群，以及犀、麋鹿和水牛等属于南方的动物

---

① 王宇信、杨宝成：《殷墟象坑和“殷人服象”的再探讨》，参见胡厚宣等：《甲骨探史录》，三联书店 1982 年版。

② 杨升南、马季凡：《商代经济与科技》，中国社会科学出版社 2010 年版，第 19 页。

③ 胡厚宣：《殷墟发掘》，学习生活出版社 1955 年版，第 89 页。

④ 王宇信、杨宝成：《殷墟象坑和“殷人服象”的再探讨》，参见胡厚宣等：《甲骨探史录》，三联书店 1982 年版。

⑤ 中国社会科学院考古研究所编著：《殷墟妇好墓》，文物出版社 1980 年版。

群。这种南方与华北的动物群共存的特点，证明当时安阳地区的气候比现在温暖湿润，具有较多的南北气候过渡带的特点，即类似现在的淮河地区。另外，蚌、鱼等动物的发现则表明当时遗址附近有较大的河流，这很可能就是我们现在看到的洹河。① 以上考古发现的材料表明，安阳在当时属于亚热带气候。

1975 年，殷墟遗址发现一件铜鼎，内装有粟和若干果核，果核是梅子的果核。现代野生梅树主要分布中心在西南地区，但在浙西和皖南有一个次分布中心，后两个地区属于亚热带，则梅子属于亚热带植物。进一步说明安阳殷墟当时的气候属于亚热带气候。②

山东滕州前掌大商代墓葬中出土了鳄鱼残骸和鳄鱼皮制品，还有大量的蚌饰品及蚌器。说明三千年前的黄河流域同今日长江流域一样温暖湿润。③

安阳考古出土的动物群、植物果实都证实商朝时的安阳一带属亚热带气候，甲骨文和传世文献《吕氏春秋》等的记载都与考古实物得出的结论相符。说明商代的气候比现在温暖湿润，亚热带分界线在豫北冀南一带。

---

① 袁靖、唐际根：《河南安阳市洹北花园庄遗址出土动物骨骼研究报告》，《考古》2000 年第 11 期。

② 佟屏亚：《梅史漫话》，《农业考古》1983 年第 2 期。

③ 高广仁、胡秉华：《山东新石器时代生态环境的初步研究》，参见周昆叔主编：《环境考古研究》（第一辑），科学出版社 1991 年版，第 140—142 页。

第四节　两周时期的气候

一、西周气候

西周时期，气候转冷，据史载：武王伐纣时，"阴寒雨雪十余日，深丈余"①。"孝王七年，冬，大雨雹，牛马死，江、汉俱冻。"② 从共和十年至周宣王时期，旱灾严重，当与气候变冷有关。

在仰韶文化时期，河南淅川下王岗遗址一带有苏门犀、亚洲象等热带动物，在龙山文化时期和商代，这里依然有水鹿、轴鹿等，而这些动物目前生活于我国的四川、云南、广东、海南和台湾等省，以及国外的印度、马来半岛、菲律宾、印度尼西亚等地。轴鹿现分布于孟加拉国、缅甸和泰国等地。可是到了西周文化层，动物种类又减少，而家畜增多（增加了黄牛），共有八种，未见喜暖的动物，均为适应性较强、分布面较广的种类，气温似乎又有所下降。③

山西南部绛县西部横水镇倗国墓地出土两件青铜貘形酒樽，倗国在文献上没有记载，貘形酒樽时代为西周中期，说明这时山西还有貘在这里活动。貘是一种喜暖动物，可推测山西西周中期的气候还是比较温暖的。详细情况可参阅横水墓地的考古简报。④

西周时期气候有较大的变化，气候变干变凉。西周末年持续干旱，导致了

---

① 《太平御览》卷十二引《金匮》。

② 范祥雍编：《古本竹书纪年辑校订补》，新知识出版社1956年版，第29页。

③ 贾兰坡、张振标：《河南淅川县下王岗遗址中的动物群》，《文物》1977年第6期。

④ 山西省考古研究所等：《山西绛县横水西周墓地》，《考古》2006年第7期。

游牧民族的南下，加速了西周的灭亡。

二、春秋气候

春秋时期气候又趋暖和。《春秋》记载：桓公十四年（公元前 698 年），"春正月，无冰"。成公元年（公元前 590 年），"春二月，无冰"。襄公二十八年（公元前 545 年），"春，无冰"。多个春天不结冰，说明春秋时期气候相对温暖。

《诗经·鲁颂·泮水》："憬彼淮夷，来献其琛，元龟象齿，大赂南金。"该诗是歌颂鲁僖公的诗，鲁僖公派兵征伐淮夷，取得胜利，淮夷派使者进献贡品。贡品中有大龟、象牙、青铜。春秋鲁僖公（在位时间为公元前 659—公元前 627 年）时，淮河流域还有大象，说明那时淮河流域比较温暖。

春秋时期亚热带植物梅树的分布区比现在偏北。《诗经·秦风·终南》："终南何有？有条有梅。"终南山即秦岭，位于西安之南，那时秦岭有梅树，现在已经没有了，说明终南山一带那时比现在温暖。《诗经·曹风·鸤鸠》："鸤鸠在桑，其子在梅。"《诗经·陈风·墓门》："墓门有梅，有鸮萃止。"说明河南东部和山东西部气候也比现在温暖。

黄河下游小麦收获时间比现在早，说明当时气候比现在温暖。《左传》隐公三年（公元前 720 年）四月，郑"取温之麦"。哀公十七年（公元前 478 年）六月（周历六月即夏历四月），楚国"取陈麦"。温即今河南温县，陈即今河南淮阳。则河南温县和淮阳的小麦收获季节在夏历四月。《礼记·月令》也记载孟夏"麦秋至"。现在这一带麦收时间为阳历 6 月上旬，比春秋时期推迟了 10 天左右。[①]

三、战国气候

一般认为战国时期的气候也比现在温暖。《荀子·富国》："今是土之生五谷也，人善治之，则亩数盆，一岁而再获之。"荀子生于河北南部，一生大半

[①] 满志敏：《中国历史时期气候变化研究》，山东教育出版社 2009 年版，第 138 页。

时间生活于今山东一带。山东之南，江苏之北，现在淮河北岸习惯于两年种三季作物，季节太短，不能一年种两季。说明战国时期气候比现在温暖。

《吕氏春秋·任地》："冬至后五旬七日，菖始生。菖者，百草之先生者也。于是始耕。"高诱注曰："菖，菖蒲，水草也，冬至后五十七日而挺生。"

现在陕西菖蒲生叶为 3 月上旬，比当时晚 10 天，说明公元前 2 世纪有一个较现在更为温暖的气候。

湖北随州曾侯乙墓出土了数十粒梅核，可知曾国境内有梅树。梅是亚热带植物，现在的随州仍有大量梅树，曾侯乙墓墓主下葬时间为公元前 433 年或稍晚，说明战国早期曾国的气候与现在近似。[①]

满志敏认为春秋时期以后中国东部的气候又趋于寒冷。至少战国末至西汉初这段时间里，黄河中下游地区已经比现代寒冷。所举证据如下：

一是小麦收获期比春秋时期大大推迟。《管子·轻重乙》载："乃请以令使九月种麦，日至日获，则时雨未下，而利农时矣。"《管子·轻重己》载："以春日至始，数九十二日，谓之夏至，而麦熟，天子祀于太宗。"冬小麦收获时间在夏至。《孟子·告子上》载："今夫麰麦，播种而耰之，其地同，树之时又同，浡然而生，至于日至之时皆熟矣。"夏至日在现代阳历的 6 月 24 日，相当于夏历的五月。比春秋时期小麦收获期在四月要晚。目前该地区小麦收获一般在 6 月上旬，战国时期比现在推迟了半月左右。

二是初春气温回升的日期推迟。

三是秋季霜降提前，冬季最低温度比春秋时期下降。[②]

今后还需要积累更多的资料，进一步考察战国时期的气候状况。

---

① 周春生、余志堂、邓中舜：《曾侯乙墓出土鱼骨的初步研究》，《江汉考古》总第 3 期（增印本）。

② 满志敏：《中国历史时期气候变化研究》，山东教育出版社 2009 年版，第 140—144 页。

第二章

先秦时期的水环境

水环境指河流、湖泊、海洋等各类水体的状况。随着气候的变化，先秦时期的水环境发生过复杂的变化，对于人类历史发展产生了重大的影响。研究先秦时期的水环境，可以深化我们对先秦历史的认识。本章探讨主要河流、湖泊的变迁以及先秦时期的重要水利工程。海岸线变迁则在第三章中专门介绍。

第一节   黄河、淮河的变迁

一、黄河

黄河是我国第二大河流，上源马曲（约古宗列渠）出青海省巴颜喀拉山脉雅拉达泽山麓，流经青海、四川、甘肃、宁夏、内蒙古、陕西、山西、河南、山东9个省区，在山东北部流入渤海。干流全长5464公里，流域面积75.24万平方公里。

黄河流域是中华民族的摇篮之一，黄河中下游地区在相当长的历史时期是我国政治、经济和文化中心。

历史上黄河以"善淤、善决、善徙"著称。黄河有两大特点："（1）水量小而变率大。黄河虽仅次于长江为我国第二条大河，但由于流经地区气候干燥，年雨量在400—600毫米之间，又大量蒸发，径流量极为贫乏。据现代实测，其径流量仅为长江的二十分之一，西江的五分之一，甚至比流域面积仅为黄河十三分之一的闽江还小。黄河水量虽小，但季节和年际变化很大。黄河下游洪水主要来自中游干支流地区，这些地区雨量季节分布极不均匀，大都集中在7—10月份且多系暴雨，往往在几天之内将一年内一半以上的雨量倾泻下来，夏秋汛期的水量可占全年的60%—70%，大部分洪水具有猛涨猛落的特点。黄河流量的年际变化也很大，例如据陕县站观测，多年平均流量不过1546立方米/秒，而历史上曾出现过36000立方米/秒（1843年），22000立方米/秒（1933年）和22300立方米/秒（1958年）的特大洪水和大洪水。

（2）含沙量高。黄河的含沙量在世界河流中占第一位。与洪水一样，黄河泥沙主要来自中游的黄土高原。由于黄土深厚，质地疏松，易受冲刷侵蚀。尤其是晋陕甘地区，地面被覆不良，沟壑纵横，每遇暴雨即将大量泥沙随着水流带入黄河。据陕县站多年观测，平均年输沙量为16亿吨，最高时为33.6亿吨，其中大约四分之三输送入海，其余的堆积在河床上，日积月累，河床淤高，必须依靠堤防加以约束，最后成了悬河。因而伏秋大汛时，防守不力就容易造成决溢改道。"①

据统计，从春秋时期的周定王五年（公元前602年）到1949年以前的2500多年间，黄河共决口1593次，重大改道6次。②每次决口改道，不仅给社会带来了重大损失，也对中原地区的地理环境产生了较大的影响。

先秦时期，有《山海经·山经》《尚书·禹贡》《汉书·地理志》记载的共三条黄河下游河道。

谭其骧将《北山经·北次三经》注入河水的各支流资料汇总起来，参照《汉书·地理志》《水经注》有关记载，进行复原，则《山海经·山经》记载的黄河下游河道："宿胥口以上同《汉志》大河；宿胥口以下走《汉志》邺东故大河，汉时除中间一段是当时的清河水外无水；今曲周县东北以下走《汉志》漳水；今巨鹿县东北以下，隔一小段《汉志》无水地段，接走《汉志》信都故漳河即浸水；自今深县至蠡县间一段《汉志》无水；自今蠡县南以下走《汉志》滱水入海，下半段也就是《水经》的巨马河。"③《山经》河水下游故道是见于记载的一条较早的黄河故道。谭其骧研究《山经》之后，提出这一创见。

《禹贡》记载黄河下游："东过洛汭，至于大伾；北过降水，至于大陆；又北播为九河，同为逆河入于海。"参照《汉书·地理志》《水经》有关记载，则《尚书·禹贡》记载的黄河下游河道，"自深县以上，同《山经》河水。洛

① 中国科学院《中国自然地理》编辑委员会：《中国自然地理：历史自然地理》，科学出版社1982年版，第38—39页。

② 水利电力部黄河水利委员会编：《人民黄河》，水利电力出版社1959年版，第11页。

③ 谭其骧：《山经河水下游及其支流考》，《中华文史论丛》第七辑，1978年。收入谭其骧：《长水粹编》，河北教育出版社2000年版，第441—442页。

汭，即洛水入河处。大伾，山名，在今河南浚县东郊；但古代所谓大伾应包括城西南今浮丘山。古河水自宿胥口北流经其西麓。降水，即漳水；'北过降水'，即在今曲周县东南会合漳水。'至于大陆'，即到达了曲周以北一片极为辽阔的平陆。自今深县南起与《水经》河水别，折东循《水经》漳水入海；于《汉书·地理志》为走'故漳河'至今武邑县北，走滹沱河至今青县西南，又东北走滹沱别河至今天津市东南入海。这是《禹贡》河水的干流，亦即'九河'中的最北一支。'又北播为九河'，是说河水自进入大陆后北流分为九条岔流。'九'也可能只是泛指多数，不是实数。九河也未必同时形成，未必同时有水，很可能是由于'大陆'以下的河水在一段时间内来回摆动而先后出现的。'同为逆河入于海'，是说九河的河口段都受到渤海潮汐的倒灌，以'逆河'的形象入于海"①。

　　"《汉书·地理志》里的河水是西汉时见在的河道，却也是一条春秋战国以来早已形成了的河道。这条河道根据《汉书·地理志》《汉书·沟洫志》和《水经·河水注》所载，具体经流应为：宿胥口以上同《山经》《禹贡》；自宿胥口东北流至今濮阳县西南长寿津，即《水经注》里见在的河水；自长寿津折而北流至今馆陶县东北，折东经高唐县南，折北至东光县西会合漳水，即《水经·河水注》里的大河故渎，此下折东北流经汉章武县南，至今黄骅县东入海。"②（图一）

<hr>

① 谭其骧：《西汉以前的黄河下游河道》，《历史地理》1981 年第 1 期。转引自中国科学院《中国自然地理》编辑委员会：《中国自然地理：历史自然地理》，科学出版社 1982 年版，第 40—41 页。

② 中国科学院《中国自然地理》编辑委员会：《中国自然地理：历史自然地理》，科学出版社 1982 年版，第 41 页。

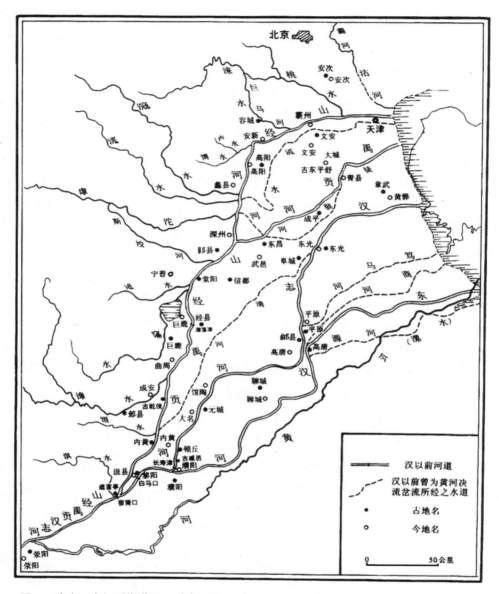

图一　先秦至东汉时期黄河下游变迁图

（采自邹逸麟编著：《中国历史地理概述》，上海教育出版社 2005 年版，第 32 页。）

　　《汉书·沟洫志》载西汉王横说："《周谱》云定王五年（公元前 602 年）河徙，则今所行非禹之所穿也。"清初胡渭在《禹贡锥指》卷三中认为，这是自大禹治水以后黄河发生的第一次重大的改道。

　　但也有人提出质疑，认为"近代讲黄河史的著作一般都沿用清初胡渭在其所著《禹贡锥指》一书中的说法，认为这是大禹治水以后黄河的第一次改道，也就是先秦的唯一一次改道，决口地点在宿胥口，此前黄河都走禹河（即《禹贡》里的河）故道，此后即改走《汉书·地理志》里的河道。实际上这只是一种毫无根据的臆断，极不可信"①。

　　战国时代黄河溢了一次②，决了三次。而三次决口都不是黄河自动决口，而是在战争中为了对付敌人用人工挖开的③。

　　早于战国以前，黄河沿岸没有大规模修筑堤防，黄河基本流向大致都是流经河北平原（包括豫北、冀南、冀中、鲁西北），在渤海西岸入海。由于没有堤防，每遇汛期，免不了要漫溢泛滥，每隔一个时期，免不了要改道，情况颇似近代不筑堤的河口三角洲地区。因而不论是新石器时代或是商周以至春秋时代，平原的中部都存在着一片极为宽阔的、空无聚落的地区。在这一大片土地上，既没有这些时期的文化遗址，也没有任何见于可信的历史记载的城邑或聚落。新石器时代遗址：太行山东麓大致以京广铁路线为限，山东丘陵西北大致以今徒骇河为限。商周时代的遗址和见于历史记载的城邑聚落：太行山东麓至于今雄县、广宗、曲周一线，山东丘陵西北仍限于徒骇河一线。春秋时代邯郸以南太行山以东平原西部和泰山以西平原东部的城邑已相去不过七八十公里，但是自邯郸以北则平原东西部城邑的分布，仍然不超过商周时代的范围。这种现象充分说明了在这些时期里，黄河在平原中部的广大地区内漫溢泛滥的经常性和改道的频数性，以致人类不可能在这里长期定居下来。④

　　战国时期，开始在黄河下游沿岸大规模修筑堤防，《汉书·沟洫志》载："盖堤防之作，近起战国，雍防百川，各以自利。齐与赵魏以河为境，赵魏濒

---

① 中国科学院《中国自然地理》编辑委员会：《中国自然地理：历史自然地理》，科学出版社 1982 年版，第 42 页。

②《水经·济水注》引《竹书纪年》。

③《水经·河水注》引《竹书纪年》、《史记·赵世家》肃侯十八年和惠文王十八年。

④ 中国科学院《中国自然地理》编辑委员会：《中国自然地理：历史自然地理》，科学出版社 1982 年版，第 40 页。

山，齐地卑下，作堤去河二十五里。河水东抵齐地则西泛赵魏。赵魏亦为堤去河二十五里。虽非其正，水尚有所游荡。时至而去，则填淤肥美，民耕田之。或久无害，稍筑室宅，遂成聚落。大水时至漂没，则更起堤防以自救。稍去其城郭，排水泽而居之。湛溺自其宜也。"《汉书·地理志》里的河道就是战国时期所修堤防固定下来的。

二、淮河

淮河位于黄河与长江之间，是一条重要的自然分界线，淮河以南属亚热带，淮河以北属暖温带。流域包括河南东南部、安徽北部、江苏北部、山东南部，总面积 27 万平方公里。在全流域内，西部、北部和东北部为山地丘陵，面积占 1/3，其余广大地区均为平原，面积占 2/3。

现在的淮河流域以废黄河一线为界，分为淮河水系和沂沭泗水系。

淮河干流发源于河南省桐柏山主峰胎簪山，东经河南、安徽至江苏扬州的三江营入长江，全长约 1000 公里。淮河上游自桐柏山至豫皖交界的洪河口，长 360 公里。主要支流有浉河、小潢河、竹竿河、寨河、潢河、白露河和洪河。

淮河中游自洪河口至洪泽湖，长 490 公里。北部为淮北平原，支流长大，主要支流有颍河、西淝河、涡河、北淝河、浍河、沱河、汴河和濉河。南部多山地丘陵，支流短小，主要支流有史河、沣河、汲河、淠河、东淝河、池河等。

淮河下游自洪泽湖至三江营入长江，全长 150 公里。淮河下游主干道自洪泽湖南端的三河闸，穿过高邮湖、邵伯湖，在扬州东南三江营注入长江，借长江河口段注入东海。另外淮河还有两条入海河道。一条出洪泽湖东北部的高良涧闸，经苏北灌溉总渠，在扁担港注入黄海，这是中华人民共和国成立以后，为分泄淮河洪水，引用洪泽湖水灌溉，而新修的一条入海河道，全长 168 公里。另一条自高良涧闸北的二河闸，经淮沭新河进入新沂河，东入黄海。

沂沭泗水系发源于山东的沂蒙山区，由沂河、沭河、泗水等水系组成，经新沂河入黄海，总流域面积约 8 万平方公里。

先秦时期的淮河直接注入黄海。《尚书·禹贡》载："导淮自桐柏，东会于泗、沂，东入于海。"《淮南子·墬形训》载："淮出桐柏山。"《汉书·地理志》南阳郡平氏县班固自注："《禹贡》桐柏大复山在东南，淮水所出，东南至淮浦入海，过郡四，行三千二百四十里。"淮浦故址即今江苏省涟水县治。

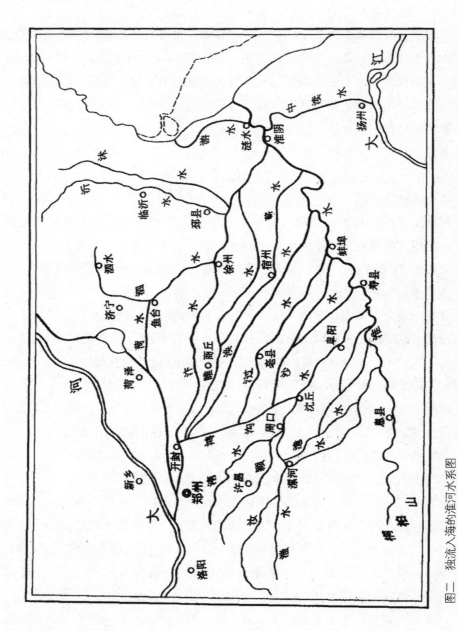

图二　独流入海的淮河水系图

见图二①。《山海经·海内东经》记载了淮河及部分支流的情况，如："淮水出

---

① 采自张修桂：《中国历史地貌与古地图研究》，社会科学文献出版社 2006 年版，
　第 356 页。

余山，余山在朝阳东，义乡西，入海，淮浦北。""颖水出少室，少室山在雍氏南，入淮西鄢北。一曰缑氏。汝水出天息山，在梁勉乡西南，入淮极西北。一曰淮在期思北。""泗水出鲁东北，而南，西南过湖陵西，而东南注东海，入淮阴北。"

　　蚌埠双墩遗址位于安徽省蚌埠市淮上区小蚌埠镇双墩村北侧的台地上，双墩村本身为一高地，双墩遗址是这个高台向北延伸的突出部分，高出周围地表1.5米。该遗址地处淮河北岸，遗址南距淮河直线距离3.5公里。双墩遗址的时间为距今约7300—7100年。该遗址发现了当时淮河洪水泛滥的遗迹，在第0621号探方北壁发现6层钉螺沉积层，钉螺在淮河涨水时漂在水面上，随着洪水的流动就堆积在遗址上。第1层厚0.5厘米，距地表1.2米；第2层厚3厘米，距第1层40厘米；第3层厚4厘米，距第2层50厘米；第4层厚5厘米，距第3层30厘米；第5层厚2厘米，距第4层14厘米；第6层厚2厘米，距第5层3厘米。说明当时淮河发生过6次大洪水，最大一次洪水淹没到距双墩遗址居住面1.2米处。[1]

---

[1] 安徽省文物考古研究所等编著：《蚌埠双墩：新石器时代遗址发掘报告》，科学出版社2008年版，第603页。

第二节　长江的变迁

　　万里长江发源于青海省西南边境唐古拉山脉各拉丹冬雪山的沱沱河。长江干流自西向东穿过青海、西藏、四川、云南、重庆、湖北、湖南、江西、安徽、江苏、上海共 11 个省、自治区、直辖市，注入东海。全长约 6300 公里。仅次于非洲的尼罗河和南美洲的亚马孙河。流域面积约 180 万平方公里。长江流经的地区地势共分三级阶梯：世界屋脊青藏高原为第一级阶梯；中部盆地、山地与高原为第二级阶梯，海拔 500—2000 米；东部的平原和低地为第三级阶梯。长江是中华民族的母亲河之一，她和黄河一样，同是中华民族的摇篮。

一、长江源头之辩

　　《禹贡》载："嶓冢导漾，东流为汉，又东为沧浪之水，过三澨，至于大别，南入于江，东汇泽为彭蠡，东为北江，入于海。岷山导江，东别为沱，又东至于澧。过九江，至于东陵，东迆北会于汇。东为中江，入于海。"《禹贡》所说的长江源头为岷山，反映了先秦时期人们关于长江源头的看法。另外《荀子·子道》载："江出于岷山。其始出也，其源可以滥觞。"《山海经·中山经》载："岷山，江水出焉，东北流，注于海。"因为《禹贡》为《尚书》的一篇，《尚书》为五经之一，因此自战国至清代，大多数典籍都因袭权威观点，认为岷山为长江源头，岷山说遂成为长江源头的主流观点。明末地理学家徐霞客到金沙江上游考察后，写了《江源考》一文，认为金沙江源远于岷江，应为长江正源。①

---

① 孙仲明、赵苇航：《我国对长江江源认识的历史过程》，《扬州师院学报》（自然
　科学版）1984 年第 1 期。

二、长江洪水

在全新世大暖期，长江曾经洪水频发。杨怀仁认为距今 8000—6000 年是华北平原和长江中下游地区的第一洪水期。[1] 玉溪遗址位于重庆市丰都县高家镇金钢村，地处长江南岸二级阶地，在玉溪早中期地层中发现了 11 层似洪水沉积层，学者对沉积物进行了研究，将沉积物的有关数据与 1981 年的平均粒径、分选系数、偏度和尖度以及概率累积曲线进行对比分析，确证玉溪遗址的 11 层似洪水沉积层，为古洪水沉积层。[2] 经 ^{14}C 测年，玉溪下层时间距今 7600—6400 年。时间正好处于杨怀仁所说的洪水期范围之内。

巴东楠木园遗址早期地层中也发现了洪水遗迹。第二条冲沟为楠木园文化时期留下的遗迹，在冲沟内发现了四个时期的淤沙层，淤沙层与文化层区别明显，淤沙层属于洪水沉积层。洪水过后，人们又来生活，于是出现了淤沙层与文化层相叠压的地层关系，也说明这些地层属于原生地层。楠木园文化的绝对年代距今 7400—6800 年。在 600 年间，长江发生过四次大洪水。楠木园遗址海拔高程 100—140 米，遗址主体部分主要分布在海拔 110—116 米之间。现代洪水一般很难到达这个高度，仅 1870 年的洪水淹没线到达海拔 140 米，是因为长江上游连续大雨，西陵峡一带滑坡，壅塞河道，导致江水泄洪困难。[3] 说明楠木园文化时期的洪水是百年一遇的大洪水，与当时大暖期气候有关。楠木园遗址的洪水暴发时间可与玉溪遗址互相印证。

1979 年 10—11 月，宜昌地区博物馆、四川大学历史系考古专业发掘了宜昌中堡岛遗址，三峡水利枢纽工程就奠基在该岛之上。该遗址的第五层和第六层之间有一鱼骨层和纯沙层，黄褐色，松软纯净，没有文化遗物，厚 15—20

---

[1] 杨怀仁：《古季风、古海面与中国全新世大洪水》，河海大学出版社 1996 年版，第 366—373 页。

[2] 徐伟峰等：《长江三峡库区玉溪遗址地层古洪水研究》，莫多闻等主编：《环境考古研究》（第四辑），北京大学出版社 2007 年版，第 342—346 页。

[3] 国务院三峡工程建设委员会办公室、国家文物局编著：《巴东楠木园》，科学出版社 2006 年版，第 16—18、404—405 页。

厘米。纯沙层属洪水淤积层。① 第六层的出土遗物属大溪文化关庙山类型第三期，距今 5750—5500 年。第五层的出土遗物属大溪文化关庙山类型第四期，距今 5500—5250 年。② 根据文化层的年代推知，距今 5500 年左右，长江发生过一次洪水。

1985—1986 年，国家文物局三峡考古队对中堡岛遗址进行再次发掘，将遗址分为东区、中区和西区。东区第一地点的第六层为淤沙层，厚 0.92—1.37 米。此层下叠压着第 107 和第 108 号墓葬，属屈家岭文化时期的墓葬。③ 屈家岭文化的绝对时代距今 5000—4700 年。第五层的时代为商代层，与中原的二里岗上层时代相当。这次长江洪水很可能发生在屈家岭文化之后，时间约距今 4700 年。

1993 年，宜昌市博物馆对中堡岛遗址进行了第三次发掘，其地层堆积情况如下：第一层为耕土层，厚 20—25 厘米。第二层为纯沙层，厚 100—125 厘米，呈黄褐色，较松软，纯净不含任何文化遗存。第三层为东周文化层，厚 0—25 厘米。第四层为商时期文化层，厚 0—15 厘米。第五层为纯沙层，厚 25—50 厘米，沙质颜色与第二层相同。第六层为屈家岭文化层，厚 10—45 厘米。④ 从地层的叠压情况来看，长江发生过两次洪水，一次在屈家岭文化之后，另一次在东周之后。东周之后的这次洪水准确时间难以确定，因为其上为耕土层，时间跨度太大。

---

① 湖北省宜昌地区博物馆、四川大学历史系：《宜昌中堡岛新石器时代遗址》，《考古学报》1987 年第 1 期。

② 张绪球：《长江中游新石器时代文化概论》，湖北科学技术出版社 1992 年版，第 132 页。

③ 国家文物局三峡考古队编著：《朝天嘴与中堡岛》，文物出版社 2001 年版，第 90 页及图版四十一。

④ 宜昌市博物馆：《湖北宜昌市中堡岛遗址西区 1993 年发掘简报》，参见国家文物局三峡工程文物保护领导小组湖北工作站：《三峡考古之发现（二）》，湖北科学技术出版社 2000 年版，第 469—476 页。还参考了杨华：《三峡新石器时代长江洪水的考证》，《文博之友》2011 年第 2 期。

　　王红星根据江汉地区的古代遗址地层堆积情况，认为江汉地区全新世早中期曾发生四次较大的洪水期：第一次洪水期时间为彭头山文化晚期，距今7500—7000年；第二次为大溪文化关庙山类型三期阶段，距今5800—5500年；第三次为屈家岭类型三期阶段，距今5000—4800年；第四次为石家河文化晚期后段至相当于中原二里头文化二期阶段，距今4100—3800年。①

　　长江下游南京江北浦口地区在距今8200±126年、7822±250年、7670±160年、7562±90年也经历过规模较大的洪水。②

① 王红星：《长江中游地区新石器时代人地关系研究》，周昆叔等主编：《环境考古研究》（第三辑），北京大学出版社2006年版，第192页。

② 朱诚等：《南京江北地区全新世沉积与古洪水研究》，《地理研究》1997年第4期。

第三节　湖泊的变迁

一、黄河、淮河流域的湖泊变迁

　　邹逸麟对黄淮海平原的湖泊变迁进行了深入研究，搜集了大量资料。黄淮海平原又称华北大平原，西抵太行山和豫西山地，东至渤海、黄海，北界燕山山脉，南至桐柏山、大别山和淮河，面积约 30 万平方公里。先秦时期，黄淮海地区存在许多湖沼。根据邹逸麟的研究成果，该地区先秦时期见于文献记载的湖泊有四十余处，现转录其列表如下。

地区	名称	方位	资料出处
河北平原	大陆泽	今河南修武、获嘉间	《左传》（定公元年）
	荥泽	今河南浚县西	《左传》（闵公元年）
	澶渊	今河南濮阳西	《左传》（襄公二十年）
	黄泽	今河南内黄西（西汉时方数十里）	《汉书·地理志》
	鸡泽	今河北邯郸永年区东	《左传》（襄公三年）
	大陆泽	今河北任县迤东一带	《左传》（定公元年）、《尚书·禹贡》、《尔雅·释地》、《汉书·地理志》
	泜泽	今河北宁晋东南（相当于明清时宁晋泊西南部）	《山海经·北山经·北次三经》
	皋泽	今河北宁晋东南（相当于明清时宁晋泊西北部）	同上
	海泽	今河北曲周北境	同上
	鸣泽	今河北徐水北	《汉书·武帝纪》
	大泽	今河北正定附近滹沱河南岸	《山海经·北山经·北次三经》

续表

地区	名称	方位	资料出处
黄淮平原	修泽	今河南原阳西	《左传》（成公十年）
	黄池	今河南封丘南	《左传》（哀公十三年）
	冯池	今河南荥阳西南	《汉书·地理志》
	荥泽	今河南荥阳北	《左传》（宣公十二年）、《尚书·禹贡》
	圃田泽（原圃）	今河南郑州、中牟间	《左传》（僖公三十三年）、《水经注·渠水注引》《古本竹书纪年》《尔雅·释地》《周礼·职方》《左传》（昭公二十年）
	萑苻泽	今中牟东	《左传》（昭公二十年）
	逢泽（池）	今河南开封东南	《汉书·地理志》
	孟诸泽	今河南商丘东北	《左传》（僖公二十八年）《尚书·禹贡》、《尔雅·释地》、《周礼·职方》
	逢泽	今河南商丘南	《左传》（哀公十四年）
	蒙泽	今河南商丘东北	《左传》（庄公十二年）
	空泽	今河南虞城东北	《左传》（哀公二十六年）
	菏泽	今山东定陶东北	《尚书·禹贡》《汉书·地理志》
	雷夏泽	今山东鄄城南	《尚书·禹贡》《汉书·地理志》
	泽	今鄄城西南	《左传》（僖公二十八年）
	阿泽	今山东阳谷东	《左传》（襄公十四年）
	大野泽	今山东巨野北	《左传》（哀公十四年）、《尚书·禹贡》、《汉书·地理志》
	沛泽	今江苏沛县北	《左传》（昭公二十年）
	丰西泽	今江苏丰县西	《汉书·高帝纪》
	湖泽	今安徽宿州东北	《山海经·东山经·东次二经》
	沙泽	约在今鲁南、苏北一带	同上
	余泽	同上	同上
	浊泽	今河南长葛境	《史记·魏世家》
	狼渊	今河南许昌西	《左传》（文公九年）
	棘泽	今河南新郑附近	《左传》（襄公二十四年）
	鸿隙陂	今河南汝河南、息县北	《汉书·翟方进传》
	洧渊	今河南新郑附近	《左传》（昭公十九年）
	柯泽	杜注：郑地	《左传》（僖公二十二年）
	汋陂	杜注：宋地	《左传》（成公十六年）
	圉泽	杜注：周地	《左传》（昭公二十六年）

续表

地区	名称	方位	资料出处
	郭泽	杜注：卫地	《左传》（定公八年）
	琐泽	杜注：地阙	《左传》（成公十二年）
	泽	在今山东济南历城区东或章丘北	《山海经·东山首经》
	泽	在今山东淄博迤北一带	同上
滨海地区	钜定（泽）海隅	今山东广饶东清水泊前身莱州湾滨海沼泽	《汉书·地理志》《尔雅·释地》

　　黄淮海平原上当时的湖沼数量应大于文献记载的数量。《春秋》庄公十七年记载："冬，多麋。"再加上河北平原滨海地区发现许多适应生活在温暖湿润的沼泽环境下的麋鹿，说明河北大平原地区沼泽密布、洼地连片。战国末年，督亢地区是燕国最富饶的水利区，在今河北涿州、固安等地界，《水经·巨马水注》等文献记载这里有一个"径五十里的督亢陂"。战国末年，燕太子丹派荆轲刺秦王，所献者就是督亢地图。督亢陂很可能战国时期已经存在。豫东南和淮北平原还有一些沼泽，可能因水体随季节变化较大，此时尚无固定名称。如秦始皇东巡，刘邦隐芒、砀山泽间，其地在今河南夏邑、永城间。秦末陈涉起义的地点大泽乡，在今安徽宿州东南。[1]

　　下面我们摘要介绍几个湖沼。

　　昭余祁：位于汾河流域今祁县西南，介休东北，是古代晋中盆地最大的湖泊。《水经注》卷六载："汾水于县左迤为邬泽。《广雅》曰：'水自汾出为汾陂，其陂东西四里，南北一十余里，陂南接邬。'《地理志》曰：'九泽，在北，并州薮也。'《吕氏春秋》谓之大陆，又名之曰沤夷之泽，俗谓之邬城泊。……侯甲水又西北历宜岁郊，径太谷，谓之太谷水，出谷西北流，径祁县故城南，自县连延，西接邬泽，是为祁薮也，即《尔雅》所谓昭余祁矣。"《周礼》："正北曰并州，其山镇曰恒山，其泽薮曰昭余祁，其川虖池、呕夷。"

　　董泽：位于今山西闻喜东北涑水上游。《左传》宣公十二年（公元前597

① 邹逸麟：《历史时期华北大平原湖沼变迁述略》，《历史地理》（第五辑），上海人民出版社 1987 年版。

年）载："厨子怒曰：'非子之求而蒲之爱，董泽之蒲，可胜既乎？'知季曰："不以人子，吾子其可得乎？吾不可以苟射故也。'射连尹襄老，获之遂载其尸。射公子谷臣，囚之。以二者还。'"杜预注："董泽，泽名，河东闻喜县东北有董池陂。"由杜预注可知西晋时期这里还有董池陂。

荥泽：位于今河南荥阳北。《尚书·禹贡》："荥波既猪。""导沇水，东流为济，入于河，溢为荥。"济水和河水带来的泥沙在此淤积，西汉平帝在位时期，荥泽已渐被淤平。《汉书·地理志》未记载荥泽。

圃田泽：位于今河南郑州与中牟之间，战国时梁惠王十年（公元前360年）引黄河水入圃田泽，又引圃田泽的水入鸿沟，圃田泽成为黄河下游与鸿沟之间调节流量的水库。

孟诸泽：位于今河南商丘东北。《左传》僖公二十八年（公元前632年）记载："（子玉）先战，梦河神谓己曰：'畀余，余赐女孟诸之麋。'"杜预注说："孟诸，宋薮泽，水草之交曰麋。"《左传》文公十年（公元前617年）载："宋华御事曰：'楚欲弱我也，先为之弱乎？何必使诱我？我实不能，民何罪？'乃逆楚子，劳且听命。遂道以田孟诸。"杜预注："孟诸，宋大薮也，在梁国睢阳县东北。"《左传》文公十六年（公元前611年）载："冬十一月，甲寅，宋昭公将田孟诸，未至，夫人王姬使帅甸攻而杀之。"《周礼》："正东曰青州，其泽薮曰望诸。"《尚书·禹贡》："导菏泽，被孟猪。"《吕氏春秋·有始》："何谓九薮？吴之具区，楚之云梦，秦之阳华，晋之大陆，梁之圃田，宋之孟诸，齐之海隅，赵之巨鹿，燕之大昭。"《淮南子·墬形训》："何谓九薮？曰越之具区，楚之云梦，秦之阳纡，晋之大陆，郑之圃田，宋之孟诸，齐之海隅，赵之巨鹿，燕之昭余。"

菏泽：位于今山东定陶东北，由古代济水流经时汇聚而成。《尚书·禹贡》："导菏泽，被孟猪。"

雷夏泽：位于今山东鄄城南。《史记·五帝本纪》："舜耕历山，渔雷泽。"

大陆泽：大陆泽是河北平原西部太行山冲积扇和黄河故道之间的一片洼地，位于今任县、平乡、隆尧、巨鹿之间。《山海经·山经》《尚书·禹贡》记载黄河流经泽东。《尚书·禹贡》："北过降水，至于大陆。"大陆泽下游，还有泜泽和皋泽两个湖泊，为《山海经·山经》中东来的肥水（今洨河）、槐水、泜水所注，因大河西岸天然堤阻塞而成。

巨野泽：巨野泽又名大野泽，位于今山东巨野北。古时为济、濮二水所汇。《尚书·禹贡》："大野既猪，东原底平。"《周礼》："河东曰兖州，其山镇曰岱山，其泽薮曰大野。"

二、长江中游的湖泊变迁

云梦泽

石泉等把"云梦"或"梦"字作了通名或专名的区分。"云梦"作为古代楚国境内的一个专名，最早见于战国诸子书中。如：

《墨子·公输》："荆有云梦，犀兕麋鹿满之。"

宋玉《高唐赋·序》："昔者楚襄王与宋玉游于云梦之台。"又，《神女赋·序》："楚襄王与宋玉游于云梦之浦。"（《文选》卷十九）

《吕氏春秋·贵直论·直谏》："荆文王……以畋于云梦，三月不反。"又，《仲冬纪·至忠》："荆庄哀王猎于云梦，射随兕，中之。"

石泉等认为这以下三个"梦"字属于通名，而非专名。[1]《左传》宣公四年载："初，若敖娶于䢵，生斗伯比。若敖卒，从其母畜于䢵，淫于䢵子之女，生子文焉。䢵夫人使弃诸梦中，虎乳之。䢵子田，见之，惧而归。夫人以告，遂使收之。"昭公三年载："郑伯如楚。……子产乃具田备。王以田江南之梦。"

《楚辞·招魂》记载："与王趋梦兮课后先，君王亲发兮惮青兕。"王逸注："梦，泽中也。楚人名泽为梦中。"

其他记载，还见于如下。

《国语·楚语下》记载："又有薮曰云连徒洲，金木竹箭之所生也。龟、珠、角、齿、皮、革、羽、毛，所以备赋，以戒不虞者也。所以共币帛，以宾享于诸侯者也。"韦昭注："楚有云梦。薮，泽名也。连，属也。水中之可居者曰洲，徒其名也。"

《左传》定公四年载："楚子涉雎，济江，入于云中。"杜预注："入云梦泽中，所谓江南之梦。"

《战国策·宋策一》记载："墨子曰：'荆之地方五千里，宋方五百里，此

---

[1] 石泉、蔡述明：《古云梦泽研究》，湖北教育出版社 1996 年版。

犹文轩之与敝舆也。荆有云梦，犀兕麋鹿盈之，江汉鱼、鳖、鼋、鼍为天下饶，宋所谓无雉兔鲋鱼者也，此犹粱肉之与糟糠也。荆有长松、文梓、楩、楠、豫章，宋无长木，此犹锦绣之与裋褐也。'"

《战国策·楚策》记载："于是，楚王游于云梦，结驷千乘，旌旗蔽日，野火之起也若云霓，兕虎嗥之声若雷霆。"

《尚书·禹贡》记载："云土梦作乂。"

司马相如《子虚赋》云："云梦者，方九百里。"

关于云梦泽地理方位与形成过程，流行说法认为云梦泽范围很大，"跨江南北"，这一说法至少起源于唐代，到现在仍然流行。如有人认为："在距今两千多年以前，从江汉平原直至洞庭湖是大小湖泊连成一片的巨大云梦泽。在地质历史上，这里也是白垩纪以来一直沉降的盆地，后来由于长江和汉水泥沙淤积及人工围垦，大部分湖泊成为陆地，留下的大湖主要是洞庭湖。"[①]

"Q_1（更新世早期）时江汉与洞庭是一个连成一片的巨大湖泊。"[②]"更新世时，江北的古云梦泽与江南的古洞庭湖在当时可能连成一片，成为水势浩瀚的内陆大湖。全新世初期一直至有史记载的春秋时代，江北的古云梦泽与江南的古洞庭湖似合为巨浸。"[③]

《中国自然地理：历史自然地理》作者提出了与传统观点不同的说法：先秦时期的"云梦"和"云梦泽"是两个既不相同又相互联系的地理概念。"云梦"泛指春秋战国时期楚王狩猎区，包括有山地、丘陵、平原和湖泽，是多种地貌的综合体，范围非常广泛，几乎包括湖北东南部大半个省；"云梦泽"专指这个狩猎区内的湖沼地貌部分，位于今江汉平原之内，南部缘以大江（今"下荆江"），与江南的洞庭区没有关系，因而并不跨"江"。先秦时代的平原有两大片，西部平原即江陵以东的荆江三角洲，东部为城陵矶至武汉的长

---

① 任美锷、杨纫章、包浩生编著：《中国自然地理纲要》，商务印书馆 1979 年版，第 222 页。

② 黄第藩等：《长江下游三大淡水湖的湖泊地质及其形成与发展》，《海洋与湖沼》1965 年第 4 期。

③ 杨怀仁等：《长江中下游（宜昌——南京）地貌与第四纪地质》，参见《全国地理学会 1960 年学术会议论文选集》，科学出版社 1960 年版。

江两侧的泛滥平原，当时的云梦泽，就位于两大平原之间，南北与长江、汉水沟通，西部接纳荆江三角洲的长江分流——古夏水和古涌水。秦汉时代，长江在江陵以东继续通过夏水和涌水分流分沙的结果，荆江三角洲不断向东发展，并和来自今潜江一带向东南发展的汉江下游三角洲合并，形成江汉陆上三角洲。这时的云梦泽，大体被分隔成西北和东南两部分，其主体，由于三角洲扩展的结果，已被排挤在当时南郡华容县的南境（依流行说法，被定位于今监利、潜江一带），其东其北，虽属云梦泽，但主要呈现出沼泽形态。在华容西北，即荆江三角洲北侧的云梦泽，先秦时代楚国曾利用其沼泽平原地貌，自西南向东北"通渠汉水云梦之野"；两汉时代，又有阳水接纳漳水，通过该地区，东北流汇入汉水。魏晋南朝时期，江汉陆上三角洲和云梦泽变化较大。由于汉水地区新构造运动有向北向南掀斜下降的性质，荆江分流分沙量均有逐渐南移、汇集的趋势。所以荆江三角洲在向东延伸的同时，迅速向南扩展，从而迫使原来华容县南的云梦泽主体，向下游方向的东部转移。至《水经注》时代，云梦泽的主体已在华容县东。原位于华容县南的云梦泽，则为新扩展的三角洲平原所代替。而随着荆江三角洲夏、涌二水分流顶点高程的增加，平水期水流归槽的结果，夏、涌二水逐渐变成冬竭夏流的季节性分洪道，涌水上游逐渐断流。当时云梦泽主体的位置，在云杜、惠怀、监利一线以东，由大浐、马骨诸湖组成。此外，在大浐湖东北，汉江通过沌水口分流，在今汉江分洪区潴汇成太白湖。同时，随着云梦泽主体不断被迫东移，城陵矶至武汉的长江西侧泛滥平原，大部沦为湖泽。荆江三角洲北侧的云梦沼泽区，自东晋时期江陵（被定位于今江陵县）金堤的兴筑，荆门一带水流在此汇聚，沼泽逐渐演变成一连串的湖泊。南朝以后，随着汉江三角洲的进一步扩展，原已平浅的云梦泽主体，在唐宋时代基本上已淤成平陆。江汉平原历史上著名的云梦泽基本上消失，大面积的湖泊水体，已为星罗棋布的湖沼所代替。而唐宋人为附会经典云梦之说，遂指当时安州云梦县西的一个魏晋以后才形成的阔不过数十里的湖泊为云梦泽。①

　　石泉、蔡述明提出了一个更新的见解：历史上各个时期从无一个"跨江

① 中国科学院《中国自然地理》编辑委员会：《中国自然地理：历史自然地理》，科学出版社1982年版，第88—93页。

南北"、囊括江汉平原和洞庭湖区的"大云梦泽"存在过。即使在江汉平原上，也从没有存在过一个统一的古云梦泽。

石泉根据文献资料研究，认为"云梦"地望有一个演变的过程：先秦时期的古"云梦"（《左传》郧国之梦和《尚书·禹贡》"云土梦"）实位于汉晋的江夏郡云杜县境，即今京山、钟祥间，大致相当于溾水中上游温峡口水库一带，这是最早的"云（郧、邔）梦"所在。汉魏六朝时期著称的华容云梦泽（又名巴丘湖，即楚国的"江南之梦"）则当在汉晋南郡的"江南"地区，即汉水中游以西的今钟祥西北境、蛮河南面涑河北面的沼泽洼地上。唐至北宋时著称的安州云梦泽则在今安陆至云梦县境。这三个云梦泽分别在三段不同的历史时期著称，其他与之同时的云梦泽由于各种原因，或者尚未受到普遍重视，或者已渐趋衰微，终至消失，而鲜为人知。自唐以后，由于人们企图按照当时人的传统解释（其中包括未能鉴别以伪乱真的史料而造成的误解），以兼容并包的方式来协调、统一有关云梦泽地望的各种矛盾说法，遂至把云梦泽越说越大，形成"跨江南北"的大云梦泽说，并逐渐成为最流行的说法。

蔡述明从历史自然地理角度提出了更加有力的证据，认为江汉平原上众多的湖泊就成因而言大部分是壅塞湖，而并非古云梦泽的残存水体；江汉平原—洞庭湖之间存在着一个古老的"华容隆起"区，成为江汉和洞庭两大凹陷区的屏障，阻挡了大江南北古泽的贯通合一；长江及其支流早在第三纪时就已贯通江汉—洞庭盆地东去，这也决定了不可能有跨"江"的统一古湖存在；而最为重要的是，对江汉—洞庭平原地质钻孔资料的分析表明，这一地区并不是连续成片的湖相沉积，而是河流相旋回的多次重复，说明该地区在第四纪时是河湖交错的地貌景观，因而江汉平原的发育过程也并非如某些学者所认为的，是荆江三角洲和汉江三角洲的发育过程，而是一个典型的泛滥平原。凡此，都足以说明统一的古云梦泽不可能存在。[①] 现将《中国自然地理：历史自然地理》与石泉、蔡述明观点的异同列表如下。

[①] 石泉、蔡述明：《古云梦泽研究》，湖北教育出版社1996年版，第175—176页。

文献资料	《中国自然地理：历史自然地理》	石泉、蔡述明
《左传》昭公三年"江南之梦"；定公四年，"楚子涉睢，济江，入于云中"。	江指长江，"江南之梦"和"云"在今松滋、公安一带。	"江南之梦"之江为古沮水，即今汉水中游西岸的蛮河，"江南之梦"即汉魏六朝时著称的华容云梦泽（又名巴丘湖），在今钟祥西北境。楚昭王所济之"江"为汉水，"云中"指钟祥平原和京山西北境。
汉魏"华容"地望。	今监利县境。	今钟祥西北境的胡集附近。
郢都地望。	今江陵纪南城。	今宜城楚皇城。
古江陵地望。	今江陵。	今宜城楚皇城。
杜预时的巴丘湖。	今洞庭湖。	今钟祥西北境。
古州国（汉州陵县）。	今洪湖新滩口附近。	今钟祥西北境。
夏水、涌水。	长江的分流水道。	夏水、涌水在今宜城南境钟祥西北境一带。夏水首受的"江"为古沮水，即今蛮河，入于沔。涌水自夏水别出，南通入汉（亦称"江"）。
阳水。	长江的分流水道。	古沮水即今蛮河分流入汉的另一条小水道。
云梦泽的形成。	认为云梦泽原为一个统一的大湖。	江汉平原上的湖泊多数是壅塞湖，并不是统一湖泊的残留体。从未存在过一个统一的古代大湖。
江汉平原的形成。	由荆江三角洲和汉江三角洲发育而成。	整个江汉平原地区底部沉积物以河流相为主，表层是河湖交错、沉积的，具有泛滥平原沉积典型的特征。
同	都认为从未存在一个"跨江南北"的大云梦泽。	

左侧"异"纵向标注前9行。

彭蠡古泽

彭蠡古泽位于今长江之北，具体范围当包括今宿松、望江间的长江河段及以北的龙感湖、大官湖和泊湖等湖沼地区。更新世中期，长江出武穴之后，主泓流经太白湖、龙感湖、下仓浦至望江汇合从武穴南流入九江盆地南缘的长江汊道。更新世后期，长江主泓南移到目前长江河道上。[①]

由于长江南移，江北古河道正处在下扬子江淮地槽新构造掀斜下陷带，特别是全新世以来，掀斜下陷更为显著，古河道扩展成湖，并和九江盆地南缘的

① 林承坤：《第四纪古长江与沙山地形》，《南京大学学报》1959年第2期。

长江水面相合并，形成一个空前规模的大湖泊。这就是《尚书·禹贡》所记载的彭蠡泽。(图三①)

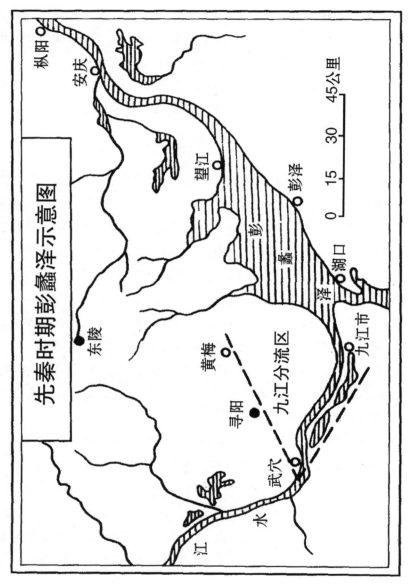

图三　先秦时期彭蠡泽示意图

---

① 采自张修桂：《中国历史地貌与古地图研究》，社会科学文献出版社 2006 年版，第 168 页。

安徽寿县出土的战国楚怀王六年（公元前 323 年）"鄂君启节"，舟节载有"逾江，就彭弹"。彭弹当为邑名，疑即彭泽，得名于彭蠡泽。这个彭蠡泽不是今鄱阳湖，而是江北之彭蠡古泽。《史记·封禅书》载元封五年汉武帝南巡，"自寻阳出枞阳，过彭蠡"，寻阳在今湖北黄梅县境，枞阳即今安徽枞阳县治，均在长江之北。说明汉武帝以前的彭蠡泽应在长江北岸。

把今天的鄱阳湖说成是古彭蠡泽，见于《汉书·地理志》，志于豫章郡彭泽县下云："《禹贡》：彭蠡泽在西。"彭泽县在今湖口县东，班固所指的彭蠡泽就是今天的鄱阳湖。①

鄱阳湖

鄱阳湖位于今江西省北部，是我国最大的淡水湖泊，洪水期面积达 3841 平方公里，水容量 260 亿立方米，最大水深将近 10 米。它是长江流域的一个重要集水盆地，自西往东接纳了修水、赣江、抚河、信江和鄱江等水，多年平均流量达 1433 亿立方米。根据湖区地貌形态和历史演变情况，以老爷岭、杨家山之间的婴子口为界，可分为鄱阳北湖和鄱阳南湖。

鄱阳湖是江南台背斜在中生代末期燕山运动断裂而成的地嵌型湖盆。后经老第三纪末的抬升和新第三纪的夷平，湖盆形态已基本消失。第四纪初，随着以继承性断块升降运动为基本特征的新构造运动的来临，南昌—湖口、都昌—波阳、三阳—沙帽山三条继承性断裂带的复活，新第三纪夷平面发生解体，鄱阳湖周围地区迅速抬升，而湖区本身则开始强烈断陷，导致了鄱阳湖的再生。鄱阳湖属于新构造断陷盆地。②

在整个更新世时期，由于新构造运动变化剧烈，同时气候冷热、干湿剧烈变动，冰期和间冰期交替出现，鄱阳湖在内外力的共同作用下，变动极其频繁，几经沧海桑田。

早更新世初期发生强烈的断块差异运动，周围强烈抬升，湖区强烈断陷，形成鄱阳湖。当时差异升降运动幅度达 2000 米，上升断块越过雪线形成冰川，称为鄱阳冰期。至早更新世中期，由于剥蚀作用使地形高差变小；同时气候转

---

① 谭其骧：《鄂君启节铭文释地》，《中华文史论丛》第二辑，1962 年。

② 黄第藩等：《长江下游三大淡水湖的湖泊地质及其形成与发展》，《海洋与湖沼》

1965 年第 4 期。

向温湿，冰川消融，大量水流汇注盆地，形成第四纪鄱阳湖发展中的第一个全盛期。早更新世晚期，湖盆回升，气候湿热，广泛形成风化壳（网状红土）。

中更新世初期至中期发生第二次强烈断块运动，大姑冰期来临，这次冰期较长，湖泊消失，河流作用加强，形成一片沙砾平原，在盆地填充了很厚的砾石层。中更新世后期，气候转暖，冰川融化，水流汇聚，形成鄱阳湖发展中的第二个全盛时期。中更新世后期，湖盆回升，气候湿热，湖水缩小只剩河流形态，风化壳和网纹红土普遍形成。

晚更新世，本区出现第三次断块差异运动与小规模冰川（庐山冰期）。它的升降幅度虽然比前两次断块差异运动为小，但却带有普遍陆升的特征。气候干冷，湖泊消失，地表呈现一片水网割切的地貌景观。在沉积上，只是形成了下蜀层类黄土堆积与河流泛溢层或红土，一般湖相沉积消失。

更新世时期，当鄱阳古湖萎缩或消失时，赣江汇合诸水直接由今鄱阳北湖流注长江，其沉积物经构造抬升和流水切割而成为该地区的一系列沙山地貌。在上述两个湖盆极度扩展时期，赣江诸水直接注入鄱阳南湖，在湖滨形成三角洲。①

全新世开始，本区出现第四次断块差异运动，湖盆逐渐沉降，迄今尚未终结。赣江诸水及其所携带的泥沙全部汇集下降中的鄱阳南湖地区。

洞庭湖

洞庭湖位于湖南省北部，长江中游下荆江的南岸，洪水期面积 2820 平方公里，是我国第二大淡水湖。它接纳湖南的湘、资、沅、澧四水和长江的松滋、太平、藕池、调弦四口（调弦口已于 1958 年冬堵塞）分流，由岳阳城陵矶泻入长江，多年平均径流量 1661 亿立方米，是长江中游最重要的集水蓄洪湖盆。整个洞庭湖区，以赤山—禹山一线为界，可分为东西两大部分。东部湖区由东洞庭湖和南洞庭湖组成，西部湖区目前已为星罗棋布的小湖群所代替。

全新世以来，由于内外力相互作用、相互制约的结果，洞庭湖经历着一个由小到大、由大到小的演变过程。

洞庭湖是燕山运动中所形成的地嵌型盆地，后经第三纪的抬升、夷平，湖盆形态已基本消失。第四纪之初，又出现了断块差异运动，洞庭湖区又凹陷成

_____

① 林承坤：《第四纪古长江与沙山地形》，《南京大学学报》1959 年第 2 期。

湖，重新开始接受沉积。这种沉降趋势，至今犹然。

湖南省地质局东洞庭中部新河口的 32 号钻井的剖面最具代表性。堆积情况如下。

洞庭组（Q_4）：

12. 深灰、灰褐色粉沙质淤泥　　　　3 米

11. 深灰、黄灰色含粉沙淤泥　　　　5.4 米

————————假整合————————

（Q_3）（缺失，地表所见为下蜀黄土或黄红色半棱角状古河床冲积砾石层）

————————假整合————————

白沙井组（Q_2）：

10. 灰绿带黄褐色、蓝灰色沙质淤泥，含植物碎屑　　　　9.6 米

9. 细——粗沙层　　　　10.20 米

8. 沙砾层　　　　54 米

————————假整合————————

汨罗组（Q_1）：

7. 灰绿、蓝灰、黄绿色黏土，底部变为沙质黏土　　　　54.76 米

6. 浅黄绿色松散沙砾层，顶部夹一层厚 20 厘米的泥炭　　　　20.6 米

5. 深灰、灰绿色沙质或含沙黏土，含植物碎屑　　　　10 米

4. 蓝灰、黄褐色黏土　　　　50.07 米

3. 蓝灰、深灰色粉沙——细沙层　　　　11.16 米

2. 灰褐、黄褐、蓝灰色黏土层　　　　24.79 米

1. 底砾层　　　　0.2 米

————————不整合————————

下第三系

从第四纪沉积物的旋回性以及发生于各组地层之间的四次沉积间断，证明洞庭湖区的新构造运动具有间歇性升降的特征。在早更新世中期和中更新世中期的后半段时间，是洞庭湖的两个全盛时期，范围很大，但湖水不深，属断陷式的平浅型湖泊。由于赤山在早更新世既已开始伴随断裂作用发生隆起，洞庭湖逐渐被明显地分为东西两部。晚更新世洞庭湖区的新构造运动，带有普遍陆升的特征。湖相沉积消失，盆地呈现一片河网割切的地貌景观。赤山更明显地隆起，基本具备现今的形态。

洞庭湖盆地在全新世早期洞庭湖地面全面抬升，整个盆地几乎全为陆地，湖盆内呈现平原岗地地貌景观，澧县凹陷北部大部分抬升为岗地，其后周缘上升，洞庭湖区仍为河网割切的地貌景观。湖盆下降接受沉积，沉积物主要为河流湖泊的冲积黏土，为新石器时代人类提供了良好的生活环境。据湖南省博物馆初步调查，湖区范围内的安乡、南县、华容、沅江、湘阴、汨罗等县，均有遗址发现。尤其是湖区中心部分的大通湖农场的各个分场，在地表以下 7 米左右均有遗址发现，石器甚多。其埋藏深度与新河口 32 号钻井全新世沉积物厚度基本一致。这就充分说明：晚更新世进入全新世时期，洞庭湖区仍然处于微弱上升侵蚀阶段，沉积物缺失，因此新石器时代的地面，基本上即晚更新世河网割切的洞庭平原；而全新世 7—8 米厚的沉积物，应当属于新石器时代以后的近期沉降、堆积的产物。①

新石器时代以后至先秦、汉、晋时期，洞庭湖区虽有沉降趋势，形成一些局部性小湖泊，但整个河网割切的平原景观仍很显著。

《庄子·天运》曰："帝张咸池之乐于洞庭之野。"又《庄子·至乐》曰："咸池九韶之乐，张之洞庭之野。"野即平野，《庄子》两次提及，可见战国时期洞庭地区为平原景色。

《山海经·中山经》载："又东南一百二十里曰洞庭之山。……帝之二女居之，是常游于江渊，澧、沅之风，交潇、湘之渊。"说明洞庭湖平原上，湘、沅、澧在洞庭山（今君山）附近与长江交汇，战国时代洞庭湖地区河网割切的平原景观，已经清楚地反映出来。

安徽寿县出土的战国楚怀王六年（公元前 323 年），"鄂君启节"，舟节西南路铭文为："自鄂往，上江，入湘，入资、沅、澧、油。"铭文没有提到洞庭湖，证明战国时期洞庭一带为平原景观。

小型湖泊应该存在，洞庭湖之名已经出现，如《楚辞·九歌·湘夫人》载："袅袅兮秋风，洞庭波兮木叶下。"《战国策·魏策一》载吴起说："昔者，三苗之居，左彭蠡之波，右有洞庭之水，文山在其南，而衡山在其北。恃此险也，为政不善，而禹放逐之。"类似记载还见于《史记·吴起列传》《韩诗外

---

① 黄第藩等：《长江下游三大淡水湖的湖泊地质及其形成与发展》，《海洋与湖沼》
　　1965 年第 4 期。

传》及《说苑》的《君道》《贵德》篇。（图四）

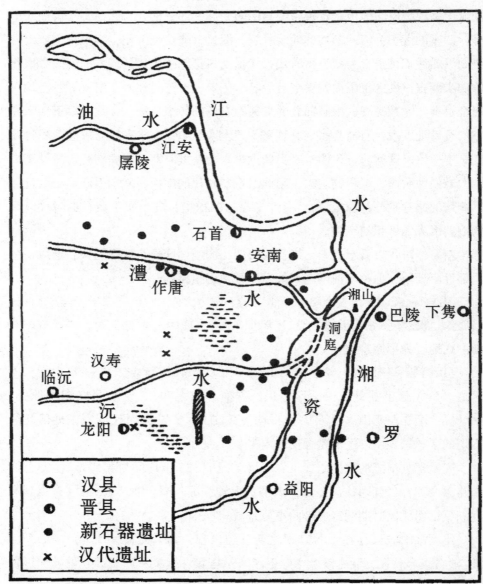

图四　先秦汉晋时期洞庭湖地区水系图

（采自张修桂：《中国历史地貌与古地图研究》，社会科学文献出版社 2006 年版，第
142 页。）

震泽

《尚书·禹贡》："三江既入，震泽底定。"震泽就是太湖。在《周礼·职方》《吕氏春秋·有始》《淮南子·墬形训》《尔雅·释地》中称为"具区"。6000 年前，长江由镇江、扬州一带入海，由于长江所携带的泥沙大量在河口堆积，促使了太湖平原的发育，沿今丹徒、江阴、外岗、曹径、五盘山一线形成了古老的海岸线。[1]

仅娄江、东江分流入海。三江分流处在今苏州东南。吴淞江、娄江大致和今日水道流经路线相符；东江则穿过今澄湖、白蚬湖及淀泖地区，由今平湖东南入海。由于三江将太湖水排入大海，早期太湖面积远较今日为小。今太湖以东和以北诸湖荡，绝大部分都不存在。据近年考古发现，在宜兴丁蜀镇、武进雪堰桥、武西南泉镇、吴县胥口太湖沿岸二三十里外，南至洞庭西山，北至马迹山一带湖中，以及东太湖、石湖湖底普遍分布着新石器遗存和古脊椎动物化石。[2]

而在漫山、冲山、五子山一带，发现石器的地方，周围达 100 公里长，直径有 30 公里，湖底泥土坚硬，地势起伏不平。[3]

成书于战国至东汉时期的《越绝书·吴地传》记载"太湖周三万六千顷"，汉制每顷当今 70 亩，共折合 252 万亩，而今日太湖面积为 337.5 万亩。[4]

[1] 同济大学海洋地质系三角洲研究组：《全新世长江三角洲的形成和发育》，《科学通报》1978 年第 5 期。

[2] 转引中国科学院《中国自然地理》编辑委员会：《中国自然地理：历史自然地理》，科学出版社 1982 年版，第 145 页。

[3] 柴顺国：《太湖湖底发现大批新石器等遗物》，《文物参考资料》1957 年第 11 期。

[4] 中国科学院《中国自然地理》编辑委员会：《中国自然地理：历史自然地理》，科学出版社 1982 年版，第 146 页。

第四节　治水与开凿运河

一、治水

（一）台骀治理汾水

台骀相传为颛顼时期的一个治水专家，他的父亲昧是水官玄冥之师。因台骀治理汾河有功，颛顼将其封在汾河流域，后来成为汾河之神。《左传》昭公元年载："昔金天氏有裔子曰昧，为玄冥师，生允格、台骀。台骀能业其官，宣汾、洮，障大泽，以处大原，帝用嘉之，封诸汾川，沈、姒、蓐、黄，实守其祀，今晋主汾而灭之矣。由是观之，则台骀，汾神也。"

（二）鲧和禹治水

尧舜时期，洪水泛滥。尧命夏族首领鲧治水，鲧用筑堤防的方法治水失败，被舜处死。舜又命鲧之子禹治水，禹吸取了父亲治水的教训，改用疏导的方法，导小水入于川，导川水入于海。《孟子·滕文公上》载："禹疏九河，瀹济、漯，而注诸海；决汝、汉，排淮、泗，而注之江。"大禹治水很勤奋，《史记·夏本纪》载："居外十三年，过家门不敢入。"也有说八年者，《孟子·滕文公上》载："当是时也，禹八年于外，三过其门而不入。"

《禹贡》是对大禹治水功绩最为系统的总结。《尚书·禹贡》载："导岍及岐，至于荆山，逾于河、壶口、雷首，至于太岳，底柱析城，至于王屋、太行、恒山，至于碣石，入于海。西倾、朱圉、鸟鼠，至于太华、熊耳、外方、桐柏，至于陪尾。导嶓冢，至于荆山、内方，至于大别。岷山之阳，至于衡山，过九江，至于敷浅原。导弱水，至于合黎，余波入于流沙。导黑水，至于三危，入于南海。导河积石，至于龙门，南至于华阴，东至于底柱，又东至于孟津，东过洛汭，至于大伾，北过降水，至于大陆，又北播为九河，同为逆河，入于海。嶓冢导漾，东流为汉，又东为沧浪之水，过三澨，至于大别，南入于江，东汇泽为彭蠡，东为北江，入于海。岷山导江，东别为沱，又东至于澧。过九江，至于东陵，东迤北会于汇。东为中江，入于海。导沇水，东流为济，入于河，溢为荥，东出于陶丘北，又东至于荷，又东北会于汶，又北东入于海。导淮自桐柏，东会于泗、沂，东入于海。导渭自鸟鼠同穴，东会于澧，又东会于泾，又东过漆沮，入于河。导洛自熊耳，东北会于涧瀍，又东会于伊，又东北入于河。"虽说大禹的足迹没有到达如此广阔的地区，但根据《孟子·滕文公上》的记载，大禹到过黄河中下游、淮河、汝水、泗水、汉水等地。

（三）孙叔敖治水

1. 期思陂

最早见于《淮南子·人间训》："孙叔敖决期思之水，而灌雩娄之野，庄王知其可以为令尹也。"期思，原为蒋国都邑，蒋为楚灭，期思成为楚国县邑。《汉书·地理志》记庐江郡属县有雩娄，自注："决水北至蓼入淮，又有灌水，亦北至蓼入决。"雩娄故城在今河南固始县东，位于决水流域，属故沈国境内。决水今名史河，灌水今名灌河。灌水经过期思县境，期思之水应即灌水。期思陂位于灌水中游或上游，用期思陂的水灌溉雩娄之野，就是引灌水向东分流，以济决水之不足。

期思陂是我国第一个社会性的农田水利工程，比魏国的西门渠、秦国的都江堰和郑国渠分别早 200 年、350 年和 360 年。[①]

2. 芍陂

芍陂的得名，据说是"以水径芍亭，积而为湖，故谓芍陂"（《古今图书集成》卷八百二十九"凤阳府部"）。芍陂之名始见于《汉书·地理志》，在该书的庐江郡灊县和六安国六县条下均说到沘水（又名淠水，今淠河）"至寿春入芍陂"。寿春在今安徽寿县西南，芍陂就在今寿县南的城东湖、瓦埠湖中

---

① 何浩：《古代楚国的两大水利工程期思陂与芍陂考略》，湖北省社会科学院历史研究所编：《楚文化新探》，湖北人民出版社 1981 年版。

间，又名安丰塘。

关于芍陂的始建时间，主要有两种观点：第一说认为是春秋中期孙叔敖主持兴建。其中分为两说：一说认为期思陂与芍陂为两个水利工程，同为孙叔敖主持兴建；另一说认为期思陂就是芍陂，为孙叔敖主持兴建。第二说认为是战国时期楚人子思主持兴建。其中也分两说：其一认为始建于楚顷襄王时；另一说认为始建于楚考烈王迁都寿春以后。至今尚无定论，从当时的历史状况看，战国说更为合理一些。[①]

（四）西门豹治水

祭祀水神，是防止水灾发生的一种巫术活动，谈不上什么科学性。江、河、淮、济等都有相应的水神，有人专门管理这种祭祀活动。《左传》僖公二十一年记载："任、宿、须句、颛臾，风姓也，实司大皞与有济之祀。"任、宿、须句、颛臾四个地方的人属于风姓，专门负责对大皞和济水的祭祀。《史记·滑稽列传》生动地记述了邺地人祭祀河神的具体过程，三老、廷掾赋敛百姓，收钱百万，用二三十万为河伯娶妇，其余的钱被三老、廷掾、巫祝瓜分，百姓苦不堪言，有好女的家庭带着女儿逃往远方。魏文侯时，魏国的邺令西门豹破除为河伯娶妇的陋俗，征发农民开渠十二条，引河水灌溉民田，使农业获得很大的发展，一直到汉代十二渠仍然在发挥作用。据《史记·滑稽列传》所载，西门豹所引的水应为黄河水，而《史记·河渠书》却载："西门豹引漳水溉邺，以富魏之河内。"《史记·滑稽列传》载："故西门豹为邺令，名闻天下，泽流后世，无绝已时，几可谓非贤大夫哉！"

（五）郑国治水

郑国渠是秦国兴修的一大水利工程，由韩国人郑国主持修建。《史记·河渠书》载："而韩闻秦之好兴事，欲罢之，毋令东伐，乃使水工郑国间说秦，令凿泾水自中山西邸瓠口为渠，并北山东注洛三百余里，欲以溉田。中作而觉，秦欲杀郑国。郑国曰：'始臣为间，然渠成亦秦之利也。'秦以为然，卒使就渠。渠就，用注填阏之水，溉泽卤之地四万余顷，收皆亩一钟。于是关中

---

① 刘玉堂：《楚国经济史》，湖北教育出版社 1996 年版，第 140—148 页。

为沃野，无凶年，秦以富强，卒并诸侯，因命曰郑国渠。"这条渠从陕西泾阳附近引泾水，与东边的洛水贯通，全长三百多里。郑国到秦国修渠，本意是想拖延秦国统一的进程，客观结果是关中地区农业更加发达，反而为秦国统一战争提供了坚实的物质基础。

（六）李冰治水

都江堰是秦国修建的另一个著名的水利工程。从公元前 256 年开始，秦蜀郡郡守李冰在今四川灌县治理岷江，修建了泽被万世的都江堰。《史记·河渠书》载："蜀守冰凿离碓，辟沫水之害，穿二江成都之中。此渠皆可行舟，有余则用溉浸，百姓飨其利。至于所过，往往引其水益用溉田畴之渠，以万亿计，然莫足数也。"都江堰工程主要分为"都江鱼嘴""宝瓶口""飞沙堰"几部分。"都江鱼嘴"是筑在岷江江心的分水堤，用竹篓装满石头堆砌而成，与现在的大江截流工程相似。它将岷江分为内江和外江，外江是正流，起分洪泄水的作用，内江用于航运和灌溉。"飞沙堰"与"都江鱼嘴"相连，属于溢洪工程。"宝瓶口"是凿开玉垒山修建的渠首工程，内江流经宝瓶口，然后分为若干支渠，形成灌溉网络。都江堰的修建使岷江成为一条听从人指挥的江，消除了水患，促进了航运，灌溉了农田，使成都平原由一片泽国变成了"天府之国"。至今在成都平原很少发掘到早于宝墩文化（约距今 4500 年）的古代遗存，很可能与这里水患频仍、不宜人居有关。2001 年 11—12 月，笔者参加成都金沙遗址的发掘，发现该遗址商代文化层之上下都是很厚的淤沙堆积，商代文化层以下沟壑纵横，可以想见都江堰修建以前，成都平原的水患之灾是非常严重的。

二、开凿运河

（一）邗沟

春秋末年，吴国胜楚之后，又臣服了越国。吴王夫差认为已无后顾之忧，雄心勃勃，不可一世，企图北上中原，争做霸主。《左传》哀公九年载："秋，吴城邗，沟通江、淮。"公元前 486 年，吴在今江苏扬州市西北的蜀岗尾闾修建邗城，并在城下开凿运河，沟通江、淮二水。这条运河开凿在邗城之下，故史称邗沟。当时的江岸大致在今瓜埠（今江苏南京市六合区东南）、胥浦（今江苏仪征市西北）、湾头（今江苏扬州市东北）、宜陵（今江苏扬州市江都区东北）和溱潼（今江苏泰州市姜堰区西北）一线。邗城的西南角濒临长江。邗沟从邗城西南角起，屈曲从城的东南角东流，至今湾头镇又折向北流，经武广、陆阳（今江苏高邮市南）二湖之间，北入樊粮湖（今江苏高邮市北），穿过博芝（今江苏宝应县东南）、射阳（今江苏宝应县、淮安市东）二湖，又西北至末口（今江苏淮安市北）入淮。（《水经·淮水注》）邗沟是利用今江苏省中部当时存在的一些主要湖泊连缀而成的，为迁就博芝、射阳二湖，向东北绕了一个大弯子。尽管如此，邗沟首次沟通了江淮，并为以后江淮运河的发展奠定了基础。由于它选择的路线比较准确，又有许多湖泊调节水量，能够保持较长时间的通航。

（二）菏水

公元前482年，吴王夫差为了与中原各国诸侯相会于黄池（今河南封丘县南），率师北上，由江入淮，由淮入泗，但泗水与济水并不相通，仍然到不了济水岸上的黄池。于是，便开凿了沟通济水与泗水的运河，即从今山东菏泽定陶区东北的古菏泽引水东流，至今鱼台县北注入泗水。这条运河的水源来自菏泽，后世就称为菏水。菏泽为济水所汇，菏水所出，吴师自然可以由泗入菏，由菏入济了。这条运河的凿成，首次沟通了江、淮、河、济，并为利用泗水航运开创了先例。

（三）鸿沟

战国中叶，地处七雄中央的魏国，就利用中原地区淮河的许多支流，如颍、涡、沙等水均距离河、济较近的有利条件，开凿了鸿沟，成为沟通淮、济的第二条航道。魏惠王十年（公元前360年），大约从今河南原阳县北引河水南行，横过济水，注入今中牟县与郑州市之间的圃田泽，称为大沟。（《水经·渠水注》）魏惠王三十一年（公元前339年），又引圃田泽水东流，把大沟运河延伸到大梁城（今开封市）北，然后又绕过大梁城东，折而南行，注入沙水，利用了一段沙水河道至于陈（今河南周口市淮阳区）北，再向南凿入颍水。（《水经·渠水注》）从大梁到颍水之间的运河，在苏秦说魏襄王时已被称为鸿沟。（《战国策·魏策》）说明这段运河至迟也是魏惠王时代开凿的。后来济水以北的大沟可能被淤塞，荥阳分河的济水便成为这条运河的主要水源，因此《史记·河渠书》就把荥阳分河的济水和与它相通的运河，一并称为鸿沟，"荥阳下引河东南为鸿沟，以通宋、郑、陈、蔡、曹、卫，与济、汝、淮、泗会"《汉书·地理志》。又把从济水分流后的鸿沟称为浪荡渠，并明确指出渠"首受济，东南至陈入颍"。在楚汉战争中，刘邦、项羽指大梁以南的鸿沟为天下的中分线，从此以后，这段运河就获得了鸿沟的专名。（《史记·项羽本纪》）鸿沟的水源来自黄河，又有圃田泽进行调节，水量充沛，因而与它相通的各条自然河流的面貌大为改观，通航能力也大大提高了。鸿沟的凿成，使黄淮平原上出现了以鸿沟为基干，以自然河流为分支的完整的运河网——鸿沟系统运河。（《史记·河渠书》）从鸿沟分出的重要支流有汳水（下游称获水）、睢水和涡水等。汳水从今开封市北分出后，过今商丘市北称获水，又东至今徐州市北入泗；睢水从今开封市南分出后，过今商丘市南，东南至今宿迁市西入泗；涡水从今太康县西北分出后，过今亳州市北，东南至今怀远县东入淮。

当时还有其他的水利工程，如《史记·河渠书》载："于楚，西方则通渠汉水、云梦之野，东方则通沟江、淮之间。于吴，则通渠三江、五湖。于齐，则通菑、济之间。"

第三章
先秦时期的海岸变迁

　　随着气候的变化，渤海、黄海、东海和南海海平面或升或降，海岸线或进或退，对于沿海地区的人类生活影响很大。本章先介绍海平面升降的总体情况，然后再分别介绍渤海、黄海、东海和南海的海岸变迁过程。

第一节　先秦时期的海岸变迁概况

一、全新世早期的海岸变迁

　　更新世末期为第四纪最末一次大冰期，海平面下降。徐家声等人的研究表明，1.5万—2万年前，存在一次低海面期，黄海海面比现在低13—160米。这次大海退，是大理冰期大量水变成冰川的结果。①

　　随着全新世气候的冷暖变化，全新世海岸变迁存在着一定的规律。距今10000—6000年，海平面处于波动上升阶段。

　　在距今10000年前末次冰期即将结束的时候，全球海平面位于-30米至-50米的位置，我国东部海平面处在-50米的位置。距今10000—6000年，气候逐渐变暖，海平面升到现代海平面的位置。据推算，全球海平面的上升速率为每年7.5—12.5毫米，我国东部海平面的上升速率为每年5.0—7.5毫米。

　　赵希涛、王绍鸿选择了江苏的建湖县庆丰剖面和阜宁县西园剖面、天津宁河县俵口剖面，分别作为下沉平原海岸坝后潟湖海相与海陆过渡相地层、贝壳沙堤或张碧沙坝以及牡蛎礁的代表，还选择海南省三亚市鹿回头半岛打钻，作为基岩上升岸珊瑚礁与连岛坝的代表进行重点解剖。认为全新世海面变化的总趋势，距今6500年以前是上升，但存在距今9300年左右的小波峰，距今9000

---

① 徐家声、高建西、谢福缘：《最末一次冰期的黄海——黄海古地理若干新资料的获得及研究》，《中国科学》1981年第5期。

年左右的下降，距今 8500—8000 年的波峰，距今 8000—7700 年的下降，距今 7500 年已达现今海面位置。全新世海岸演变明显受海面变化控制，距今 6500 年前主要是海侵。[1]

二、全新世中期的海岸变迁

距今 6000—4000 年，处于高海平面阶段。该时期是全球最温暖的时期，气温上升，雨量增大，冰川消融，海平面上升 2—5 米，海岸线深入内陆数十乃至数百公里。在我国东部地区，海平面比现在高 2—4 米，高海平面引起大规模的海侵，称为黄骅海侵。在环渤海湾平原地区，海岸线西移 50 公里，到达天津市西侧。在长江以北平原，海岸线内迁可达 60—100 公里，长江以南平原海水入侵纵深 200 公里，淹没界限达镇江。在珠江三角洲，海岸线内迁 70—80 公里，到达花县一带。

前引赵希涛、王绍鸿论文认为全新世高海面是存在的，其时间为距今 6500—4000 年，当时海面高于现今 1.5—3 米。与气温变化相比，全新世高海面时期要比大暖期或高温期开始晚，持续时间也短。距今 6500—4000 年为高海面时期，但也存在距今 6100—5900 年的下降和若干小波动。

在距今 6500—4000 年间，海岸发育沙坝—潟湖体系。[2]

三、全新世后期的海岸变迁

距今 4000 年以来，海平面处于波动下降阶段。全球气候转冷，气温下降，

---

[1] 赵希涛、王绍鸿：《中国全新世海面变化及其与气候变迁和海岸演化的关系》，参见施雅风主编、孔昭宸副主编：《中国全新世大暖期气候与环境》，海洋出版社 1992 年版，第 111—120 页。

[2] 赵希涛、王绍鸿：《中国全新世海面变化及其与气候变迁和海岸演化的关系》，参见施雅风主编、孔昭宸副主编：《中国全新世大暖期气候与环境》，海洋出版社 1992 年版，第 111—120 页。

雨量减少，海平面逐渐下降。① 从对渤海湾西岸的贝壳堤等海岸线指示物的研究，可发现在距今 4000—3800 年之间有一次明确的低海面时期。②

前引赵希涛、王绍鸿论文认为距今 4000 年以来海面总体下降，但距今 2200—1000 年间仍稍高于现在的海面。

距今 4000 年以来，海岸后退，贝壳堤平原与滨海平原发育，但黄河、长江的巨量泥沙及其他影响因素（如地壳下沉、海洋水动力状况等）也在特定地区起着重要的作用。③

---

① 黄春长：《环境变迁》，科学出版社 2000 年版，第 123—125 页。

② 张景文等：《¹⁴C 年代测定与中国海陆变迁研究的进展》，《第一次全国 ¹⁴C 学术会议文集》编辑小组：《第一次全国 ¹⁴C 学术会议文集》，科学出版社 1984 年版。

③ 赵希涛、王绍鸿：《中国全新世海面变化及其与气候变迁和海岸演化的关系》，参见施雅风主编、孔昭宸副主编：《中国全新世大暖期气候与环境》，海洋出版社 1992 年版，第 111—120 页。

第二节　渤海、黄海、东海、南海的海岸变迁

一、渤海湾海岸的变迁

渤海湾位于黄河口与滦河口之间。辽宁南部渤海沿岸早全新世地层主要是湖沼沉积，未见海相沉积。中全新世地层广泛分布，下段主要为滨海相灰绿色淤泥质沉积，上段一般是湖沼相或潟湖相泥炭、黑色波泥沉积，海相沉积物往往直接超覆于基岩或红棕色古风化壳之上，出露标高一般在 5—10 米。同时辽南沿岸普遍发育高 10—15 米的海蚀阶地，以及高 10—20 米的海蚀崖。说明冰后期海侵尚属开始阶段，海侵范围基本上未超过现今海陆分布的界线；到了中全新世前期，冰后期海侵达到了最大范围，海岸线比现在伸入陆地达十至几十公里远。从此后开始逐次海退，海岸线又波浪式地向海推进。

在大孤山附近分布着三道古贝壳堤，反映了这一海退过程。贝壳堤是海浪将贝壳等物质搬运到粉沙或淤泥质海岸高潮位富集而成的，是判断古海岸线的标志。这三道古贝壳堤距现在海岸线由远而近分别为：

III 贝壳堤：在大孤山西北刘叉砣子、王家砣子一带，距海岸线 11—13 公里。贝壳堆积物沿基岩残丘近坡脚处分布，呈宽 2—4 米，坡度 8°—10° 的环带状，高出海面 7—10 米，贝壳层厚 20—30 厘米，主要由褶牡蛎贝壳组成，下伏为约 1 米厚的黄褐色粉沙，其中夹薄层的黑灰色淤泥，经测定，贝壳层的放射性碳年龄为距今 4270±120 年。

II 贝壳堤：在大孤山东南乱泥砣子与张家砣子之间，距海岸线 1.5—2 公里，贝壳堆积物分布在震旦系基岩之上，厚约 1 米，随基岩面起伏而变化。贝壳主要为文蛤碎片，已受到明显风化。贝壳堤近东西向分布，长约 1 公里，宽 50—80 米，高出海面 4—5 米。其外侧是高海滩，生长着芦苇、碱蓬等，相对高差约 1 米；内侧系水稻田，属 5—10 米高这一级海积阶地。

Ⅰ贝壳堤：在大孤山东南张家砣子以东的第一砣子（岛）与第二砣子之间的古连岛堤，近东西走向，长约200米，残存部分宽3—5米，高出海面2—3米。沉积物自上而下为：①灰黄色贝壳粉沙层，厚45厘米，粗粉沙，含大量个体完整的文蛤贝壳；②棕黄色沙砾层，厚12厘米，黄色粉沙中夹大量红砖碎块及少量炉渣、千枚岩砾块；③灰黑色炭质淤泥层，厚约18厘米，灰绿色粉沙质淤泥中夹三层1—5厘米厚的木炭屑和灰烬透镜体，含文蛤碎片；④灰绿色粉沙层，出露10厘米左右，未见底，从沉积物中有碎砖块、炉渣等来看，该贝壳堤形成年代不早于2000—2500年前。

辽南地区在距今10000—5000年前是海侵时期，海岸线不断向陆地方向推进，但直到约8000年前，海水淹没范围基本上没有超过现今海陆分布的界线。到了距今8000—5000年前，冰后期海侵达到了高峰，海水淹没了鸭绿江河口三角洲平原及大片沿岸地段。大约从距今5000年前以来，总体上是海退时期，海岸线波浪式地向着海洋方向移动，在这海退过程中曾有过三个海退停顿、海岸线相对稳定的阶段，其年代分别为距今4300年、3400年和2000—1000年前。[①]

根据近几十年的考古调查，天津市附近渤海湾西岸有四条高出地面呈带状的古贝壳堤。四条贝壳堤自西向东依次为：Ⅳ. 市区南部沈清庄—同居—翟庄—黄骅的苗庄贝壳堤；Ⅲ. 小王庄—巨葛庄—沙井子贝壳堤；Ⅱ. 岐口—上古林—泥沽—军粮城—白沙岭贝壳堤；Ⅰ. 马棚口—驴驹河—蛏头沽贝壳堤。据 ^{14}C测定，第Ⅳ条距今5000—4000年。第Ⅲ条贝壳堤距今3800—3000年，相当于夏商时期。第Ⅱ条贝壳堤北段发现了战国时期遗址，南段发现了唐宋时期的文物。南段岐口附近下层标本距今2020±100年，上层标本距今1080±90年；北段在白沙岭附近，距今1460±95年。这条贝壳堤是经过近千年塑造而成的。第Ⅰ条贝壳堤形成于宋代以后。[②]

冰后期海侵，距今6000年左右海水达最大高程时，海岸在怎样一个位置，

---

① 中国科学院贵阳地球化学研究所第四纪孢粉组、^{14}C 组：《辽宁省南部一万年来自然环境的演变》，《中国科学》1977 年第 6 期。

② 张树明主编：《天津土地开发历史图说》，天津人民出版社 1998 年版，第 5 页。

还需要进一步研究，很可能和现在的 4 米等高线（大沽零点）相当。① 因为这条等高线，无论在地貌形态和在沉积物特性上，都是一个重要的界线。当然，有的部分海侵也越过这条线的西面，如武清附近的雍奴薮（《水经·鲍邱水注》），它是一个辽阔的洼地，可能是海侵时伸向内地的小海湾，或者是外有沙堤与开阔海面分开了的潟湖。

王一曼也得出了相同的结论，距今 8000—5000 年的冰后期，冰川消融，全球海平面上升，渤海湾海岸线约与今 4 米等高线（大沽零点）相当。根据天津北距海岸 50 公里的大杨庄钻孔资料推断，距今 7000 年前左右，海水已经逼近今洼淀附近。②

海侵的早期（全新世早、中期），波浪作用在这个坡度平缓的海岸带上，建立起与海岸平行的岸外沙堤。这种沙堤在形成以后，局部岸段受到潮流和强烈的增水波的冲刷，使沙堤或贝克堤被切成许多段，并在物质移运过程中形成新月形的沙堤，和现在无棣境内分布的一样。早期的黄河也多在这一海岸线附近，尾闾的改道或者将它们破坏，或者把它们掩埋。因此早期的海岸沙堤的残存部分分布零星。通过钻孔和开河切开剖面暴露了一些沙堤或贝壳沙层。根据 ^{14}C 对具葛庄附近贝壳样品的测定，其年代为 3400±115。③ 从而对于小王庄—具葛庄、武帝台和西刘庄一带继续分布的贝壳堤可以推断它们代表着 3400 年前的古海岸线。

在这一线的后面，于苗庄子、优漪镇、同居镇一带也有不连续的贝壳层分布，是否代表更古的海岸线，有待进一步的研究。④（图五）

---

① 陈吉余：《渤海湾淤泥质海岸（海河口—黄河口）剖面的塑造过程》，《上海市科学技术论文选集》，上海科学技术出版社 1960 年版。
② 王一曼：《渤海湾西北岸全新世海侵问题的初步探讨》，《地理研究》1982 年第 2 期。
③ 中国科学院贵阳地球化学研究所 C^{14} 实验室：《天然放射性碳年代测定报告之二》，《地球化学》1974 年第 1 期。
④ 李世瑜：《古代渤海湾西部海岸遗迹及地下文物的初步调查研究》，《考古》1962 年第 12 期。

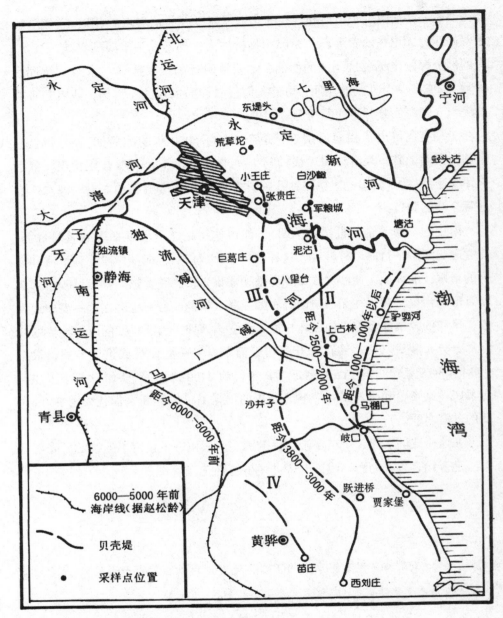

图五　渤海湾西岸贝壳堤和古海岸线分布图

（采自邹逸麟编著：《中国历史地理概述》，上海教育出版社 2005 年版，第 75 页。）

渤海湾南部海岸线的变迁情况也有一些学者研究，有的从地理地质学角度研究，如庄振业①、张业成②、蔡克明③等，有的从考古学角度研究，如王青等。王青根据考古遗址的分布情况，同时吸收有关专家的地理地质资料，复原了山东北部渤海沿岸距今 6500—2100 年前的三条海岸线。

距今 6500—5000 年前，考古学文化为大汶口文化，海岸线在现今海拔 9—10 米一带，可大致确定在沧县南—盐山西—庆云东宗北—无棣北—阳信小韩东—滨城卧佛台北—滨州—博兴黄金寨南—广饶寨村、五村北—青州许王、马家庄北—寿光王庄、后乘马疃、雪家庄、韩桥北—寒亭鲁家口、狮子行、前埠下北—平度韩村北—平度三埠李家西—莱州中杨、西大宋西一线。

距今 4500—4000 年前，考古学文化为龙山文化，海岸线可大致确定在黄骅前苗庄—海兴—博兴曹家北—广饶王署埠、赵咀—寿光郭井子—寒亭央子—昌邑瓦城、东冡、农场、常家—平度新河北—莱州土山一线。

距今 3400—2100 年前，属商代晚期至战国时期，海岸线可大致确定在黄骅武帝台—海兴常庄、边庄—无棣邢家庄子、马山子、杨庄子、沾化西山后、久山—沾化杨家、刘虎东—利津南望东—黄河东岸与博兴曹家之间的古潟湖—小清河口—昌邑寨子城北—莱州海仓、土山一线。(图六)④

① 庄振业等：《莱州湾东南岸的全新世海侵》，国际地质对比计划第 200 号项目中国工作组：《中国海平面变化》，海洋出版社 1986 年版，第 91—98 页。

② 张业成等：《全新世以来渤海海岸变迁历史及未来发展趋势的初步分析》，中国地质科学院 562 综合大队编《中国地质科学院 562 综合大队集刊》第 7、8 号，地质出版社 1989 年版。

③ 蔡克明：《莱州湾海岸的变迁》，《海洋科学》1988 年第 3 期。

④ 王青：《环渤海地区的早期新石器文化与海岸变迁——环渤海环境考古之二》，《华夏考古》2000 年第 4 期；《鲁北地区的先秦遗址分布与中全新世海岸变迁》，参见周昆叔等主编：《环境考古研究》（第三辑），北京大学出版社 2006 年版，第 64—72 页。

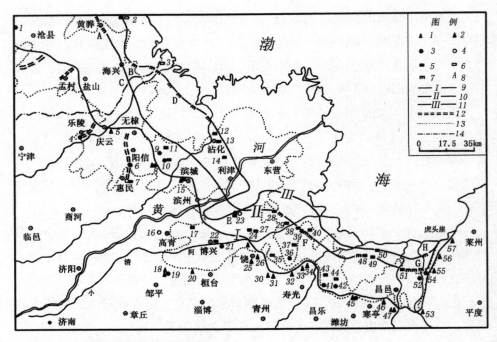

图六　渤海湾南部地区的海岸线变迁

图内数字表示的详细地点：1. 河北沧县陈圩　2. 黄骅市武帝台　3. 无棣县孟家庄　4. 乐陵市五里冢　5. 庆云县东宗　6. 惠民县大商　7. 惠民县刘黄　8. 阳信县小韩　9. 阳信县棒槌刘　10. 阳信县李屋　11. 沾化县西范　12. 沾化县杨家　13. 沾化县刘虎　14. 利津县南望参　15. 滨城区卧佛台　16. 高青县后赵　17. 高青县孙集　18. 邹平县苑城　19. 邹平县丁公　20. 桓台县李寨　21. 博兴县寨卞　22. 博兴县贤城　23. 博兴县曹家　24. 广饶县寨村　25. 广饶县傅家　26. 广饶县五村　27. 广饶县李斗　28. 广饶县王署埠　29. 广饶县牛圈　30. 青州市许王　31. 青州市马王庄　32. 寿光市王庄　33. 寿光市后乘马疃　34. 寿光市薛家庄　35. 广饶县东水磨　36. 寿光市南台头　37. 寿光市双王城　38. 寿光市大荒北央　39. 寿光市郭井子　40. 寿光市莱央子　41. 寿光市丁家店子　42. 寿光市郭家菅　43. 寿光市郎家南邵　44. 寿光市西斟灌　45. 寒亭区鲁家口　46. 寒亭区狮子行　47. 寒亭区前埠下　48. 寒亭区央子　49. 昌邑县瓦城　50. 昌邑县寨子城　51. 昌邑县东冢　52. 昌邑县卜庄　53. 平度市韩村　54. 平度市新河　55. 平度市三埠李家　56. 莱州市中杨　57. 莱州市西大宗

图例数字代表的意思：1. 前大汶口文化遗址　2. 大汶口文化遗址　3. 海岱龙山文化遗址　4. 岳石文化遗址　5. 商周时期遗址　6. 汉代遗址　7. 贝壳堤　8. 测年地点　9. 本文复原距今6500—5000年前海岸线　10. 本文复原距今4500—4000年前海岸线　11. 本文复原距今3400—2100年前海岸线　12. 黄河古河道　13. 今海拔5米、10米线　14. 今省界

[采自周昆叔等主编：《环境考古研究》（第三辑），北京大学出版社2006年版，第67页。]

胶东半岛海岸线变迁过程如下：全新世初期，海面急剧上升，距今 9000 年前后，海水推进到现代海岸线位置；距今 8000 年左右发生海退，在莱州湾东岸西由附近，海岸线至少退至低于现代水深 11 米以下；距今 7300—7000 年前后海岸线推进到现代海岸线位置；距今 6000—5000 年前后为最高海岸线时期；在莱州湾沿岸深入陆地 30 多公里，基岩港湾的海平面与 5 米等高线一致；距今 4500 年前后海岸线开始后退；距今 4000—3000 年降到现代海平面以下；3000 年以来达到现代海平面高度并上下浮动。[①]

二、苏北海岸线的变迁

盐城市境内有西冈、中冈和东冈，据 ^{14}C 测年结果，西冈形成的时间距今 6500—5600 年，中冈距今 4650±100 年，东冈距今 3800—3300 年。它们分别是三个测年时期苏北地区的海岸线。东冈是距今 3800—3300 年即夏商时期的海岸线，东冈上有战国时期遗址和汉代墓葬，说明战国时期的海岸线位于东冈以东。

三、长江河口和长江三角洲的历史变迁

第四纪最后一次冰期曾导致海面大幅度下降，东海大陆架全部暴露在海面之上，海底沉积曾取得纳马象和水牛的残骸。[②]

当时，长江三角洲上的河相沉积，成为阶地，并受河流的切割。冰后期海侵，陆地又逐渐被海水覆盖。距今 6000—5000 年，三角洲大部分地区成为浅海、潟湖、沼泽和海滨低地。长江下游为溺谷，河口在镇江、扬州一带。海水作用于河口地带，并留下侵蚀和堆积的地貌形态。如扬州城北，下蜀系黄土丘前，留有宽广的海蚀平台，镇江附近丘陵之间的河谷中，留有湖沼相沉积。[③]

长江带来的泥沙虽然没有现在丰富，但仍在河口形成沙嘴。风浪在海滨的泥沙运动中起着一定的作用，物质的纵向运动和横向运动相结合，在长江口的南岸形成与强风浪垂直方向的沙堤。从常熟的福山，经过太仓、嘉定的方泰、

---

① 齐乌云、袁靖：《胶东半岛新石器时代的自然环境演变》，参见中国社会科学院考古研究所编著：《胶东半岛贝丘遗址环境考古》，社会科学文献出版社 1999 年版，第 174—188 页。

② K. O. Emerg 等：《黄海及东海的地质构造及海水性质》，原文载 Technical Bulletin ECCAFE Vol. 2. 1969，华东师大河口海岸研究室一译。

③ 陈吉余等：《长江三角洲的地貌发育》，《地理学报》1959 年第 3 期。

上海的马桥、奉贤的新寺，直到金山的漕泾，有几条并列的沙堤，当地人称为冈身，郏亶的《水利书》和朱长文的《吴郡图经续记》都有这样的记载。在冈身中比较显著的沙堤是沙冈和竹冈，在竹冈的东面还有一条沙堤，叫作紫冈。但在地表上不很显著，大多为中、细沙分选较好，有些地方是贝壳沙，由黄蚬、文蛤、青蛤等碎片组成。1970 年，俞塘切开面暴露的竹冈沙堤剖面表现为三个滩脊所组成。[①]

马桥附近竹冈沙堤发现良渚文化遗址，经 ^{14}C 测定年代为 3995±95，而据冈身内侧古潟湖的 ^{14}C 测定，距今为 5785±185。可以推定冈身的形成当为距今 6000—5000 年。冈身一直维持到公元前 1—3 世纪。

关于上海地区的成陆年代，谭其骧的《长水集（下）》收入 4 篇文章，分别是《关于上海地区的成陆年代》《再论关于上海地区的成陆年代》《上海市大陆部分的海陆变迁和开发过程》《〈上海市大陆部分的海陆变迁和开发过程〉后记》，对上海地区的成陆年代进行了多年跟踪研究，观点因论据的增多不断修正。

谭其骧按照成陆年代的早晚把上海大陆部分分为四个区域：冈身地带，冈身以内，冈身以外、里护塘以内，里护塘以外。其中冈身地带在松江（今吴淞江）故道以北并列着五条：第一条即最西一条相当于太仓、外冈、方泰一线，第五条即最东一条相当于娄塘、马陆、南翔一线，东西相距在太仓境内宽约 8 公里，东南向渐次收缩，至嘉定境内减为 6 公里；松江故道以南并列着三条，第一条相当于马桥、邬桥、胡桥、漕泾一线，第三条相当于诸翟、新市、柘林一线，宽度一般不过 2 公里，狭处仅 1.5 公里，南端近海处扩展至 4 公里左右。1959 年发现的马桥遗址，最下层为良渚文化遗存，时代为距今 4000 年前。遗址位于马桥镇东、俞塘村北，在松江故道以南三条冈身中西边一条，即沙冈和中间一条紫冈之间，则沙、紫二冈的形成，自应更在此遗址之前，估计不会迟于五六千年前。到 4 世纪时海岸线仍在东边一条冈身即竹冈以外不远处，宽度 1.5 至 8 公里的冈身地带，其形成过程竟长约 4000 年之久，这是四区中成陆最慢的一区。

冈身以内地区在第一条冈身形成以前，本是西通太湖、东通大海的一大片浅海，东、南两面有一条长江的沙嘴，中间分布着一些沙洲和岛屿。有一部分沙嘴和沙洲平时露出水面，但遇海潮盛涨时仍不免被淹。第一条冈身形成后，潮汐为冈身所阻，原来较高的沙嘴、沙洲免除了被淹的威胁，不久就成为最早有人类居住的陆地。如青浦崧泽遗址即是一例，^{14}C 测年为距今 5000 年以上。

---

① 华东师大河口海岸研究室：《上海县俞塘贝壳堤查勘报告》，1970 年稿本，上海市自然博物馆藏。

但本区大部分地区则是在冈身形成以后才由浅海变而为潟湖进而葑淤成陆的。从西至淀山湖、金山坟，北起福泉山、孔宅，南抵戚家墩十余处新石器时代遗址来看，在三四千年前，这一过程业已完成，只留下了部分潟湖，因湖底较深，变成了淡水湖。

影响上海海岸线移动的原因有气候、长江挟带到江口的泥沙量和长江主洪道的南北摆动等因素，多种因素交错作用，这些因素时而此强彼弱，时而此弱彼强，海岸线不会按同一速度向外伸展，并且有时根本停止不动，有时前进，有时后退，进退又时而快，时而慢。① （图七）

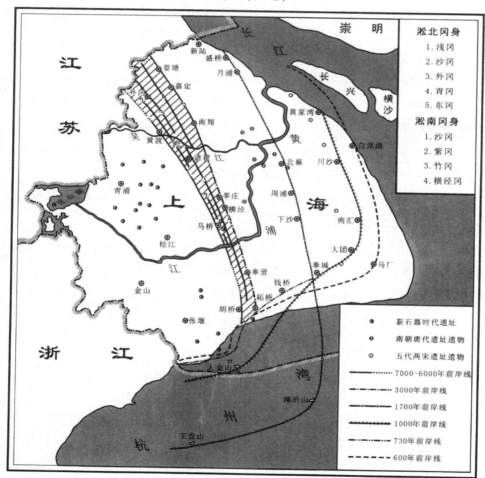

图七　历史时期上海地区海岸线变迁

① 谭其骧：《长水集》（下），人民出版社 1987 年版，第 141—185 页。

（采自邹逸麟编著：《中国历史地理概述》，上海教育出版社 2005 年版，第 81 页。）

四、福建沿海海岸线的变迁

根据闽江下游和九龙江下游的钻孔资料分析结果，全新世时期福建沿海海平面的变化如下。

1. 全新世海平面变化可以分为两个大阶段：距今 8000 年以前为海面上升阶段，从低海面位置迅速波动上升，在距今 8000 年左右接近现在海面位置。距今 8000 年以来为高海面阶段，其间有小的波动起伏。

2. 在高海面阶段中，有三个小阶段海面高度超过现代，分别是距今 7000—5700 年，距今 4000—3000 年，距今 2800—1000 年，最后这个小阶段中在距今 2000 年左右海面略微下降，形成了一个马鞍形的高海面阶段。

3. 在高海面阶段中，比较明显的相对海平面低谷出现在距今 5600—4000 年，但在距今 4500 年前后海平面较高，接近于现海面位置。

4. 在距今 8000 年以来的高海面阶段中，海平面升降的变幅在 +3 米与 −2 米之间。极少数时变幅稍大些，但都没有超过 10 米。

距今 5700 年以来各岸段海平面相对升降比较一致，也反映了三段海岸在构造上相对稳定，没有明显差异升降。全新世早期，中段的湄洲岛明显相对上升，距今 7000 年以前九龙江下游的龙海平原相对于其他岸段构造下沉，海平面变化曲线明显偏低。[①]

五、南海海岸线的变迁

南海北部中更新世晚期古海岸线的形成时间距今 280000—230000 年。总体呈 EW 走向，位于现代水深 −50—−120 米之间。到距今 180000 年左右为末次冰期的鼎盛时期，该期海平面下降幅度最大，此时南海北部大陆架广泛海退

---

① 王绍鸿、吴学忠：《福建沿海全新世高温期的气候与海面变化》，《台湾海峡》1992 年第 4 期。

暴露为陆地。海平面大致下降 100—200 米，古海岸退到陆架坡折之外。全新世之后，短短的 1 万多年里，古海岸从陆架坡折之外移到水深–180 米处，然后又迅速移到水深–20 米处直至现今位置，说明冰后期以来海平面上升的速度是很快的。①

方国祥、李平日、黄光庆对全新世粤桂海岸线各段的变迁进行研究，揭示了各段海平面的升降过程。

全新世粤东地区海平面升降可分为六个阶段。

（1）距今 6300 年前海平面波动上升阶段：本区全新世海平面回升较早，如澄海莲下 HK26 孔埋深 18.2 米处含圆筛藻的海相腐木淤泥 ^{14}C 年龄为距今 12310±370 年，表明距今 12000 年海进已开始。距今 9000 年前后，海平面已上升到–13 米上下，以后又波动下降。距今 7500 年上升至–6.5 米，并于距今 6300 年前后达到全新世第一次高海面，超出现今海平面约 2 米。

（2）距今 6300—5960 年海平面波动下降阶段：海平面下降至现今海平面下 8 米上下。

（3）距今 5900—3400 年海平面波动上升阶段，其间又可分为 5 个时期：距今 5900—5200 年海平面迅速上升，升到–1 米上下。距今 5200—4700 年前后海平面缓慢下降，降至现今海平面以下约 5 米。距今 4700—3900 年海平面上升，高出现今海平面约 1 米。距今 3900—3650 年海平面轻微下降，降至 0 米上下。距今 3650—3400 年海平面上升，升至高出现今海平面约 2 米。

（4）距今 3400—2700 年海平面波动下降阶段：下降至–1 米上下。

（5）距今 2700—1400 年海平面波动上升阶段：距今 2000 年海平面升到高于现今海平面约 2 米。距今 1600 年左右降至–0.5 米，以后又上升，高出现今海平面约 1 米。

（6）距今 1400—700 年海平面轻微下降阶段：距今 700 年前后海平面降至高出现代海面约 0.5 米。

珠江三角洲 8000 年来海平面升降也可分为六个阶段：

---

① 陈泓君等：《南海北部中更新世晚期以来古海岸变迁及其地质意义》，《南海地质研究》，2005 年（年刊）。

（1）距今 6000 年海平面急剧上升阶段：珠江三角洲最早出现全新世海进迹象的是南海蕉围 FG43 孔埋深 13.3 米处含少量星脐圆筛藻和马鞍藻（未定种）等咸水—半咸水种硅藻的沉积物，^{14}C 年龄为距今 11400±417 年，比韩江三角洲晚。珠江三角洲距今 8000 年前海平面标志物样品不多，在距今 8000—7400 年前后海平面迅速上升。距今 7400—7100 年海平面曾一度出现稳定，此段时间内各钻孔样品所见咸水种、半咸水种硅藻略有减少。距今 7100—5900 年前后海平面又迅速上升，至距今 6000 年前后出现全新世的第一次高海面，比现今海平面约高出 1 米。

（2）距今 6000—5500 年海平面波动下降阶段：海平面降至现今海平面 3.5 米上下。

（3）距今 5500—2800 年海平面波动上升阶段，可分为 4 个时期：距今 5500—5000 年海平面迅速上升，升到 0 米上下。距今 5000—4500 年前后海平面缓慢下降，这时段样品数量减少，推测与海退有关。距今 4500—3200 年海平面缓慢上升，升至接近现今海平面。距今 3200—2800 年海平面上升较快，由−1.0 米上升至 1.5 米。

（4）距今 2800—2200 年海平面波动下降阶段：降至−2.0 米上下。其间在距今 2400 年前后有一个短暂的稳定时期。

（5）距今 2200—900 年海平面波动上升阶段：初期（距今 2200—2000 年）海平面迅速上升，升到高于现今海平面约 1.5 米。以后出现过几次波动，在距今 2000—1800 年、1500—1300 年和 1100—900 年均出现波峰，高出现今海平面 0.5—1.0 米。

（6）距今 900—600 年海平面轻微下降阶段：距今 660 年前后海平面曾降至现代海面略下。

粤西海岸 1 万年以来的海平面升降如下。

粤西岸段东起崖门，西至英罗湾东岸。距今 5700 年前海平面上升，距今 5700—5400 年海平面下降，距今 5400—5100 年海平面上升，距今 5100—4700 年海平面急剧下降，距今 4700—2300 年海平面缓慢上升，距今 2300—1650 年海平面波动下降，距今 1650—1000 年海平面波动上升。

广西岸段全新世海平面变化情况如下。

广西岸段东起英罗港西岸，西至北仑河口。距今 7000 年海平面在−15—25 米上下。距今 6100 年前后海平面上升至−6 米。距今 5000 年前后上升至约−

2.5米以后又缓慢下降。距今3100年出现高海面，高出现今海平面1.5米上下。距今1800年的海平面在1米上下。①

① 方国祥、李平日、黄光庆：《粤桂沿海全新世海平面变化》，参见施雅风主编、孔昭宸副主编：《中国全新世大暖期气候与环境》，海洋出版社1992年版，第131—137页。

第四章

先秦时期的植被环境

有什么样的气候，就会有与此气候相适应的植物群，植物群是人类赖以生存的宝贵资源。研究植物群，可以凭此复原当时的气候状况，也可以了解人类的生活环境。

第一节　史前时期的植被环境

一、东北地区的植被

马学慧等研究了同江县（位于松花江与黑龙江交汇处）黑龙江一级阶地的勤得利剖面，结果表明，距今 11000—8500 年，植被以桦树为主，伴生桤木和榆等小叶阔叶林或灌丛。距今 8500—5000 年，以栎、榆等落叶阔叶林为主，其他还有胡桃、槭、椴、鹅耳枥、柳等乔木。距今 5000 年以后，阔叶林逐步变为针阔叶混交林，云杉、冷杉和松树大量出现，栎、榆等次之。[1]

据吉林敦化（位于长白山一带）全新世沼泽孢粉的分析，全新世早期（距今 10000—7500 年），该地以松属、桦属树种为主，是一种针叶阔叶混交林。全新世中期（距今 7500—2500 年），由于气候转暖，松属和阔叶树种（栎、椴、榆或桦等属）占优势。全新世晚期（距今约 2500 年以来），气候转冷凉，松属（还有一些冷杉属、云杉属等）占优势，阔叶树减少。[2]

贵阳地球化学研究所根据辽宁南部全新世沉积物的沉积层序、孢粉组合和 ^{14}C 年龄的分析，恢复了这个地区 1 万年来自然环境演变的基本轮廓。在早全新世，辽宁南部地区桦木林发育，并生长着以榆为主的落叶阔叶树。在中全

---

① 马学慧等：《我国泥炭形成时期的探讨》，《地理研究》1987 年第 1 期。

② 周昆叔等：《吉林省敦化地区沼泽的调查及其花粉分析》，《地质科学》1977 年第 2 期。

新世，森林植被进一步发展和扩大，以栎、桤木为主的更为繁盛的落叶阔叶林更替了原有的桦木林，广泛被覆在山地、丘陵和平原上。其中桤木在森林中所占的比例有自西南往东北增加的趋势，林间低洼的河滩、湖沼地带，香蒲属、莎草科、百合科等水草丰茂，沿着海岸及荒坡，则生长着蒿属、藜科、蓼科、禾本科、菊科等旱生、盐生和半旱生半湿生植物。在晚全新世，松进一步繁殖，曾经北退的桦木重向南进，改变了原有的以栎、桤木为主的落叶阔叶林的成分，成为针叶落叶阔叶混交林，森林范围日趋缩小，蕨类和草本植物地盘日益扩展，占据了广大的平原、河谷、海滩和荒坡。

说明这里在晚全新世以前生长以栎、桤木为主的落叶阔叶林，而晚全新世以后，气候稍有回降，松、桦等树种增加，植被以针叶落叶阔叶混交林及蕨类、草本等植物为主。[①]

二、华北地区的植被

（一）河北、北京、天津的植被

河北怀来太师庄的孢粉分析结果，可以帮助我们复原距今 5700—2000 年怀来地区的植被环境。

距今 5678—5400 年。孢粉组合中以乔木植物花粉为主，其中松树花粉占优势，约占组合的 80% 以上，还有少量的冷杉属、云杉属、桦属、栎属花粉，而椴属、胡桃属、栗属、榆属花粉则很少。草本植物花粉以蒿属花粉占优势，其次为菊科、藜科花粉，麻黄属花粉较少，此外还有极少量的禾本科、伞形科花粉，湿生、水生植物有莎草科等植物花粉。这时该地的植被是以针叶林为主的针阔混交林植被，在低山或丘陵中，分布着以松或桦为主的针叶林及针阔混交林，在河、湖、池沼周围生长着草本植物。

距今 5400—4800 年。花粉种类多，浓度高，多数样品中有丰富的植硅体，有芦苇扇形、其他扇形、尖形、哑铃形等。孢粉组合中乔木植物花粉占优势。

① 中国科学院贵阳地球化学研究所第四纪孢粉组、¹⁴C 组：《辽宁省南部一万年来自然环境的演变》，《中国科学》1977 年第 6 期。

乔木植物花粉组合变化明显，除了前一时期已有的冷杉属、云杉属、椴属、胡桃属、栗属、榆属花粉外，出现了榛属、朴树属、化香树属、枫杨属、鼠李属、芸香科花粉，松树花粉明显减少，桦属、栎属、榛属花粉在剖面上形成的峰与松树花粉形成的谷对应。阔叶树花粉逐渐减少，以松为主的针叶树花粉逐渐增多。草本植物中蒿属花粉在晚期有增多的趋势，菊科、唐松草属花粉在桦属、栎属等落叶阔叶树花粉的峰值之后开始增多，麻黄属、藜科的花粉变化不大，此外还有蓼科、莎草属、禾本科、伞形科、毛茛科、地榆属、车前草科、石竹科、白刺属、百合科、苋科、沙参属、唇形科、千屈菜科、荇菜属等植物花粉。湿生、水生植物有莎草科、小二仙草科、香蒲科、眼子菜科、黑三棱科的花粉。在对应于桦属、栎属花粉高峰的时段有一个莎草科花粉的高峰。蕨类植物有水龙骨、中华卷柏属等。

乔木植物花粉组合发生明显变化，出现大量的喜暖植物花粉，表明发育了落叶阔叶林和针阔混交林植被。可以细分为两个阶段：

距今 5400—5200 年，松属花粉明显减少，桦属、栎属、榛属花粉出现峰值，喜暖的榆属、朴树属、椴属的花粉也是在全剖面最高的时段，枫杨属、化香树属等亚热带植物的花粉在本段出现，草本植物花粉中湿生、水生植物花粉较多，莎草科花粉的峰值正对应于阔叶树花粉的峰值，在孢粉复合分异度曲线上出现一个明显的峰值段，表明此时植物种类多，发育落叶阔叶林植被，在森林周围生长着丰富的草本植物，在河、湖、池沼附近生长着大量的莎草科、香蒲属等湿生、水生植物。

距今 5200—4800 年，阔叶树花粉逐渐减少，以松为主的针叶花粉逐渐增多，蒿属花粉明显增多，发育了针阔混交林植被。

距今 4800—4200 年。样品中植硅体较多。孢粉组合中乔木植物花粉占优势，草本植物花粉较少。乔木植物花粉松属花粉显著增加，形成明显的峰，而落叶阔叶树花粉则明显减少，桦属、朴树属、枫杨属、化香树属、芸香科花粉基本消失，栎属、榛属花粉减少。草本植物花粉增多，其中以蒿属花粉为主，其他草本植物还有菊科、麻黄属、藜科、唐松草属等。莎草科花粉明显减少。此外还有中华卷柏孢子等。孢粉组合表明，该地区此时以针叶林植被为主。

距今 4200—3380 年。孢粉含量大，浓度较高，多数样品中含有植硅体。孢粉组合中乔木植物花粉与草本植物花粉比例相近。乔木植物花粉中仍以松属为主，早、晚期含量多，中期含量少，栎属、桦属、榛属花粉较前期增多，其他还有冷杉属、云杉属、胡桃属、榆属等花粉。草本植物花粉中以蒿属为主，藜科、唐松草属、禾本科、毛茛科的花粉明显高于前期，其他科属花粉与前期相似。湿生、水生植物较少，有莎草科等。此时植被为针阔混交林和草原。

距今3300—2140年，孢粉含量少，浓度低，多数样品中植硅体和炭屑很少。孢粉组合中草本植物占绝对优势。乔木植物花粉仍以松属为主，但数量明显减少，冷杉属、云杉属花粉消失，落叶阔叶树花粉很少，只有少量的栎属、桦属、榆属花粉。草本植物种类减少，蒿属、菊科、禾本科、伞形科花粉逐渐增多，占草本植物的80%左右，菊科和唐松草属的花粉较前期增多，藜科、禾本科、伞形科花粉与前期基本相同。中华卷柏属孢子明显增多。木本植物花粉几乎消失，草本植物花粉中蒿属花粉占的比例迅速增大，可能与人类活动有关。[1]

北京市平原泥炭沼的孢粉分析，证明全新世时这里的天然植被兼有森林、草原以及湿生和沼泽植被。就中全新世而言，森林植被以栎属和松属居多，并混有榆、椴、桦、槭、柿、鹅耳枥、朴、胡桃、榛等属的乔、灌木。[2]

周昆叔对上宅遗址剖面上32个样品进行了孢粉分析，在19个样品中发现数量不等的孢子花粉。共发现23个种属的孢子、花粉和藻类，其中木本植物花粉有松、栎、栗、榆、桦、桤木、榛、鹅耳枥和椴，草本植物有麻黄、禾草、藜、茄、香蒲、车前、十字花、葎草、莎草、蒿，蕨类植物有苍柏、石松、水龙骨，藻类植物有环纹藻。从上述植物成分看，上宅遗址新石器时代植被为针阔叶混交林和草原。

但各层位孢粉数量反映的气候植被又有变化。

第八文化层，也就是上宅文化初始时期，发现60粒桦树花粉。探方T0309第七层一件标本距今6540±100年，说明距今6500年前这里分布着桦树林。

第五文化层探方T0706第五层标本[14]C测年为距今6000±105年，另一件标

① 靳桂云：《燕山南北长城地带中全新世气候环境的演化及影响》，《考古学报》
　2004年第4期。
② 周昆叔：《对北京市附近两个埋藏泥炭沼的调查及其孢粉分析》，《第四纪研究》
　1965年第1期。

本为距今 6340±200 年，含阔叶树花粉虽不多，但在整个上宅遗址剖面上是出现最多的，有榆、桪木、鹅耳枥和椴，植物茂盛。[1]

南庄头遗址位于河北保定市徐水区南庄头村东北（东经 115°84′，北纬 39°32′），地处河北平原西部边缘的瀑河冲积扇上。西距太行山十多公里，东与白洋淀区接近。共测 14C 标本 12 个，南庄头遗址的年代距今约 1 万年。

根据该遗址孢粉分析结果，发现木本花粉 14 个类型，包括松属、冷杉属、云杉属、栎属、栗属、榛属、桦属、鹅耳枥属、桪木属、榆属、椴属、胡桃属、柳属、漆树属，其中以针叶树居多，主要是松属花粉多些，有时有些云杉属和冷杉属花粉，阔叶树花粉以榆属、栎属、栗属和桦属较多一点，其他零星出现。半灌木和草本花粉有 20 个类型，包括有麻黄属、葎草属、菊科、蒿属、藜科、石竹科、豆科、木犀科、莎草科、香蒲属、狐尾藻属、唐松草属、禾本科、蔷薇科、伞形科、毛茛科、唇形科、蓼属、茜草科、茄科，其中以麻黄属、菊科、蒿属、藜科、莎草科、香蒲属、禾本科花粉较常见。蕨类孢子有水龙骨科、中华卷柏和石松属，以前二者较多。花粉中以草本花粉占优势，其下部和上部一般占 80%以上，只有中部木本花粉出现一个小的高峰，也不过占到 40%或稍多。[2]

天津附近的孢粉研究证明，在 7000 年前这里生长着水蕨。现今它们已在河北省境内绝迹，而生长在淮河流域（如洪泽湖，北纬 38°，年平均气温 16℃）。[3]

（二）内蒙古地区的植被

赤峰市（原昭乌达盟）现在年平均气温为 5℃—8℃，1 月份平均气温为 −11℃—−15℃，7 月份平均气温为 20℃—23℃，≥10℃ 的年积温为 2700℃—

---

[1] 周昆叔：《上宅新石器文化遗址环境考古》，《中原文物》2007 年第 2 期。

[2] 原思训、陈铁梅、周昆叔：《南庄头遗址 14C 年代测定与文化层孢粉分析》，参见周昆叔主编：《环境考古研究》（第一辑），科学出版社 1991 年版，第 136—139 页。

[3] 华北地质研究所第四纪孢粉室：《全新世时期天津古地理和气候》，1975 年。转引自中国科学院《中国自然地理》编辑委员会：《中国自然地理：历史自然地理》，科学出版社 1982 年版，第 7 页。

3200℃，年降水量为 350—450 毫米。在历史上，该地区的气候和植被也发生过多次变化。

兴隆洼遗址位于赤峰市敖汉旗宝国吐乡，地处大凌河支流牦牛河西南 1.5公里的低丘陵西缘。该遗址距今约 8000 年，属兴隆洼文化时期，在遗址内发现大量石锄、石盘磨、石磨棒以及大量鹿骨、狍和猪的遗骨。采集有胡桃楸果核。另对孢粉进行分析，有松、桦、蒿、禾本科、蓼、豆科、藜的花粉和少量水龙骨、中华卷柏的孢子。距今 8000 年左右，胡桃楸可能与桦、松混交共同组成暖温带夏绿阔叶林和针叶混交林。当时气候温暖湿润，由杜鹃组成的灌丛分布其下。在森林区及森林草原带的岩石上、山地岩石上或石缝中则匍匐生长着喜温干的中华卷柏。由禾本科的蒿、蓼组成的草原也可能占有一定的面积，就赤峰大范围看，当时的植被很可能接近内蒙古的夏绿阔叶林和草原过渡带。兴隆洼一带有森林、草原、湖沼和农田的分布。

距今 6500—5000 年，红山文化时期的遗址中发现了鹿、獐等兽骨，以及石镞和骨鱼钩等渔猎工具，说明当时既有森林草原，又有足够的水域，这就为当时先民狩猎和捕鱼提供了场所。

距今 5300±45 年，富河文化时期的富河沟门遗址位于赤峰市北部的巴林左旗，地处西拉木伦河北侧支流乌尔吉木伦河东岸的丘岗上。在遗址中采集的动物骨骼主要是食草型的偶蹄目，如麝、狍、麋鹿、黄羊和野猪，其次有狗獾、狐、松鼠和少量犬科等，但未见大型奇蹄目。从动物生态习性推测，在 5000多年前西拉木伦河地区为森林草原景观，并有一定的湖沼。[①]

宋豫秦在西辽河流域找到了 9 个史前时期的文化层剖面，并做了孢粉分析，现摘录如下。

敖汉旗兴隆洼剖面：距今 8000 年左右，属兴隆洼文化时期。孢粉中草本植物花粉占优势，占 55.5%，有蒿性藜科、菊科、草属。蕨类植物孢子含量占42.5%，有石榴科、中华卷柏。木本植物仅占 1.9%，仅有松属。

林西县白音长干围沟剖面：距今 7800 年左右，属兴隆洼文化时期。孢粉

① 孔昭宸、杜乃秋、刘观民、杨虎：《内蒙古自治区赤峰市距今 8000—2400 年间环境考古学的初步研究》，参见周昆叔主编：《环境考古研究》（第一辑），科学出版社 1991 年版，第 112—119 页。

中草本植物花粉占绝对优势，为孢粉总量的91.3%，有蒿属、藜科、菊科和少量的禾本科。木本植物占1.4%，仅有松属。蕨类孢子占7.3%，有石松、中华卷柏。

敖汉旗小山剖面：距今7000年左右，属赵宝沟文化时期。孢粉中木本植物花粉明显增多，约占45.4%，有松属、椴及栎属、蔷薇科，为针阔叶混交林。草本植物约占12.1%，有藜科、蒿属、禾本科、毛茛科、龙胆科、菊科。蕨类植物孢子约占42.5%，有石松科、中华卷柏。在小山遗址还发现两枚保存完好的胡桃楸果核和中旱生乔灌木李属的种子。

巴林左旗隆昌镇大坝剖面：距今5500年左右，属红山文化时期。孢粉中草本植物花粉占多数，达80%，有菊科、蒿属、藜科、禾本科、香蒲属等。蕨类孢子占18.6%，主要是石松科、中华卷柏。木本植物占1.4%，有松属、桦属。为树林草原植被。

巴林左旗二道梁子剖面：距今5500年左右，属红山文化时期。孢粉中草本植物花粉占88.5%，有禾本科、蓼科、藜科、菊科、芒属、大戟属等。蕨类植物孢子占10.3%，有石楹科、中华卷柏。木本植物花粉占1.2%，主要是松属。

敖汉旗祭坛剖面：距今5500年左右，属红山文化时期。孢粉中木本植物花粉占14%，有松属、栎属、忍冬科、金合欢属、麻黄科等。草本植物占2.8%，有蒿属、锦葵科。蕨类植物孢子占23%，有中华卷柏、石松科、卷柏科。

敖汉旗西台剖面：距今5500年，属红山文化时期。草本植物花粉占70.9%，主要为蒿属。木本植物占3.1%，主要有松属。蕨类植物孢子占26%，有石松科、中华卷柏。

巴林左旗富河沟门剖面 I：距今5300年左右，属富河文化时期。孢粉中木本植物花粉占8.1%，有松属、栎属、桦属等，代表针叶阔叶落叶混交林。草本植物花粉占80.9%，主要有蒿属、藜科、菊科、大戟属，还有蓼科、豆科、香蒲属等。蕨类植物孢子占10.4%，有石楹科、中华卷柏。

巴林左旗富河沟门剖面 II：距今5300年左右，属富河文化时期。孢粉组合可以分为两个带。

第一带孢粉中草本植物花粉占61.3%，主要有蒿属、菊科、锦葵科、藜科、大戟属、豆科等。木本植物花粉占29.9%，有松属、栎属、胡桃属、麻黄科。蕨类植物孢子占 8.8%，主要是石松科。

第二带孢粉中木本植物花粉含量高，占 65.7%，主要是松属、栎属及麻黄科。草本植物花粉占 24.5%，有蓼科、藜科、菊科、蒿属、豆科、禾本科。蕨类植物孢子占 9.4%，有石松科、中华卷柏。[1]

文物考古工作者在阴山西段狼山，西起阿拉善左旗，中经磴山县，东至乌拉特后旗，东西长约 300 公里、南北宽 40—70 公里深山沟谷的岩石上，找到千余幅岩画，内容丰富多彩，其中以动物画为最多，有马、牛、山羊、岩羊、团羊、马鹿、长颈鹿（据后来再考证应为"鸵鸟"，见盖山林：《阴山岩画》，文物出版社 1986 年版）、狍子、罕达犴、狐狸、野驴、骡、骆驼、狼、虎、豹、龟、犬、蛇、鹰等各种飞禽走兽。[2]

罕达犴等为森林动物，马鹿、狍子等为森林与灌丛动物，岩羊等为草原动物，狐、狼、虎、豹等为肉食性动物。从这些动物的存在，大致可以反映出从数千年前到 1000 多年前的阴山山地，包括狼山一带的森林、灌木、草本植物的天然分布，这里植物生长茂盛，肉食、植食、杂食性飞禽走兽出没于茂草密林之中，动植物的生态处于平衡状态，有不少天然森林，也有不少天然草原，不少野生动物。[3]

三、黄河流域的植被

（一）甘肃的植被

在天水市师赵村遗址的马家窑文化石岭下类型文化层采集了 6 块标本，编号为 3—8 号；在马家窑类型文化层采集了 3 块标本，编号为 1、2、9。在西山坪遗址采集了 7 块标本，编号为 1—7，时代分别为齐家文化、马家窑类型、石岭下类型、庙底沟类型、半坡类型、西山坪二期（相当于北首岭下层）、西

[1] 宋豫秦等：《中国文明起源的人地关系简论》，科学出版社 2002 年版，第 39—41 页。

[2] 盖山林：《举世罕见的珍贵古代民族文物——绵延二万一千平方公里的阴山岩画》，《内蒙古社会科学》1980 年第 2 期。

[3] 文焕然等：《中国森林资源分布的历史概况》，参见文焕然等：《中国历史时期植物与动物变迁研究》，重庆出版社 1995 年版，第 24 页。

山坪一期（相当于大地湾一期）。

师赵村遗址的石岭下类型地层中，第 5、6、7 号样的木本花粉含量较高（18%—38%），并且木本花粉均以针叶类型花粉为主，其中又以冷杉属花粉为多，另外还有云杉属、松属、铁杉属花粉。冷杉花粉的产量和传播能力均很低，而石岭下类型文化层样品中却普遍含有较多的冷杉花粉，由此可知，当时师赵村附近山地必有冷杉林的存在。石岭下类型年代范围距今 5800—5100 年。

两个遗址的孢粉分析结果极为相似，都是以草本花粉占明显优势。草本花粉又主要由蒿属、禾本科、藜科组成。禾本科中似有谷子的花粉。西山坪遗址从庙底沟时期以后的各文化层禾本科花粉含量较多。师赵村遗址的石岭下、马家窑类型时期，禾本科花粉含量也很多。①

（二）陕西的植被

根据扶风县案板遗址的孢粉分析结果，可分为六个花粉组合带，合并为三个阶段，其中第一、二阶段属中石器时代至龙山时期，第三阶段从西周初年至今。

第一阶段　以花粉带 I、II 为代表，其时间为 12000—8000 年前，为早全新世，相当于中石器时代和新石器时代早期。

带 I，代表干凉气候的松达到 65%，而且还有一定数量的桦，其他喜温的阔叶树只有少量的栎、榛。草本花粉大大超过木本，以旱生的蒿、藜为主。说明本带植物是以松、桦为主的针阔叶混交林及广阔的干旱草原。

带 II，木本植物花粉比例降低，草本增加，说明森林面积缩小而草原相对扩大。在木本植物中，松、桦下降，而以松下降幅度较大。喜温的栎最高峰上升到近 40%，除栎属外，阔叶树中出现鹅耳枥、槭、胡桃等，说明气温继续上升。但草本植物中，旱生的藜、蒿等仍占一定的优势，又反映了气候还较干燥。本带植被为栎、松混交疏林及草原。

第二阶段　以花粉带 III、IV 为代表，其时间为 8000—3000 年前，为中全新世，相当于新石器时代中、晚期，即老官台文化、仰韶文化和龙山文化

① 赵邠:《甘肃省天水市两个新石器时代遗址的孢粉分析》，参见周昆叔主编:《环境考古研究》（第一辑），科学出版社 1991 年版，第 100—104 页。

时期。

带 III，木本植物花粉明显增加，草本花粉大量减少，蕨类繁盛。木本植物花粉中，虽然松、柏还占相当的比例，但阔叶树花粉增长较大，其最高峰达到90%，占据优势，其中桦属较少，而栎、槭、栗等增加幅度较大，并出现了一批温带的栲、木樨、椴、柳等树种。草本植物中旱生的蒿、藜大量减少，而蕨类植物大量出现，除卷柏属和水龙骨科外，新出现的有铁线蕨科、石松属、凤尾蕨科。植被是以阔叶林为主的针阔混交林与草原，林下生长着水龙骨科、卷柏属为主的蕨类植物，气候温湿，是全新世气候最宜时期。

带 IV，木本植物花粉比例略有降低，草本花粉增加，蕨类孢子下降幅度较大。木本植物中，除了柏属稍有增加，松属、桦属变化不大；阔叶树种，虽已不如前一时期繁盛，但仍较多出现，阔叶树中槭属、栗属、柳属、鹅耳枥属略有减少，新出现的有榆，说明喜温的阔叶树仍占一定的地位。草本植物中，旱生的蒿属、菊科、藜科占了优势，但还有一定数量的禾本科等旱生和湿生草本植物。蕨类减少，以卷柏属、水龙骨科为主。该时期植被是以阔叶林和松为主的针阔叶混交疏林和草原，森林面积有所缩小，草原扩大。[①]

（三）河南的植被

河南灵宝市西坡遗址属仰韶文化中期村落遗址，面积约 40 万平方米。2000 年秋至 2001 年春发掘出土大量动物骨骼，可鉴定种属合计 24 种，其中猪和狗为家养动物。家畜可鉴定标本数占动物骨骼标本总数的 85.3%，野生动物占 14.7%。家畜中以猪为最多，可鉴定标本数占动物骨骼标本总数的 84%，野生动物以鹿最多，其他野生动物还有梅花鹿、獐、麝、牛、羚羊、绵/山羊、马、猕猴、竹鼠、豪猪、鼢鼠、仓鼠、兔、蛙、貉、中国蜗牛、熊、河兰蚬、珠蚌、环棱螺、雉等。竹鼠、豪猪、猕猴和獐等均为喜温哺乳动物，见于今天的长江流域，但在黄河流域已经消失了。梅花鹿和獐的存在表明遗址附近有灌木丛和草地，而麝则显示出遗址附近有森林，珠蚌和河兰蚬的发现说明遗址周

---

① 王世和、张宏彦、傅勇、严军、周杰：《案板遗址孢粉分析》，参见周昆叔主编：《环境考古研究》（第一辑），科学出版社 1991 年版，第 56—65 页。

围有自然塘和小溪流，竹鼠的存在表明遗址附近可能有竹林。①

郑州大河村遗址文化内涵包含仰韶、龙山、二里头和商文化遗存，尤以仰韶文化材料丰富。仰韶文化第一、二期属庙底沟类型，第三、四期属于西王村类型。据采自遗址 3.15 米至 4.75 米处的四块含炭沙质黏土及亚黏土样品测得的 ^{14}C 年代为 4410±90 年到 5740±125 年。

严富华对该遗址的孢粉分析表明，下部的 9.4 米左右，以灌木及草本植物花粉数量较多，占孢粉总数的 53.7%，次为乔木植物花粉，蕨类植物孢子很少（0.7%）。乔木花粉几乎全是松属。该层位要早于仰韶文化。

9.4—3.8 米段，木本植物花粉占优势，最多可达孢粉总数的 84.1%，草本植物花粉较少。仍以松属花粉居多，但喜暖好湿的栎、榆、椴等阔叶植物花粉增加，特别是在中上部还找到了一粒山毛榉属花粉及一粒破碎的今天只能生长在长江以南的水蕨属植物孢子。3.8 米以下主要属仰韶文化遗存。

3.8—1.5 米段，灌木及草本植物花粉又占优势，未见孢子。1.5 米以上至表土，木本植物花粉又超过草本植物花粉，孢子含量较高，最多可达 32.2%，主要为石松类孢子。在木本花粉中松属花粉仍占优势。3.8 米以上主要属龙山文化。②

登封王城岗遗址出土的龙山时代木炭标本经鉴定，有麻栎、麻栎属的 3 个种、红锥、青冈、朴树、苦楝、青檀、枣属、柳树、红叶、桦木、柿属、枫香、5 种未鉴定的阔叶树和竹亚科（竹）。禹州瓦店出土的龙山时代木炭标本经鉴定，有侧柏、栎属（3 个种）、枣属、榉属、榆属、苹果属、杏属、白蜡树属、柿属、槭属、板栗属、柘属、盐肤木属、杨属、竹亚科（竹）、青冈属和 8 个未鉴定的阔叶树，炭化的果壳分别属于酸枣核和栎属的壳。王城岗和瓦店遗址栎属所占比例分别为 87.7% 和 86.5%，都有青冈属，分别占 1.8% 和 7.5%，都有竹，分别占 1.8% 和 4.7%，遗址周围应是以栎为优势的落叶常绿

---

① 马萧林：《河南灵宝西坡遗址动物群及相关问题》，《中原文物》2007 年第 4 期。
② 严富华、麦学舜、叶永英：《据花粉分析试论郑州大河村遗址的地质时代和形成环境》，《地震地质》1986 年第 1 期。

阔叶混交林、竹林及其他树种和果树。①

《孟子·滕文公上》："当尧之时，天下犹未平，洪水横流，泛滥于天下，草木畅茂，禽兽繁殖，五谷不登，禽兽逼人，兽蹄鸟迹之道交于中国。尧独忧之，举舜而敷治焉。舜使益掌火，益烈山泽而焚之，禽兽逃匿。"说明尧的时候生物植被环境很好，以致野生动物太多，因此要焚烧树木，驱赶禽兽。

（四）山东的植被

从大汶口、龙山等新石器时代遗址中出土的木结构房屋和木炭等②，以及作为当时主要狩猎对象的鹿的大量存在③，反映了新石器时代中、晚期，山东地区有森林和草原等植被的分布。

胶东半岛南部距今11000—8500年，木本植物以松属、栎属、柏科为主，草本植物以蒿属为多。距今8500—5000年，阔叶树花粉显著增加，栎属花粉含量呈现最大值，草本植物以藜科、蒿属、香蒲为主，蕨类孢子中有水龙骨和水蕨的孢子。代表以阔叶树为主的针阔叶混交林植被。距今5000—2500年，孢粉组合中木本植物有松属、柏科、栎属，草本植物以蒿属为主。代表以针叶树为主的针叶阔叶森林、草原植被。④

四、淮河流域的植被

驻马店杨庄遗址石家河文化时期，气候温暖湿润，植被以落叶阔叶林为

---

① 王树芝、方燕明、赵志军：《果实采集、木材利用和周边环境：河南颍河上游两个龙山时代考古遗址的木炭分析》，莫多闻等主编：《环境考古研究》（第五辑），科学出版社2016年版，第157—164页。

② 郭沫若主编：《中国史稿（初稿）》（第1册），人民出版社1976年版，第75、76页。

③ 中国科学院考古研究所编：《新中国的考古收获》，文物出版社1961年版；周昆叔：《对北京市附近两个埋藏泥炭沼的调查及其孢粉分析》，《第四纪研究》1965年第1期。

④ 中国社会科学院考古研究所编著：《胶东半岛贝丘遗址环境考古》，社会科学文献出版社1999年版。

主，夹有少量亚热带常绿阔叶植物。木本植物有松、赤杨、栲、鹅耳枥、栎、桦、胡桃等。河南龙山文化时期气候比前期略微干燥，植被除栲为亚热带常绿植物外，其他大部分为暖温带属性。木本植物有松、杉、栲、榆和栎，仍以松和栎为主。草本植物包括蒿、藜科、禾本科和菊科。蕨类植物较少，另外有少量水生植物环纹藻。①

江苏连云港市藤花落遗址龙山文化中晚期孢粉分析表明，乔木和灌木中，榆、枫杨属、落叶栎等含量较高，含少量的银杏、松等，属典型的亚热带含常绿成分的落叶阔叶林景观。②

蚌埠禹会村遗址龙山文化时期植被以禾本科等草本植物含量为多，木本植物次之，以松属、落叶栎属、榆属等为主，其他还有柏科、落叶松、桦属、胡桃属、槭树属、柳属、朴属、枫杨属、五加科、大戟科、小檗科、胡颓子科、锦葵科、蔷薇科等。③

五、长江流域的植被

约4690年前的西藏昌都卡若遗址第三层的4块样品中，孢粉含量较多，计有下列各种：水龙骨科、水龙骨、藜科、蒿、云南凤尾蕨、菊科、禾本科、卷柏。从孢粉分析所得结果来看，当时的气候是比较湿暖的，因水龙骨科和凤尾蕨科的植物生长在热带和亚热带地区（温带也有生长）；但是另一些成分则喜干旱的环境，如蒿。总的来讲，第三层的植被是温暖偏干的气候。

第四层的孢粉显著减少，而且种类颇乏，如毛茛、水龙骨科都是个别出

---

① 北京大学考古学系等编著：《驻马店杨庄：中全新世淮河上游的文化遗存与环境信息》，科学出版社1998年版，第208页。

② 马春梅、朱诚、林留根、李中轩、朱青、李兰：《连云港藤花落遗址地层的孢粉分析报告》，参见南京博物院、连云港市博物馆：《藤花落——连云港市新石器时代遗址考古发掘报告》，科学出版社2014年版，第680—687页。

③ 中国社会科学院考古研究所等编著：《蚌埠禹会村》，科学出版社2013年版，第394—406页。

现，值得注意的是本层中有少数松科花粉。①

据滇池的孢粉分析，全新世早期，昆明一带由于气候较今凉爽，因而森林植被以栎属、松属为主，还有一定数量的铁杉、桦木、水冬瓜。到全新世中期，昆明一带气候转趋暖热，因此栲属发展成为森林植被的主要成分。栎属、铁杉、云杉极少。到全新世晚期，昆明一带气候又趋凉爽，因而栲属大减，松、栎二属激增，形成与目前滇中植被相类似的松—栎混交林。②

位于秦岭山地东部河南省淅川县下王岗遗址中，从仰韶文化到西周文化层动物群的分析，猕猴、黑熊、豹、虎、豹猫、苏门犀、亚洲象、野猪、麝、苏门羚等适于森林或多树的环境，大熊猫以竹叶为食物，孔雀、麂、梅花鹿、狍、水鹿、豪猪等出没于稀树草地或灌木丛，鱼、龟、鳖、水獭属水生动物。说明数千年前，这一带有茂盛的森林和野生竹林，并有稀树草地、灌木丛和水生植被等。③

据神农架大九湖盆地岩芯的孢粉分析结果，距今10600—7400年，为全新世早期从冷干到暖湿下的过渡性植被，可以进一步划分为三个阶段，从老到新依次为含云杉、冷杉的温带针阔叶混交林，以落叶阔叶成分为主的温带针阔叶混交林，含针叶成分的温带阔叶林。距今7400—3400年之间为暖湿气候条件下的各类植被，可以进一步划分五个阶段，从老到新依次为温带落叶阔叶林、亚热带常绿阔叶与落叶阔叶混交林、含常绿阔叶林成分的暖温带落叶阔叶林、亚热带落叶阔叶与常绿阔叶混交林、含常绿阔叶成分的暖温带落叶阔叶林。④

湖北天门石家河古城三房湾屈家岭文化晚期地层和谭家岭遗址的石家河文化早中期地层出土一批植物种子，经鉴定有40余种植物遗存，农作物有稻、粟，稻类标本占植物种子总数的41.22%，粟有57粒，占0.72%。野生食物种

① 黄万波：《西藏昌都卡若新石器时代遗址动物群》，《古脊椎动物与古人类》1980年第2期。

② 文焕然等：《中国森林资源分布的历史概况》，参见文焕然等：《中国历史时期植物与动物变迁研究》，重庆出版社1995年版，第8页。

③ 贾兰坡、张振标：《河南淅川县下王岗遗址中的动物群》，《文物》1977年第6期。

④ 刘会平、唐晓春、孙东怀、王开发：《神农架大九湖12.5kaBP以来的孢粉与植被序列》，《微体古生物学报》2001年第1期。

子有桃、悬钩子属、葡萄属、猕猴桃属、构属、甜瓜属、葫芦科、芡实等。杂草类有莎草科藨草属、毛茛科石龙芮、蓼科酸模叶蓼、茄科、藜科、唇形科、马齿苋科等。①

湖南澧县彭头山遗址第二至第七层均属彭头山文化，距今9000—7600年。第二层孢粉组合木本植物占83.75%—84.95%，主要有松、杉木、枫香、枫杨；草本植物占1.39%—2.74%，有藜科、蒿；蕨类植物含量为8.21%—41.67%，有里白、水龙骨科、海金沙。第三至七层孢粉组合木本植物含量为64.52%—100%，主要是杉木，还有少量松、枫香；草本植物含量为1.25%—8.06%，有水稻、蓼、蒿等；蕨类植物含量为2.33%—27.45%，有里白、鳞盖蕨。②

八十垱遗址出土的植物遗存主要有梅、桃、葡萄属、芡实、菱、中华猕猴桃、君迁子、悬钩子属、野大豆、紫苏、栝楼、薄荷、侧柏、栎属、川楝等。③

据彭头山遗址彭头山文化层孢粉分析，木本植物针叶植物以松属、马尾松、枫叶属、枫杨为主，其次有苏铁属、栎属、鹅耳枥属、胡桃树等，草本植物以禾本科为主。蕨类植物以禾叶蕨属为主，其次有海金沙属、石松属。

皂市下层文化层孢粉分析结果，木本植物以松属、马尾松为主，常绿阔叶植物木兰属、枫杨属、枫杨次之。④

八十垱遗址出土的木材和木器标本，经鉴定有柘树、厚壳树、麻栎、喜树、朴树、榆属、杉木。⑤

---

① 邓振华、刘辉、孟华平：《湖北天门市石家河古城三房湾和谭家岭遗址出土植物遗存分析》，《考古》2013年第1期。

② 湖南省文物考古研究所编著：《彭头山与八十垱》，科学出版社2006年版，第563、564页。

③ 湖南省文物考古研究所编著：《彭头山与八十垱》，科学出版社2006年版，第518—543页。

④ 湖南省文物考古研究所编著：《彭头山与八十垱》，科学出版社2006年版，第572页。

⑤ 湖南省文物考古研究所编著：《彭头山与八十垱》，科学出版社2006年版，第578、579页。

长江中游地区的湖南澧县城头山城址环壕大溪文化一期（距今约 6000 年）地层中，出土一些木材样品，经鉴定，主要是枫香树属，其他还有蚊母树属、栲属、小构树属等。当时人们编制栅栏偏爱使用枫香树[①]。

顾海滨对城头山遗址孢粉分析后，认为大溪文化一期和二期的植被具有相似性，均是以常绿阔叶林为主的常绿落叶混交林，但大溪文化二期的常绿乔木和草本植物花粉高于大溪文化一期。树木有常绿栎、栗—栲、榆、胡桃、枫杨、山核桃、桦、鹅耳枥等，林下发育有非常明显的草本层，草本层以禾本科为主，还有常绿的凤丫蕨、石松、车前蕨、假蹄盖蕨、鳞盖蕨、水龙骨等。池塘等水域中生长着香蒲。[②]

在城头山大溪文化一期和二期层位中发现大量的植物遗存，经鉴定共有75 种，隶属 54 属，36 科，另有 30 余种未能鉴定出种属。已鉴定的属种中木本植物 24 种，占 32%，草本植物 51 种，占 68%。木本植物中常绿植物 5 种，占 21%；落叶植物 19 种，占 79%。城头山一带的植被群落属于典型的中亚热带常绿—落叶混交林，反映当时地处温暖湿润的森林草地及河湖沼泽发育的环境。在丘陵或低山上长着常绿乔木乌冈栎、石栎和红豆杉。其他落叶乔木有合欢、李、桃、小果冬青、栗、黄连木、楝树和蓝果树等。林下发育有较明显的灌木层和草本层，藤本植物也很丰富。灌木层以蔷薇属、马甲子为主，悬钩子属次之，还有枸子属、通脱木、八角枫、酸模属、毛茛属、繁缕属、卷耳属、商陆、酢浆草、马鞭草、筋骨草属和紫苏等。生于林缘和荒地的旱生野草有藜属、苋属、大戟属、狗尾草、马唐、苍耳、牵牛属和麦家公等。河湖等水域中生长着芡实、利川慈姑和细果野菱等。藤本植物相当多。有许多植物具有经济价值，如粮食作物稻，果树桃、李、蘡薁、栗和悬钩子属等。其他可食植物有

---

① 米延仁志：《城头山遗址的木材分析》，参见湖南省文物考古研究所、国际日本文化研究中心：《澧县城头山——中日合作澧阳平原环境考古与有关综合研究》，文物出版社 2007 年版，第 115—117 页。

② 顾海滨：《城头山遗址孢粉分析》，参见湖南省文物考古研究所、国际日本文化研究中心：《澧县城头山——中日合作澧阳平原环境考古与有关综合研究》，文物出版社 2007 年版，第 84—87 页。

冬瓜、香瓜属、薏苡、紫苏、细果野菱、芡实及利川慈姑等。①

城头山遗址汤家岗文化时期（距今约 6500 年）水田遗址地层中的孢粉中，乔木花粉中常绿青冈栎属最多，占 40%—50%，落叶栎属次之，占 25%—35%，枫香树第三，占 5%—10%。属于暖温带南部和亚热带北部的植被环境。灌木花粉中主要是蔓性葡萄属、乌桕等。城头山一带是小规模树林的开放式植被景观。草本花粉中禾本科占一半以上，禾本科中主要是稻属花粉。

经过对城头山城墙南门墙面采集的大溪文化至屈家岭文化时期第 11 层的样品 175 进行孢粉分析，乔木花粉较少，其中常绿栎属占 40%，落叶栎属占 20%—25%，板栗属—栲属占 5%—8%，还有枫香树属。当时这一带森林覆盖率较小。灌木花粉中有杨柳属，草本花粉中以蒿属和苍耳属为主，其他还有石竹科、藜科—苋科、桑科、稻属型禾本科、荞麦属等。

对屈家岭文化至石家河文化时期的样品 235 进行孢粉分析，乔木花粉降低，最多占 29%。相对于样品 175 而言，常绿栎属、枫香树属基本无变化，落叶栎属和板栗属—栲属稍有减少，松属、水胡桃属、桦属、日本千金榆属等则小幅增加。灌木花粉比例降低。草本花粉进一步增加，达到 65%—82%。草本花粉中大部分为禾本科，稻属花粉占非乔木花粉、孢子的 15%，蒿属不超过10%，槐叶萍属大幅增加，上部最多可达 19%。城头山一带周边有广阔的稻田，局部地区分布着森林。②

江西南昌洗药湖泥炭的孢粉分析，反映了南昌地区在距今 8000 多年前有亚热带森林及沼泽植被的分布。洗药湖孢粉组合是以常绿阔叶（栲属为主，并有冬青属、杨梅属等）、常绿针叶（松、杉等属）为主，杂有少数落叶阔叶（枫香、柳、乌桕等）属的混交林。③

---

① 刘长江、顾海滨：《城头山遗址的植物遗存》，参见湖南省文物考古研究所、国际日本文化研究中心：《澧县城头山——中日合作澧阳平原环境考古与有关综合研究》，文物出版社 2007 年版，第 98—106 页。

② 守田益宗、黑田登美雄：《从城头山遗址沉积物的孢粉分析看农耕环境》，参见湖南省文物考古研究所、国际日本文化研究中心：《澧县城头山——中日合作澧阳平原环境考古与有关综合研究》，文物出版社 2007 年版，第 67—83 页。

③ 王开发：《南昌西山洗药湖泥炭的孢粉分析》，《植物学报》1974 年第 1 期。

　　安徽怀宁打捞长江水下古木的古土样的孢粉分析，反映了安庆地区在5000多年前是一片茂盛的亚热带落叶阔叶混交林，还有水生、沼泽等植被存在，附近山地丘陵，则有由松属组成的森林分布。平原森林中的乔木以落羽杉、栎、枫香、桦、冬青、榆、柳等属为多，还有杉科、柏、枫杨、桤木、漆、栲、乌桕、油桐等属。此外，还有海金沙、凤尾蕨等属。[1]

　　根据苏州市吴江区龙南遗址的孢粉分析，距今6500—5300年，木本植物花粉含量为30%—40%，草本与蕨类为60%—70%。木本类主要是栲或栎与青冈栎占优势，约为木本花粉的40%以上，其次是栎、枫香、鹅耳枥、杨梅等。草本花粉以香蒲、藜科、蒿为主，分别为草本花粉的35%、20%和15%，还有一些个体在25μ左右的禾本科花粉。由此推测，太湖周围的丘陵、岗地为亚热带常绿阔叶林，低平原地面受当时的海面影响，为滨海沼泽。

　　距今5300年之后，木本类花粉含量在底部较低，其他部位稳定在30%左右。草本与蕨类孢粉为70%左右。木本类种属含量与带Ⅰ相似，以常绿阔叶类栲、青冈栎占优势，多见栎、枫香、榆、化香树、枫杨、胡桃等。变化明显的是草本类花粉，藜科、蒿含量骤减，仅5%—10%。代之以水生香蒲占优势，占50%—85%。禾本科花粉小型种类在5%上下波动，个体在35μ（大型禾本科花粉）以上的种类，在第6层上部含量开始增高。此带中还常见眼子菜、荇菜、狐尾藻等水生草本花粉。水龙骨科孢子在第6层上部有一小高峰，达7%。从上可知，太湖周围仍有亚热带常绿阔叶林分布，此时中国东部的海面趋于稳定并略有下降，太湖地区大海东去，龙南地区为大面积的浅水沼泽，水生植被茂密。

　　距今5000年左右，木本植物花粉仍在30%左右，该层顶部则增至40%以上。木本类中落叶阔叶栎含量剧增，约占木本类花粉的40%以上，最高达50%。青冈栎、栲等常绿阔叶树花粉由下至上逐渐降低。其他落叶阔叶乔木榆、枫香、鹅耳枥等，频繁出现。草本类花粉，水生种类含量骤降，香蒲仅占20%—35%。陆生与中生草本蒿、菊科、蓼等稳定出现。另一重要特点是禾本科花粉含量渐增，尤其是大型禾本科花粉一般在20%上下，最高达30%。气

[1] 黄赐璇等：《安庆古树的古土壤孢粉分析及其古地理研究》，1974年。转引自中国科学院《中国自然地理》编辑委员会：《中国自然地理：历史自然地理》，科学出版社1982年版，第20页。

候环境转向凉、干，太湖周围的森林为常绿—落叶阔叶混交林。①

姜里遗址位于江苏省昆山市张浦镇，西距太湖50公里，水网密布，地势低平，海拔高程3.3米。在马家浜文化时期人们到来之前，这里的植被几乎不见木本植物，蕨类植物孢子多见满江红属和水龙骨科。草本植物多是莎草科，另有少量的香蒲属、眼子菜属等花粉。

马家浜文化时期，人们开始到这里居住，前段木本植物和草本植物花粉较少。蕨类植物孢子中水生的满江红属超过50%，水生的草本植物香蒲属与眼子菜属花粉之和不超过15%。后段草本植物花粉含量增多，最高超过80%；蕨类植物孢子百分含量剧降至5%以下；草本植物花粉中水生植物香蒲属、眼子菜属占优势。

崧泽文化时期虽然草本植物花粉仍占优势，但与马家浜文化时期相比，水生植物花粉减少，陆生草本植物花粉升至30%以上。②

经鉴定，姜里遗址马家浜文化时期的植物种子有水稻、蓟属?③（茄科）、酸浆属?、禾本科、莎草科、荨麻科、蓼科、小二仙草科。崧泽文化时期的植物种子有狗尾草属、马齿苋、扁蓄属、酸模属、眼子菜属、马唐属、苔草属、莎草科、荨麻科、小二仙草科。④

根据太湖钻孔的孢粉分析结果，距今11000—9000年，植被为以壳斗科为主的阔叶乔木种类占主导地位，以松为主的针叶植物也占一定的优势。距今9000—5000年前，植被成分显然以阔叶木本植物占绝对优势，推测当时该区地带性植被可能类似于目前中亚热带性质的常绿阔叶林。距今5000年至现在，阔叶木本植物花粉含量均明显下降。⑤

---

① 肖家仪：《江苏吴县龙南遗址孢粉组合及其环境考古意义》，参见周昆叔主编：《环境考古研究》（第一辑），科学出版社1991年版，第157—163页。

② 萧家仪等：《江苏昆山姜里新石器时代遗址孢粉记录与古环境初步研究》，《文物》2013年第1期。

③ 此处问号表示鉴定时不确定，后文出现此类，意同此。

④ 邱振威等：《江苏昆山姜里新石器时代遗址植物遗存研究》，《文物》2013年第1期。

⑤ 许雪珉等：《11000年以来太湖地区的植被与气候变化》，《古生物学报》1996年第2期。

六、东南地区的植被

浙江跨湖桥遗址距今 8200—7000 年，根据孢粉分析，木本花粉占 64%—73%，阔叶乔木中以栎、槭为主，亚热带植物常见枫杨、胡桃、漆、栲、栗等。可见枫香、木兰、化香、水青冈、昆兰、紫树，亦可见到喜温凉的榆、柳、白刺、脊榆等。灌木有杜鹃。针叶树以松为主，还有冷杉。草本植物含量占 15%，以禾本科为主，还有蒿、藜科。①

浙江余姚河姆渡遗址第四文化层出土的孢粉，说明当时的四明山以及河姆渡东边的小山丘，生长着茂密的亚热带常绿落叶阔叶林，主要树种有薯树、枫香、栎、栲、青冈、山毛榉等，林下蕨类植物繁育，有石松、卷柏、水龙骨等，树上缠绕着海金沙和柳叶海金沙。

河姆渡遗址出土的动物骨骼中的雁、鸭、鹤与獐、麋鹿等，则为芦苇沼泽地带的水鸟和野兽；而梅花鹿、水鹿、麂等鹿类，则生活于山地林间灌木丛中；猕猴、红面猴过半树居和半岩居生活；虎、熊、象、犀则为森林动物。② 从动物的生活习性可知，河姆渡遗址周围有茂密的森林。

七、华南地区的植被

距今 18000 年的末次冰盛期，华南地区植被存在很大的变化，有的学者认为此时华南植被为以蒿属占优势的温带草原。③ 有的学者认为末次冰盛期华南地带性植被为以栲属和青冈栎属为代表的亚热带常绿阔叶林。无论是以蒿属还是以禾草占优势的草本植群落都仅代表局部的小环境，并非区域性的地带性植被。④

王建华等对珠江三角洲万顷沙 GZ-2 钻孔孢粉进行分析，认为：距今

---

① 浙江省文物考古研究所等：《跨湖桥》，文物出版社 2004 年版。

② 浙江省博物馆自然组：《河姆渡遗址动植物遗存的鉴定研究》，《考古学报》1978 年第 1 期。

③ 孙湘君、李逊、罗运利：《南海北部深海花粉记录的环境演变》，《第四纪研究》1999 年第 1 期。

④ 刘金陵、王伟铭：《关于华南地区末次冰盛期植被类型的讨论》，《第四纪研究》2004 年第 2 期。

6000—5000 年，植被以松及南亚热带的栲和常绿栎等壳斗科植物为主，草本和蕨类不够繁茂，代表了南亚热带的常绿阔叶林和针叶林混交森林植被。距今5000—2250 年，以南亚热带常绿树种占优势，草本和蕨类植物发育，落叶类植物很少，红树类植物达到全新世最盛。表现为常绿阔叶类、落叶类混交，林下灌草共生的南亚热带森林草地景观，反映了全新世大暖期温热湿润的气候特点。距今 2250—1900 年，禾本科和芒萁的急剧增长，落叶类在木本中有2.5%—3%的增长，常绿林类略有减少。为亚热带常绿林和落叶类、针叶林混交的植被，伴有陆生草地和农田景观。①

根据深圳新民钻孔资料的孢粉分析，距今 7080±120 年，属全新世大西洋期早期，有以常绿栎类、栲、红树植物、桫椤、水龙骨科、凤尾蕨为主的南亚热带季风常绿阔叶林。本阶段林中还是以常绿栎类、栲、杜英、蕈树等为主要分子，还有一些常绿阔叶的柃木、冬青、杨梅、五茄、天料木科等，林下有禾本科、十字花科、苦苣苔科、毛茛科等草本植物及水龙骨科、桫椤、凤尾蕨、里白、凤丫蕨等蕨类植物生长，海滨红树植物数量较多，有桐花树、秋茄、木榄、红树、红海榄、海莲、海漆等，还见到少量海桑，海滨红树林为最繁盛阶段。

大西洋期晚期，分布着以常绿栎类、栲、红树植物、松、水龙骨科、凤尾蕨为主的常绿针阔叶混交林。此时林中优势分子还是常绿栎类、栲、蕈树、杜英等，但也有一定数量的针叶松、落叶阔叶的枫杨、落叶栎类等，林下有禾本科、十字花科、胡椒科等草本植物及水龙骨科、凤尾蕨、桫椤、凤丫蕨等蕨类植物生长，海滨红树林有秋茄、木榄、红海榄、红树、桐花树、海漆及卤蕨等，少数地段还见有海桑，此时红树林数量比前期略有减少。

距今 5000—2500 年，为亚华北期，前期有以常绿栎类、栲、杜英、禾本科、莎草科、水龙骨科、桫椤为主的南亚热带季风常绿阔叶林。本阶段植被中除常绿栎类为优势分子外，还见有一定量的栲、杜英、蕈树、木樨、冬青、棕榈等常绿阔叶林，林下有禾本科、莎草科、十字花科、百合科、胡椒科等草本植物及水龙骨科、桫椤、蕨属等蕨类植物，在湿地见有莎草科，湖沼中有香蒲等水生植物。海滨有桐花树、红海榄、木榄、秋茄、海莲、海漆等红树植物生

---

① 王建华等：《珠江三角洲 GZ-2 孔全新统孢粉特征及古环境意义》，《古地理学报》2009 年第 6 期。

长，红树植物数量比前期增多。

后期是以常绿栎类、松、栲、冬青、蕈树、水龙骨科、桫椤为主的常绿阔叶针叶混交林—蕨类草丛阶段。此时木本植物仍以常绿栎类为主，但针叶的松也有相当数量，其他的一些常绿阔叶的栲、冬青、蕈树、杜英、棕榈等也常见，林下及低地以水龙骨科、凤尾蕨、桫椤等蕨类及禾本科、十字花科、毛茛科等草本群落为主，海滨红树植物数量比前期减少。[①]

潮汕地区孢粉研究的结果表明，自早全新世以来，本区沿海低山丘陵地带一直是由南亚热带季风常绿阔叶林所覆盖。其优势科主要有壳斗科、樟科（其花粉在地层中不易保存，但不能忽略它的存在）、金缕梅科、桑科、紫金牛科、大戟科、桃金娘科等。这些地带性植被的表征科自全新世初以来的变化是很微弱的。根据孢粉百分比图，以栲属为主的常绿阔叶林成分无论是在海相或沼泽相沉积中的花粉比例都比较高。这说明了全新世以来的气候波动小，不足以改变南亚热带沿海地区地带性植被的特征。距今 8500—5000 年是本区全新世以来红树林分布最广的时期。只是近 3000 年来，常绿阔叶林成分才有明显减少，取而代之的是亚热带草地和马尾松次生林。[②]

广西桂林南郊独山西南麓的甑皮岩近年又发现了丰富的古植物群，计有 181 个科、属、种，仅在洞穴遗址周围 30 公里范围内生长的植物就有黄槿等 40 余种（包括近代 31 种），可见当时桂林地区植物种类十分丰富，目前在国内外亦属罕见。已发现的植物种类有：松科、柏科、梧桐科、大戟科、木樨科、小檗科、木兰科、豆科、桃金娘科、山毛榉科、毛茛科、百合科、栎属、禾本科、槭树科、山茱萸科、梾木属、山麻杆属、杨梅科、蔷薇科、芸香科、葫芦科、榆科、朴属、蕨类等。[③]

① 张玉兰、余素华：《深圳地区晚第四纪孢粉组合及古环境演变》，《海洋地质与第四纪地质》1999 年第 2 期。

② 郑卓：《潮汕平原全新世孢粉分析及古环境探讨》，《热带海洋》1990 年第 2 期。

③ 阳吉昌：《简论甑皮岩遗址植物群及其相关问题》，《考古》1992 年第 1 期。

第二节　夏代的植被环境

一、黄河流域的植被

　　宋豫秦等人对二里头遗址距今4000—3650年文化层采集样品的孢粉分析表明：河南龙山文化末期，植被中乔木以桦、栎、桤木、桑属、五加科为主，针叶松属较少。灌木主要为蔷薇科，麻黄科次之。草本植物孢粉占81.7%，其中水生草本植物占24.9%，主要有香蒲属、眼子菜科、芦苇等，中生及旱生草本植物有蒿属、苋科、藜科及禾本科等。植被是以落叶阔叶为主的针阔叶混交林草原。从水生植物含量看，当时遗址周围可能存在面积较大的水面。

　　二里头文化一期前段植被繁盛，木本植物以松属、桑树为主，掺有栎属、桦属等；草本植物含量仍在80%以上，水生的香蒲、眼子菜和中湿生的禾本科占优势，有一定数量的蒿属、藜科。蕨类植物孢粉含量仍很低，主要有里白科、卷柏科等。

　　后段乔木中的松属、水生及旱生草本植物如禾本科等明显减少，旱生藜科含量增加。木本植物以针叶、落叶阔叶乔木为主，不含灌木，组成温带针阔叶落叶混交林草原植被。

　　二里头文化二期草本植物孢粉占绝对优势，占孢粉总数的90%，有禾本科、蒿属及一定数量的藜科、十字花科、香蒲属、眼子菜科等。木本及灌木植物孢粉含量呈下降趋势，占8.6%，有松属、桦属、桑属、蔷薇科、麻黄属等，蕨类孢子仅占1.3%。孢粉组合代表稀树草原植被。

　　二里头文化三期仍以草本植物孢粉占优势，占孢粉总数的90.2%，以蒿属、禾本科、藜科为主，并掺有香蒲属、眼子菜科、百合科等。木本及灌木植物孢粉含量降为7.6%，有松属、桦属、栎属、桑属、麻黄等。蕨类孢子占2.2%，主要是石松科。孢粉组合代表稀树草原植被。

二里头文化四期木本植物花粉含量有所增加，占孢粉总数的 8.9%，有松属、桦属、栎属、桑属等。草本植物花粉占 90.4%，有蒿属、藜科、禾本科、菊科、茄科、眼子菜科等，蕨类孢粉极少。孢粉组合代表以落叶阔叶林为主的针阔叶混交林草原植被。

从河南龙山文化末期到二里头文化四期，草本植物含量高于木本植物。木本植物除松属外，均为落叶阔叶树。阔叶树孢粉含量晚期呈减小趋势。①

据洛阳市皂角树遗址二里头文化地层孢粉分析的结果，以蒿属、菊科、藜科、禾本科等为代表的草本花粉占 60%—80%，而木本花粉一般少于 10%，这说明遗址附近是缺林的草原环境。根据硅酸体研究，在多数样品中未发现乔木类硅酸体，即或有一般也达不到 1%；又考虑到动物残骸鉴定中，在发现不多的野生脊椎动物中有梅花鹿和马鹿的出现，这些进一步证明遗址的植被为草原，而草原性植被适于垦殖。②

山西夏县东下冯遗址出土的木炭经鉴定为椒、松和冷杉，距今 3795±100 年至距今 3530±100 年，反映了当时夏县一带也有茂密的森林。

驻马店杨庄遗址二里头文化第二段气候温暖湿润，属于亚热带和暖温带的过渡性气候。植被为落叶常绿阔叶混交林，木本植物有松、栎、鹅耳枥、栲、杉、朴、柳、杨梅、胡桃、玉兰、榛、桃、杏、山楂、葡萄等，草本植物有禾本科、蒿、藜科、菊科、旋花属和菜豆属。蕨类植物有凤尾蕨、蕨属、水龙骨科和卷柏等。另有竹子、芦苇等。③

齐乌云在山东沭河流域所做的孢粉分析第四孢粉带属于岳石文化时期，岳石文化相当于夏商时期，孢粉组合以乔木植物花粉为主，占 70.4%—89.1%；灌木及草本植物花粉次之，占 6.6%—14.5%；蕨类及藻类植物孢子占 2.9%—

① 宋豫秦、郑光、韩玉玲、吴玉新：《河南偃师市二里头遗址的环境信息》，《考古》2002 年第 12 期。

② 叶万松、周昆叔、方孝廉、赵春青、谢虎军：《皂角树遗址古环境与古文化初步研究》，参见周昆叔、宋豫秦主编：《环境考古研究》（第二辑），科学出版社 2000 年版，第 34—40 页。

③ 北京大学考古学系等编著：《驻马店杨庄：中全新世淮河上游的文化遗存与环境信息》，科学出版社 1998 年版，第 208 页。

15.1%。乔木植物花粉以针叶树花粉为主，以松属含量最多，占 47.1%—58.7%；其次为阔叶植物，有桦属、胡桃属、栎属、椴属、榆属等。灌木及草本植物花粉中，榛属、蒿属、菊科、禾本科含量最多，其他还有藜科、紫菀属、唇形科等。藻类及蕨类植物孢子中有卷柏属、环纹藻、水龙骨科等。此时期的开始时期，乔木植物花粉含量相对较少，灌木、草本及蕨类植物含量相对较多，而后乔木植物花粉含量有所增多。[①]

《尚书·禹贡》中兖州的植被"厥草惟繇，厥木惟条"，徐州的植被"草木渐包"，都说明这个地区古代的植被发育良好。

二、长江流域的植被

《尚书·禹贡》扬州："厥草惟夭，厥木惟乔。"说明夏代长江下游生长着草本和乔木植物。

《尚书·禹贡》荆州："厥贡羽、毛、齿、革，惟金三品。杶、干、栝、柏，砺、砥、砮、丹。惟箘簵、楛，三邦底贡厥名。包匦菁茅，厥篚玄缥、玑、组。"说明夏代长江中游特色植物有杶、干、栝、柏、箘簵、楛、菁茅等。

虽说《禹贡》仅是假托禹而于战国时期写定的地理文献，但也反映了很早的地理情况，此处姑且用《禹贡》来作为夏代植被的文献证据。

三、华北地区的植被

夏家店下层文化（公元前 2000—公元前 1500 年），与中原夏、商时期相当。大甸子墓地是夏家店文化的一处典型墓地，位于敖汉旗大甸子村东，地处大凌河支流牤牛河附近。M1117：5 陶罐内保存着较好的谷子外壳，经分析共有孢粉 864 粒，谷子孢粉占 92.7%，还有少量的松、蒿花粉和个别的水龙骨孢子。M1123：2 和 M1241：2 两个陶罐内的样品分别统计出大量孢粉，主要以喜温的松占优势（85.5%—99.4%），其次尚有少量的云杉和个别的莎草科、

[①] 齐乌云：《山东沭河上游史前自然环境变化对文化演进的影响》，《考古》2006
年第 12 期。

禾本科和水龙骨。而 M1145：2 则以沼生、水生植物香蒲占优势（81.8%），其次是禾本科、蒿、松和喜温的榆和胡桃，此外 M1102—1、M1141—2 以及 M1117：2 中分析出少量孢粉，计有松、云杉、栗、禾本科、蒿、麻黄、豆科和水龙骨的孢子。上述生境不同的孢粉，有可能说明当时这里仍有森林、农田、草原和沼泽，但困难的是不同墓葬中陶罐内孢粉组合的差异，到底是因埋葬季节不同，还是出自先民有选择的放入，尚不得而知。[1]

宋豫秦在敖汉旗喇嘛洞山剖面采集的孢粉样品，距今 3600 年左右，属夏家店下层文化时期。孢粉中草本植物占 72.5%，有藜科、蒿属及少量的禾本科、毛茛科、葡萄科。木本植物花粉占 6.7%，有松属、桦属、栎属、忍冬科。蕨类植物孢子 20.8%，有石松科、中华卷柏。代表以针叶树为主的疏林草原植被。[2]

① 孔昭宸、杜乃秋、刘观民、杨虎：《内蒙古自治区赤峰市距今 8000—2400 年间环境考古学的初步研究》，参见周昆叔主编：《环境考古研究》（第一辑），科学出版社 1991 年版，第 112—119 页。
② 宋豫秦等：《中国文明起源的人地关系简论》，科学出版社 2002 年版，第 41 页。

第三节　商代的植被环境

一、黄河流域的植被

郑州商代遗址出土的木炭等，反映了商代黄河中游地区的森林和草原等植被。[①] 从安阳殷墟古生物中发掘了大量的麋鹿、野生水牛，不少的竹鼠，数量不等的狸、熊、獾、虎、豹、黑鼠、兔、獐以及象、犀、马来貘等动物遗骨，说明距今三四千年前，殷墟一带有森林、草原、沼泽存在；竹鼠是适宜在温暖环境中生存的动物，专以食竹根和竹笋为生，反映了这里有相当面积的竹林存在。[②]

二、长江流域的植被

成都指挥街遗址 1 号样品（采自第 6 层）孢粉组合以木本植物花粉为主，占孢粉总数的 59%，其中以阔叶的栎和山毛榉的花粉占优势，为木本植物花粉的 50%，其次为榆、桦等；针叶树较少，其中以松较多，另外还有少量的雪松、铁杉及柏的花粉。草本植物花粉较少，仅占孢粉总数的 17%，其中以茜草科及蒿的花粉为多，另外还有少量的毛茛科、伞形花科、藜科以及眼子菜科等的花粉。蕨类植物的孢子占孢粉总数的 24%，其中以水龙骨科的孢子为主，此

[①] 中国科学院考古所实验室：《放射性碳素测定年代报告（四）》，《考古》1977年第 3 期。

[②] 德日进、杨钟健：《安阳殷墟之哺乳动物群》（中国古生物志丙种第十二号第一册），国立北平研究院地质学研究所、实业部地质调查所 1936 年印行。

外还有少量的环纹藻。该层的孢粉组合反映了当时的植被面貌是以阔叶树为主的阔叶林，并且在遗址附近可能有湖沼凹地。

2 号样品（采自第 5B 层）孢粉组合中木本植物花粉占孢粉总数的 39.7%，其中以针叶树中的松属的花粉占绝对优势，其次是油杉和铁杉的花粉，另外还有少数冷杉的花粉；阔叶树中以栎的花粉为多，其次是胡桃、鹅耳枥、山矾、珙桐等的花粉。草本植物花粉占孢粉总数的 24.5%，其中以菊科的花粉居多，此外还有少量的禾本科等植物的花粉，水生植物狐尾藻也有少量出现。蕨类植物孢子占孢粉总数的 35.8%，种类成分复杂，以水龙骨科的孢子占优势，其次是凤尾蕨、石韦、莲座蕨等的孢子。该层的孢粉组合反映当时的植被面貌是以暖性松林为主的针阔混交林，其间生活着丰富的蕨类植物以及一些草本植物，一些水生植物的存在可能反映出当时具有一定的水生环境。

成都指挥街遗址"第 5B、6 层当时地处河边，由于河水泛滥，河床改道，文化层在不同程度上遭到破坏"。属于洪水冲击后的次生堆积，既出土有与商末周初十二桥遗址第 12、13 层时代相当的遗物，又有战国时期的遗物。该遗址植物群可以反映成都平原从商末到战国时期的植物群的基本概况。①

---

① 罗二虎、陈放、刘智慧：《成都指挥街遗址孢粉分析研究》，参见四川大学博物馆等编：《南方民族考古》（第二辑），四川科学技术出版社 1990 年版，第299—309 页。

第四节　西周时期的植被环境

一、黄河中下游地区的植被

文焕然对华北地区历史时期竹林分布情况进行了全面研究，就先秦时期而言，从渭河流域、汾河流域到淇水流域普遍地分布着竹林。①

《诗经·卫风·淇奥》："瞻彼淇奥，绿竹猗猗。……瞻彼淇奥，绿竹青青。……瞻彼淇奥，绿竹如箦。"《毛诗序》说这是歌颂卫武公的诗，武公为西周末年和东周初人。淇河位于豫北，两周之际生长着茂密的竹林，到汉代依然如此，《水经注·淇水注》："汉武帝塞决河，斩淇园之竹木以为用，寇恂为河内伐竹淇川，治矢百余万以溢军资，今通望淇川，无复此物。"

西周时期黄土高原东南部的天然植被，《诗经》中有不少记载。例如《大雅·文王之什·旱麓》提到北山（今岐山）林木茂密；《大雅·荡之什·韩奕》记载梁山（今陕西省韩城市、黄龙县一带）有森林，还有沼泽等植被。

西周时期，黄河中下游梅树是普遍存在的。在《诗经》中五次提到梅。如《诗经·小雅·四月》："山有嘉卉，侯栗侯梅。"《诗经·召南·摽有梅》："摽有梅，其实七兮。……摽有梅，其实三兮。……摽有梅，顷筐塈之。"梅原产于中国，是亚热带植物。

《诗经》中提到的植物共有130多种。其中谷类有黍、稷（谷子）、粱、秬、秠、来（麦）、牟（大麦）、稌（稻）、菽（大豆）、苴等；蔬菜（包括野菜）有韭、瓜（菜瓜）、葑（蔓菁或芥菜）、菲（萝卜）、营（牛蒡）、堇（堇菜）、荼（苦菜）、莫（酸模）、苣（白苣）、荠（荠菜）、葵（冬葵）、卷耳

---

① 文焕然等：《二千多年来华北西部经济栽培竹林之北界》，参见文焕然等：《中国历史时期植物与动物变迁研究》，重庆出版社1995年版，第87—101页。

（苓耳）、蕨（拳菜）、薇（野豌豆）、瓠（葫芦）、唐（菟丝）、苕（凌霄花）、鵙、荇、蘩（白蒿）、苹（浮萍）、芹（楚葵）、茆（莼菜）、英（泽舄）、蒲（香蒲）、笋（竹笋）等；属纤维、染料、药材及其他草本植物的有麻（大麻）、枲（青麻）、纻（苎）、葛、菅（茅）、蓝（靛青）、绿、茹藘（茜草）、芣苢（车前草）、虻（贝母）、萱、艾、莠、蒿（青蒿）、蔚（马矢蒿）、萧（香蒿）、苹（藾萧）、蒌（蒌蒿）、蓬、蓷（益母草）、蓍、苇、葭（芦）、菼（萑）、蕑、茅（白毛）、荼、蓼、龙（马蓼）、苔、莞、莱、茨（蒺藜）、芑、兰、果裸（栝楼）、葹、女萝、苦瓜、芩（鸡爪草）、苓（黄菜）、藋、茙（荆葵）、蕑（泽兰）、芍药、荷等；果树有桃、李、梅、杏、枣、栗、榛、棘、檖（山梨）、杜、棣、棠、桑、长楚（羊桃）、奥（山葡萄）、椒（花椒）等；其他经济木本植物有松、柏、桧、枟梀、梓、条（山楸）、楰（鼠梓）、椅、桐、漆、榆、枢（刺榆）、枌（白榆）、檴（字罗树）、檿（山桑）、柘、杻、檍、杨、柳、蒲（蒲柳）、杞（杞柳）、杞（枸杞）、榖（楮树）、椐、栩（橡子树）、柞、樗（臭椿）、栲（山樗）、荆（荆条）、楛（紫荆条）、棘、械、桜、朴（枹）、枥、舜（木槿）、茑等。

　　《诗经》中所提到的植物，绝大部分产于黄河流域。《诗经》能够记载这么多的植物，在同时代世界各国古代文献中，都是罕见的。[①]《诗经》中所记载的内容时代跨越西周和春秋时期，能够基本反映西周春秋时期黄河流域等地区的植被分布情况，在此不将西周和春秋两个时期分开，后边讲动物时也将《诗经》的内容放在一块儿。

　　下面我们将《诗经》中提到的植物按地区列表如下。

地区	植物名称
周南	荇菜（《关雎》）。葛（《葛覃》）。卷耳（《卷耳》）。桃（《桃夭》）。樛木、葛藟（《樛木》）。芣苢（《芣苢》）。乔木、楚、蒌（《汉广》）。条（《汝坟》）。
召南	蘩（《采蘩》）。蕨、薇（《草虫》）。蘋、藻（《采蘋》）。甘棠（《甘棠》）。梅（《摽有梅》）。白茅、朴楸（《野有死麕》）。唐棣、桃、李（《何彼襛矣》）。葭、蓬（《驺虞》）。

① 中国植物学会编：《中国植物学史》，科学出版社 1994 年版，第 6—7 页。

地区	植物名称
邶	棘（《凯风》）。匏（《匏有苦叶》）。葑、菲、荼、荠（《谷风》）。葛（《旄丘》）。榛、苓（《简兮》）。荑（《静女》）。
鄘	茨（《墙有茨》）。桑、麦、葑（《桑中》）。榛、栗、椅、桐、梓、漆、桑（《定之方中》）。虻、麦（《载驰》）。
卫	竹（《淇奥》）。荑、瓠、葭、茨（《硕人》）。桑（《氓》）。竹、桧、松（《竹竿》）。芄兰（《芄兰》）。蓬、谖草（《伯兮》）。木瓜、木桃、木李（《木瓜》）。
王	黍、稷（《黍离》）。楚、蒲（《扬之水》）。蓷（《中谷有蓷》）。葛（《葛藟》）。葛、萧、艾（《采葛》）。茨（《大车》）。麻、麦、李（《丘中有麻》）。
郑	杞、桑、檀（《将仲子》）。舜（《有女同车》）。扶苏、荷、松、龙（茏）（《山有扶苏》）。萚（《萚兮》）。茹藘、栗（《东门之墠》）。楚（《扬之水》）。蕳、芍药（《溱洧》）。荼、茹藘（《出其东门》）。
齐	柳（《东方未明》）。麻（《南山》）。莠（《甫田》）。
魏	葛（《葛屦》）。莫、桑、葵（《汾沮洳》）。桃、棘（《园有桃》）。桑（《十亩之间》）。檀（《伐檀》）。黍、麦（《硕鼠》）。
唐	枢、榆、栲、杻、漆、栗（《山有枢》）。椒聊（《椒聊》）。楚（《绸缪》）。杜（《杕杜》）。栩、稷、黍、棘、桑、稻、粱（《鸨羽》）。杜（《有杕之杜》）。葛、楚、棘（《葛生》）。苓、苦、葑（《采苓》）。
秦	漆、栗、桑、杨（《车邻》）。蒹、葭（《蒹葭》）。条、梅、纪（杞）、堂（棠）（《终南》）。棘、桑、楚（《黄鸟》）。栎、六驳、隶、檖（《晨风》）。
陈	枌、栩、麻、菽、椒（《东门之枌》）。麻、纻、菅（《东门之池》）。棘、梅（《墓门》）。防（枋）、苕、鹝（《防有鹊巢》）。蒲、荷、蕳、菡萏（《泽陂》）。

续表

地区	植物名称
桧	苌楚（《苌楚》）。
曹	桑、梅、棘、榛（《鸤鸠》）。稂、萧、蓍、黍（《下泉》）。
豳	桑、蘩、苇、葽、莠、郁、薁、葵、菽、枣、稻、瓜、壶（瓠）、苴、荼、樗、黍、稷、重、穋、禾、麻、麦、茅、韭（《七月》）。桑、荼（《鸱鸮》）。桑、果裸、瓜（《东山》）。柯（《伐柯》）。
小雅 （王畿）	苹、蒿、芩（《鹿鸣之什·鹿鸣》）。栩、杞（《鹿鸣之什·四牡》）。常（棠）棣（《鹿鸣之什·常棣》）。薇、常（棠）、棘、杨柳（《鹿鸣之什·采薇》）。黍稷、蘩（《鹿鸣之什·出车》）。杜、杞（《鹿鸣之什·杕杜》）。
	樛、瓠（《南有嘉鱼之什·南有嘉鱼》）。台（苔）、莱、桑、杨、杞、李、栲、杻、枸、楰（《南有嘉鱼之什·南山有台》）。萧（《南有嘉鱼之什·蓼萧》）。杞、棘、桐、椅（《南有嘉鱼之什·湛露》）。莪、杨（《南有嘉鱼之什·菁菁者莪》）。芑（《南有嘉鱼之什·采芑》）。
	檀、蘀、榖（《鸿雁之什·鹤鸣》）。苗、藿（《鸿雁之什·白驹》）。榖、粟、桑、粱、栩、黍（《鸿雁之什·黄鸟》）。樗、蓫、葍（《鸿雁之什·我行其野》）。竹、松、莞（《鸿雁之什·斯干》）。
	菽、粟（《节南山之什·小宛》）。桑、梓、柳、萑、苇（《节南山之什·小弁》）。
	莪、蒿、蔚（《谷风之什·蓼莪》）。葛（《谷风之什·大东》）。栗、梅、蕨、薇、杞、棣（《谷风之什·四月》）。杞（《谷风之什·北山》）。萧、菽（《谷风之什·小明》）。茨、黍、稷（《谷风之什·楚茨》）。黍、稷、瓜（《谷风之什·信南山》）。
	黍、稷、稻、粱（《甫田之什·甫田》）。黍、稷（《甫田之什·大田》）。茑、女萝、松、柏（《甫田之什·頍弁》）。柞（《甫田之什·车辖》）。棘、榛（《甫田之什·青蝇》）。
	藻、蒲（《鱼藻之什·鱼藻》）。菽、芹、柞（《鱼藻之什·采菽》）。柳（《鱼藻之什·菀柳》）。绿（菉）、蓝（《鱼藻之什·采绿》）。黍（《鱼藻之什·黍苗》）。桑（《鱼藻之什·隰桑》）。菅、茅、稻、桑（《鱼藻之什·白华》）。瓠（《鱼藻之什·瓠叶》）。苕（《鱼藻之什·苕之华》）。

续表

地区	植物名称
大雅 （王畿）	瓜、瓞、菫、荼、柞、棫（《文王之什·绵》）。棫、朴（《文王之什·棫朴》）。榛、楛、柞、葛、藟（《文王之什·旱麓》）。柽、椐、檿、柘、柞、棫、松、柏（《文王之什·皇矣》）。芑（《文王之什·文王有声》）。
	荏菽、禾、麻、麦、瓜、瓞、秬、秠、穈、芑、萧（《生民之什·生民》）。苇（《生民之什·行苇》）。匏（《生民之什·公刘》）。梧桐（《生民之什·卷阿》）。
	桃、李（《荡之什·抑》）。桑（《荡之什·桑柔》）。笋、蒲（《荡之什·韩奕》）。秬（《荡之什·江汉》）。
周颂 （都城）	来、牟（《清庙之什·思文》）。
	来、牟（《臣工之什·臣工》）。黍、稷（《臣工之什·丰年》）。
	蓼（《闵予小子之什·小毖》）。黍、荼、蓼、稷（《闵予小子之什·良耜》）。
鲁颂 （鲁国）	芹、藻、茆、桑（《泮水》）。黍、稷、菽、麦、稻、秬、松、柏（《閟宫》）。
商颂 （宋国）	松、柏（《殷武》）。

《周南》《召南》是南方地区的诗歌，包括淮河、汉江、长江等地。

《邶风》《鄘风》《卫风》都是卫国的诗。《左传》襄公二十九年："吴公子札来聘，请观于周乐。使工为之歌《周南》《召南》，曰：'美哉！始基之矣，犹未也，然勤而不怨矣。'为之歌《邶》《鄘》《卫》，曰：'美哉，渊乎！忧而不困者也。吾闻卫康叔、武公之德如是，是其卫风乎？'"卫国位于今河南北部和河北南部，都城几经迁徙。西周初年，周成王封其叔父姬封于卫，都城朝歌，在今河南淇县东北的朝歌城。春秋时卫文公东迁楚丘，在今河南滑县东。卫成公再向东迁徙到帝丘，在今河南濮阳县西南的颛顼城。卫国的淇水一带有茂密的竹林，《淇奥》反复咏叹淇水的竹林："瞻彼淇奥，绿竹猗猗。有匪君子，如切如磋，如琢如磨。瑟兮僩兮，赫兮咺兮。有匪君子，终不可谖兮。瞻彼淇奥，绿竹青青。有匪君子，充耳琇莹，会弁如星。瑟兮僩兮，赫兮咺兮。有匪君子，终不可谖兮。瞻彼淇奥，绿竹如箦。有匪君子，如金如锡，如圭如璧。宽兮绰兮，猗重较兮，善戏谑兮，不为虐兮。"卫国还有漆树、梓树等喜暖树木。

《王风》所收的诗篇是东周王国境内的诗篇，东周名义上是天下共主，实际上只控制了洛阳及周边地区，都城为洛邑，在今洛阳西五里。

郑国都城在今河南新郑，也就是现在的郑韩故城。其辖境包括今河南中南部。

齐国都城为临淄，疆域包括今山东北部和中部。

魏国疆域在今山西西南部，《史记·魏世家》记载晋献公十六年（公元前661年）灭魏，张守节《正义》曰："魏城在陕州芮城县北五里。郑玄《诗谱》云：'魏，姬姓之国，武王伐纣而封焉。'"晋献公将魏地封给了毕万，毕万就因封地在魏而称为魏氏，魏氏因此逐渐强大，成为晋六卿之一，六卿指范、中行、知、韩、赵、魏。公元前497年，赵、韩、魏、知四家联合打败了范、中行氏，范、中行氏出逃。公元前493年，范、中行氏又联合郑、齐两国进攻赵氏，到公元前490年，赵鞅彻底消灭了范、中行氏。公元前453年，韩、赵、魏又联合消灭了智伯。公元前403年，韩、赵、魏三家分晋。《诗经》中的魏指西周至公元前661年的魏国。

唐国就是晋国，周成王封其弟弟叔虞于唐，国名为唐，至其子燮父改国名为晋。晋国早期都城为绛，在今山西翼城和曲沃交界处的天马—曲村遗址，这里发现了西周时期晋国诸侯王墓群，1986年至1992年，大批墓葬惨遭盗掘，文物流散到中国香港、中国台湾等，晋国早期都城故绛变得满目疮痍。出土的铜器铭文有晋侯福、晋侯苏，前者为晋厉侯，后者可能为晋穆侯。[①] 1992年至2000年，北京大学考古系与山西省文物考古研究所继续抢救发掘，共发现9组晋侯及其夫人墓葬。公元前585年，即晋景公十五年，迁新田，在今山西侯马市西北，位于汾、浍二水交汇处。至公元前376年，晋桓公迁离新田，新田作为晋国都城有200余年。晋国疆域逐渐变大，主要控制今山西地区。

秦德公定都于雍，在今陕西凤翔县城之南。秦国疆域主要在今陕西关中地区。

陈国都城为宛丘，在今河南周口市淮阳区。疆域在今河南东南部和安徽北

---

① 邹衡：《论早期晋都》，《文物》1994年第1期。

部。桧国位于今河南中部。曹国位于今山东西南部，都城定陶，在今山东菏泽市定陶区西北四里。豳位于今陕西旬邑一带。

《小雅》《大雅》都是西周王畿地区的诗歌。《周颂》为西周王朝的诗歌，涉及的地区都在今陕西关中平原地区。《鲁颂》是鲁国的诗歌，鲁国都城曲阜，在今山东曲阜。鲁国疆土在今山东泰山以南地区。《商颂》是宋国的作品，宋国都城在今河南商丘南。①

扶风案板遗址在西周初年时期，木本花粉急剧下降，仅见个别云杉，草本花粉急剧增长，占94%以上，其中旱生的蒿属、菊科、藜科等又占了绝对的多数；蕨类极少，仅发现水龙骨科一种。这一花粉带反映的植被是以旱生为主的草原及疏林，气候变得较干较凉。②

二、长江流域的植被环境

《诗经》中的周南就是周公统治的南方地区。《周南·汝坟》载："遵彼汝坟，伐其条枚。"《周南·汉广》又载："南有乔木，不可休思。汉有游女，不可求思。汉之广矣，不可泳思！江之永矣，不可方思！"可以推测周南包括汝、颖水流域和汉水中下游，南达长江中游。这一带分布着乔木、樛木。樛木也指高大的树木。

《诗经》中的召南地区就是召公统治的南方地区。《召南·江有汜》载："江有汜。之子归，不我以；不我以，其后也悔。江有渚。之子归，不我与；不我与，其后也处。江有沱。之子归，不我过；不我过，其啸也歌。"这首诗提到了长江，召南的南部地区也可到达长江上游一带。这一带生长着梅树等亚热带喜暖植物。

《左传》昭公十二年（公元前530年）记载楚右尹子革回答楚灵王："昔我先王熊绎，辟在荆山，筚路蓝缕，以处草莽。跋涉山林，以事天子。唯是桃弧、棘矢，以共御王事。"杜预注："桃弧、棘矢，以御不祥，言楚在山林，

---

① 高亨注：《诗经今注》，上海古籍出版社1980年版。

② 王世和、张宏彦、傅勇、严军、周杰：《案板遗址孢粉分析》，参见周昆叔主编：《环境考古研究》（第一辑），科学出版社1991年版，第56—65页。

少所出有。"熊绎为周成王时期的人，当时楚国向周天子进贡特产桃弧、棘矢，可以辟邪。荆山一带植被为草莽和山林，周成王时荆山的植被保存状态良好。

三、华北及东北地区的植被

宋豫秦等在敖汉旗西台剖面采集的孢粉样品，距今 2800 年左右，属夏家店上层文化时期。孢粉中木本植物花粉占孢粉总数的 29.5%，有松属、桦属、蔷薇科、忍冬科及落叶松属、栎属、椴属、胡桃属。草本植物花粉占 49.9%，有禾本科、藜科、菊科、蒿属、莎草科、蓼科、苋科。蕨类植物孢子占 22.6%，有中华卷柏、石松科。代表针叶阔叶混交林草原植被。①

《国语·鲁语下》载："仲尼在陈，有隼集于陈侯之庭而死，楛矢贯之，石砮其长尺有咫，陈惠公使人以隼如仲尼之馆问之，仲尼曰：'隼之来也远矣，此肃慎之矢也。昔武王克商，通道于九夷百蛮，使各以其方贿来贡，使无忘职业，于是肃慎氏供楛矢、石砮，其长尺有咫。先王欲昭其令德之致远也，以示后人，使永监焉，故铭其栝曰：肃慎氏之贡矢。以分大姬，配虞胡公而封诸陈。古者，分同姓以珍玉，展亲也；分异性以远方之职贡，使无忘服也。故分陈以肃慎氏之贡。君若使有司求诸故府，其可得也。'使求，得之金椟，如之。"东北地区的肃慎氏向周王朝贡献楛矢、石砮，楛木是东北地区的一种树木。

---

① 宋豫秦等：《中国文明起源的人地关系简论》，科学出版社 2002 年版，第 41 页。

第五节 春秋战国时期的植被环境

一、黄河中下游地区的植被

黄河中下游地区生长着以下一些植物。

（一）枢、榆、栲、杻、漆、栗、梅

《诗经·唐风·山有枢》："山有枢，隰有榆。……山有栲，隰有杻。……山有漆，隰有栗。"表明春秋时期今汾河下游，山地生长着枢、栲、漆，隰地生长着榆、杻、栗。

《禹贡》载：兖州"厥贡漆丝，厥篚织文"，豫州"厥贡漆枲绨纻"。山东、河南贡品为漆，则山东、河南生长漆树。

继西周之后，黄河流域仍然产梅。《诗经·秦风·终南》："终南何有，有条有梅。"终南山位于今西安之南，现在无论野生或栽培的，都无梅树。说明终南山一带那时比现在温暖。《诗经·曹风·鸤鸠》："鸤鸠在桑，其子在梅。"《诗经·陈风·墓门》："墓门有梅，有鸮萃止。"说明2000多年前黄河流域南部有梅子树分布，所结果实即通称的梅子，是当时这一带人们重要的日常必需品。现在梅子树的分布已迁至秦岭、淮河以南了。

（二）竹

《诗经·秦风·小戎》中"竹闭绲縢"，反映了渭河与千河上游，今天水、陇县一带有竹生长。到西周、东周之交，有以竹制弓的记载。

《山海经·西山经·西次二经》提到2000多年前，高山（今六盘山）"多竹"。表明渭河上游与泾河上游2000多年前有竹林分布。

《史记·货殖列传》记述了战国至汉初陇东、陕北的渭、泾、北洛河上游

及其迤西一带有"饶材、竹、谷、纑、旄"等林牧业特产。表明这一带有竹类生长，且数量不少，可属经济林。同书又载："渭川千亩竹。"

　　淇水一带当时著名的官营竹园——淇园（在今河南淇县西北 17.5 公里）汉代始见记载，规模大，面积广，为当时华北重要的经济林区之一。竹材主要供治河和制箭用。如《史记·河渠书》《汉书·沟洫志》载，汉元封二年（公元前 109 年）堵塞黄河瓠子（在今河南濮阳西南）决口时，因"是时东郡（当时瓠子属东郡）烧草，以故薪柴少，而下淇园之竹以为楗"。汉河平元年（公元前 28 年）又堵东郡决河，"以竹落长四丈，大九围，盛以小石，两船夹载而下之。三十六日河堤成"，可见用竹之多。东汉安帝时（公元 107—125 年）再治河用材却未提到竹，似当时产竹剧减。

　　春秋战国时期今山东一带也生长着茂密的竹林，分布于临淄城、汶水等地。《左传》文公十八年（公元前 609 年）记载："齐懿公之为公子也，与邴歜之父争田，弗胜。及即位，乃掘而刖之，而使歜仆。纳阎职之妻，而使职骖乘。夏，五月，公游于申池，歜以扑抶职，职怒。歜曰：'人夺女妻而不怒，一抶女庸何伤？'职曰：'与刖其父而弗能病者何如？'乃谋弑懿公，纳诸竹中归，舍爵而行。"杜预注："齐南城西门名申门，齐城无池，唯此门左右有池，疑此则是。"如果杜预所说位置不错，那么竹林就位于临淄南城西门申门之外。

　　《国语·楚语下》载："邴歜阎职戕懿公于囿竹。"囿竹就是公园里的竹林。

　　《左传》襄公十八年（公元前 555 年）载："己亥，焚雍门，及西郭、南郭。刘难、士弱率诸侯之师，焚申池之竹木。"雍门为齐临淄城门，雍门外的申池也有竹木。

　　《战国策·燕策二》记载："蓟丘之植，植于汶篁。"意思是把燕国蓟丘所栽的植物，种植到汶水的竹园里。这就是所谓的封疆，把燕国的南部疆界扩大到汶水。汶就是发源于泰山的汶水，篁就是竹园。汶水的竹园规模一定相当大，在当时很有影响，只有这样，才会被记入史书。

　　太行山地区也有漆树和竹林。《山海经·北次三经》载："又东二百里，曰京山，有美玉，多漆木，多竹。""又东二百里，曰虫尾之山，其上多金、玉，其下多竹。""又东三百七十里，曰泰头之山。共水出焉，南流注于虖池。其上多金、玉，其下多竹、箭。""又东北二百里，曰轩辕之山，其上多铜，其下多竹。"《北次三经》所记载的山系位于今山西东部太行山一带，说明这里当时有漆树和竹林。

（三）桑

《国语·晋语四》："（齐）桓公卒，孝公即位（公元前 642 年）。诸侯叛齐。子犯知齐之不可以动，而知文公之安齐而有终焉之志也，欲行，而患之，与从者谋于桑下。蚕妾在焉，莫知其在也。妾告姜氏，姜氏杀之。"《左传》僖公二十三年、《史记·晋世家》有相同的记载。齐国当时栽有大面积的桑树。《史记·齐太公世家》载："（齐桓公）四十二年（公元前 644 年）……是岁，晋公子重耳来，桓公妻之。"《史记·十二诸侯年表》也记载晋惠公七年（公元前 644 年），"重耳闻管仲死，去翟之齐"。《史记·晋世家》记载晋惠公七年重耳经卫国前往齐国。《左传》僖公二十三年（637 年）追叙了重耳流亡齐国的情况。公元前 643 年，齐桓公去世。公元前 642 年，齐孝公即位。《史记·晋世家》记载重耳"留齐凡五岁"，则公元前 640 年，即齐孝公三年，重耳被灌醉才离开齐国，酒醒后用戈追杀舅舅子犯，并说事情如果不能成功，要吃舅舅之肉。

《史记·晋世家》载："初，（赵）盾常田首山，见桑下有饿人。饿人，示眯明也。"裴骃《集解》引徐广曰："蒲阪县有雷首山。"首山一带有桑树。

《禹贡》载：兖州"厥贡漆丝，厥篚织文"，青州"岱畎丝枲，铅松怪石。莱夷作牧，厥篚檿丝"。说明山东种桑养蚕，丝织业发达。

（四）稻、麦、禾

《左传》隐公三年（公元前 720 年）载："四月，郑祭足帅师取温之麦。秋，又取成周之禾。"杜预注："四月，今二月也。秋，今之夏也。麦禾皆未熟，言取者，盖芟践之。温，今河内温县。成周，洛阳县也。"禾就是谷子（粟）。今河南温县、洛阳一带，当时种植的农作物主要是小麦和谷子。郑国（都城在今河南新郑）的农作物也有禾，如《左传》隐公四年（公元前 719年），"秋，诸侯复伐郑……诸侯之师败郑徒兵，取其禾而还"。

战国时期的巩义一带种植水稻和小麦。如《战国策·东周策》载："东周欲为稻，西周不下水，东周患之。苏子谓东周君曰：'臣请使西周下水可乎？'乃往见西周之君曰：'君之谋过矣！今不下水，所以富东周也。今其民皆种麦，无他种矣。君若欲害之，不若一为下水，以病其所种。下水，东周必复种稻；种稻而复夺之。若是，则东周之民可令一仰西周，而受命于君矣。'西周君曰：'善。'遂下水。苏子亦得两国之金也。"东周在今天的巩义，西周在今天的洛阳，巩义一带可种植水稻和小麦。

（五）其他植被

《左传》昭公十六年（公元前526年）记载，子产回忆郑桓公时郑国定都于新郑时，这里植被杂草丛生，"斩之蓬蒿藜藿而共之"。

《左传》哀公十二年（公元前483年）记载："宋郑之间有隙地焉，曰弥作、顷丘、玉畅、岩、戈、锡。"宋郑之间有些地方还没有开发。

太行山及其东部一些山地丘陵，古代也为森林所覆盖。《诗经·商颂·殷武》记载："陟彼景山，松柏丸丸。"所指就是今安阳西部山区一带。

晋国当时种植槐树和桃树。《国语·晋语五》载："灵公虐，赵宣子骤谏，公患之，使鉏麑贼之，晨往，则寝门辟矣，盛服将朝，早而假寐。麑退，叹而言曰：'赵孟敬哉！夫不忘恭敬，社稷之镇也。贼国之镇不忠，受命而废之不信，享一名于此，不如死。'触庭之槐而死。灵公将杀赵盾，不克。赵穿攻公于桃园，逆公子黑臀而立之，实为成公。"晋灵公十四年（公元前607年），赵穿攻杀灵公。当时晋国都城绛在今天的侯马，赵宣子（即赵盾）的庭院内种的是槐树，都城里还有桃园。以上诸事亦记载于《左传》宣公二年（公元前607年）。

《左传》襄公二十三年（公元前550年）栾盈发动叛乱，"栾氏退，摄车从之，遇栾乐。（范鞅）曰：'乐免之，死将讼汝于天。'乐射之，不中，又注，则乘槐本而覆。或以戟钩之，断肘而死"。叛乱的地点在晋国首都绛，即今之侯马，绛都种植有槐树。

《国语·晋语五》载："董叔将娶于范氏，叔向曰：'范氏富，盍已乎！'曰：'欲为系援焉。'他日，董祁诉于范献子曰：'不吾敬也。'献子执而纺于庭之槐，叔向过之，曰：'子盍为我请乎？'叔向曰：'求系，既系矣；求援，既援矣。欲而得之，又何请焉？'"此事记载于鲁昭公二十一年（公元前521年）范献子（士鞅）聘鲁之后。范献子的庭院里也栽种槐树。

《诗经·秦风·小戎》描述西戎"在其板屋"，说明古代渭河上游以西一带，也有不少森林分布。

　　陕西凤翔春秋晚期秦公一号大墓的椁室用柏木做成。① 这说明关中生长着柏树。

　　山东栖霞县占疃乡杏家庄战国时期墓葬棺盖板和壁板为柏木，底板为松木，椁室为柞木。② 这证明当时山东半岛生长着柏树、松树、柞树。

　　战国末期今河南辉县一带生长着松树和柏树，如《战国策·齐策六》载："秦使陈驰诱齐王内之，约以五百里之地。齐王不听即墨大夫而听陈驰，遂入秦。处之共松柏之间，饿而死。先是齐为之歌曰：'松邪！柏邪！住建共者，客耶！'"共在今河南辉县。齐王即齐王建，齐王建四十四年（公元前221年）秦俘虏齐王建，秦灭齐。

　　《山海经·西山经·西次四经》也有白于山（在今陕北）"上多松柏，下多栎檀"的记载。这说明在2000多年前，黄土高原西北部的天然植被为森林草原。

　　《汉书·匈奴传下》记载公元前3世纪，"阴山东西千余里，草木茂盛，多禽兽，本冒顿单于依阻其间，制作弓矢，来出为寇，是其苑囿也"。

二、淮河流域的植被

　　春秋时期淮河流域中游楚国钟离和吴国卑梁一带种植有桑树。《史记·楚世家》载："（楚平王）十年（公元前519年），楚太子建母在居巢，开吴。吴使公子光伐楚，遂败陈、蔡，取太子建母而去。楚恐，城郢。初，吴之边邑卑梁与楚边邑钟离小童争桑，两家交怒相攻，灭卑梁人。卑梁大夫怒，发邑兵攻钟离。楚王闻之怒，发国兵灭卑梁。吴王闻之大怒，亦发兵，使公子光因建母家攻楚，遂灭钟离、居巢。楚乃恐而城郢。"这件史事还记载于《史记·吴太伯世家》《史记·伍子胥列传》《吕氏春秋·察微》。《史记·吴太伯世家》所记此事发生在吴王僚九年（公元前518年），《史记·十二诸侯年表》将此事记载在楚平王十一年，即公元前518年。《吕氏春秋》将卑梁记载为楚之边邑，与《史记·楚世家》《史记·吴太伯世家》《史记·伍子胥列传》所记卑

---

① 马振智：《试谈秦公一号大墓的椁制》，《考古与文物》2002年第5期。

② 李元章：《山东栖霞县占疃乡杏家庄战国墓清理简报》，《考古》1991年第1期。

梁为吴之边邑不合。

　　钟离为淮河中游的嬴姓诸侯国，被楚灭掉，变为楚国的一个县。《水经·淮水注》："又东过钟离县北。《世本》曰：'钟离，嬴姓也。'应劭曰：县，故钟离子国也。楚灭之以为县，《春秋左传》所谓吴公子光伐楚拔钟离者也。"钟离地望在什么地方？据《史记·吴太伯世家》裴骃《集解》引服虔曰："钟离，州来西邑也。"州来在现在的安徽寿县，则钟离在今寿县以西。但现在考古工作者却在安徽凤阳卞庄和蚌埠双墩发掘出了钟离王墓，均位于寿县的东北。

　　2006年12月至2008年8月，安徽省文物考古研究所和蚌埠市博物馆发掘了蚌埠双墩一号墓，该墓坐落在淮河北岸3公里处。墓葬的葬俗很特别，地面封土高9米，底部直径60米。封土堆底部绕墓口有一圆形白土垫层，厚0.2—0.3米。墓坑为圆形土坑竖穴墓，正东方向有一条墓道。距墓口0.7米处，由五色混合的花土构成的20条放射线，从墓葬中心呈扇形向四周辐射。放射线下叠压着土偶遗迹层，放置泥质土偶1000多个；沿墓坑一周约2米宽的方位内还构筑18个馒头形土丘，底径1.5米至3米不等。墓坑深1.4—2米处，绕墓坑有一周土偶墙，用3—4层土偶垒砌而成，高0.3—0.4米。出土的9件编钟正面钲部上均有相同的铭文："唯王正月初吉丁亥，童丽（钟离）君柏作其行钟童丽之金。"有两件铜簠内底都有铭文："唯王正月初吉丁亥，童丽（钟离）君柏择其吉金作其食簠。"有一件戟上有铭文："童丽（钟离）君柏之用戟。"该墓墓主人就是钟离国国君柏。《安徽蚌埠双墩一号春秋墓发掘简报》作者还报道今凤阳县临淮镇东约5公里有钟离国故城遗址，城垣至今保存较好。《简报》作者据此断定此墓为春秋时期。[①] 从铜鼎（M1：356）特征来看，时代为春秋中期，与淅川下寺第8号墓出土的楚叔之孙以邓鼎相似。该墓时代约为春秋中期。

　　2007年5月，安徽省文物考古研究所与凤阳县文物管理所联合抢救发掘了凤阳卞庄一号墓。该墓由于施工被挖掉，并遭盗掘，仅存墓坑底部几十厘米。经发掘可知，该墓为圆形土坑竖穴墓，墓底直径8米。根据周围地表推

① 安徽省文物考古研究所等：《安徽蚌埠双墩一号春秋墓发掘简报》，《文物》2010年第3期。

测，墓口直径约 11 米，墓地距地表 4.5 米。早年曾经两次被盗。发现的 5 件
镈钟上都有铭文，如 M1：10 镈钟正面铭文为："隹（惟）正月初吉丁亥，余
□乒（厥）于之孙童丽公柏之季子康，罩（择）其吉金，自乍（作）龢
（和）钟之。"背面还有铭文 34 个字。由此可知此墓的主人是钟离国君柏的季
子康。随葬器物的时代具有春秋中晚期的特征。[①]

　　钟离国的都城应当位于现在的凤阳临淮镇，而不是在今寿县的西部。钟离
国被灭的时间文献没有明确记载。从以上两座墓的断代结果来看，钟离国在春
秋中期或稍晚依然是存在的，那时的两位钟离国王一个叫柏，另一个为其季子
曰康。

　　《春秋》成公十五年（公元前 576 年），"冬十有一月，叔孙侨如会晋士
燮、齐高无咎、宋华元、卫孙林父、郑公子鰌、邾人会吴于钟离"。杜预注：
"钟离，楚邑，淮南县。"如果按杜预的注，则钟离这时已经被楚灭掉，这一
年为楚共王十五年。《左传》昭公四年（公元前 538 年），"冬，吴伐楚，入
棘、栎、麻，以报朱方之役。楚沈尹射奔命于夏汭，箴尹宜咎城钟离，薳启强
城巢，然丹城州来。东国水，不可以城，彭生罢赖之师"。从文意可知，钟离
确已成为楚国的疆土，这一年为楚灵王三年。

　　河南光山县宝相寺上官岗春秋早期黄君孟夫妇墓中夫人孟姬的棺材用梓木
做成，椁用栎木做成。[②]

　　河南新蔡战国中期葛陵楚墓棺木为楸木，戈柲木材为麻栎。[③]

　　《史记》载："庄子者，蒙人也，名周。周尝为蒙漆园吏。"说明战国时期
蒙地（位于今商丘东北）种植许多漆树。《史记·货殖列传》载"陈、夏千亩
漆"，说明当时河南淮阳等地漆树众多。

① 安徽省文物考古研究所等：《安徽凤阳卞庄一号春秋墓发掘简报》，《文物》2009
　年第 8 期。

② 河南信阳地区文管会等：《春秋早期黄君孟夫妇墓发掘报告》，《考古》1984 年
　第 4 期。

③ 河南省文物考古研究所编著：《新蔡葛陵楚墓》，大象出版社 2003 年版，第 239 页。

三、长江流域的植被

长江上游巴蜀地区历史时期的天然植被，也是以亚热带森林为主。《史记·货殖列传》载，巴蜀地饶"竹木之器"。

长江中游植被种类繁多。包茅是楚地的特产，楚人将包茅献给周天子，作为祭祀缩酒的物品，这是楚国臣服于周的象征。《左传》僖公四年（公元前656年）记载齐桓公列举楚国的罪状之一就是"尔贡包茅不入，王祭不共，无以缩酒，寡人是征"。楚人不向周天子进贡包茅，就意味着楚人想摆脱周王朝的统治，因此齐桓公要兴师问罪。

松、杞、梓、楩、楠、豫章、栎、竹等是楚国的林木，用途广泛。

《左传》襄公二十六年（公元前547年），蔡声子回答令尹子木说："晋卿不如楚，其大夫则贤，皆卿材也。如杞、梓、皮革，自楚往也。虽楚有才，晋实用之。"

《国语·楚语上》有类似的记载："晋卿不若楚，其大夫则贤，其大夫皆卿才也，若杞、梓、皮革焉，楚实遗之，虽楚有才，不能用也。"

《墨子·公输》载："荆有长松、文梓、楩、楠、豫章，宋无长木。"《战国策·宋策》也有类似的记载："荆有长松、文梓、楩、楠、豫章，宋无长木，此犹锦绣之与短褐也。"

《史记·货殖列传》："江南出楠、梓、姜、桂、金、锡、连、丹砂、犀、玳瑁、珠玑、齿革。""江南卑湿，丈夫早夭。多竹木。豫章出黄金，长沙出连、锡，然堇堇物之所有，取之不足以更费。……番禺亦其一都会也，珠玑、犀、玳瑁、果布之凑。"

楚人用优质木材制作棺椁。江陵九店 M632 棺盖板、墙板、底板、挡板木材均为梓木。M362 椁盖板、墙板、底板为榉木。M362 椁底垫木木材为枫杨。M363 棺盖板、墙板、底板为梓木。M363 椁盖板①为桢楠，椁盖板②为榉木。M363 椁墙板为梓木，椁底板为榉木。M514：3 木梳材质为黄杨。M13：10 耳杯材质为核桃。M56：4 漆圆盆材质为香果树。M483：14 木篦为黄杨。M566：

6 镇墓兽材质为木莲属之一种。①

荆门包山一号墓椁南侧板第二号为榉木。一号墓外棺底板为桢楠。二号墓外椁盖板第三号为榉木。二号墓外椁北室分板第三号为榉木。二号墓内椁盖板第三号为桢楠。二号墓外棺南侧板第二号为桢楠。二号墓中棺底板为梓木。四号墓椁东挡板第二号为梓木。四号墓外棺盖板为榉木。四号墓内棺盖板为梓木。二号墓折叠床 2：387——铰为椴木。二号墓折叠床 2：387——轴为牡荆。一号墓 1：58 残片为梓木。②

湖北枣阳九连墩 1 号楚墓的棺木为梓树属，椁室木材为梓树属、榆属、糙叶树属。③

曾侯乙墓椁室由底板、墙板和盖板构成，共计长条方木 171 根，木椁用材全部为梓木，整个木椁共计成材木料 378.633 立方米，折合圆长木 500 多立方米。墓主外棺的木料为梓木。陪葬棺共 21 具，其中东室 8 具、西室 13 具。陪葬棺与殉狗棺的木料除东室 6 号陪葬棺与殉狗棺为榆木外，其他陪葬棺均为梓木。④

曾侯乙墓椁室顶部填塞木炭，取出木炭 31360 公斤，估计全墓内用木炭在 6 万公斤以上。出土的木炭属于栎属木材烧制而成。⑤

竹子在生活中被制作成各种竹器、竹简等。江陵雨台山楚墓 25 座墓出有竹器共 36 件，种类有竹筒、竹盒、竹篮、竹席。⑥ 江陵九店 37 座墓出土 98 件

---

① 刘鹏：《江陵九店东周墓出土木制品的木材鉴定报告》，参见湖北省文物考古研究所编著：《江陵九店东周墓》，科学出版社 1995 年版，第 528—532 页。

② 刘鹏：《包山楚墓出土木制品木材鉴定》，参见湖北省荆沙铁路考古队编：《包山楚墓》，文物出版社 1991 年版，第 400—403 页。

③ 王树芝：《湖北枣阳九连墩 1 号楚墓棺椁木材研究》，《文物》2012 年第 10 期。

④ 湖北省博物馆编：《曾侯乙墓》，文物出版社 1989 年版，第 12 页。

⑤ 景雷、孙成志、姜兆熊：《曾侯乙墓木炭的鉴定》，参见湖北省博物馆编：《曾侯乙墓》，文物出版社 1989 年版，第 583—584 页。

⑥ 朱红：《望山楚墓出土植物标本的鉴定与研究》，参见湖北省文物考古研究所：《江陵望山沙冢楚墓》，文物出版社 1996 年版，第 343—347 页。

竹器，器形有圆盒、笥、席、筐、篓、枕、扇、算筹、笄、笔筒、毛笔等。①

　　荆门郭店楚墓、包山二号墓、江陵九店楚墓、望山楚墓、葛陵楚墓等，均出土了大量楚国竹简，是当时的主要书写材料。

　　南方有各种果木，如橘、橙、柚、石耳、栗、核桃、梅、李、毛桃、杏、梨、花椒、枣、樱桃、梨、柿。还有其他植物的块根可供食用，如姜、荸荠、菱角、藕。还有山茶、苍耳、芹、小茴香、芸豆、南瓜、

　　《国语·楚语上》："屈到嗜芰。有疾，召其宗老而属之，曰：'祭我必以芰。'及祥，宗老将荐芰，屈建命去之。宗老曰：'夫子属之。'子木曰：'不然。夫子承楚国之政，其法刑在民心而藏在王府，上之可以比先王，下之可以训后世，虽微楚国，诸侯莫不誉。其祭典有之曰：国君有牛享，大夫有羊馈，士有豚犬之奠，庶人有鱼炙之荐，笾豆、脯醢则上下共之。不羞珍异，不陈庶侈。夫子不以其私欲干国之典。'遂不用。"韦昭注："屈到，楚卿，屈荡之子子夕。芰，菱也。""建，屈到之子子木也。"《左传》襄公十五年（楚康王二年，公元前558年）记载楚康王任命屈到为莫敖，其父屈荡为连尹。楚国出产菱角，楚国上层贵族屈到特别爱好吃这种食物，以至于叫宗老祭祀他时也要用菱角做祭品。但是他的儿子屈建认为这不符合祭祀之礼，因此叫宗老在祭祀时撤去菱角。

　　曾侯乙墓内外棺等棺内随葬508颗植物果核，其中有菱角1颗、花椒500余颗、山茶果壳2颗、苍耳2颗、山茶籽2颗、杏1颗。②

　　江陵九店M294头箱内有散落的花椒、核桃、菱角等，原应是盛放于竹笥内。M453出土了杏核。M51一件陶鼎内装有杏核。③

　　柑橘主要生长在秦岭淮河以南，《周礼·冬官·考工记》："橘逾淮而北为枳。"《晏子春秋》："橘生淮南则为橘，生于淮北则为枳。"《淮南子》："橘树之江北，则化而为枳。"现今柑橘的分布北界在秦岭、淮河以南的甘肃成县（33.7°N）、陕西城固（33.1°N）、汉中（33.0°N）、河南邓县（32.6°N）、湖北郧县（32.6°N）、武昌（30.3°N），安徽安庆（30.5°N），江苏镇江（32.2°

---

① 湖北省文物考古研究所编著：《江陵九店东周墓》，文物出版社1995年版。

② 湖北省博物馆编：《曾侯乙墓》，文物出版社1989年版，第452页。

③ 湖北省文物考古研究所编著：《江陵九店东周墓》，文物出版社1995年版。

N)、南通（32.0°N）、盐城（33.3°N）一线以南。①

《史记·货殖列传》载："蜀、汉、江陵千树橘。"《吕氏春秋·孝行览》载："云梦之芹。""果之美者，江浦之橘，云梦之柚。汉上石耳，所以致之。"

《战国策·赵策二》记载苏秦游说赵肃侯时说："大王诚能听臣，燕必致毡裘狗马之地，齐必致海隅鱼盐之地，楚必致橘柚云梦之地，韩、魏皆可使致封地汤沐之邑，贵戚父兄皆可以受封侯。"《史记·苏秦列传》有类似的记载："君诚能听臣，燕必致旃裘狗马之地，齐必致鱼盐之海，楚必致橘柚之园，韩、魏、中山皆可致汤沐之奉，而贵戚父兄皆可以受封侯。"燕国出产动物皮毛、狗、马，齐国出产鱼、盐，楚国出产橘、柚。

望山1号墓有香橙皮若干、梅若干、小茴香若干、毛桃若干、花椒若干、板栗若干。望山2号墓有枣28粒、芸豆81粒、姜38块、李若干、梅91粒、南瓜子3粒、小茴香3粒、板栗367粒、樱桃若干。沙冢1号墓有小茴香若干。②

荆门包山二号墓在东室的竹笥2：45中出土300枚板栗。在东室的竹笥2：46中出土约368枚枣。在东室的竹笥2：191中出土752颗柿的种子。在陶罐2：76内出土271枚梅的果核。在东室的竹笥2：50中出土梨核，入葬时应为新鲜梨果。在东室的竹笥2：191中出土74枚菱角。在东室的两竹笥2：54、2：59内出土莲藕。在东室的两竹笥2：43、2：52内出土一批荸荠。在东室的两竹笥2：49、2：53内出土10块姜的根茎。在北室的竹笥2：431、内棺外出土大量花椒。③

长江下游的植被保存良好。《吴越春秋》记载："吴王好起宫室，用工不辍。王选名山神材，奉而献之。""今闻越有处女出于南林，国人称善。……于是袁公即拔箖箊竹。"春秋越国时期，今浙东会稽山地和四明山地森林茂

---

① 文焕然、文榕生：《中国历史时期冬半年气候冷暖变迁》，科学出版社1996年版，第26页。

② 朱红：《望山楚墓出土植物标本的鉴定与研究》，参见湖北省文物考古研究所：《江陵望山沙冢楚墓》，文物出版社1996年版，第343—347页。

③ 陈家宽：《包山二号楚墓植物的鉴定》，参见湖北省荆沙铁路考古队编：《包山楚墓》，文物出版社1991年版，第439—444页。

密，称为南林。① 浙江绍兴凤凰山战国时期木椁墓棺椁用楠木做成。②

四、华北地区的植被

夏家店上层文化，相当于西周至战国时期。小黑石沟墓地时代相当于春秋早期，约公元前 700 年，位于赤峰市宁城县甸子乡小黑石沟，地处老哈河左岸，在随葬铜容器中收集到叠压在一起的榆树叶子和很多甜瓜的种子。

周家地墓地时代相当于春秋早期，约公元前 700 年，位于今敖汉旗古鲁板蒿镇，地处丘岗上。从 M45 墓主残存的腹部取样进行分析，发现 213 粒花粉，其中禾本科植物花粉占孢粉总数的 77.4%，其次是蒿属、藜科、豆科和毛茛科，有一粒松树花粉，禾本科植物可能是墓主生前摄入的食物，其他花粉则来自周围地区，显然反映出植被不同于大甸子墓中的孢粉特征。因此当时的气候可能变得相当干旱，而不利于森林生长。

我们前面提到竹、橘的时候，已经引用过《史记·货殖列传》的材料，现将这段材料完整抄录如下：

"安邑千树枣；燕、秦千树栗；蜀、汉、江陵千树橘；淮北、常山已南，河济之间千树萩；陈、夏千亩漆；齐、鲁千亩桑麻；渭川千亩竹；及名国万家之城，带郭千亩亩钟之田，若千亩卮茜，千畦姜韭：此其人皆与千户侯等。"

由此可知战国至汉初的主要经济林木的分布情况。今山西一带多枣树，河北、陕西适宜生长栗树，四川、陕南、湖北盛产柑橘，河南一带生长漆树，山东地区产桑麻，陕西关中有竹林。

五、《楚辞》记载的楚国植物

《楚辞》各篇记载了楚国的一些植物，屈原将这些植物进行分类，有的植物是美和正义的象征，如江离、辟芷、秋兰、木兰、宿莽、椒、菌桂、芳草、

---

① 胡松梅、孙周勇：《陕北靖边五庄果墚动物遗存及古环境分析》，《考古与文物》
  2005 年第 6 期。
② 绍兴县文物管理委员会：《绍兴凤凰山木椁墓》，《考古》1976 年第 6 期。

蕙、苣、留夷、揭车、杜衡、芳芷、秋菊、薜荔、胡绳、芰、荷、芙蓉、杜
若、苏、辛夷、荃、橘；有的植物则是丑与邪恶的象征，如蒉、菉、葹、椒、
艾。屈原给植物赋予了丰富的精神内涵，他把自己诚挚的思想感情寄托在这些
植物里，给人以无尽的想象空间。我们将《楚辞》涉及植物的内容摘录如下。

《离骚》：

"扈江离与辟芷兮，纫秋兰以为佩。"

"朝搴阰之木兰兮，夕揽洲之宿莽。"

"杂申椒与菌桂兮，岂维纫夫蕙茝？"

"余既滋兰之九畹兮，又树蕙之百亩。畦留夷与揭车兮，杂杜衡与芳芷。"

"朝饮木兰之坠露兮，夕餐秋菊之落英。"

"揽木根以结茝兮，贯薜荔之落蕊。矫菌桂以纫蕙兮，索胡绳之纚纚。"

"既替余以蕙纕兮，又申之以揽茝。"

"步余马于兰皋兮，驰椒丘且焉止息。"

"制芰荷以为衣兮，集芙蓉以为裳。"

"蒉菉葹以盈室兮，判独离而不服。"

"揽茹蕙以掩涕兮，沾余襟之浪浪。"

"折若木以拂日兮，聊逍遥以相羊。"

"时暧暧其将罢兮，结幽兰而延伫。"

"索藑茅以筳篿兮，命灵氛为余占之。"

"户服艾以盈要兮，谓幽兰其不可佩。"

"苏粪壤以充帏兮，谓申椒其不芳。"

"巫咸将夕降兮，怀椒糈而要之。"

"兰芷变而不芳兮，荃蕙化而为茅。"

"何昔日之芳草兮，今直为此萧艾也？"

"余以兰为可恃兮，羌无实而容长。"

"椒专佞以慢慆兮，椒又欲充夫佩帏。"

"览椒兰其若兹兮，又况揭车与江离。"

《九歌·湘君》：

"美要眇兮宜修，沛吾乘兮桂舟。"

"薜荔柏兮蕙绸，荪桡兮兰旌。"

"桂棹兮兰枻，斫冰兮积雪。采薜荔兮水中，搴芙蓉兮木末。"

"采芳洲兮杜若，将以遗兮下女。"

《九歌·湘夫人》：

"登白薠兮聘望，与佳期兮夕张。"

"鸟何萃兮苹中，罾何为兮木上？沅有茝兮澧有兰，思公子兮未敢言。"

"筑室兮水中，葺之兮荷盖。荪壁兮紫坛，播芳椒兮成堂。桂栋兮兰橑，辛夷楣兮药房。罔薜荔兮为帷，擗蕙櫋兮既张。白玉兮为镇，疏石兰兮为芳。芷葺兮荷屋，缭之兮杜衡。"

"搴汀洲兮杜若，将以遗兮远者。"

《九歌·大司命》：

"结桂枝兮延伫，羌欲思兮愁人。"

《九歌·少司命》：

"秋兰兮蘼芜，罗生兮堂下。"

"秋兰兮青青，绿叶兮紫茎。"

"荷衣兮蕙带，倏而来兮忽而逝。"

《九歌·山鬼》：

"若有人兮山之阿，被薜荔兮带女萝。"

"乘赤豹兮从文狸，辛夷车兮结桂旗。被石兰兮带杜衡，折芳馨兮遗所思。余处幽篁兮终不见天，路险难兮独后来。"

"采三秀兮于山间，石磊磊兮葛蔓蔓。"

"山中人兮芳杜若，饮石泉兮阴松柏。"

《九歌·礼魂》：

"春兰兮秋菊，常无绝兮终古。"

《九章·惜诵》：

"梼木兰以矫蕙兮，鑿申椒以为粮。播江离与滋菊兮，愿春日以为糗芳。"

《九章·涉江》：

"露申辛夷，死林薄兮。"

《九章·哀郢》：

"望长楸而太息兮，涕淫淫其若霰。"

《九章·怀沙》：

"滔滔孟夏兮，草木莽莽。"

《九章·思美人》：

"揽大薄之芳茝兮，搴长洲之宿莽。惜吾不及古人兮，吾谁与玩此芳草？解萹薄与杂菜兮，备以为交佩。"

"令薜荔以为理兮，惮举趾而缘木。因芙蓉以为媒兮，惮褰裳而濡足。"

《九章·惜往日》：

"君无度而复察兮，使芳草为薮幽。"

"芳与泽其杂糅兮，孰申旦而别之？何芳草之早夭兮，微霜降而下戒。"

"自前世之嫉贤兮，谓蕙若其不可佩。妒佳叶之芬芳兮，嫫母姣而自好。"

《九章·橘颂》：

"后皇嘉树，橘徕服兮。授命不迁，生南国兮。"

《九章·悲回风》：

"悲回风之摇蕙兮，心怨结而内伤。"

"鸟兽鸣以号群兮，草苴比而不芳。鱼葺鳞以自别兮，蛟龙隐其文章。故荼荠不同亩兮，兰茝幽而独芳。"

"惟佳人之独怀兮，折芳椒以自处。"

"折若木以蔽光兮，随飘风之所仍。"

"蘋蘅槁而节离兮，芳已歇而不比。"

"借光景以往来兮，施黄棘之枉策。"

《远游》：

"微霜降而下沦兮，悼芳草之先零。"

"谁可与玩斯遗芳兮，长向风而舒情。"

《九辩》：

"白露既下百草兮，奄离披此梧楸。"

"窃悲夫蕙华之曾敷兮，纷旖旎乎都房。"

"以为君独服此蕙兮，羌无以异于众芳。"

《招魂》：

"仰观刻桷，画龙蛇些。坐堂伏槛，临曲池些。芙蓉始发，杂芰荷些。紫茎屏风，文缘波些。"

"室家遂宗，食多方些。稻粢穱麦，挐黄粱些。"

"铿钟摇簴，揳梓瑟些。"

"绿苹齐叶兮，白芷生。"

"皋兰被茎兮，斯路渐。湛湛江水兮，上有枫。"

《大招》：

"五谷六仞，设菰粱只。"

"蒫兰桂树，郁弥路只。"

六、《山海经》记载的各地植被

《山海经》一书写成于战国时期，它对各山系水域的植物、动物和矿物有系统的记载。该书虽然有神话性质，但其中有许多科学的知识，能够反映战国时期人们对各地植物、动物和矿物分布情况的认识水平。当时人们还认识了许多植物的食用价值和药用价值。

《南山经》各山系的植物有桂、祝余、迷谷、柣木、怪木、梓、楠、荆、杞、白菩。许多山上无草木。

《西山经》之首，该山系位于今华山、秦岭一带。植物有松、荆、杞、萆荔、文茎、条、棕、杻、檀、箭、䈽、乔木、黄藋、竹、箭、盼木、薰草、棫、榖、柞、杻、桃枝、钩端、菅蓉、楠、菅、蕙、杜衡、桂木、无条。

《西次二经》，该山系位于关中北部。植物有杻、橿、棕、竹、檀、楮、楠、豫章、蕙、棠。

《西次三经》，该山系位于今甘肃一带。植物有丹木、若木、沙棠、薲草、楠，有三座山上无草木。

《西次四经》，该山系位于今陕北、内蒙古、甘肃东部一带。植物有榖、茆、蕃、茈草、柞、杻、橿、桑、楮、榛、楛、漆、棕、药、蘦、芎劳、松、柏、栎、檀、櫰、丹木。

《北山经》之首，该山系位于今青海、西藏、新疆地区。植物有机木、华草、松、柏、棕、橿、漆、桐、椐、樗、韭、薤、葱、葵、桃、李、楠、茈草、枳、棘、刚木。十一座山上无草木。

《北次二经》，该山系位于今山西北部等地区。植物有松、柏、三桑、百果树。八座山上无草木。

《北次三经》，该山系位于今山西东部太行山一带。植物有松、柏、茈草、器酸、薯蓣、秦椒、漆木、竹、箭、松、柏、柘木、枸、芍药、芎劳、棕、条。十座山上无草木。

《东山经》之首，该山系位于今山东一带。植物有漆、桑、柘、樗。四座山上无草木。

《东次二经》，该山系的植物有榖、梓、楠、荆、芑。十座山上无草木。

《东次三经》，该山系的植物有棘、桃、李、梓、桐、菌蒲。五座山上无草木。

《东次四经》，该山系的植物有芑、桢木。

《中山经》之首，该山系的植物有杻木、箨、橿、枥木、竹、植楮、蓫草、鬼草、榖、苍棘、雕棠、荣草。

《中次二经》，该山系位于今河南伊水东、南部。植物有桑、芒草、竹、箭。四座山上无草木。

《中次三经》，该山系位于今河南黄河南部。植物有荀草、美枣、蔓居之木。

《中次四经》，该山系位于今洛河上游南岸河南西南部、陕西秦岭南部一带。植物有搜、榖、芨、漆、棕、葶苎、竹箭、竹箭。

《中次五经》，该山系位于今洛河上游北岸河南西南部、陕西秦岭南部一带。植物有榖、柞、茉、芫、槐、桐、芍药、糜冬、櫄木、芃、棘、薯蓣、蕙、寇脱。

《中次六经》，该山系位于今洛河上游北岸河南西南部、陕西秦岭一带。植物有柳、楮、榖、桑、竹、樗、楠木、萧、棕、楠、箭、薯蓣、苦辛。

《中次七经》，该山系位于今河南嵩山一带。植物有夙条、焉酸、蘦草、黄棘、无条、天楄、蒙木、牛伤、嘉荣、帝休、楠木、柘、柏、帝屋、亢木、少辛、芮草、梨、蓟柏、猿。

《中次八经》，该山系位于今鄂西山区等地区。植物有杼、檀、松、柏、橘、櫾、桃枝、钩端、梓、楠、柤、栗、杻、橿、榖、柞、桑、机、草、竹、桃、李、梅、杏、寓木、柘、椒。

《中次九经》，该山系位于今川西高原。植物有杻、橿、菊、茉、梅、棠、檀、柘、薙、韭、药、空夺、楢、梓、桃枝、钩端、枸、橡、章、嘉荣、少辛、桑、芷、栎、柘、芍药、椒、樿、杨、豫章、樗、柳、寇脱、荆、芑、栗、橘、杻、栗、橘、櫾、龙修。

《中次十经》，该山系植物有椒、柤、楢、杻、枝勾、檀、寓木、椐、柘、榖、柞、梓、㭎杻、松、柏、漆。

《中次十一山经》，该山系位于今河南西南伏牛山一带。植物有梓、楠、莽草、韭、桑、楮、柏、榖、柞、杻、橿、薯藇、鸡榖、松、柏、机柏、杻、苴、榖、松、柏、梓、櫄、竹、椆、椐、桃、李、累、桑、羊桃、楢、蘡冬、鸡榖、荆、芑、蕑、嘉荣、檀、香。

《中次十二山经》，该山系位于今湖南一带。植物有桂竹、榖、柞、椆、椐、扶竹、筀竹、柳、杻、檀、楮、桑、竹、鸡鼓、柤、梨橘、櫏、蒵、蘪芜、芍药、芎藭、棕、楠、荆、芑、竹、箭、蕑箘、薯藇、茱、荣草、橿、㮔。①

_____

① 袁珂校注：《山海经校注》，巴蜀书社 1996 年版。

第五章

先秦时期的动物环境

动物群也与气候密切相关，随着气候的变化而变化。在人类存在的大部分时间里，野生动物是唯一的猎获对象。近万年以来，家养动物代替野生动物，逐渐成为人类肉食的主要来源。从古代遗址出土的动物骨骼可以基本复原古代人类生活地区的动物群构成状况。

第一节　史前时期动物的分布与变迁

一、东北地区的动物

袁靖的《中国动物考古学》一书中第五章《中国古代获取肉食资源方式的研究》第一节，按流域和省级政区列举了 291 个遗址出土的动物骨骼，非常详细，可补先前收集资料之不足，助莫大焉。[①]

黑龙江密山县新开流遗址属于新开流文化，年代距今 7500—6500 年。从动物骨骼可识别的动物有哺乳纲的鼠、狼、狐、棕熊、狗獾、野猪、马鹿、鹿、狍、种属不明的奇蹄目等，硬骨鱼纲的鲑鱼、鲤鱼、青鱼和鲇鱼，腹足纲的平卷螺，爬行纲的鳖。[②]

吉林农安县左家山遗址，属新石器时代，年代距今 6800—4800 年，可分三期。从动物骨骼可辨认出哺乳纲有鼢鼠、狼、狗、沙狐、狐、貉、豺、紫貂、貂熊、獾、水獭、野猫、虎、马、野猪、麝、獐、马鹿、梅花鹿、狍、黄牛等 22 种，其中狗和家猪为家养动物。鸟纲有鸭和鸡 2 种。硬骨鱼纲有鲤鱼

① 袁靖：《中国动物考古学》，文物出版社 2015 年版，第 113—175 页。

② 黑龙江省文物考古工作队：《密山县新开流遗址》，《考古学报》1979 年第 4 期。

和鲇鱼 2 种。瓣鳃纲有圆顶珠蚌、剑状矛蚌和背角无齿蚌 3 种。①

吉林通化市王八脖子遗址新石器时代地层，年代距今 6000—5000 年，从动物骨骼可辨认出均为哺乳动物，有家养动物狗、家猪，野生动物貉、豺、黄鼬、虎、野猪、原麝、梅花鹿、马鹿和狍等。②

吉林双辽市盘山遗址新石器时代晚期地层，距今约 5500 年。从动物骨骼可辨认出哺乳纲有仓鼠、兔、貉、鼬、狗獾、狍、牛、山羊等 8 种，其中牛和山羊为家养动物。鸟纲有雉和种属不明的鸟类 2 种。硬骨鱼纲有鲤鱼、草鱼、鲇鱼和乌鳢 4 种。两栖纲有蛙 1 种。爬行纲有鳖 1 种。瓣鳃纲有杜氏珠蚌和剑状矛蚌 2 种。腹足纲有中华圆田螺 1 种。③

辽宁大连北吴屯遗址，距今 6500—5500 年。从动物骨骼可辨认出哺乳纲有猴、鼢鼠、貉、种属不明的犬科、棕熊、鼬、獾、虎、象、马、家猪、梅花鹿、狍和牛等 14 种，其中家猪是家养动物。鸟纲有鹭 1 种。爬行纲有鳖 1 种。硬骨鱼纲有鲟鱼 1 种。瓣鳃纲有长牡蛎、僧帽牡蛎、密鳞牡蛎、文蛤、青蛤和蛭等 6 种。腹足纲有脉红螺 1 种。④

辽宁朝阳市牛河梁遗址，年代距今 6000—5000 年，从动物骨骼可辨认出哺乳纲有东北鼢鼠、野兔、狗、黑熊、狗獾、野猪、獐、梅花鹿和狍等 9 种，

---

① 陈全家：《农安左家山遗址动物骨骼鉴定及痕迹研究》，参见吉林大学考古学系编：《青果集：吉林大学考古专业成立二十周年考古论文集》，知识出版社 1993 年版，第 57—71 页。

② 动物考古课题组：《中华文明形成时期的动物考古学研究》，参见中国社会科学院考古研究所科技考古中心编：《科技考古》（第三辑），科学出版社 2011 年版，第 80—99 页。

③ 杨春：《东辽河下游三处遗址的动物遗存研究》，参见吉林省文物考古研究所等编著：《后太平：东辽河下游右岸以青铜时代遗存为主的调查与发掘》，文物出版社 2011 年版，第 313—341 页。

④ 傅仁义：《大连市北吴屯遗址出土兽骨的鉴定》，《考古学报》1994 年第 3 期。

仅狗为家养动物。鸟纲有雉 1 种。瓣鳃纲有蚌科未定属 1 种。①

大连郭家村遗址，年代距今 5780—4300 年。从动物骨骼辨认出哺乳纲有黑鼠、狼、狗、貉、熊、獾、野猫、豹、家猪、麝、獐、麂、梅花鹿、马鹿和狍等 15 种，其中狗和家猪为家养动物。瓣鳃纲有魁蚶、贻贝、僧帽牡蛎、大连湾牡蛎、青蛤、蛤仔和白笠贝等 7 种。腹足纲有盘大胞、锈凹螺、蝾螺、红螺、疣荔枝螺、纵带锥螺和扁玉螺等 7 种。②

二、华北地区的动物

兴隆洼文化时代距今约 8000 年。兴隆洼遗址位于敖汉旗宝国吐乡兴隆洼村东南 1.3 公里。1983 年在遗址西南区即 A 区发掘 880 平方米，出土有鹿骨、狍骨、猪骨。③

内蒙古林西县白音长汗遗址，距今 8000—5000 年。动物骨骼主要出土于兴隆洼文化和红山文化地层。从动物骨骼可辨认出哺乳纲有兔、狼、狐、熊、狗、獾、马、野猪、梅花鹿、马鹿、狍和野牛等 12 种。鸟纲有种属不明的 1 种。两栖纲有蛙 1 种。瓣鳃纲有东海舟蚶、杜氏珠蚌和东方剑齿蚌等 3 种。④

林西县井沟子西梁遗址，年代属兴隆洼文化晚期，距今约 7000 年。从动物骨骼可辨认出哺乳纲有兔、貉、猪、麝、獐、梅花鹿、马鹿、东北狍和牛等 9 种，研究者认为全是野生动物。鸟纲有环颈雉 1 种。瓣鳃纲有杜氏珠蚌和无

①黄蕴平：《牛河梁遗址出土动物骨骼鉴定报告》，参见辽宁省文物考古研究所编著：《牛河梁：红山文化遗址发掘报告（1983—2003 年度）（中）》，文物出版社 2012 年版，第 507—510 页。

②傅仁义：《大连郭家村遗址的动物遗骨》，《考古学报》1984 年第 3 期。

③中国社会科学院考古研究所内蒙古工作队：《内蒙古敖汉旗兴隆洼遗址发掘简报》，《考古》1985 年 10 期。

④汤卓炜、郭治中、索秀芬：《白音长汗遗址出土的动物遗存》，参见内蒙古自治区文物考古研究所编著：《白音长汗：新石器时代遗址发掘报告》，科学出版社 2004 年版，第 546—575 页。

齿蚌 2 种。①

赵宝沟文化距今 7200—6470 年。赵宝沟遗址位于敖汉旗新惠镇东约 25 公里的高家铺乡赵宝沟村西北 2 公里处。1986 年 6 月至 7 月对部分房址、灰坑进行了清理，揭露面积 2000 平方米。出土动物骨骼数量、所占百分比及最小个体数分别为：猪 138、25.7%、9；马鹿 179、3.33%、11；斑鹿 39、7.3%、4；狍 129、24%、9；牛 2、0.37%；狗 1、0.19%；貉 18、3.4%、3；獾 9、1.7%、3；熊 4、0.74%；东北鼢鼠 4、0.74%；蒙古黄鼠 1、0.19%；天鹅 2、0.37%；雉 11、2%、2。另有 215 件蚌类和 1 件鱼脊椎骨。②（有的动物骨骼破碎严重，无法判断最小个体数）

河北徐水南庄头遗址距今约 10000 年，1986 年发掘时出土了一批动物遗存，有中华圆田螺、珠蚌、萝卜螺、两种未定种属的螺、鳖、鸡、鹤、狼、狗、家猪、麝、马鹿、麋鹿、狍、斑鹿等。③1997 年又对该遗址进行发掘，出土的动物包括蚌、鱼、鳖、雉、鸟、鼠、兔、狗、野猪、梅花鹿、小型鹿科动物、水牛等 12 种。在哺乳动物中以最小个体数计算，小型鹿科动物为 8，占 34.78%；梅花鹿 7，占 30.43%；狗、野猪和水牛均为 2，各占 8.7%；鼠、兔均为 1，各占 4.35%。报告作者认为该遗址出土的狗为目前所知中国最早的狗，也是目前所知中国最早的家畜。猪是野猪。水牛骨骼属于圣水牛的可能性相当大，说明当时遗址周围存在河流或范围较大的湖泊及沼泽地。④

河北武安磁山遗址是磁山文化的典型遗址，年代距今约 8000 年。出土的

---

① 陈全家：《林西县井沟子西梁新石器时代遗址出土动物遗存鉴定报告》，参见内蒙古自治区文物考古研究所等编著：《西拉木伦河流域先秦时期遗址调查与试掘》，科学出版社 2010 年版，第 158—165 页。

② 黄蕴平：《动物骨骼概述》，参见中国社会科学院考古研究所编著：《敖汉赵宝沟：新石器时代聚落》，中国大百科全书出版社 1997 年版，第 180—201 页。

③ 保定地区文物管理所等：《河北徐水县南庄头遗址试掘简报》，《考古》1992 年第 11 期。

④ 河北省文物研究所等：《1997 年河北徐水南庄头遗址发掘报告》，《考古学报》2010 年第 3 期。

动物骨骼有东北鼢鼠、蒙古兔、猕猴、狗獾、花面狸、金钱豹、犬科未定种、家犬、梅花鹿、马鹿、四不像鹿、赤麂、鹿科未定种、狍、獐、短角牛、野猪、家猪、野鸡、豆雁、鳖、草鱼、丽蚌等。[①]

三、黄河流域的动物

(一) 青海

青海同德县宗日遗址，属宗日文化，年代距今 5600—4000 年。从动物骨骼可辨认出哺乳纲有旱獭、狗、野猪、麝、梅花鹿、狍、黄牛、黄羊和岩羊等 9 种，其中狗和黄牛可能为家养动物。鸟纲有种属不明的 1 种。时代相当的遗址还有两处，兴海县羊曲十二垱遗址出土的动物骨骼可辨认出哺乳纲有旱獭、麝、马鹿、狍和黄羊等 5 种。鸟纲有种属不明的 1 种。兴海县香让沟遗址出土的动物骨骼可辨认出哺乳纲有旱獭、狗、野猪、麝、梅花鹿、狍、黄牛和黄羊等 8 种，其中狗和黄牛可能为家养动物。鸟纲有种属不明的 1 种。[②]

(二) 甘肃

甘肃天水市西山坪遗址，年代距今 8200—3900 年，从动物骨骼可辨认出哺乳纲有猕猴、鼢鼠、鼠、竹鼠、狗、黑熊、狸、马、野猪、麝、马鹿、黄牛和羊等 16 种。鸟纲有鸡 1 种。爬行纲有龟 1 种。瓣鳃纲有种属不明的蚌 1 种。其中鸡、狗、马、家猪、牛和羊为家养动物。[③]

秦安县大地湾遗址主要出土动物骨骼的层位年代距今 7800—4900 年。可辨认出哺乳纲有猕猴、红白鼯鼠、大仓鼠、中华鼢鼠、中华竹鼠、白腹鼠、兔、狗、貉、豺、棕熊、虎、豹、豹猫、象、苏门犀、马、野猪、家猪、麝、

---

① 周本雄：《河北武安磁山遗址的动物骨骸》，《考古学报》1981 年第 3 期。

② 安家瑗、陈洪海：《宗日文化遗址动物骨骼的研究》，参见河南省文物考古研究所编著：《动物考古》（第 1 辑），文物出版社 2010 年版，第 232—240 页。

③ 周本雄：《师赵村与西山坪遗址的动物遗存》，参见中国社会科学院考古研究所编著：《师赵村与西山坪》，中国大百科全书出版社 1999 年版，第 335—339 页。

獐、梅花鹿、马鹿、狍、牛、羚羊、苏门羚和盘羊等 28 种，其中狗和家猪为家养动物。鸟纲有鸡、鹤和鹊 3 种。爬行纲有龟 1 种。瓣鳃纲有劳斯珍珠蚌、圆顶珠蚌和短褶矛蚌 3 种。腹足纲有中华圆田螺 1 种。①

（三）内蒙古

凉城县石虎山 I 遗址，年代距今 6300 年。从动物骨骼可辨认出哺乳纲有黄鼠、中华鼢鼠、鼠兔、兔、狗、狐、貉、豺、棕熊、鼬、狗獾、豹猫、家猪、梅花鹿、马鹿、狍、水牛和黄羊等 18 种，其中狗和家猪为家养动物。②

察右前旗庙子沟和大坝沟遗址，年代距今 5800—5000 年。庙子沟遗址出土的动物骨骼可辨认出哺乳纲有鼠兔、鼢鼠、狗、狐、貉、马、家猪、马鹿、狍、牛和黄羊等 11 种。鸟纲有种属不明的 1 种。瓣鳃纲有珠蚌和河蚬 2 种。腹足纲有螺 1 种。大坝沟遗址出土的动物骨骼可辨认出哺乳纲有鼢鼠、兔、狗、熊、马、驴、家猪、梅花鹿、马鹿、狍、牛和黄羊等 12 种。鸟纲有种属不明的 1 种。瓣鳃纲有珠蚌、褶纹冠蚌和河蚬 3 种。腹足纲有螺 1 种。狗和家猪为家养动物。③

凉城县王墓山坡上遗址，年代距今 5600—4900 年。从动物骨骼可辨认出哺乳纲有黄鼠、鼢鼠、狗、家猪、马鹿和狍等 6 种。鸟纲有种属不明的 1 种。

---

① 祁国琴、林钟雨、安家瑗：《大地湾遗址动物遗存鉴定报告》，参见甘肃省文物考古研究所编著：《秦安大地湾：新石器时代遗址发掘报告》，文物出版社 2006 年版，第 861—910 页。

② 黄蕴平：《石虎山 I 遗址动物骨骼鉴定与研究》，参见内蒙古文物考古研究所等编著：《岱海考古（二）——中日岱海地区考察研究报告集》，科学出版社 2001 年版，第 489 页。

③ 黄蕴平：《庙子沟与大坝沟遗址动物遗骸鉴定报告》，参见内蒙古自治区文物考古研究所编：《庙子沟与大坝沟》，中国大百科全书出版社 2003 年版，第 599—611 页。

硬骨鱼纲有种属不明的 1 种。[1]

（四）陕西

　　榆林火石梁遗址深处沙漠腹地，位于陕西省榆林市榆阳区小纪汗乡昌汉界村，文化遗存时代相当于龙山晚期到夏代早期。火石梁遗址中共出土 19 种动物，可分为四大类。一是由人类饲养的动物：山羊、绵羊、黄牛、猪、狗。二是主要的狩猎对象：羚羊。三是偶然猎获的动物：梅花鹿、马鹿、狍、岩羊、马、兔、狐、獾、虎、猫、鸟。其中虎、梅花鹿、马鹿、狍、羚羊、岩羊现已在此绝迹，其余为现仍生活在该地的种类。四是穴居的动物：中华鼢鼠、甘肃鼢鼠，有可能是在遗址废弃后进入原遗址所在地。

　　在该遗址中，野生动物主要为羚羊，其次为梅花鹿、马鹿、狍、马、兔、狐、獾、虎、猫、鸟等，其中草兔和马都是生活在草原区的典型动物，尤其马的数量虽然很少，但至少可以说明遗址周围有较为开阔的草原，马在其他新石器遗址（半坡遗址、关桃园遗址）中的骨骼数量也很少，这主要是新石器时代的人类不把马作为主要的狩猎对象，并不代表遗址周围真的就很少。食肉动物虎和豹猫的偶然出现，说明遗址周围有一定面积的森林；马鹿和梅花鹿因其角部粗大，在密林中生活必有许多不便，一般栖息于较大的混交林或高山的森林草原，也有在稀疏灌丛中生活的。狍栖息于灌丛或稀树的山区。羚羊很可能为鹅喉羚，大多生活在荒芜的沙漠地区。獾、狐生境较为广泛。虎、梅花鹿、马鹿、狍、羚羊、岩羊现在已在此绝迹了，除了环境因素发生明显的变化外，人类的猎杀也可能是物种迅速消亡的一个原因。这从另一个方面也证明：这里在这个时期一直是人类活动最频繁的区域之一。从榆林其周边地区发现大量龙山文化晚期至夏代遗址也可以印证这一点。

　　大量家养牛科动物羊和牛（最小个体数为 70）的出现，也从侧面说明当时遗址周围的环境以草原为主。鹿科动物马鹿、梅花鹿和狍数量较少（最小个体数为 7），它们是林、灌环境的典型代表，以采食鲜嫩植物为主。鹿科动

---

[1] 内蒙古文物考古研究所等：《王墓山坡上遗址发掘报告》，参见内蒙古文物考古研究所等编著：《岱海考古（二）——中日岱海地区考察研究报告集》，科学出版社 2001 年版，第 200 页。

物与牛科动物的比例（1∶10）厘定了动物群的性质，是判断动物群生态类别、恢复自然环境的标志。

家猪的数量是农产品剩余量的间接反映，由此可推想该文化农业的发达程度，人类有了农业剩余产品才会大量饲养家猪，这也说明当时的气候非常适合农作物的生长，风调雨顺。反之，当气候环境恶劣，农业歉收，植被类型转变时，先民们自然会减少家猪的饲养量，而更多以野生动物作为肉食的主要补充。综上所述，当时遗址周围的环境以草原为主，草原上有各种羊、牛、马、兔等食草动物，不远处有一定面积的森林、疏林、灌丛及沙漠的自然景观，其间有虎、猫等食肉动物和各种鹿类动物及羚羊的出没。①

陕西横山大古界遗址属于仰韶文化晚期，年代距今 5600—4900 年。从动物骨骼可辨认出哺乳纲有草兔、狗、貉、黄鼬、狗獾、家猪、鹿、狍和绵羊等 9 种。鸟纲有鹤和喜鹊 2 种。瓣鳃纲有蚌科 1 种。②

陕西靖边仰韶文化晚期五庄果墚遗址中共出土 16 种动物，可分为四大类。一是由人类饲养的动物：猪、狗。二是主要狩猎的对象：兔。三是偶然猎获的动物：马、黄羊、豺、黄鼬、猫、鱼、鳖、鸟。四是穴居的动物：褐家鼠、三趾跳鼠、中华鼢鼠，在遗址废弃后进入原遗址所在地。五庄果墚人赖以生存的动物食物主要是兽类中的猪和兔，猪是主要的家畜动物，草兔是主要的野生动物，这两类动物占到总数的 80%。在该遗址中，野生动物主要为草兔，其次为黄鼬、豺、猫、黄羊、马等，其中草兔、黄羊、马三种动物都是生活在草原区的典型动物，食肉动物豺、猫的偶然出现，说明遗址的周围有一定面积的森林，豺全为幼年个体，这和豺的生性凶猛有关，在当时的生产力水平下，人们也许只能捕获一些幼豺。鱼、鳖的出现说明遗址附近有较大面积的水域，可能出自遗址附近的小河。③

关中地区史前动物群向上可以追溯到蓝田猿人时期。陕西公王岭蓝田直立人遗址位于秦岭北麓、灞河南岸的公王岭，古地磁测定年代距今 115 万—110

---

① 胡松梅等：《榆林火石梁遗址动物遗存研究》，《人类学学报》2008 年第 3 期。

② 胡松梅等：《陕西横山县大古界遗址动物遗存分析》，《考古与文物》2012 年第 4 期。

③ 胡松梅、孙周勇：《陕北靖边五庄果墚动物遗存及古环境分析》，《考古与文物》
　2005 年第 6 期。

万年。与公王岭蓝田直立人共生的动物群具有南北动物群的色彩，其中属于华南动物群的典型动物有大熊猫、猎豹、东方剑齿象、中国爪兽、巨貘、中国貘、毛冠鹿、秦岭苏门羚等，这些动物是我国南方大熊猫—剑齿象动物群的主要成员，在公王岭动物群中只占少数。当时秦岭还没有上升到今天的高度，一直到早更新世后期，秦岭的海拔高度还没有超过1000米，秦岭尚未成为南北自然地理区系的分界线，对于动物的迁徙并不成为障碍。所以公王岭动物群中有一定数量的南方典型动物。①

公王岭动物群中多数是华北动物，如森林型动物：蓝田金丝猴、虎、豹、蓝田剑齿虎、熊、李氏野猪；草原型动物：三门马、短角丽牛、丽牛；草原、灌木丛、疏林动物：蓝田犀、梅氏犀、葛氏斑鹿、公王岭大角鹿；广布型动物：变种狼、獾、中国鬣狗。各类动物列表如下。

公王岭所有大型动物生态分类统计表

动物分类		种属数	最小个体数	标本数
南方动物	大熊猫1、猎豹1、东方剑齿象1、中国爪兽1、巨貘1、中国貘1、毛冠鹿1、秦岭苏门羚1	8	8	14
北方动物	森林型动物　蓝田金丝猴1、虎1、豹1、蓝田剑齿虎1、熊2、李氏野猪2	6	8	14
	草原型动物　三门马5、短角丽牛11、丽牛1	3	17	83
	草原、灌木丛、疏林动物　蓝田犀1、梅氏犀4、葛氏斑鹿8、公王岭大角鹿2	4	15	55
	广布型动物　变种狼3、獾2、中国鬣狗3	3	8	14

---

① 吴新智等：《陕西蓝田公王岭猿人地点1965年发掘报告》，《古脊椎动物与古人类》1966年第1期；胡长康等：《陕西蓝田公王岭更新世哺乳动物群》（中国古生物志新丙种第21号第155册），科学出版社1978年版。

从上表可知，华北动物中，森林动物的种类最多，但标本少，仅有一两个个体。草原动物种类虽少，但标本数量最多，最小个体数最多，草原动物的数量远超过森林型动物。说明当时公王岭一带是以草原为主的草原森林环境，近处为草原环境，大量的三门马、丽牛生活于其间；远处为生长在秦岭北麓的茂密森林，大型的食肉动物虎、豹、熊、蓝田剑齿虎及蓝田金丝猴和李氏野猪生活在其中；森林和草原之间为灌木丛、疏林环境，犀牛、葛氏斑鹿、公王岭大角鹿生活在其中。

公王岭小型哺乳动物中大多数是草原型动物，只有少数如麝鼹、鼯鼠生活在森林环境中，也证实了以上的结论。①

宝鸡关桃园遗址前仰韶第二期文化层位出土的动物骨骼中，哺乳纲有金丝猴、赤狐、猪獾、黑熊、家猪、原麝、黄麂、獐、梅花鹿、水鹿、麠、青羊和牛等13种。鸟纲有鹤和鸡2种。前仰韶第三期文化层出土的动物骨骼中，哺乳纲有金丝猴、中华鼢鼠、仓鼠、中华竹鼠、赤狐、猪獾、苏门犀、黑熊、家猪、原麝、獐、梅花鹿、麠、达维四不像鹿、青羊、圣水牛和牛属等17种。鸟纲有雕和鸡2种。硬骨鱼纲有鲤鱼1种。瓣鳃纲有圆顶珠蚌1种。

仰韶文化西王村时期层位出土的动物骨骼中，哺乳纲有黑熊、猪獾、普氏野马、家猪、原麝、獐、梅花鹿、鹿、牛属和青羊等10种。②

宝鸡北首岭遗址包括前仰韶文化与仰韶文化遗存，年代距今7100—5700年。从动物骨骼可辨认出哺乳纲有中华鼢鼠、中华竹鼠、狗、狐、貉、棕熊、狗獾、野猪、家猪、麝、獐、马鹿、狍和短角牛等15种，其中狗、家猪和短角牛为家养动物。鸟纲有家鸡1种。爬行纲有鳖1种。硬骨鱼纲有多鳞铲颌鱼1种。瓣鳃纲有蚌1种。腹足类有中华圆田螺和椎螺各1种。③

① 胡松梅、尹申平：《利用不同的方法重建公王岭蓝田人生活的古环境》，《考古与文物》2006年第6期。

② 陕西省考古研究院、宝鸡市考古工作队编著：《宝鸡关桃园》，文物出版社2007年版，第283—318页。

③ 周本雄：《宝鸡北首岭新石器时代遗址中的动物骨骸》，参见中国社会科学院考古研究所编著：《宝鸡北首岭》，文物出版社1983年版，第145—153页。

　　扶风案板遗址包括仰韶文化和客省庄二期文化遗存，年代距今 6000—4000 年。从动物骨骼可辨认出哺乳纲有中华鼢鼠、竹鼠、豪猪、狗、貉、犬科动物、野猪、家猪、獐、梅花鹿、牛亚科和羊等 12 种。鸟纲有鸡 1 种。爬行纲有龟 1 种。腹足纲有中华圆田螺和种属不明的 1 种。鸡、狗、家猪、牛为家养动物。①

　　陕西高陵东营遗址动物骨骼主要出土于仰韶文化中期和客省庄二期文化层位。从动物骨骼可辨认出哺乳纲有褐家鼠、草兔、狗、狐、狗獾、猫、马、家猪、麝、獐、梅花鹿、黄牛、水牛和绵羊等 14 种，其中狗、家猪、黄牛和绵羊是家养动物。鸟纲有鸡 1 种。硬骨鱼纲有鲇鱼 1 种。瓣鳃纲有圆顶珠蚌和种属不明的大型蚌类 2 种。②

　　高陵姬家乡杨官寨遗址出土了仰韶文化庙底沟类型时期的一批动物骨骼，家养动物有鸡、家猪、狗、黄牛，野生动物有獐、梅花鹿、马鹿、水牛、鹤、圆顶珠蚌、蚌。③

　　临潼零口村遗址的仰韶文化层位年代距今 7100—4900 年。从动物骨骼可辨认出哺乳纲有中华竹鼠、豪猪、貉、狗獾、家猪、麝、麋鹿、梅花鹿、牛、羚羊和山羊等 11 种，其中家猪和山羊是家养动物。鸟纲有雉 1 种。硬骨鱼纲有鲤鱼 1 种。瓣鳃纲有杜氏珠蚌 1 种。④

　　临潼白家村遗址，距今 8000—7000 年。从动物骨骼可辨认出哺乳纲有竹鼠、狗、貉、猫、家猪、獐、马鹿、水牛和黄羊等 9 种。鸟纲有鸡 1 种。硬骨

---

① 傅勇：《陕西扶风案板遗址动物遗存的研究》，参见西北大学文博学院考古专业编著：《扶风案板遗址发掘报告》，科学出版社 2000 年版，第 290—294 页。

② 胡松梅：《高陵东营遗址动物遗存分析》，参见陕西省考古研究院、西北大学文化遗产与考古学研究中心编著：《高陵东营：新石器时代遗址发掘报告》，科学出版社 2010 年版，第 147—200 页。

③ 胡松梅、王炜林等：《陕西高陵杨官寨环壕西门址动物遗存分析》，《考古与文物》2011 年第 6 期。

④ 张云翔、周春茂、阎毓民、尹申平：《陕西临潼零口村文化遗址脊椎动物遗存》，参见陕西省考古研究所编著：《临潼零口村》，三秦出版社 2004 年版，第 525—533 页。

鱼纲有鲇鱼 1 种。瓣鳃纲有种属不明的 1 种。鸡、狗、家猪和水牛为家养动物。①

1954 年秋到 1957 年夏之间，中国科学院考古研究所对半坡遗址进行了五个季度的发掘，发掘面积约 10000 平方米。遗址属于仰韶文化时期，年代距今7000—5000 年。其动物骨骼遗迹表明，哺乳纲有田鼠、竹鼠、短尾鱼、兔、狗、狐、貉、獾、狸、马、家猪、獐、梅花鹿、种属未定的牛、羚羊和绵羊等16 种。狗、马、家猪、牛和绵羊是家养动物。鸟纲有雕和鸡 2 种。硬骨鱼纲有鲤鱼 1 种。②

临潼姜寨遗址包括仰韶文化和客省庄二期文化遗存，年代距今 6900—4000 年。出土了许多动物骨骼，哺乳纲有刺猬、麝鼹、猕猴、中华鼢鼠、中华竹鼠、兔、狗、貉、豺、黑熊、熊科、狗獾、猪獾、猫、虎、家猪、麝、獐、梅花鹿、鹿、黄牛和黄羊等 22 种，其中狗和家猪是家养动物。鸟纲有鹈鹕、雕、鸡和鹤 4 种。硬骨鱼纲有鲤鱼和草鱼 2 种。瓣鳃纲有圆顶珠蚌 1 种。腹足纲有中华圆田螺 1 种。③

陕西华阴市桃下镇兴乐坊遗址也出土了一批仰韶文化庙底沟类型时期的一批动物骨骼，家养动物有鸡、猪、狗，野生动物有獐、梅花鹿、青羊、中华圆田螺、圆顶珠蚌、鱼、鹌鹑。④

西安雁塔区鱼化寨遗址出土了一批仰韶文化时期的动物骨骼，以仰韶文化早期为主。仰韶文化早期的北首岭期野生动物有褐家鼠、獐、梅花鹿、马鹿，

---

① 周本雄：《白家村遗址动物遗骸鉴定报告》，参见中国社会科学院考古研究所编：《临潼白家村》，巴蜀书社 1994 年版，第 123—126 页。

② 李有恒、韩德芬：《陕西西安半坡新石器时代遗址中之兽类骨骼》，《古脊椎动物与古人类》1959 年第 4 期；中国科学院考古研究所、陕西省西安半坡博物馆编：《西安半坡——原始氏族公社聚落遗址》，文物出版社 1963 年版。

③ 祁国琴：《姜寨新石器时代遗址动物群的分析》，参见西安半坡博物馆：《姜寨——新石器时代遗址发掘报告》，文物出版社 1988 年版，第 504—538 页。

④ 胡松梅、杨岐黄、杨苗苗：《陕西华阴兴乐坊遗址动物遗存分析》，《考古与文物》2011 年第 6 期。

家畜有猪。半坡期野生动物有圆顶珠蚌、蚌、鲤鱼、环颈雉、褐家鼠、中华竹鼠、草兔、貉、猫、獐、梅花鹿，家畜有猪。史家期野生动物有中华圆田螺、蚌、环颈雉、鸟、中华鼢鼠、中华竹鼠、草兔、狗、狐、貉、黄鼬、狗獾、獐、梅花鹿，家畜有猪。

仰韶文化晚期即半坡晚期有金丝猴、褐家鼠、中华鼢鼠、中华竹鼠、草兔、狗獾、獐、梅花鹿，家畜有猪。①

临潼康家遗址属于客省庄二期文化，年代距今 4600 年左右。在 100 平方米的范围内出土了 28 种动物骨骼，田螺 10 件、蚌 64 件、鲇鱼 1 件、鲤鱼 8 件、雉 6 件、乌鸦 3 件、天鹅 1 件、鹤 1 件、家鸡 1 件、龟 1 件、竹鼠 3 件、野兔 13 件、虎 1 件、猫 1 件、狐 4 件、狗 21 件、豺 1 件、貉 37 件、獾 4 件、黑熊 2 件、家猪 48 件、獐 13 件、梅花鹿 101 件、绵羊/山羊 38 件、水牛/黄牛 51 件。另外收集鼠类标本 12 件，但不能肯定全部属于龙山文化，有些也许是晚期扰乱进入龙山文化层的。其中家畜有牛、猪、羊、狗等，可能还有鸡，猫的头骨标本仅 1 件，与家猫的头大小相似，因标本太少，难以确定其是否是家猫。其他为野生动物。②

（五）山西

山西垣曲东关遗址动物骨骼主要出土于庙底沟二期文化晚期、龙山文化层位，出土的动物骨骼哺乳纲有豪猪、兔、狗、狗獾、犬科动物、马、家猪、小型鹿科、梅花鹿、马鹿、黄牛和羊等 12 种。鸟纲有雉和种属不明的鸟 2 种。爬行纲有鳖 1 种。硬骨鱼纲有鲤鱼 1 种。瓣鳃纲有种属不明的蚌 1 种。狗、家

---

① 胡松梅、张翔宇、翟霖林、杨苗苗、杜应文：《西安鱼化寨遗址古环境分析》，参见莫多闻等主编：《环境考古研究》（第五辑），科学出版社 2016 年版，第 81—87 页。

② 刘莉、阎毓民、秦小丽：《陕西临潼康家龙山文化遗址 1990 年发掘动物遗存》，《华夏考古》2001 年第 1 期。

猪、黄牛和羊是家养动物。①

山西襄汾陶寺遗址属于陶寺文化，年代距今 4300—4000 年。出土的动物骨骼哺乳纲有兔、狗、鼬科、熊、中型食肉动物、小型食肉动物、家猪、小型鹿科、梅花鹿、大型鹿科、黄牛和绵羊等 12 种。鸟纲至少有种属不明的 1 种。瓣鳃纲有圆顶珠蚌和种属不明的蚌 1 种，共计 2 种。狗、家猪、黄牛和绵羊是家养动物。②

（六）河南

新安县荒坡遗址仰韶文化早期地层出土的动物骨骼，哺乳纲有猕猴、竹鼠、兔、狗、貉、狗獾、猪獾、家猪、麝、鹿、狍和羊等 12 种。狗、家猪和羊是家养动物。鸟纲有雉 1 种。硬骨鱼纲有不明种属 1 种。瓣鳃纲有丽蚌 1 种。③

河南灵宝市西坡遗址属仰韶文化中期村落遗址，面积约 40 万平方米。2000 年秋至 2001 年春发掘出土大量动物骨骼，可鉴定种属合计 24 种，其中猪和狗为家养动物。家畜可鉴定标本数占动物骨骼标本总数的 85.3%，野生动物占 14.7%。家畜中以猪为最多，可鉴定标本数占动物骨骼标本总数的 84%，野生动物以鹿最多，其他野生动物还有梅花鹿、獐、麝、牛、羚羊、绵/山羊、马、猕猴、竹鼠、豪猪、鼢鼠、仓鼠、兔、蛙、貉、中国蜗牛、熊、河兰岘、雕饰珠蚌、环棱螺、雉等。竹鼠、豪猪、猕猴和獐等均为喜温哺乳动物，见于

---

① 袁靖：《垣曲古城东关遗址出土动物骨骼研究报告》，参见中国历史博物馆考古部、山西省考古研究所、垣曲县博物馆编著：《垣曲古城东关》，科学出版社 2001 年版，第 575—588 页。

② 袁靖等：《公元前 2500—公元前 1500 年中原地区动物考古学研究——以陶寺、王城岗、新砦和二里头遗址为例》，参见中国社会科学院考古研究所考古科技中心编：《科技考古》（第二辑），科学出版社 2007 年版，第 12—34 页。

③ 侯彦峰、马萧林：《新安荒坡遗址出土动物遗存分析》，参见河南省文物局、河南省文物考古研究所编著：《新安荒坡：黄河小浪底水库考古报告（三）》，大象出版社 2008 年版，第 193—214 页。

今天的长江流域，但在黄河流域已经消失了。梅花鹿和獐的存在表明遗址附近有灌木丛和草地，而麝的发现则显示遗址附近有森林，雕饰珠蚌和河兰蚬的发现说明遗址周围有自然塘和小溪流。竹鼠的存在表明遗址附近可能有竹林。①

1993—1996 年，国家文物局领队培训班发掘了郑州西山仰韶文化遗址，时间为距今 6500—4800 年。出土了大量动物骨骼，经鉴定软体动物有中国圆田螺、硬环棱螺、珠蚌、矛蚌、丽蚌、无齿蚌、文蛤。鱼类有鲇鱼、青鱼。爬行类有中华鳖。鸟类有环颈雉。哺乳类野生动物有竹鼠、野兔、猪獾、貂、貉、狐狸、虎、豹、獐、达维四不像鹿、毛冠鹿。饲养动物有水牛、狗、家猪。②

渑池县笃忠遗址属于仰韶文化晚期和龙山文化早期遗存。从动物骨骼可知哺乳纲有中华竹鼠、褐家鼠、麝鼠、黄胸鼠、草兔、狗、家猪、梅花鹿、牛和绵羊等 10 种。狗和家猪是家养动物。鸟纲有鹰和雉鸡 2 种。爬行纲有乌龟 1种。腹足纲有中华圆田螺 1 种。③

河南禹州瓦店遗址龙山文化晚期地层中出土的动物骨骼可辨认出腹足纲有中华圆田螺亚种 1 种。瓣鳃纲有三角帆蚌、剑状毛蚌、圆顶珠蚌、楔蚌、种属不明的蚌和蚬等 6 种。硬骨鱼纲有青鱼、鲤鱼和种属不明的鱼 3 种。爬行纲有龟科和鳖科 2 种。鸟纲有种属不明的 1 种。哺乳纲有豪猪、兔、狗、獾、鼬科动物、野猪、家猪、梅花鹿、黄牛和绵羊等 10 种。猪、狗、黄牛、绵羊为家畜。猪骨骼中有一定数量的野猪骨骼。④

汤阴白营遗址属于龙山文化，年代距今 4100—3800 年。从动物骨骼可知哺乳纲有狗、猫、虎、马、野猪、家猪、獐、马鹿、麋鹿、牛和山羊等 11 种。鸟纲有鸡 1 种。硬骨鱼纲有草鱼 1 种。瓣鳃纲有厚壳蚌 1 种。腹足纲有圆田螺

---

① 马萧林：《河南灵宝西坡遗址动物群及相关问题》，《中原文物》2007 年第 4 期。

② 陈全家：《郑州西山遗址出土动物遗存研究》，《考古学报》2006 年第 3 期。

③ 杨苗苗、武志江、侯彦峰：《河南渑池县笃忠遗址出土动物遗存分析》，《中原文物》2009 年第 2 期。

④ 吕鹏：《禹州瓦店遗址动物遗骸的鉴定和研究》，参见北京大学考古文博学院、河南省文物考古研究所编著：《登封王城岗考古发现与研究（2002—2005）》，大象出版社 2007 年版，第 815—901 页。

1 种。鸡、狗、猫、马、家猪、牛和山羊是家畜。①

　　新密新砦遗址包括王湾三期文化、新砦二期文化和二里头文化。从动物骨骼可知哺乳纲有竹鼠、豪猪、野兔、狗、黑熊、獾、家猪、獐、梅花鹿、麋鹿、黄牛、绵羊和山羊等 13 种。狗、家猪、黄牛、绵羊和山羊是家养动物。鸟纲有雉和种属不明的鸟 1 种，共计 2 种。硬骨鱼纲有种属不明的 2 种。爬行纲有龟和鳖 2 种。瓣鳃纲有圆顶珠蚌、中国尖嵴蚌、圆头楔蚌、三角帆蚌、矛蚌、多瘤丽蚌、佛耳丽蚌、薄壳丽蚌、背瘤丽蚌和丽蚌等 10 种。腹足纲有田螺 1 种。②

　　相传在有巢氏的时候，动物还很多，人反而受到动物的威胁，不得已栖息在树上，以躲避猛兽的侵袭。这时人的能力有限，人防备动物侵袭的方式还具有被动性。在神农氏的时候，已发明了农业，动物仍然比较多，人与麋鹿等动物和谐相处。《庄子·盗跖》载："古者禽兽多而人少，于是民皆巢居以避之，昼拾橡栗，暮栖木上，故命之曰有巢氏之民。古者民不知衣服，夏多积薪，冬则炀之，故命之曰知生之民。神农之世，卧则居居，起则于于，民知其母，不知其父，与麋鹿共处，耕而食，织而衣，无有相害之心，此至德之隆也。"

　　传说中的尧舜禹时期，相当于龙山文化时代。尧的时候野生动物还很多，对人的生存依然造成威胁。《孟子·滕文公上》载："当尧之时，天下犹未平，洪水横流，泛滥于天下，草木畅茂，禽兽繁殖，五谷不登，禽兽逼人，兽蹄鸟迹之道交于中国。尧独忧之，举舜而敷治焉。舜使益掌火，益烈山泽而焚之，禽兽逃匿。"禽兽多而人少，会给人类带来灾难，其主要灾害一是禽兽毁坏庄稼，使农民颗粒无收，二是有的猛兽攻击性强，直接危害人的生命。为了保证人类的生存和发展，舜任命益担任管理火的职务，益用火攻的办法，赶走了禽兽。人们防备动物侵袭的方式，比有巢氏之时要进步得多。随着人类生产的进步，人类抵御动物侵袭的能力越来越强。

----

① 周本雄：《河南汤阴白营河南龙山文化遗址的动物遗骸》，参见《考古》编辑部：《考古学集刊（3）》，中国社会科学出版社 1983 年版，第 48—50 页。

② 黄蕴平：《动物遗骸研究》，参见北京大学震旦古代文明研究中心、郑州市文物考古研究院编：《新密新砦：1999—2000 年田野考古发掘报告》，文物出版社 2008 年版，第 466—483 页。

（七）山东

济南市长清区月庄遗址后李文化层位年代距今 8500—7500 年。从出土的动物骨骼可知哺乳纲有啮齿目、兔、狗、猫科、食肉目、野猪、麋鹿、梅花鹿、小型鹿科和种属不明的牛等 10 种，其中狗为家养动物。鸟纲有雉科和种属不明的鸟 2 种。爬行纲有龟鳖目、龟和鳖 3 种。硬骨鱼纲有鲤鱼、草鱼和青鱼 3 种。[①]

济宁市玉皇顶遗址的北辛文化、大汶口文化早期层位年代距今 6500—6000 年。从出土的动物骨骼可知哺乳纲有中华鼢鼠、兔、狗、狗獾、野猪、家猪、獐、梅花鹿、麋鹿、鹿、牛和羊等 12 种，其中狗和家猪为家养动物。鸟纲有鸡 1 种。硬骨鱼纲有草鱼 1 种。瓣鳃纲有圆顶珠蚌、珠蚌、扭蚌、楔蚌和丽蚌等 5 种。腹足纲有中华圆田螺 1 种。[②]

兖州王因遗址属北辛文化和大汶口文化早期遗存，年代距今 6500—5500 年。从出土的动物骨骼可知哺乳纲有狼、狗、狐、貉、熊、獾、水獭、猫、虎、野猪、家猪、獐、水鹿、梅花鹿、白唇鹿、麋鹿、狍、黄牛和水牛等 19 种，其中狗和家猪为家养动物。鸟纲有雁、雉和灰鹤 3 种。爬行纲有扬子鳄、乌龟和鳖 3 种。硬骨鱼纲有鲤鱼、草鱼、青鱼、圆吻鲴、鲇鱼、南方大口鲇和长吻鮠等 7 种。瓣鳃纲有雕饰珠蚌、杜氏珠蚌、中国尖嵴蚌、圆头楔蚌、巨首楔蚌、微红楔蚌、鱼形楔蚌、江西楔蚌、剑状矛蚌、射线裂骨蚌、高裂脊蚌、重美带蚌、厚美带蚌、背瘤丽蚌、猪耳丽蚌、多瘤丽蚌、失衡丽蚌、细纹丽蚌、薄壳丽蚌、天津丽蚌、蔚县丽蚌、白河丽蚌、细瘤丽蚌、洞穴丽蚌、林氏丽蚌、角月丽蚌、相关丽蚌和拟丽蚌等 28 种。[③]

---

① 宋艳波：《济南长清月庄 2003 年出土动物遗存分析》，参见北京大学考古文博学院编：《考古学研究》（七），科学出版社 2008 年版，第 519—531 页。

② 钟蓓：《济宁玉皇顶遗址中的动物遗骸》，参见山东省文物考古研究所编：《海岱考古》（第三辑），科学出版社 2010 年版，第 98—99 页。

③ 周本雄：《山东兖州王因新石器时代遗址出土的动物遗骸》，参见中国社会科学院考古研究所编著：《山东王因：新石器时代遗址发掘报告》，科学出版社 2000 年版，第 414—416 页。

潍坊前埠下遗址属于后李文化后期和大汶口文化中期遗存。从出土的动物骨骼可知哺乳纲有中华鼢鼠、狼、狗、狐、貉、狗獾、猫、虎、野猪、家猪、獐、麂、梅花鹿、鹿、黄牛、水牛和羊等17种，其中狗和家猪为家养动物。鸟纲有鸡1种。硬骨鱼纲有鲤鱼、草鱼、青鱼、鲇鱼和黄颡鱼等5种。爬行纲有龟和鳖2种。瓣鳃纲有圆顶珠蚌、珠蚌、扭蚌、背瘤丽蚌、失衡丽蚌、丽蚌、篮蚬、文蛤和青蛤等9种。腹足纲有中华圆田螺1种。①

泰安大汶口墓地属大汶口文化中期至晚期，年代距今5500—4600年。出土的动物骨骼可辨认出哺乳纲有豹猫、家猪、獐、梅花鹿和麋鹿等5种。鸟纲有鸡1种。爬行纲有扬子鳄和地平龟2种。②

潍县鲁家口遗址包括大汶口文化和龙山文化遗存。从出土的动物骨骼可知哺乳纲有东北鼢鼠、鼠、狐、貉、獾、猫、家猪、獐、梅花鹿、麋鹿和黄牛等11种。鸟纲有鸡和大型鸟2种。硬骨鱼纲有草鱼和青鱼2种。爬行纲有龟和鳖2种。节肢纲有蟹1种。瓣鳃纲有毛蚶和文蛤2种。腹足纲有螺1种。③

枣庄市建新遗址包括大汶口文化和龙山文化遗存。从出土的动物骨骼可知哺乳纲有兔、家猪、梅花鹿3种，其中猪是家养动物。硬骨鱼纲有鲤鱼1种。瓣鳃纲有三角帆蚌和丽蚌2种。④ 2006年发掘的动物骨骼中哺乳纲有家猪和梅花鹿2种。鸟纲有不明种属1种。⑤

章丘市城子崖遗址属于龙山文化，从出土的动物骨骼可知哺乳纲有兔、

① 孔庆生：《前埠下新石器时代遗址中的动物遗存》，参见山东省文物考古研究所编著：《山东省高速公路考古报告集(1997)》，科学出版社2000年版，第103—105页。

② 李有恒：《大汶口墓群的兽骨及其他动物骨骼》，参见山东省文物管理处、济南市博物馆编：《大汶口：新石器时代墓葬发掘报告》，文物出版社1974年版，第156—158页。

③ 周本雄：《山东潍县鲁家口遗址动物遗骸》，《考古学报》1985年第3期。

④ 石荣琳：《建新遗址的动物遗骸》，参见山东省文物考古研究所等编：《枣庄建新——新石器时代遗址发掘报告》，科学出版社1996年版，第224页。

⑤ 宋艳波、何德亮：《枣庄建新遗址2006年动物骨骼鉴定报告》，参见山东省文物考古研究所编：《海岱考古》（第三辑），科学出版社2010年版，第224—226页。

狗、马、家猪、獐、麋鹿、黄牛和绵羊等 9 种。狗和家猪为家养动物。瓣鳃纲有猪耳丽蚌、多瘤丽蚌、背离丽蚌、丽蚌和河蚬等 5 种。①

烟台市蛤堆顶遗址为贝丘遗址，包括邱家庄一期至紫荆山一期的遗存，年代距今 5500 年左右。从出土的动物骨骼可知哺乳纲有猪獾、家猪、小型鹿科和梅花鹿等 4 种，其中猪为家养动物。硬骨鱼纲有鳟鱼、黑鲷和红鳍东方鲀 3 种。瓣鳃纲有毛蚶、牡蛎、文蛤和蛤仔等 4 种。腹足纲有多形滩栖螺和脉红螺 2 种。②

乳山市翁家埠遗址为贝丘遗址，包括邱家庄一期至紫荆山一期的遗存，年代距今 5500 年左右。从出土的动物骨骼可知哺乳纲有鼠、兔、貉、狗獾、猪獾、家猪、小型鹿科和梅花鹿等 8 种，其中猪为家养动物。鸟纲有雉和野鸽 2 种。爬行纲有鳖 1 种。硬骨鱼纲有不明种属的鱼 1 种。瓣鳃纲有泥蚶、牡蛎、蚬、文蛤和中华青蛤等 5 种。腹足纲有多形滩栖螺和脉红螺 2 种。③

烟台市大仲家遗址为贝丘遗址，包括邱家庄一期至紫荆山一期的遗存，年代距今 5500 年左右。从出土的动物骨骼可知哺乳纲有狗、猪獾、家猪、小型鹿科和梅花鹿等 5 种，狗和家猪为家养动物。鸟纲有雉 1 种。爬行纲有鳖 1 种。节肢纲有螃蟹 1 种。硬骨鱼纲有真鲷、黑鲷和红鳍东方鲀 3 种。瓣鳃纲有毛蚶、牡蛎、蚬、日本镜蛤、文蛤、中华青蛤和蛤仔等 7 种。腹足纲有多形滩栖螺和脉红螺 2 种。

胶县三里河遗址包括大汶口文化和龙山文化遗存。从出土的动物骨骼可知硬骨鱼纲有鳓鱼、梭鱼、黑鲷和蓝点马鲛等 4 种。节肢纲有蟹 1 种。棘皮纲有细雕刻肋海胆 1 种。头足纲有真乌贼 1 种。瓣鳃纲有毛蚶、近江牡蛎、圆顶珠蚌、剑状矛蚌、文蛤、青蛤、蛤仔、亚光棱蛤和四角蛤蜊等 9 种。腹足纲有锈凹螺、朝鲜花冠小月螺、纵带滩栖螺、珠带拟蟹守螺、脉红螺、疣荔枝螺和中

---

① 梁思永：《墓葬与人类、兽类、鸟类之遗骨及介类之遗壳》，参见李济等：《城子崖》，国立中央研究院历史语言研究所 1934 年版，第 90—91 页。

② 袁靖：《蛤堆顶贝丘遗址试掘报告》，参见中国社会科学院考古研究所编著：《胶东半岛贝丘遗址环境考古》，社会科学文献出版社 1999 年版，第 154—165 页。

③ 袁靖：《翁家埠贝丘遗址试掘报告》，参见中国社会科学院考古研究所编著：《胶东半岛贝丘遗址环境考古》，社会科学文献出版社 1999 年版，第 110—125 页。

国耳螺等 7 种。①

滕州市庄里西遗址属于龙山文化中晚期，年代距今约 4000 年。从出土的动物骨骼可知哺乳纲有竹鼠、兔形目、狗、貉、犬科动物、虎、家猪、小型鹿科、梅花鹿、黄牛和水牛等 11 种，其中狗、家猪和黄牛为家养动物。鸟纲有种属不明的 1 种。爬行纲有龟和鳖 2 种。硬骨鱼纲有鲤鱼、草鱼、青鱼和鲢鱼 4 种。瓣鳃纲有种属不明的蚌 1 种。腹足纲有圆田螺 1 种。②

桓台县前埠遗址动物骨骼出自龙山文化和商代地层，哺乳纲有兔、狗、家猪、獐、梅花鹿、麋鹿、黄牛和绵羊等 8 种，其中狗、家猪、黄牛和绵羊为家养动物。鸟纲有不明种属的鸟 1 种。爬行纲有龟 1 种。瓣鳃纲有剑状矛蚌、多瘤丽蚌、细纹丽蚌、文蛤和蚬等 5 种。③

茌平县教场铺遗址属于龙山文化，年代距今 4600—4000 年。从出土的动物骨骼可知哺乳纲有竹鼠、豪猪、兔、狗、狗獾、猫、家猪、獐、梅花鹿、麋鹿、牛和羊等 12 种。鸟纲有种属不明的鸟 1 种。爬行纲有鳄、龟和鳖 3 种。硬骨鱼纲有鲤鱼、草鱼、青鱼和鲢鱼等 4 种。瓣鳃纲有圆顶珠蚌、巨首楔蚌、三角帆蚌、剑状矛蚌、射线裂脊蚌、高裂脊蚌、厚美带蚌、背瘤丽蚌、猪耳丽蚌、多瘤丽蚌、薄壳丽蚌、天津丽蚌、白河丽蚌、细瘤丽蚌、绢丝丽蚌和文蛤等 16 种。④

---

① 成庆泰：《三里河遗址出土的鱼骨、鱼鳞鉴定报告》，齐钟彦：《三里河遗址出土的贝壳等鉴定报告》，参见中国社会科学院考古研究所编著：《胶县三里河》，文物出版社 1988 年版，第 186—189、190—191 页。

② 宋艳波、宋嘉莉、何德亮：《山东滕州庄里西龙山文化遗址出土动物遗存分析》，参见山东大学东方考古研究中心编：《东方考古》（第 9 集），科学出版社 2012 年版，第 609—626 页。

③ 宋艳波等：《桓台唐山、前埠遗址出土的动物遗存》，参见山东大学东方考古研究中心编：《东方考古》（第 5 集），科学出版社 2009 年版，第 315—345 页。

④ 动物考古课题组：《中华文明形成时期的动物考古学研究》，参见中国社会科学院考古研究所科技考古中心编：《科技考古》（第三辑），科学出版社 2011 年版，第 80—99 页。

山东地区兖州王因遗址北辛文化和大汶口文化早期的地层中均出土了扬子鳄的骨骼。山东滕州北辛遗址北辛文化层出土有鳄鱼残腹甲。兖州的西桑园遗址北辛文化层出土有鳄鱼残骸及骨板，均被焚烧过。汶上县的东贾柏遗址北辛文化中、晚期地层中出土有鳄鱼头骨、腹甲、骨板，多被焚烧打碎弃置于垃圾坑中，并出土5个个体地平龟的遗骸。滕州大汶口墓地和茌平教场铺遗址也出土了扬子鳄骨骼。泗水尹家城的一座龙山文化木椁墓葬中随葬有鳄鱼制品的残存——成堆的鳄鱼骨板。临朐朱封龙山文化202号墓中随葬两堆鳄鱼骨板，达数十枚。说明距今7000多年至4000年前，扬子鳄分布的北界到达山东泰安大汶口至临朐一带，位于36°N附近。

四、淮河流域的动物

河南舞阳贾湖遗址属于裴李岗文化时期，经 ^{14} C 测定，校正时间为距今8942—7801年。发掘出土有大批动物骨骼，经初步鉴定，哺乳类动物有兔、狗、貉、紫貂、狗獾、豹猫、野猪、家猪、獐、小麂、梅花鹿、麋鹿、黄牛、水牛和羊等15种。鸟纲有天鹅、环颈雉和鹤等3种。爬行纲有黄缘闭壳龟、中国花龟、中华鳖和扬子鳄等。硬骨鱼纲有鲤鱼和草鱼2种。瓣鳃纲有杜氏丽蚌、珠蚌未定种、圆头楔蚌、巨首楔蚌、江西楔蚌、楔蚌未定种、剑状矛蚌、短褶矛蚌、失衡丽蚌、楔丽蚌、拟丽蚌、丽蚌未定种、冠蚌未定种和河南蚬等。猪、狗、黄牛、羊是家养或可能为家养动物。[1]

江苏连云港藤花落遗址动物骨骼主要出土于龙山文化层位，从出土的动物骨骼可知哺乳纲有野猪、家猪、梅花鹿、水鹿、麋鹿、豚鹿、牛属、家犬、黑

---

① 黄万波：《动物群落》，参见河南省文物考古研究院编著：《舞阳贾湖》，科学出版社1999年版，第785—805页；张居中、孔昭宸、陈报章：《试论贾湖先民的生存环境》，参见周昆叔、宋豫秦主编：《环境考古研究》（第二辑），科学出版社2000年版，第41—43页。马萧林：《河南灵宝西坡遗址动物群及相关问题》，《中原文物》2007年第4期。

熊等 9 种，其中家猪、家犬为家养动物。硬骨鱼纲有草鱼 1 种。[①]

安徽濉溪县石山子遗址时代距今 6900 年。发现了大量的兽骨、贝壳及少许鱼骨，骨骼非常破碎，仅有一件较完整的猪头骨和一件水鹿头骨。经鉴定，有水鹿、斑鹿、四不像鹿、獐、麝、鹿未定种、家猪、猪獾、牛、鸡、胡子鲇、剑状矛蚌、背瘤丽蚌、圆顶珠蚌、中国圆田螺等。出土骨骼中猪和鹿约占80%，反映了当时人们肉食来源主要是猪和鹿，偶尔吃一些鸡、鱼、蚌螺类。[②]

安徽蚌埠双墩遗址年代距今 7300—7100 年，发掘者将此类遗存命名为双墩文化，时代与山东后李文化相当。发现各类动物约 50 种，主要为哺乳类、爬行类、鱼类、鸟类和水生软体动物类等。哺乳动物有狗、貉、狐、狗獾、鼬、小灵猫、虎、豹、家猪、野猪、麝、獐、小鹿、梅花鹿、秀丽漓江鹿、马鹿、四不像鹿、鹿未定种、水牛。爬行类有中华鳖、鳖未定种、扬子鳄。鱼类有青鱼、草鱼、胡子鲇。鸟类有丹顶鹤、蓑衣鹤、白鹮。软体动物有中华圆田螺、梨形环棱螺、圆顶珠蚌、扭蚌、圆头楔蚌、巨首楔蚌、鱼尾楔蚌、江西楔蚌、短褶矛蚌、剑状矛蚌、射线裂脊蚌、背瘤丽蚌、洞穴丽蚌、三巨瘤丽蚌、失衡丽蚌、环带丽蚌、长丽蚌、白河丽蚌、拟丽蚌、贝尔冠蚌、圆背角无齿蚌。

哺乳动物大多为古北界和东洋界共有动物种类。虎、豹、狗獾、野猪等在华北、华中和华南均有分布，小灵猫、秀丽漓江鹿主要分布于华南、华中地区，貉、梅花鹿主要分布于东部季风区，獐分布于华中地区。双墩动物群为南北兼有的混合动物群。[③]

1989—1995 年中国社科院考古研究所等单位对安徽蒙城尉迟寺遗址进行了 9 次发掘，属大汶口文化晚期动物骨骼有螺、蚌、鱼、鳖、鸟、鸡、兔、

---

① 汤卓炜、林留根、周润垦、盛之翰、张萌：《江苏连云港藤花落遗址动物遗存初步研究》，参见南京博物院、连云港市博物馆：《藤花落——连云港市新石器时代遗址考古发掘报告》，科学出版社 2014 年版，第 654—679 页。

② 安徽省文物考古研究所：《安徽濉溪石山子新石器时代遗址》，《考古》1992 年第 3 期；安徽省文物考古研究所：《安徽省濉溪县石山子遗址动物骨骼鉴定与研究》，《考古》1992 年第 3 期。

③ 安徽省文物考古研究所等编著：《蚌埠双墩：新石器时代遗址发掘报告》，科学出版社 2008 年版，第 585—607 页。

狗、猪獾、虎、家猪、野猪、麂、梅花鹿、麋鹿、獐、圣水牛、黄牛等18种。属龙山文化时期动物骨骼有螺、蚌、鱼、鳖、鸟、鸡、兔、狗、猪獾、虎、家猪、麂、梅花鹿、麋鹿、獐、圣水牛、黄牛等17种。①

五、长江流域的动物

（一）西藏

昌都卡若遗址属于卡若文化，年代距今5000—4000年。从出土的动物骨骼可知哺乳纲有猕猴、喜马拉雅旱獭、家鼠、鼠兔、兔、狐、猪、麝、马鹿、狍、牛、藏原羊、鬣羚和青羊等14种，其中猪可能为家养动物。鸟纲有雁和隼2种。腹足纲有宝贝1种。②

（二）云南

与元谋猿人时代相当的元谋动物群主要包括：纤细原始狍、爪兽、泥河湾巨剑齿虎、桑氏鬣狗、云南马、山西轴鹿、云南水鹿、最后枝角鹿、斯氏鹿、华南豪猪、竹鼠、复齿鼠兔、水鮃、元谋狼、鸡骨山狐、小灵猫、猎豹、剑齿象、中国犀、野猪、龙川始柱角鹿、狍后麂、湖麂、羚羊等。③

保山市蒲缥遗址地处怒江流域，年代距今约8000年。从出土的动物骨骼可知哺乳纲有无颈鬃豪猪、大熊猫包氏亚种、熊、拟中华貂、爪哇犀、野猪、

---

① 中国社会科学院考古研究所编著：《蒙城尉迟寺——皖北新石器时代聚落遗存的发掘与研究》，科学出版社2001年版，第424—441页。

② 黄万波、冷健：《卡若遗址兽骨鉴定与高原气候的研究》，参见西藏自治区文物管理委员会、四川大学历史系：《昌都卡若》，文物出版社1985年版，第160—166页。

③ 周国兴、张兴永主编：《元谋人——云南元谋古人类古文化图文集》，云南人民出版社1984年版。

赤麂、水鹿、毛冠鹿、麂、圣水牛和牛等 12 种。①

（三）四川

马尔康县哈休遗址，年代距今 5500—5000 年。从出土的动物骨骼可知哺乳纲有藏酋猴、豪猪、狗、黑熊、猪獾、豹属、野猪、小鹿、水鹿、狍属、黄牛和斑羚等 13 种，其中狗为家养动物。鸟纲有雉亚科 1 种。②

（四）重庆

巫山人距今 204 万—201 万年，巫山人遗址出土了丰富的哺乳动物化石，包括食虫目、啮齿目、灵长目、长鼻目、食肉目、奇蹄目和偶蹄目等目中的 29 科、74 属、116 种。主要的种类有湖麂、最后祖鹿、狍后麂、裴氏转角羚羊、拟豹、小猪、大熊猫小种、先东方剑齿象、云南马、中国犀、最后双齿尖河猪、广西巨羊、似中华鼩鼱、歌乐山刺猬、肥鼩、似喜马拉雅水鼩、方齿微尾鼩、拉氏鼹、菊鼹、针尾鼹、毕氏菊头蝠、黄管鼻蝠、蹄蝠、德氏岩松鼠、小飞鼠、皮氏毛耳飞鼠、大沟牙鼯鼠、四川笨仓鼠、裴氏莫鼠、黑腹绒鼠、大猪尾鼠、拟低冠竹鼠、硕豪猪、高山姬鼠、原始笔尾树鼠、宽齿绒鼠、巫山攀鼠、拟爱氏巨鼠、社鼠、安氏白腹鼠、低冠巫山鼠、高冠巫山鼠、布氏巨猿、似维氏原黄狒、猕猴、中华貉、中国黑熊、贾氏獾、更新大灵猫、桑氏鬣狗、巴氏似剑齿虎、德氏猫、更新猎豹、扬子江中国乳齿象、山原貘、中华奈王爪兽、额牛等。③

重庆丰都高家镇玉溪遗址下层文化的年代距今 7600—6400 年，出土的动物骨骼有水鹿、黄麂、水牛、猪、黑熊、猪獾、狗、豹猫、狸猫、虎、花面狸、犀牛、豪猪、竹鼠、猕猴、青鱼、草鱼、鲢鱼、鲇鱼、鲟鱼、龟、鳖、

---

① 宗冠福、黄学诗：《云南保山蒲缥全新世早期文化遗物及哺乳动物的遗存》，《史前研究》1985 年第 4 期。

② 何锟宇：《马尔康哈休遗址出土动物骨骼鉴定报告》，参见成都文物考古研究所编著：《成都考古发现：2006》，科学出版社 2008 年版，第 424—436 页。

③ 黄万波等：《巫山猿人遗址》，海洋出版社 1991 年版。

鸟、蚌、螺等。①

忠县中坝遗址的动物骨骼出自新石器时代至秦代地层，动物的历时变化不明显。从出土的动物骨骼可知哺乳纲有猕猴、叶猴、金丝猴、兔、松鼠、中华竹鼠、黑家鼠、豪猪、狗、狐、貉、熊、貂、狗獾、獭、猫科动物、犀牛、猪、白唇鹿、马鹿、麋鹿、毛冠鹿、獐、黄麂、黄牛、水牛等 26 种，其中家猪为家养动物。硬骨鱼纲有鲤鱼、青鱼、草鱼、赤眼鳟、鲂鱼、鲢鱼、鳙鱼、鲿科、鳜鱼、鲟、云南光唇鱼、红鲌属、棘六须鲶、鮨科、鲈形目等 15 种。鸟纲未鉴定。爬行纲有 2 种龟，不能确定种属。两栖纲有鲵和种属不明的 1 种。②

（五）陕西南部与河南西南部

陕西汉中市南郑区龙岗寺遗址收集到半坡类型时期的动物遗骸 589 件（块），经鉴定有兽类、鸟类、鱼类、龟鳖类和软体动物五大类，至少可以代表 21 个种。种名分别为野猪、家猪、猪獾、豪猪、狼、豺、野牛、家牛、家羊、水鹿、华丽黑鹿、狍、小鹿、林麝、岩鸽、白枕鹤、大白鹭、家鸡、鳖、鲤鱼、中华圆田螺。上述动物中，家养动物有牛、羊、猪、鸡 4 种。西乡县何家湾遗址所出土的半坡类型时期动物遗骸，除鱼类、龟鳖类及软体动物外主要为哺乳类骨骼，共计 54 件，隶于 4 目 6 科 13 种，其种名为岩松鼠、黑熊、犀、野猪、林麝、狍、小鹿、水鹿、马鹿、斑鹿、羚羊、苏门羚和野牛。

上述动物类群在一定程度上反映了当时陕南地区的生态环境。如将何家湾动物群与现代生活在秦岭和大巴山区的动物群作一比较便可看出，除羚羊和鹿以外，其余动物均属于动物地理区划中的东洋界种类，即东洋界动物种类占总数的 84.6%，而古北界种类仅 15.4%。在何家湾动物群中，林麝、小鹿、水鹿、苏门羚、野牛、犀等更是典型的东洋界种类，现今的分布皆在秦岭以南。林麝、小鹿、苏门羚的现代种还广泛分布于秦岭、大巴山区，而水鹿现仅分布于四川以南地区，野牛更远退云南及西藏最南部，成为我国华南区的代表种，

---

① 白九江：《长江三峡地区新石器时代文化、生计经济与环境》，参见莫多闻等主编：《环境考古研究》（第四辑），北京大学出版社 2007 年版，第 186 页。

② 付罗文、袁靖：《重庆忠县中坝遗址动物遗存的研究》，《考古》2006 年第 1 期。

现今野犀的分布仅在热带地区，也已面临濒危状态。总之可以看出，何家湾动物群属于比较典型的亚热带动物至暖温带动物过渡的动物群，其中也有现今属于热带分布的个别动物。①

紫荆遗址位于陕西省商洛市商州区东南约 7 公里处的丹江南岸紫荆村北，面积约 10 万平方米。遗存包括老官台文化、仰韶文化的半坡类型和半坡晚期类型（即西王村类型）、客省庄二期文化（即陕西的龙山文化）和西周文化堆积。共收集动物骨骼 495 件。

老官台文化时期地层出土的动物骨骼有杜氏珠蚌、家犬、獐、斑鹿。半坡类型地层出土的动物骨骼有杜氏珠蚌、中华圆田螺、青蛙、中国鳖、家犬、苏门犀、家猪、黄牛、獐、斑鹿、黄颌蛇科、鸟纲。西王村类型时期地层出土的动物骨骼有中华圆田螺、家犬、家猪、獐、斑鹿。客省庄二期文化地层中出土的动物骨骼有鼢鼠、野猫、家犬、家猪、黄牛、獐、斑鹿。②

商洛东龙山遗址出土仰韶文化时期的野生动物有中华竹鼠、赤麂、梅花鹿，家畜有猪、牛。龙山时代野生动物有中华圆田螺、圆顶珠蚌、花龟、中华鳖、中华竹鼠、草兔、野猪、麝、赤麂、狍、梅花鹿。家畜有狗、猪、牛、绵羊。③

陕西丹凤巩家湾遗址的仰韶文化和客省庄二期文化层位，年代距今6900—4000 年。从动物骨骼可知哺乳纲有鼢鼠、中华竹鼠、狗、豺、狗獾、猪獾、野猫、家猪、麝、獐、梅花鹿、鹿和黄牛等 13 种。鸟纲有鸡 1 种。鱼类种属不明。瓣鳃纲有圆顶珠蚌 1 种。腹足纲有中华圆田螺 1 种。④

河南淅川下王岗遗址仰韶文化地层中，含有哺乳动物化石 26 种，有猕猴、家犬、貉、黑熊、大熊猫、狗獾、猪獾、水獭、豹猫、虎、苏门犀、印度象、

① 杨亚长：《陕南地区新石器时代环境考古问题》，参见周昆叔、宋豫秦主编：《环境考古研究》（第二辑），科学出版社 2000 年版，第 48—51 页。
② 王宜涛：《紫荆遗址动物群及其古环境意义》，参见周昆叔主编：《环境考古研究》（第一辑），科学出版社 1991 年版，第 96—99 页。
③ 陕西省考古研究院、商洛市博物馆编著：《商洛东龙山》，科学出版社 2011 年版，第 312—430 页。
④ 胡松梅：《陕西丹凤巩家湾新石器时代动物骨骼分析》，《考古与文物》2001 年第 6 期。

野猪、麝、麂、轴鹿、斑鹿、水鹿、水牛、豪猪等。鸟纲有孔雀属 1 种。爬行纲有龟和鳖 2 种。硬骨鱼纲有鲤属和鲇鱼属 2 种。①

（六）湖北

郧县人遗址距今约 100 万年，属早更新世晚期。与郧县人伴生的哺乳动物群有 26 种：无颈鬃豪猪、蓝天金丝猴、虎、豹、裴氏猫、爪哇豺、南方猪獾、中国黑熊、柯氏小熊、桑氏鬣狗、武陵山大熊猫、剑齿虎、东方剑齿象、云南马、中国貘、中国犀、李氏野猪、野猪、小猪、云南水鹿、秀丽黑鹿、麂、大角鹿、短脚丽牛、水牛、野牛等。动物群具有南北动物群的色彩，既有华北动物群的典型种类，如李氏野猪、短脚丽牛和大角鹿等，又有华南大熊猫—剑齿象动物群中的种类，如武陵山大熊猫、中国貘、中国犀、小猪、麂等。整个动物群显示以森林动物种类为主，也有少量属于草地生活及多水地区生活者。②

巴东楠木园遗址楠木园文化遗存距今 7400—6800 年，出土的动物骨骼有草鱼、青鱼、鳙鱼、鲢鱼、鲌鱼、鳜鱼、黄颡鱼、鲟鱼、龟科、扬子鳄、鸟类、亚洲象、豪猪、猴、狗、獾、熊、猪、鹿、麋鹿、小型鹿科、圣水牛等。鱼类占绝对优势，占 90% 以上，哺乳动物仅占 7% 左右，在哺乳动物中，鹿科又占据优势。当时人们获取肉食资源以捕鱼为主，其次是狩猎鹿科动物和其他兽类。猪可能是家畜，数量很少。③

秭归柳林溪遗址新石器时代遗存距今 7000—6000 年，属于城背溪文化至大溪文化早期。该时期地层出土的动物骨骼中，鱼类有青鱼、草鱼，占29.2%。鸟类有鸡、秃鹫。哺乳动物有华南虎、犀牛、华南巨貘、家猪、野猪、猪科、大角鹿、水鹿、梅花鹿、羚羊、圣水牛。④

湖北长阳桅杆坪遗址属于大溪文化，距今 6400—4700 年。第 3a 层出土的

---

① 贾兰坡、张振标：《河南淅川县下王岗遗址中的动物群》，《文物》1977 年第 6 期。

② 李天元主编：《郧县人》，湖北科学技术出版社 2001 年版，第 52—67 页。

③ 国务院三峡工程建设委员会办公室、国家文物局编著：《巴东楠木园》，科学出版社 2006 年版，第 139—166 页。

④ 武仙竹：《湖北秭归柳林溪遗址动物群研究报告》，参见国务院三峡工程建设委员会办公室等编著：《秭归柳林溪》，科学出版社 2003 年版，第 268—292 页。

动物骨骼中，鱼类有鲇鱼、青鱼。哺乳动物有豪猪、大熊猫、黑熊、猪獾、豹、猎豹、猕猴、红面猴、苏门犀、中国貘、家猪、野猪、圣水牛、苏门羚、小麂、黑麂、獐、梅花鹿、水鹿等。

第 3b 层出土的动物骨骼有豪猪、竹鼠、大熊猫、黑熊、猪獾、狗、豺、猞猁、豹猫、食蟹獴、猕猴、红面猴、苏门犀、中国貘、家猪、野猪、圣水牛、苏门羚、小麂、黑麂、獐、麝、梅花鹿、水鹿等。

两层出土的动物骨骼中鱼类不多，以哺乳动物为主，鹿科动物占三分之一左右。[1]

长阳西寺坪遗址属于大溪文化早期，距今约 6000 年。该遗址出土的动物骨骼有草鱼、青鱼、豪猪、红面猴、食蟹獴、猪獾、黑熊、豹、苏门羚、大角鹿、獐、麝、水鹿、家猪、水牛等。[2]

长阳沙嘴遗址时代属于大溪文化早中期，距今 5500 年。出土的动物骨骼有重美带蚌、剑状毛蚌、草鱼、青鱼、豪猪、红面猴、大熊猫、黑熊、狗、苏门犀、野猪、家猪、水鹿、獐、水牛、苏门羚等。[3]

秭归官庄坪遗址屈家岭文化时期的动物骨骼有野马、水鹿、鲤科。石家河文化时期的动物骨骼有官庄坪大熊猫、大苏门羚、獐、水鹿、青羊。[4]

秭归庙坪遗址石家河文化时期地层出土的动物骨骼有青鱼、草鱼、种属不明的鱼、鸟、猪、梅花鹿、小型鹿科动物。鱼类占全部动物总数的 91.2%。[5]

---

[1] 陈全家等：《桅杆坪大溪文化遗址动物遗存研究》，参见陈全家等：《清江流域古动物遗存研究》，科学出版社 2004 年版，第 49—85 页。

[2] 陈全家等：《西寺坪大溪文化遗址动物遗存研究》，参见陈全家等：《清江流域古动物遗存研究》，科学出版社 2004 年版，第 85—102 页。

[3] 陈全家等：《沙嘴大溪文化遗址动物遗存研究》，参见陈全家等：《清江流域古动物遗存研究》，科学出版社 2004 年版，第 102—116 页。

[4] 武仙竹、周国平：《湖北官庄坪遗址动物遗骸研究报告》，参见国务院三峡工程建设委员会办公室等编著：《秭归官庄坪》，科学出版社 2005 年版，第 603—612 页。

[5] 袁靖、孟华平：《庙坪遗址出土动物骨骼研究报告》，参见孟华平、周国平主编：《秭归庙坪》，科学出版社 2003 年版，第 302—307 页。

天门石家河古城邓家湾遗址灰坑内发掘出土万件以上陶塑艺术品，是石家河文化颇具特色的遗迹现象。[1] 肖家屋脊遗址也出土 29 件。[2] 陶塑艺术品种类繁多，有陶偶、陶塑动物等。陶偶或立或坐，或抬腿，或跪踞。有的抱大鱼敬奉于神，有的背负圆筒状物，有的拥抱一条大狗，姿态各异，形象生动。绝大多数陶塑为动物，占陶塑艺术品总数的 90% 以上，动物有家养动物狗、猪、羊、兔、猫、鸡，野兽有猴、象、貘、狐等，野禽有各种鸟类，如长尾鸟、短尾鸟、猫头鹰等。有的两鸟连体，有的鸟正在延颈吞食。还有龟、鳖和鱼等动物塑像。这批动物雕塑作品，为研究长江中游石家河文化的动物种类提供了丰富的资料。石家河文化雕塑艺术十分发达，作品虽显朴拙，但生动传神。是什么动力，促使艺术家们创作如此之多的艺术品呢？据研究这些陶塑艺术品很可能与祭祀活动有关，如人抱鱼这类作品很明显属于祭祀题材。人们塑造小动物，进行祭祀活动，祈求神灵保佑自己五谷丰登、渔猎成功、身体健康、生活幸福。宗教是石家河文化人们投身于艺术的最大动力。

黄梅塞墩遗址属于黄鳝嘴文化和薛家岗文化，年代距今 6000—5000 年。从出土的动物骨骼可知哺乳纲有狗、亚洲象、家猪、獐、梅花鹿和圣水牛等 6 种。硬骨鱼纲有鲤鱼和青鱼 2 种。爬行纲有乌龟和鳖 2 种。瓣鳃纲有无齿蚌 1 种。[3]

（七）湖南

湖南道县玉蟾岩遗址[14]C 测年数据有三个，分别为距今 12320±120 年、14810±230 年、14490±120 年。出土哺乳动物 28 种，鸟类 27 种。哺乳动物中最多的是鹿科动物，如水鹿、梅花鹿、赤鹿、小麂等。食肉类动物有熊、鼬、水獭、猪獾、貉、大灵猫、小灵猫、果子狸、椰子狸、野猫等。常见猪、牛、

---

[1] 湖北省文物考古研究所等编著：《邓家湾：天门石家河考古报告之二》，文物出版社 2003 年版。

[2] 湖北省荆州博物馆等编著：《肖家屋脊：天门石家河考古发掘报告之一》，文物出版社 1998 年版。

[3] 韩立刚：《黄梅县塞墩遗址动物考古学研究》，参见中国社会科学院考古研究所编著：《黄梅塞墩》，文物出版社 2010 年版，第 329—346 页。

竹鼠、豪猪等动物。还有猴、兔、羊、鼠、食虫类动物等。遗址中有大量的水生动物介壳。[1]

八十垱遗址彭头山文化时期遗存距今9000—7600年，出土的动物有哺乳动物黑鼠、猪、鹿、水鹿、麂、牛，鱼类有青鱼、草鱼、鲇鱼、黄颡鱼、乌鳢，还有鸟类骨骼。[2]

澧县城头山遗址动物骨骼主要出自大溪文化层位，年代距今6400—5300年。从出土的动物骨骼可知哺乳纲有黑鼠、狗、貉、鼬獾、獾、大灵猫、象、家猪、麂、水鹿、鹿、黄牛和水牛等13种。鸟纲有种属不明的1种。爬行纲有龟1种。两栖纲有蛙1种。硬骨鱼纲有种属不明的1种。[3]

（八）江西

万年仙人洞遗址年代距今12000年左右。从出土的动物骨骼可知哺乳纲有猕猴、兔、狼、貉、鼬、猪獾、中国小灵猫、花面狸、猫、豹、野猪、獐、麂、水鹿、梅花鹿和羊等16种。鸟纲至少有种属不明的2种。爬行纲有龟科1种。甲壳纲有蟹1种。腹足纲有楔蚌1种。[4]

（九）江苏

高邮市龙虬庄遗址属于龙虬庄文化，年代距今6600—5500年。从出土的

[1] 中国社会科学院考古研究所编著：《中国考古学：新石器时代卷》，中国社会科学出版社2010年版，第94页。

[2] 湖南省文物考古研究所编著：《彭头山与八十垱》，科学出版社2006年版，第512—518页。

[3] 袁家荣：《城头山遗址出土动物残骸鉴定》；袁靖：《城头山遗址出土猪骨鉴定》，参见湖南省文物考古研究所、国际日本文化研究中心：《澧县城头山——中日合作澧阳平原环境考古与有关综合研究》，文物出版社2007年版，第121—122、123—124页。

[4] 李有恒：《江西万年大源仙人洞洞穴遗址出土动物骨骼清单》，《考古学报》1963年第1期。

动物骨骼可知哺乳纲有狗、猪獾、家猪、獐、麂、梅花鹿和麋鹿等7种。硬骨鱼纲有鲤鱼、青鱼和乌鳢3种。爬行纲有乌龟、中华鳖和鼋3种。瓣鳃纲有曲蚌、楔蚌、裂齿蚌、丽蚌和篮蚬等5种。腹足纲有中国圆田螺1种。①

　　圩墩遗址位于常州市东郊戚墅堰镇南约半公里、大运河的南岸,距运河四五十米。主要堆积时代属马家浜文化中晚期,上部有崧泽文化遗存。动物骨骼主要出自第三、四层,属马家浜文化中期。经鉴定,有家犬、貉、獾、獴、小灵猫、家猪、野猪、麂、梅花鹿、麋鹿、獐、水牛、海豹(?)、鼋、中华鳖、乌龟、鲤鱼、鲫鱼、青鱼、草鱼、黄颡鱼、鲻鱼、短褶矛蚌、背瘤丽蚌、环带丽蚌、丽蚌、杜氏珠蚌、反扭蚌、巨首楔蚌、背角元齿蚌、蚬、中国圆田螺、螺蛳、鹭、鸊类、秧鸡、野鸭、雁、鸡类、鸽类、鹰。哺乳动物有13个属种,其中麋鹿、獐、水牛所反映的是河沼芦荡的环境;梅花鹿、麂、野猪、小灵猫反映的是山林环境;貉、獾等反映的是土岗土丘灌丛的环境;海豹和蟹獴说明遗址离海边河口不远;龟鳖类和多种鱼类,以及螺、蚌、蚬所反映的是淡水环境。鸟类中多数是芦荡水鸟。鲻鱼是一种宜淡宜咸的河口环境中的鱼类。大型的爬行动物鼋虽然主要生活在淡水之中,有时也能到河口近海生活。从遗址中出土的鲻鱼、海豹、蟹獴、鼋等标本属河口动物来看,圩墩人在圩墩遗址居住的早期,距离长江口很近。②

　　江苏苏州龙南遗址时代属崧泽文化晚期到良渚文化早期。出土的动物骨骼中,贝类有蚬、螺蛳和田螺。鱼类有鲤鱼。哺乳类有狗、家猪、野猪、獐、梅花鹿、麋鹿和水牛等。猪等家养动物占70%,鹿科等野生动物占30%。③

(十)　上海

　　上海青浦崧泽遗址是崧泽文化的典型遗址。出土的动物骨骼中,鱼类有鲤

① 李民昌:《自然遗物——动物》,参见龙虬庄遗址考古队编著:《龙虬庄:江淮东部新石器时代遗址发掘报告》,科学出版社1999年版,第464—492页。

② 黄象洪:《常州圩墩新石器时代遗址的地层、动物遗骸与古环境》,参见周昆叔主编:《环境考古研究》(第一辑),科学出版社1991年版,第148—152页。

③ 吴建明:《龙南新石器时代遗址出土动物遗骸的初步鉴定》,《东南文化》1991年第3、4期。

鱼。爬行类有乌龟。哺乳动物有狗、獾、水獭、家猪、獐、梅花鹿和麋鹿等。以鹿科等野生动物为主，占74%，猪等家养动物次之，占26%。[1]

青浦区福泉山遗址的动物骨骼主要出自崧泽文化层位，年代距今5600—5300年。从出土的动物骨骼可知哺乳纲有狗、家猪、獐、鹿、梅花鹿和麋鹿等6种，其中狗和家猪为家养动物。[2]

上海闵行区马桥遗址良渚文化地层出土的动物骨骼中，贝类有螺、牡蛎、文蛤、青蛤等，鱼类有软骨鱼、硬骨鱼，爬行类有鳖，哺乳类有狗、家猪、梅花鹿、麋鹿、小型鹿科动物、牛等。[3]

六、东南地区的动物

浙江萧山跨湖桥遗址距今8200—7000年，可分为三期，各期都出土了相当数量的动物骨骼，现以可鉴定标本数统计如下：

第一期，年代距今8200—7800年，动物骨骼有甲壳类、鱼类、爬行类、哺乳类动物。鱼类有乌鳢、种属不明的鱼。爬行类有龟、扬子鳄。鸟类有丹顶鹤。哺乳类有鸭、雁、天鹅、雕、鹰、猛禽等。哺乳类有鼠、狗、猫科、鼬科、中型食肉动物、猪、梅花鹿、麋鹿、鹿科38、小型鹿科2、水牛等。

第二期，年代距今7700—7300年，动物骨骼有甲壳类、鱼类、爬行类、哺乳类动物。鱼类有鲤科和种属不明的鱼。爬行类有龟、扬子鳄。鸟类有丹顶鹤、雁、鸭、天鹅、雕、中小型涉禽（鸻形目）、猛禽等。

第三期，年代距今7200—7000年，动物骨骼有甲壳类、鱼类、爬行类、哺乳类动物。鱼类全部种属不明。爬行类有龟和扬子鳄。鸟类有丹顶鹤。哺乳类有狗、貉、虎、猫科或鼬科、獾、大型食肉动物、中型食肉动物、小型食肉

---

① 上海市文物管理委员会：《青浦福泉山遗址崧泽文化遗存》，《考古学报》1990年第3期。

② 黄象洪：《青浦福泉山遗址出土的兽骨》，参见上海市文物管理委员会编著：《福泉山：新石器时代遗址发掘报告》，文物出版社2000年版，第168—169页。

③ 上海市文物管理委员会编著：《马桥：1993—1997年发掘报告》，上海书画出版社2002年版。

动物、猪、梅花鹿、麋鹿、鹿科动物、小型鹿科、水牛、苏门羚。

以上各期中的狗、猪、水牛为家畜。当时人们捕杀的动物以鹿科动物为主。[①]

距今7000—6000年，浙江余姚河姆渡遗址第三、四文化层出土的动物遗骸共有46种，其中哺乳纲灵长目2种，啮齿目2种，食肉目11种，长鼻目1种，奇蹄目1种，偶蹄目9种，鸟类8种，爬行类3种，鱼类8种，软体动物1种。贝类有无齿蚌、方形环棱螺等。甲壳类有锯缘青蟹。鱼类有真鲨、鲟鱼、鲤鱼、鲫鱼、鳙鱼、鲇鱼、黄颡鱼、鲻鱼、灰裸顶鲷、乌鳢等。爬行类有海龟、陆龟、黄缘闭壳龟、乌龟、中华鳖、中华鳄相似种等。鸟类有鹈鹕、鸬鹚、鹭、鹤、鸭、雁、鸦、鹰等。哺乳类有红面猴、猕猴、穿山甲、豪猪、黑鼠、鲸、狗、貉、豺、黑熊、青鼬、黄鼬、猪獾、水獭、江獭、大灵猫、小灵猫、花面狸、食蟹獴、虎、豹猫、亚洲象、苏门犀、爪哇犀、家猪、野猪、大角鹿、小鹿相似种、水鹿、梅花鹿、麋鹿、獐、圣水牛、苏门羚等。

河姆渡遗址出土的亚洲象、犀、猕猴和红面猴，都是喜暖动物。亚洲象和犀现今分布于热带地区的森林中。猕猴和红面猴是欧亚大陆热带、亚热带典型动物，猕猴现今分布于中国西南、华南和长江流域，红面猴分布于广西、广东、福建和四川，说明当时杭州湾一带温暖湿润，雨量充沛，气温比现代高，大体接近于现今广东、广西南部和云南等地区的气候。

第四文化层测定数据：T211第四层的树枝和橡子测定的年代为距今6945±190（BK78104），T21第四层橡子壳测定的年代为距今6905±155年（PV—0047），T16第4层横圆木测定的年代为距今6630±125年（WB77—01）。

第三文化层T211第三层木炭测定的年代为距今6850±130年（BK78119），T212第三层木头测定的年代为距今6265±190年（BK78106），T2第三层木头测定的年代为距今5950±115年（BK110）。[②]

宁波市傅家山遗址属于河姆渡文化，年代距今约7000年。从出土的动物

---

① 浙江省文物考古研究所等：《跨湖桥》，文物出版社2004年版，第241—267页。

② 浙江省博物馆自然组：《河姆渡遗址动植物遗存的鉴定研究》，《考古学报》1978
　年第1期；魏丰等：《浙江余姚河姆渡新石器时代遗址动物群》，海洋出版社
　1989年版。

骨骼可知哺乳纲有猕猴、獾、水獭、猫科、犀、家猪、麂、梅花鹿、水鹿、麋鹿和水牛等 11 种，其中家猪为家养动物。鸟纲有鵱和琵鹭 2 种。爬行纲有鳖 1种。硬骨鱼纲有乌鳢和鲈形目未定种 1 种，共 2 种。①

浙江桐乡罗家角遗址属于马家浜文化，出土的动物骨骼中，贝类有蚌，鱼类有鲤鱼、鳡鱼、青鱼、鲫鱼等，鸟类有雁，爬行类有乌龟、中华鳖、鼋、鳄鱼、扬子鳄等，哺乳类有亚洲象、狗、貉、家猪、野猪、麋鹿、梅花鹿、水牛、鲸鱼等。②

诸暨市楼家桥遗址的动物骨骼出自河姆渡文化层位，年代距今 7000—5900 年。从出土的动物骨骼可知哺乳纲有亚洲象、犀牛、家猪、梅花鹿、鹿、水牛和牛等 7 种。爬行纲有鼋 1 种。③

福建闽侯县昙石山贝丘遗址，年代距今 5000—3500 年。从出土的动物骨骼可知哺乳纲有狗、棕熊、虎、印度象、家猪、梅花鹿、水鹿和牛等 8 种，其中狗和家猪为家养动物。硬骨鱼纲有种属不明的 1 种。爬行纲有鳖科 1 种。瓣鳃纲有牡蛎、蚬和魁蛤 3 种。腹足纲有小耳螺 1 种。④

闽侯县溪头遗址属于昙石山文化，年代距今 5500—4300 年。从出土的动物骨骼可知哺乳纲有叶猴、豪猪、狗、熊、象、犀、家猪、水鹿、梅花鹿、鹿和牛等 11 种。爬行纲有鳖 1 种。⑤

福建东山县大帽山贝丘遗址属大帽山文化，年代距今 5000—4300 年。从出土的动物骨骼可知哺乳纲有猪和鹿 2 种。软骨鱼纲至少有种属不明的 1 种。

① 罗鹏：《傅家山遗址出土动物骨骼遗存鉴定与研究》，参见宁波市文物考古研究所等编著：《宁波文物考古研究文集》，科学出版社 2008 年版，第 61—73 页。

② 张明华：《罗家角遗址动物群》，参见浙江省文物考古研究所编：《浙江省文物考古研究所学刊（1981）》，文物出版社 1981 年版。

③ 浙江省文物考古研究所等编著：《楼家桥 菰唐山背 尖山湾（浦阳江流域考古报告之二）》，文物出版社 2010 年版，第 127—130 页。

④ 祁国琴：《福建闽侯昙石山新石器时代遗址出土的兽骨》，《古脊椎动物与古人类》1977 年第 4 期。

⑤ 祁国琴：《闽侯溪头遗址动物骨骼鉴定》，《考古学报》1984 年第 4 期。

瓣鳃纲有舟青蚶、泥蚶、结蚶、壳贻贝、褶牡蛎、丽文蛤、青蛤、菲律宾蛤仔、蛤仔、环沟格特蛤、等边浅蛤和鳞构拿蛤等 12 种。腹足纲有鳞笠藤壶、凹螺、粒花冠小月螺、节蝾螺、金口蝾螺、蝾螺、锦蜒螺、疣滩栖螺、珠带拟蟹守螺、广大扁玉螺、多角荔枝螺、泥东风螺、管角螺、瓜螺、渔舟蜓螺和小月螺等 16 种。[①]

七、华南地区的动物

广西桂林甑皮岩遗址 1973 年发掘出一批动物骨骼。经鉴定哺乳动物可分为五类：一是绝灭和绝迹的动物。共有三种：象、水牛、漓江鹿。二是由人类饲养的动物。现仅有猪这一种，比较确定是人类饲养的。三是主要的狩猎对象。有小鹿、赤麂、梅花鹿。四是偶然猎获的动物。有猴、苏门羚、水鹿、豹、猫、椰子猫、食蟹獴、小灵猫、大灵猫。五是穴居的动物。主要包括豪猪、猪獾、狗獾、貉、狐、褐家鼠、板齿鼠、中华竹鼠等六类。其中豪猪、竹鼠、鼠这三类都可能是和甑皮岩人类同时生活或先后不久在洞内生活的种类。竹鼠主要啃食竹子的地下茎根、嫩竹及其他植物性食物，是一类比较典型的营穴居生活的动物。

另外还有鱼类的鲤鱼、鳡，鱼鳖类的鳖、龟，鸟类的雁、鸭等。软体动物有蚌科的背角无齿蚌、佛耳丽蚌、背瘤丽蚌、剑状矛蚌、圆头楔蚌、圆顶珠蚌、拟齿蚌属，蚬科的河蚬、中国圆田螺。[②]

2001 年，又在甑皮岩遗址发掘了 10.2 平方米，遗存共分为五期，第一期时间距今 12000—11000 年，第二期时间距今 11000—10000 年，第三期时间距今 10000—9000 年，第四期时间距今 9000—8000 年，第五期时间距今 8000—7000 年。

第一期出土的贝类包括中华圆田螺、圆顶珠蚌、短褶矛蚌、背瘤丽蚌、珍

---

① 福建博物院、美国哈佛大学人类学系：《福建东山县大帽山贝丘遗址的发掘》，《考古》2003 年第 12 期。

② 李有恒、韩德芬：《广西桂林甑皮岩遗址动物群》，《古脊椎动物与古人类》1978 年第 4 期。

珠蚌、蚬。脊椎动物有鲤科、鱼、鳖、雉、似三宝鸟、鸟、猴、兔、绒鼠、中华竹鼠、豪猪、貉、狗獾、猪獾、獾、猫科、鼬科、大型食肉动物、小型食肉动物、猪、小麂、大型鹿科、中型鹿科、小型鹿科、水牛、苏门羚、大型哺乳动物、中型哺乳动物、小型哺乳动物。

　　第二期出土的贝类包括中华圆田螺、圆顶珠蚌、短褶矛蚌、背瘤丽蚌、珍珠蚌、蚬。脊椎动物有螃蟹、鲤科、鱼、鳖、鹭、雁、原鸡、雉、鸟、猴、兔、白腹巨鼠、绒鼠、中华竹鼠、豪猪、貉、犬科、鼬科、猫科、食肉动物、小型食肉动物、猪、大型鹿科、中型鹿科、小型鹿科、大型哺乳动物、中型哺乳动物、小型哺乳动物。

　　第三期出土的贝类包括中华圆田螺、田螺科、放逸短沟蜷、圆顶珠蚌、短褶矛蚌、凸圆矛蚌、背瘤丽蚌、珍珠蚌、蚬。脊椎动物有螃蟹、鲤科、鱼、鳖、草鹭、池鹭、鹭、鹳、雁、鸭、雕、石鸡、白马鸡、原鸡、雉、雀形目、鸭、鹦鹉科、鸟、猴、兔、白腹巨鼠、绒鼠、鼠、豪猪、犬科、狗獾、獾、水獭、猫科、鼬科、大型食肉动物、食肉动物、小型食肉动物、猪、小麂、秀丽漓江鹭、大型鹿科、中型鹿科、小型鹿科、水牛、大型哺乳动物、中型哺乳动物、小型哺乳动物。

　　第四期出土的贝类包括中华圆田螺、田螺科、放逸短沟蜷、圆顶珠蚌、短褶矛蚌、凸圆矛蚌、背瘤丽蚌、珍珠蚌、膨凸锐棱蚌、蚬。脊椎动物有鲤科、鱼、鳖、草鹭、池鹭、鹭、鹳、鹮、天鹅、雁、鸭、石鸡、原鸡、雉、鹤、伯劳、鸭、沙鸡、鸟、猴、兔、绒鼠、鼠、中华竹鼠、貉、狗獾、鼬科、猫科、食肉动物、小型食肉动物、猪、大型鹿科、中型鹿科、小型鹿科、水牛、大型哺乳动物、中型哺乳动物、小型哺乳动物。

　　第五期出土的贝类包括中华圆田螺、田螺科、放逸短沟蜷、圆顶珠蚌、短褶矛蚌、背瘤丽蚌、蚬。脊椎动物有螃蟹、鲤科、鱼、鳖、鳄鱼、鹭、雁、原鸡、雉、鹤、鸟、兔、鼠、中华竹鼠、熊、犬科、小型犬科、水獭、猫科或鼬科、食肉动物、小型食肉动物、猪、中型鹿科、小型鹿科、水牛、大型哺乳动物、中型哺乳动物、小型哺乳动物。[①]

广西桂林庙岩遗址的[14]C 测年数据为距今 20000—12000 年，出土的哺乳动物包括竹鼠、豪猪、扫尾豪猪、兔形目、野兔、黑熊、虎、野猫、貉、猪獾、秀丽漓江鹿、水鹿、斑鹿、赤鹿、水牛、猪、羚羊。瓣鳃类和腹足类软体动物包括杜氏珠蚌、近矛形楔蚌、卵形丽蚌、甑皮岩楔蚌、短褶矛蚌、弯边假齿蚌、付氏矛蚌、精细丽蚌、斜截篮蚬、曲凸篮蚬、中华圆田螺河亚种、中华圆田螺高旋亚种、方形环棱螺、筒田螺等。这些动物属于热带亚热带的动物群，主要分布在长江以南。[②]

广西柳州白莲洞洞穴遗址年代距今 11000—7000 年。从出土的动物骨骼可知哺乳纲有蝙蝠、猕猴、金丝猴、竹鼠、鼠、狐、貂、花面狸、野猪、赤鹿、梅花鹿、秀丽漓江鹿、鹿、水牛和羊等 15 种。鸟纲有种属不明的 1 种。爬行纲有陆龟 1 种。两栖纲有蛙 1 种。硬骨鱼纲有鲤鱼和青鱼 2 种。瓣鳃纲有道氏珠蚌 1 种。腹足纲有双棱田螺、李氏环棱螺、乌螺和大蜗牛 4 种。[③]

广西南宁市的豹子头遗址、灰窑田遗址、顶蛳山遗址、牛栏石遗址、凌屋遗址和螺蛳山等 6 个贝丘遗址，年代距今 10000—6000 年。从 6 个遗址出土的动物骨骼可知哺乳纲有猴、田鼠、竹鼠、中国豪猪、河狸、兔、狗、貉、小型犬科、黑熊、猪獾、水獭、果子狸、中型猫科、小型猫科、亚洲象、犀、野猪、赤鹿、小鹿、水鹿、梅花鹿和水牛等 23 种，其中狗为家养动物。鸟纲至少 4 种，种属待定。爬行纲有鳄、龟、鳖和鼋 4 种。硬骨鱼纲有鲤鱼、中鲤、草鱼、青鱼、鳡鱼和鲃鱼等 6 种。甲壳纲有蟹 1 种。瓣鳃纲有壳菜、珍珠蚌、

① 袁靖：《水陆生动物所反映的生存环境》，袁靖：《摄取动物的种类及方式》，袁靖、杨梦菲：《水陆生动物遗存的研究》，参见中国社会科学院考古研究所、广西壮族自治区文物工作队、桂林甑皮岩遗址博物馆、桂林市文物工作队编：《桂林甑皮岩》，文物出版社 2003 年版，第 270—285、344—346、297—341 页。

② 张镇洪、谌世龙、刘琦、周军：《桂林庙岩遗址动物群的研究》，参见英德市博物馆等编：《中石器文化及有关问题研讨会论文集》，广东人民出版社 1999 年版。

③ 叶亮：《水陆生动物所反映的古动物古生态环境》，参见广西柳州白莲洞洞穴科学博物馆编著：《柳州白莲洞》，科学出版社 2009 年版，第 125—138 页。

圆顶珠蚌、尖嵴蚌、三型矛蚌、背瘤丽蚌、多瘤丽蚌、环带丽蚌、失衡丽蚌、佛耳丽蚌、刻纹丽蚌、丽蚌、无齿蚌和河蚬等 14 种。腹足纲有松迈环口螺、高大环口螺、海南圆田螺、方形环棱螺、斜口环棱螺、沟槽环棱螺、塔形环棱螺、多带环棱螺、韦氏环棱螺、双旋环棱螺、肋环棱螺、大胆环棱螺、厄氏环棱螺、瓶环棱螺、环棱螺未定种、磁河螺、红口河螺、螺蛳、光肋螺蛳、豆螺未定种、塔锥短沟蜷、海南沟蜷、脊真管螺、细纹钻螺、海南坚齿螺、坚齿螺未定种、同型巴蜗牛和红齿口蜗牛等 28 种。[1]

广西百色市革新桥遗址属革新桥文化，年代距今约 6000 年。从出土的动物骨骼可知哺乳纲有猕猴、竹鼠、豪猪、黑熊、猪獾、象、犀牛、猪、麝、麂、水鹿、梅花鹿和水牛等 13 种，其中猪可能是家养动物。鸟纲有雁形目未定种 1 种。爬行纲有龟和鳖 2 种。硬骨鱼纲有鲤鱼、青鱼、草鱼、鲍鱼和种属不明的 1 种，共计 5 种。[2]

广东英德市牛栏洞洞穴遗址处于旧石器时代向新石器时代的过渡阶段，年代距今 12000—8000 年。从出土的动物骨骼可知哺乳纲有麝鼩、大马蹄蝠、南蝠、猕猴短尾亚种、长臂猿、布氏田鼠、竹鼠、小巢鼠、姬鼠、黑鼠、针毛鼠、豪猪、华南豪猪、野兔、狐狸、貉、中国黑熊、大熊猫洞穴亚种、鼬、猪獾、水獭、大灵猫、化石小灵猫、花面狸、小野猫、金猫、云豹、虎、野猪、獐、赤麂、水鹿、梅花鹿、野牛、水牛和鬣羚等 36 种。[3]

① 吕鹏：《广西邕江流域贝丘遗址动物群研究》，《第四纪研究》2011 年第 4 期。

② 宋艳波、谢光茂：《广西革新桥新石器遗址动物遗骸的鉴定与研究》，参见河南省文物考古研究所编著：《动物考古》（第 1 辑），文物出版社 2010 年版，第 219—231 页。

③ 英德市博物馆、中山大学人类学系、广东省文物考古研究所编：《英德史前考古报告》，广东人民出版社 1999 年版，第 76—95 页。

第二节　夏代动物的分布与变迁

本节内容在时间上属于夏代，在空间上不限于夏朝的疆域范围。其他如商代、西周等皆有类似的问题，不再一一交代。

一、华北地区的动物

赤峰市大山前遗址，主要在距今 4000—3500 年的夏家店下层文化层位出土了动物骨骼，可辨认哺乳纲有狗、马、家猪、黄牛、马鹿、狍、野牛、黄牛和绵羊等 9 种，其中狗、马、家猪、黄牛和绵羊为家养动物。[①]

赤峰市上机房营子遗址，也是主要在距今 4000—3500 年的夏家店下层文化层位出土了动物骨骼，可辨认哺乳纲有鼹鼠、东北鼢鼠、半岛姬鼠、家鼠、野兔、狗、马、野猪、梅花鹿、马鹿、狍、黄牛和绵羊等 14 种，其中狗、马、家猪、黄牛和绵羊为家养动物。鸟纲有鸡 1 种。瓣鳃纲不明种属 1 种。[②]

北京昌平区张营遗址时代从夏代中晚期延续至商代中期。从出土的动物骨骼可知哺乳纲有兔、狗、棕熊、猫、豹、虎、马、驴、家猪、獐、梅花鹿、马鹿、狍、黄牛和羊等 15 种。鸟纲有鸡 1 种。硬骨鱼纲有草鱼 1 种。鸡、狗、

---

① 动物课题组：《中华文明形成时期的动物考古学研究》，参见中国社会科学院考古研究所科技考古中心编：《科技考古》（第三辑），科学出版社 2011 年版，第 80—99 页。

② 动物课题组：《中华文明形成时期的动物考古学研究》，参见中国社会科学院考古研究所科技考古中心编：《科技考古》（第三辑），科学出版社 2011 年版，第 80—99 页。

马、家猪、黄牛和羊为家畜。①

二、黄河流域的动物

内蒙古朱开沟遗址位于内蒙古自治区伊克昭盟伊金霍洛旗纳林塔乡的朱开沟村，文化遗存分为五段三期，第一段相当于龙山文化晚期，第二段至第四段分别相当于夏代（早、中、晚），第五段相当于早商时期。各时期都出土了动物骨骼，各段出土的动物种类没有明显的变化。家畜种类有猪、绵羊、牛和狗。以兽骨所代表的最小个体数统计，其中猪和绵羊所占的比例大致相当，分别占 33.12% 和 35.67%，其次是牛，占 15.29%，狗最少，仅占 4.46%。

朱开沟遗址出土的野生动物骨骼占 11.4%，说明狩猎仍是当时的一项重要的生产活动。野生动物有獾、熊、豹、马鹿、狍、青羊等种类。除了獾是一种适应性很强的穴居动物以外，其余的都是林栖动物。熊、豹、马鹿和狍的存在说明当时这一地区的植被较现在更为茂密，分布有较大的山林和灌木丛。②

据《夏小正》载，扬子鳄是"二月"出蛰。这里的"二月"相当于公历3 月，这说明当时黄河下游气候比现在暖和。特别是黄河下游、山东半岛一带（即今泰安市、山东丘陵等地），既有海洋的调节，又在山东之南，更适于鳄的生存。而且，当时这一带湖泊沼泽较多，土质疏松，人口也少，有芦苇等植被，有利于扬子鳄的栖息。因此，此阶段扬子鳄分布的北界在黄河下游南部。4000 多年前的分布北界为山东泰安大汶口一带。此外，《夏小正》记载物候中指出二月"剥鼍"，说明淮海等地区也有扬子鳄。③

新密新砦遗址可以分为龙山文化、新砦文化和二里头文化三期，从出土的动物骨骼可知有田螺、圆顶珠蚌、矛蚌、薄壳丽蚌、多瘤丽蚌、佛耳丽蚌、背

---

① 黄蕴平：《北京昌平张营遗址动物骨骼遗存的研究》，参见北京市文物研究所等编：《昌平张营：燕山南麓地区早期青铜文化遗址发掘报告》，文物出版社 2007 年版，第 254—262 页。

② 黄蕴平：《内蒙古朱开沟遗址兽骨的鉴定与研究》，《考古学报》1996 年第 4 期。

③ 文焕然等：《扬子鳄的古今分布变迁》，文焕然等：《中国历史时期植物与动物变迁研究》，重庆出版社 1995 年版，第 160—162 页。

瘤丽蚌、丽蚌、三角帆蚌、圆头楔蚌、中国尖嵴蚌、鲤科、龟、鳖、雉、豪猪、竹鼠、野兔、狗、黑熊、狗獾、猪、麋鹿、獐、黄牛、绵羊等。[1]

从河南偃师二里头遗址出土的动物骨骼可知腹足纲有中华圆田螺1种。瓣鳃纲有多瘤丽蚌、洞穴丽蚌、剑状毛蚌、三角帆蚌、文蛤、无齿蚌、拟丽蚌、鱼尾楔蚌、圆顶珠蚌、丽蚌、种属不明的蚌等。硬骨鱼纲有鲤鱼1种。爬行纲有龟、鳖、鳄3种。鸟纲有雉、鸡、雕科、鸥形目、雁。哺乳纲有兔、豪猪、鼠、熊、貉、狗、黄鼬、虎、猫科、大型食肉动物、小型食肉动物、犀牛、家猪、野猪、麋鹿、梅花鹿、狍、獐、小型鹿科、绵羊、黄牛等。家猪、黄牛、绵羊和狗属家养动物。二里头一至四期以家畜为主，家畜中又以猪为主。[2]

从洛阳皂角树遗址二里头文化层位出土的动物骨骼可知哺乳纲有鼠、兔、狗、猪獾、猪、梅花鹿、小型鹿科、黄牛等8种。鸟纲有鸡1种。硬骨鱼纲有鲤鱼1种。爬行纲有鳖1种。瓣鳃纲有蚌1种。腹足纲有中华圆田螺1种。猪、狗、黄牛、鸡为家畜，占52%，其他为野生动物，占48%。[3]

从登封南洼遗址二里头文化时期出土的动物骨骼可知有中华圆田螺、方形环棱螺、珍珠蚌未定种、射线裂脊蚌、圆顶珠蚌、多瘤丽蚌、拟丽蚌、鱼、鳖、雉、竹鼠、兔、狗、貉、狗獾、猫、猪、狍、麂、梅花鹿、马鹿、黄牛、水牛、绵羊和山羊等。其中，狗、猪、黄牛、水牛、绵羊和山羊都是家养动物。[4]

烟台市牟平区照格庄遗址属于岳石文化，距今3800年左右。从出土的动物

① 黄蕴平：《动物遗骸研究》，参见北京大学震旦古代文明研究中心、郑州市文物考古研究院编：《新密新砦：1999—2000年田野考古发掘报告》，文物出版社2008年版。

② 杨杰：《二里头遗址出土动物遗骸研究》，参见中国社会科学院考古研究所编：《中国早期青铜文化：二里头文化专题研究》，科学出版社2008年版。

③ 袁靖：《古动物环境信息》，参见洛阳市文物工作队编：《洛阳皂角树：1992—1993年洛阳皂角树二里头文化聚落遗址发掘报告》，科学出版社2002年版，第113—119页。

④ 韩国河、张继华主编：《登封南洼：2004~2006年田野考古报告》，参见科学出版社2014年版，第611页。

骨骼可知哺乳纲有狗、貉、野猪、家猪、麋鹿、狍、黑鹿、黄牛和绵羊等9种。爬行纲有鳖1种。硬骨鱼纲有黑鲷蓝点和马鲛2种。瓣鳃纲有毛蚶、大连湾牡蛎、文蛤、杂色蛤仔、蛤仔和等边浅蛤等6种。腹足纲有玉螺和红螺2种。①

三、长江流域的动物

陕西商洛东龙山遗址出土的夏代早期野生动物有圆顶珠蚌、贾氏丽蚌、多瘤丽蚌、重美带蚌、黄缘闭壳龟、陆龟、褐家鼠、中华竹鼠、草兔、狐、黑熊、猪、麝、赤鹿、狍、梅花鹿。家畜有鸡、狗、牛、绵羊。夏代晚期野生动物有中华圆田螺、圆顶珠蚌、花龟、雕、猴、褐家鼠、草兔、猪獾、黑熊、麝、赤鹿、狍、梅花鹿、马鹿、苏门羚。家畜有鸡、狗、猪、牛、绵羊。②

重庆忠县中坝遗址夏商时期出土的哺乳动物有鹿、毛冠鹿、麂、猪、犀牛、狗、貂、叶猴、兔、黑家鼠等。③

长阳香炉石遗址第七层属夏代遗存，从出土的动物骨骼可知有红面猴、家猪、野猪、苏门羚、水鹿、赤鹿、黑鹿、苏门犀、黑熊。④

从上海闵行区马桥遗址的马桥文化地层出土的动物骨骼可知，贝类有牡蛎、文蛤。鱼类有鲨鱼、鲈鱼和种属不明的鱼。爬行类有鳖。鸟类有鸡。哺乳类有海豚、狗、貉、猪獾、虎、犀、家猪、野猪、梅花鹿、麋鹿、小型鹿科动物、水牛等。马桥文化时代相当于夏商时期。⑤

---

① 周本雄：《山东牟平县照格庄遗址动物遗骸》，《考古学报》1986年第4期。

② 陕西省考古研究院、商洛市博物馆编著：《商洛东龙山》，科学出版社2011年版，第312—430页。

③ 朱诚等：《重庆忠县中坝遗址出土的动物骨骼与2372BC—200BC气候生态环境研究》，参见科技部社会发展科技司等编：《中华文明探源工程文集：环境卷（Ⅰ）》，科学出版社2009年版，第284—301页。

④ 陈全家等：《香炉石巴文化遗址动物遗存研究》，参见陈全家等：《清江流域古动物遗存研究》，科学出版社2004年版，第134—187页。

⑤ 上海市文物管理委员会编著：《马桥：1993—1997年发掘报告》，上海书画出版社2002年版。

第三节　商代动物的分布与变迁

一、华北地区的动物

河北阳原丁家堡水库遗址时代属夏商时期,从出土的动物骨骼可知有貉、亚洲象、野马、披毛犀、赤鹿、原始牛、白鹳、厚美带蚌、巴氏丽蚌、杜氏珠蚌、黄蚬、圆旋螺等。厚美带蚌、巴氏丽蚌、杜氏珠蚌、黄蚬现在主要生活于长江流域及其以南。亚洲象分布在比殷墟更北的地方。[①]

藁城台西遗址属于二里岗上层至殷墟早期。从出土的动物骨骼可知哺乳纲有梅花鹿、麋鹿、狍、黄牛和圣水牛5种。爬行纲有龟1种。[②]

二、黄河流域的动物

商代甲骨文记录动物种类约47种:猴、兔、犬、狼、貑、鹿、麟、麈、麋(獐)、牛、麜(野牛)、兕(犀)、豕、彘、羊、马、象、虎、豸、狐、鼀(蟨鼠、跳鼠)、鼍、蛙、龟、鼋、鳖、蛇、鸡、雉、鹬、鸿、鹳、雀、燕、凤、蝗、蚕、蝉、蜀、蜂、蜻蜓、蝎、蜈蚣、蜘蛛、贝、蚯蚓、鱼等。[③]

---

① 贾兰坡、卫奇:《桑干河阳原县丁家堡水库全新统中的动物化石》,《古脊椎动物与古人类》1980年第4期。

② 裴文中、李有恒:《藁城台西商代遗址中之兽骨》,参见河北省文物研究所编:《藁城台西商代遗址》,文物出版社1985年版,第181—188页。

③ 郭郛、(英)李约瑟、成庆泰:《中国古代动物学史》,科学出版社1999年版,第116—117页。

从殷墟发掘到的动物遗骨中同样可以验证甲骨文所列的动物学知识。对商代墓葬出土的动物骨骼进行鉴定和研究，古生物学家、考古学家、动物学家从各学科领域进行比较研究。如杨钟健等对殷墟哺乳动物的研究结论："安阳之哺乳动物，迄今为止（1949 年），共二十九种。""在一千以上者仅肿面猪、麋鹿（麋）及圣水牛三种……在一百以上者为家犬、猪、獐、鹿、殷羊及牛等六种……在一百以下者，为数最多，计有狸、熊、獾、虎、黑鼠、竹鼠、兔及马等八种。在十以下者，为狐、乌苏里熊、豹、猫、鲸、田鼠、大熊猫（貘）、犀牛、山羊、扭角羚、象及猴等十二种……在一百以上者均为易于驯养或猎捕之动物……一百以下之八种有四者为肉食类……无饲养之可能。"①

1997 年，略早于殷墟的洹北花园庄遗址出土的动物种类有丽蚌、蚌、青鱼、鸡、田鼠、狗、犀、家猪、麋鹿、黄牛、水牛、绵羊等 12 种。其中除田鼠可能是后期侵入的动物以外，其他动物应该都与当时人的食用行为有关。各种动物的最小个体数总计为 60，具体数字和比例为：猪 35，占 58%；牛 10，占 17%；羊 6，占 10%；狗 4，占 7%；犀牛 2，占 3%；青鱼、麋鹿、鸡各 1，占总数的 5%。猪、牛、羊、鸡、狗为家养动物，占到动物总数的 93%，这反映出当时人们肉食来源的绝大多数是依靠家畜。②

殷商甲骨文记载了当时狩猎获得的各种动物，所获得哺乳动物有虎、象、兕、野猪、鹿、麋鹿、狐、兔等。最多一次擒获虎 3 只（《合集》37366）。最多一次擒获象 10 只（《合集》37364）。甲骨刻辞中，有捕获象的记载，在商代气候一节引用了许多商王田猎获象的卜辞记录，兹不赘述。

甲骨文记载在殷和太行山南麓多次"擒兕"或"获兕"，还有"获白兕"的记录。捕获数量多时有数十头，最多一次猎获兕牛 40 只（《合集》37375），说明殷和太行山南麓一带有犀。最多时一次猎获野猪 40 头（《合集》20723）。最多一次猎获狐狸 86 只（《合集》37471）。一次猎获鹿 160 余只（《合集》10344 反），而另一次猎获有 700 只之多（《屯南》2626）。根据大量的田猎卜

---

① 杨钟健、刘东生：《安阳殷墟之哺乳动物群补遗》，参见梁思永、夏鼐编：《中国考古学报》（第四册），1949 年。

② 袁靖、唐际根：《河南安阳市洹北花园庄遗址出土动物骨骼研究报告》，《考古》2000 年第 11 期。

辞来看，商王的一次出猎，常同时猎获多种野兽，满载而归。如："擒，获麋八十八，兕一，豕三十又二。"（《合集》10350）"允擒，获兕十一，鹿……（麇）七十又四，豕四，兔七十又四。"（胡厚宣《苏德美日所见甲骨集》附录一）①

殷墟出土的玉器中，有380多件动物作品，其形象有虎、象、熊、鹿、猴面、马、牛、狗、兔、羊头、蝙蝠？（此处问号表示不确定）、鸟、鹤、鸥鹑、鹦鹉、雁、鸽、燕雏、鸬鹚、鹅、鸭、鱼、蛙、龟、鳖、螳螂、蚱蜢、蚕和螺蛳等31种，以鱼为最多，其次为鹦鹉。②

石雕动物作品100余件，写实的动物有虎、虎面、牛、熊、兽、兔、鸮、鸟、鸬鹚、鸭、壁虎、龟、鱼、鳖、蛙、蝉、蚕、爬虫等，非写实的动物有龙、虎首人身像、兽头人身像、双首兽、双尾双伏兽像、鸟嘴兽等，以兽畜数量最多。③

《吕氏春秋·古乐》："商人服象，为虐于东夷。"文献记载与考古发现能够相互印证。

登封南洼遗址发现的殷墟时期动物有中华圆田螺、雉、狗、猪、狍、梅花鹿、黄牛、水牛、绵羊和珍珠蚌未定种等。其中，狗、猪、黄牛、水牛、绵羊都是家养动物。④

象属于长鼻哺乳类，是现代世界上比较稀有的和孤立的一类动物，这类动物只有两种，即亚洲象和非洲象，分别生活在亚洲和非洲的热带地区。

现在野生的亚洲象分布在印度、斯里兰卡、缅甸、泰国、老挝、越南、印

---

① 朱彦民：《商代中原地区的草木植被》，《殷都学刊》2007年第3期。

② 中国社会科学院考古研究所编著：《殷墟的发现与研究》，科学出版社2001年版，第340—343、369—370页。

③ 四川省文物考古研究所编：《三星堆祭祀坑》，文物出版社1999年版，第19、150、417、419、522页。胡厚宣：《气候变迁与殷代气候之检讨》，《中国文化研究汇刊》（第四卷上册），1944年。

④ 韩国河、张继华主编：《登封南洼：2004～2006年田野考古报告》，科学出版社2014年版，第693页。

度尼西亚的苏门答腊等国家和地区，我国现在野生的亚洲象仅限于云南西南部。

文焕然认为距今六七千年前到距今 2500 年前左右，安阳殷墟是亚洲象分布的北界。距今 2500 年左右到公元 1050 年左右，亚洲象的分布北界南移到秦岭、淮河。① 根据丁家堡的材料，商代亚洲象的北界还要延伸到河北阳原一带。

麋鹿，在中国是与大熊猫相媲美的又一珍稀动物。它的化石曾经广泛地分布于华北和长江下游平原，并且北到辽河平原，南到杭州湾南岸。殷商时期，中国的麋鹿是很多的。在甲骨文中记载的猎获麋鹿的次数和数量都不少。据 1994 年胡厚宣对卜辞记载不完全的统计，仅武丁时，猎获的麋鹿有 1179 头，其中猎获 200 头以上的就有两次。

陕西耀县北村遗址年代属商代前期至商代后期偏早阶段，从动物骨骼可辨认哺乳纲有猕猴、狼、黑熊、黄鼬、鼬、家猪、林麝、小鹿、毛冠鹿、马鹿、狍、野牛和黄羊等 13 种。②

陕西长武碾子坡遗址先周文化层位，相当于商代，从出土的动物骨骼可辨认哺乳纲有鼢鼠、狗、狐、马、家猪、麝、马鹿、鹿、狍、黄牛和山羊等 11 种。鸟纲有雁和鸡 2 种。瓣鳃纲有不明种属的蚌 1 种。腹足纲有宝贝 1 种。鸡、狗、马、家猪、黄牛、山羊是家养动物。③

从滕州前掌大遗址商代晚期层位出土的动物骨骼中可知，腹足纲有中华圆田螺 1 种。瓣鳃纲有中国尖嵴蚌、圆顶珠蚌、楔蚌、矛蚌、三角帆蚌、洞穴丽蚌、种属不明的蚌类、射线裂脊蚌、多瘤丽蚌、细庯丽蚌、宝贝、短褶矛蚌、林氏丽蚌、种属不明的丽蚌和文蛤等 15 种。哺乳纲地层出土的有猪、黄牛、绵羊、狗、小型鹿科、鹿科或牛科、梅花鹿、熊、大型食肉动物、小型食肉动物、兔、麋鹿等 12 种；墓葬随葬的有狗、猪、绵羊、梅花鹿、小型鹿科、黄

---

① 文焕然等：《历史时期中国野象的初步研究》，参见文焕然等：《中国历史时期植物与动物变迁研究》，重庆出版社 1995 年版，第 185—202 页。

② 曹玮：《耀县北村商代遗址出土动物骨骼鉴定报告》，《考古与文物》2001 年第 6 期。

③ 周本雄：《碾子坡遗址的动物遗骸鉴定》，参见中国社会科学院考古研究所编著：《南邠州·碾子坡》，世界图书出版公司 2007 年版，第 490—492 页。

牛和马等 7 种。

滕州前掌大遗址商周墓葬在四座墓葬中随葬有鳄鱼骨板，商代晚期 BM4 随葬鳄鱼板 27 片，M213 随葬鳄鱼片 2 片，西周早期 M203 随葬鳄鱼板 3 片，M206 随葬鳄鱼片漆器 2 片，M219 随葬鳄鱼片 1 件。[①]

三、长江流域的动物

云南耿马县石佛洞遗址地处澜沧江领域，属于石佛洞文化，年代距今 3500—3000 年。从出土的动物骨骼可知哺乳纲有猕猴、松鼠、竹鼠、豪猪、狗、黑熊、小灵猫、驴、家猪、小麂、水鹿、梅花鹿和牛等 13 种，其中驴、家猪和牛为家养动物。瓣鳃纲有珠蚌和理纹格特蛤 2 种。[②]

云南元谋县大墩子遗址属于大墩子文化，年代距今 3200 年左右。从出土的动物骨骼可知哺乳纲有蝙蝠、猕猴、松鼠、竹鼠、鼠、豪猪、兔、狗、西藏黑熊、家猪、赤麂、水鹿、大额牛和羊等 15 种，其中狗和家猪为家养动物。鸟纲有鸡 1 种。硬骨鱼纲有种属不明的 1 种。瓣鳃纲有蚌 1 种。腹足纲有田螺 1 种。[③]

陕西商洛东龙山遗址出土的商代早期野生动物有花龟、猪獾、黑熊、豹、野猪、麝、赤麂、狍、梅花鹿、马鹿、苏门羚。家畜有鸡、狗、猪、马、牛、绵羊。[④]

湖北沙市商代后期周梁玉桥遗址出土的野生哺乳动物有野猪、梅花鹿、

① 袁靖、杨梦菲：《前掌大遗址出土动物骨骼研究报告》，参见中国社会科学院考古研究所编著：《滕州前掌大墓地》，文物出版社 2005 年版，第 542—562、728—810 页。

② 何锟宇：《石佛洞遗址动物骨骼鉴定报告》，参见云南省文物考古研究所等编著：《耿马石佛洞》，文物出版社 2010 年版，第 354—363 页。

③ 张兴永：《元谋大墩子新石器时代遗址出土的动物遗骨》，《云南文物》1985 年总第 17 期。

④ 陕西省考古研究院、商洛市博物馆编著：《商洛东龙山》，科学出版社 2011 年版，第 312—430 页。

兔、豪猪等。野猪多生活在水草较多的地带和密林中，梅花鹿一般栖息在有稀树的丘陵地区，常在开阔的草地上活动，兔喜欢在灌木丛中生活，豪猪则穴居山脚或山坡上。从这组野生动物的生活习性推测，周梁玉桥一带，有着开阔的灌木草丛。其间有较多的湖泊和洼地，在不远的丘陵地区分布着较多的树林或茂密的森林。至今，在周梁玉桥地区，仍有不少的低洼地带生长着芦苇和水草，所不同的是，位于遗址西北的丘陵地区已经不见茂密的森林，这是历史的变迁。

在出土的动物骨骸中，两栖爬行动物、软体动物和鱼等水生动物所占比重较大，其种类要占总数的60%左右。爬行类的扬子鳄、鼋以及某些鱼类的个体都相当大，它们的生活需要有宽阔的水域。软体类的铜锈环棱螺等常生活在小河和水塘中。这表明当时遗址的位置既濒临长江，又靠近湖区，能使这类动物的生活有着充足的水源。同时在开阔的平原上，河流纵横交织，湖泊星罗棋布，给动物生活造就了良好的环境。①

湖北长阳香炉石遗址位于清江流域，第六层属早商时期遗存，从出土的动物骨骼可知有环颈雉、竹鼠、红面猴、猕猴、家猪、野猪、圣水牛、苏门羚、水鹿、赤麂、黑麂、黄麂、苏门犀、虎、豺、家犬、猪獾、黑熊。

第五层属晚商时期遗存，从出土的动物骨骼可知有鲤鱼、鲇鱼、中华鳖、乌龟、环颈雉、豪猪、竹鼠、红面猴、猕猴、家猪、野猪、苏门羚、水鹿、赤麂、黑麂、黄麂、喜马拉雅麝、菲氏麂、苏门犀、狮、豺、家犬、狐狸、猪獾、黑熊。②

秭归河光嘴遗址位于西陵峡一带，时代从二里头文化晚期延续至商代晚期，主要属商代遗存。从出土的动物骨骼可知，哺乳纲有猕猴、小麂、獐、水鹿、野猪、黑熊、狗、家猪、猪科未定种、羊、水牛。鸟纲动物有鸡、鸭、鹈鹕。鱼纲有青鱼、草鱼、鲤鱼、白鲢、鳡鱼、黄颡鱼、圆口铜鱼、三角鲂、中华鲟。腹足纲动物有中华圆田螺、蜗牛。瓣鳃纲动物有剑状毛蚌、圆顶珠蚌、

① 彭锦华：《沙市周梁玉桥商代遗址动物骨骸的鉴定与研究》，《农业考古》1988年第2期。
② 陈全家等：《香炉石巴文化遗址动物遗存研究》，参见陈全家等：《清江流域古动物遗存研究》，科学出版社2004年版，第134—187页。

三角帆蚌。狗、家猪、羊、水牛、鸡、鸭属于家畜。[1]

四川广汉三星堆一号祭祀坑出土象牙 13 根、海贝 62 枚及 3 立方米左右的烧骨碎渣。骨渣经鉴定有猪、羊、牛的肢骨和头骨，鹿角，象的臼齿。部分臼齿经鉴定为亚洲象，甚至还有人的头骨、四肢骨。二号祭祀坑出土象牙 67 根，长 80—120 厘米，经鉴定为亚洲象种。虎牙 3 枚。还有海贝 4600 枚，有货贝、虎斑纹贝、环纹货贝等。[2]

成都金沙遗址出土的象牙堆积坑，位于梅苑第 7 层之下，大量象牙按层堆放，共分 8 层，象牙最长者 150 厘米，经过初步鉴定系亚洲象象牙。因就地保护未继续发掘，详细情况不得而知。

梅苑东北部在 300 平方米的范围内分布着大量的野猪獠牙、鹿角、美石等，野猪牙全系野猪下犬齿。以上遗物时代属于商末周初时期。[3]

成都十二桥遗址出土爬行纲 13 件，均为龟的腹甲；鱼纲 2 件，包括鲟鱼和鲤鱼各 1 件；鸟纲 12 件；哺乳纲 2086 件，其中第 13 层出土了水鹿、斑鹿、麂骨骼，第 12 层出土了水鹿、斑鹿、麂、麝、猪、狗、黄牛、犀牛、黑熊、马、獾、猕猴骨骼，第 11 层出土了黄牛，第 10 层出土了水鹿、斑鹿、猪、狗骨骼。猪、狗、黄牛和马为家畜，其余为野生动物。

第 12 层出土的哺乳动物可鉴定标本数为 802 件，其中家猪、黄牛、马、狗等家畜骨骼的可鉴定标本数为 560 件，占 69.83%，水鹿等野生动物为 242 件。从最小个体数来看，哺乳动物总个体数为 82 个，家猪、黄牛、马、狗等家畜的最小个体数为 53 个，占 64.63%。水鹿等野生动物的最小个体数为 29 个，鹿的数量最多。在人们的肉食资源中，家畜占主导地位，野生动物是人们日常生活中肉食的补充。

水鹿现群栖息于针阔混交林、阔叶林和稀林草原等环境；小鹿栖息于常绿阔叶林和针阔混交林、灌丛和河谷灌丛；斑鹿栖息于针阔混交林的林间和林缘

---

[1] 张万高主编：《秭归河光嘴》，科学出版社 2003 年版，第 118—131 页。

[2] 四川省文物考古研究所编：《三星堆祭祀坑》，文物出版社 1999 年版，第 413、417、523 页。

[3] 成都市文物考古研究所、北京大学考古文博院编著：《金沙淘珍——成都市金沙村遗址出土文物》，文物出版社 2002 年版，第 10、11 页。

草地以及山丘草丛；黑熊属于林栖动物，主要栖息于阔叶林和针阔混交林中。说明当时成都平原有广阔的阔叶林和草丛，植被茂盛。犀牛、藏酋猴适宜生活在较温暖湿润的地区，说明成都平原当时可能比现在还要温暖湿润。[①]

十二桥遗址第 13 层年代相当于殷墟三期，第 12 层相当于殷墟四期到周初，第 11、10 层相当于西周前期。[②]

在成都方池街和岷山饭店两个遗址出土了 25 种脊椎动物，哺乳动物有短尾鼩、猕猴、中华竹鼠、家鼠、黑熊、猪獾、灵猫、虎、小麂、梅花鹿、水鹿；鱼类有草鱼、鲤鱼；爬行动物有乌龟、黄缘闭壳龟、中国鳖；鸟类有家鸡。[③]

成都指挥街遗址第 5B、6 层出土 15 种脊椎动物骨骼，哺乳纲 10 种，有家犬、大型猫科（豹?[④]）、马、家猪、小麂、梅花鹿、水鹿、白唇鹿、黄牛、羊；鸟纲 1 种，有家鸡；爬行纲 3 种，有乌龟、鳖、陆龟；鱼纲 1 种，即鲤科。家养动物有犬、马、家猪、黄牛和家鸡，家猪材料较为丰富，约 30 个个体，余均为野生动物。

成都指挥街遗址"第 5B、6 层当时地处河边，由于河水泛滥，河床改道，文化层在不同程度上遭到破坏"，属于洪水冲击后的次生堆积，既出土有与商末周初十二桥遗址第 12、13 层时代相当的遗物，又有战国时期的遗物。该遗址动物群可以反映成都平原从商末到战国时期动物群的概况。[⑤]

---

① 何锟宇：《十二桥遗址出土动物骨骼及其相关问题研究》，《四川文物》2007 年第 4 期。

② 江章华：《成都十二桥遗址的文化性质及分期研究》，参见四川大学考古专业编：《四川大学考古专业创建三十五周年纪念文集》，四川大学出版社 1998 年版。

③ 徐鹏章：《从近年考古材料看古蜀史》，《成都大学学报》（社会科学版）1988 年第 1 期。

④ ?：表示鉴定时不确定。

⑤ 四川大学博物馆、成都市博物馆：《成都指挥街周代遗址发掘报告》，四川大学博物馆等编：《南方民族考古》第一辑，四川大学出版社 1987 年版。

第四节　西周时期动物的分布与变迁

一、黄河流域的动物

《诗经》中记载的动物主要分布于黄河中下游地区，《周南》《召南》是南方地区的诗歌。《诗经》中所收录的作品时代为西周到春秋时期，可以反映西周到春秋时期各地的动物群情况。

《诗经》中记载的图腾崇拜类动物有 5 种：麟、龙、凤凰、玄鸟、龟。泛指的动物名称有 15 种：鸟、兽、鱼、虫、贝、朋、蛇、螟、螣、蟊、贼、蠋、蜮、昏、椓。专指的动物名称有约 113 种。其中哺乳动物约 26 种：麟、兔、鼠、獐（麇）、鹿、麋、犬（尨、猃、猲狡）、狐、虎、豹、雪豹（貘）、狼、豺、貉（貆）、印度犀（兕）、爪哇犀（犀）、大熊猫（貔）、猫、熊（狗熊）、棕熊（罴）、马、牛、羊、豕、象、猕猴（猱）；鸟类约 43 种：鹗（雎鸠）、黄鸟（莺、仓庚）、喜鹊、灰斑鸠（雏）、山斑鸠（鸤鸠）、大杜鹃（鸠）、凤凰、麻雀（雀）、燕、雉、鹨、鹅（长尾雉）、白冠长尾雉（鷮）、虹雉（鸾）、秃鼻乌鸦（乌）、大嘴乌鸦（鸒）、雁、鸿雁、凫（野鸭）、鹄（天鹅）、鹑（雕鹑）、鸧、鸢、鹰、游隼（隼）、燕隼（晨风、鹯）、耳鸮（鸮）、雕鸮（枭）、角鸮（鸱鸮）、秃鹫（鹜）、苍鹭、鹈鹕（鹈）、鹳、鹤、鸳鸯、鸥、鸽（麦鸡）、鹝（角雉）、伯劳（鵙）、鹡鸰、鹪鹩（桃虫）、蜡嘴（桑扈）、鸡；两栖、爬虫类约 7 种：青蛙（蟈）、龟、鳖、鼍（扬子鳄）、蛇、五步蛇（虺）、蜥蜴；鱼类约 14 种：鲂、鲤、中华鲟（鳣）、白鲟（鲔）、鳜（鳏鱼）、白鲢（鲂）、赤眼鳟、鲨鱼、鲦、吻鰕虎鱼（鲨、吹沙）、鳢、鳏、卷口鱼（嘉鱼）、鲦；多足类有约 3 种：蝎（蜇）、鼠妇（伊威）、蠨蛸；昆虫类约 21 种：飞蝗（螽）、绿螽斯（螽斯）、蚱蜢（阜螽）、露螽（草虫）、虻、蝤蛴（天牛幼虫）、雨春蚕（蟓）、鸣蝉（蜩）、蚱蝉（螗）、蟋蟀、蜉蝣、纺织娘（莎鸡）、萤火虫（宵行）、蚊虫、苍蝇、丽蝇、桑蚕、螟蛉、螟、蜾蠃、蜂（食叶、食根、食茎的虫未计算在内）。①

下面我们将《诗经》中提到的动物按地区列表如下。

地区	动物名称
周南	雎鸠（《关雎》）。黄鸟（《葛覃》）。马（《卷耳》）。蟸（《螽斯》）。兔（《兔罝》）。马、驹（《汉广》）。鲂鱼《汝坟》。麟（《麟之趾》）。
召南	鹊、鸠（《鹊巢》）。草虫、阜螽（《草虫》）。雀、鼠（《行露》）。羔羊（《羔羊》）。麕、鹿（《野有死麕》）。犯、貜（《驺虞》）。
邶	燕（《燕燕》）。马（《击鼓》）。黄鸟（《凯风》）。雉（《雄雉》）。雉、雁（《匏有苦叶》）。狐（《旄丘》）。虎（《简兮》）。狐、乌（《北风》）。
鄘	鹑、鹊（《鹑之奔奔》）。騋、牝（《定之方中》）。鼠（《相鼠》）。马（《干旄》）。马（《载驰》）。
卫	蝤蛴、螓、蛾、牡、翟、鲔（《硕人》）。鸠（《氓》）。狐（《有狐》）。
王	鸡、羊、牛（《君子于役》）。兔、雉（《兔爰氓》）。
郑	马、黄、鸨（《大叔于田》）。羔羊、豹（《羔裘》）。鸡、凫、雁（《女曰鸡鸣》）。狂且（狙）（《山有扶苏》）。鸡（《风雨》）。
齐	鸡、苍蝇、虫（《鸡鸣》）。狼（《还》）。狐（《南山》）。卢（《卢令》）。鲂、鳏、鲔（《敝笱》）。骊（《载驱》）。
魏	貆、鹑（《伐檀》）。鼠（《硕鼠》）。
唐	蟋蟀（《蟋蟀》）。马（《山有枢》）。羔、豹（《羔裘》）。鸨（《鸨羽》）。
秦	马（《车邻》）。辰牡、马、狁、歇骄（《驷骥》）。骐、骍、骝、骆、骊（《小戎》）。狐（《终南》）。黄鸟（《黄鸟》）。晨风（《晨风》）。
陈	鹭（《宛丘》）。泌（鲐）、鱼、鲂、鲤（《衡门》）。鸮（《墓门》）。鹊、鹝（鹏）（《防有鹊巢》）。马、驹（《株林》）。
桧	羔、狐（《羔裘》）。鱼（《匪风》）。
曹	蜉蝣（《蜉蝣》）。鹈（《候人》）。鸤鸠（《鸤鸠》）。
豳	仓庚、蚕、鹏、蜩、貉、狐狸、貜、豜、斯螽、莎鸡、蟋蟀、鼠、羔（《七月》）。鸱鸮（《鸱鸮》）。蠋、蠨蛸、宵行、鹳、仓庚、马（《东山》）。鳟、鲂、鸿（《九罭》）。狼（《狼跋》）。

---

① 郭郛、［英］李约瑟、成庆泰：《中国古代动物学史》，科学出版社 1999 年版，第 116—117 页。

地区	动物名称
小雅 （王畿）	鹿（《鹿鸣之什·鹿鸣》）。骆马、雏（《鹿鸣之什·四牡》）。马（《鹿鸣之什·皇皇者华》）。脊令（鹡鸰）（《鹿鸣之什·常棣》）。鸟、犴（《鹿鸣之什·伐木》）。草虫、阜螽、仓庚（《鹿鸣之什·出车》）。鱼、鲿、鲨、鲂、鳢、鰋、鲤（《鹿鸣之什·鱼丽》）。
	嘉鱼、雏（《南有嘉鱼之什·南有嘉鱼》）。骊、鳖、鲤（《南有嘉鱼之什·六月》）。骐、隼（《南有嘉鱼之什·采芑》）。马（《南有嘉鱼之什·车攻》）。马、麀、鹿、豝、兕（《南有嘉鱼之什·吉日》）。
	鸿雁（《鸿雁之什·鸿雁》）。隼（《鸿雁之什·沔水》）。鹤、鱼（《鸿雁之什·鹤鸣》）。白驹（《鸿雁之什·白驹》）。黄鸟（《鸿雁之什·黄鸟》）。鸟、鼠、麏、熊、罴、虺、蛇（《鸿雁之什·斯干》）。羊、牛、鱼（《鸿雁之什·无羊》）。
	乌、虺、蜴、鱼（《节南山之什·正月》）。龟（《节南山之什·小旻》）。鸠、螟蛉、蜾蠃、脊令（鹡鸰）、桑扈（《节南山之什·小宛》）。鸒、鹝、鹿、雉、兔（《节南山之什·小弁》）。兔、犬（《节南山之什·巧言》）。豺、虎（《节南山之什·巷伯》）。
	熊、罴（《谷风之什·大东》）。鹑、鸢、鳢、鲔（《谷风之什·四月》）。牛、羊（《谷风之什·楚茨》）。
	羊（《甫田之什·甫田》）。螟、螣、蟊、贼（《甫田之什·大田》）。骆（《甫田之什·裳裳者华》）。桑扈（《甫田之什·桑扈》）。鸳鸯、马（《甫田之什·鸳鸯》）。鸦（《甫田之什·车辖》）。青蝇（《甫田之什·青蝇》）。羖（《甫田之什·宾之初筵》）。
	鱼（《鱼藻之什·鱼藻》）。马（《鱼藻之什·采菽》）。马、猃（《鱼藻之什·角弓》）。鸟（《鱼藻之什·菀柳》）。狐、蛮（《鱼藻之什·都人士》）。鲂、鱮（《鱼藻之什·采绿》）。牛（《鱼藻之什·黍苗》）。鸳鸯（《鱼藻之什·白华》）。黄鸟（《鱼藻之什·绵蛮》）。兔（《鱼藻之什·瓠叶》）。豕（《鱼藻之什·渐渐之石》）。羊（《鱼藻之什·苕之华》）。兕、虎、狐（《鱼藻之什·何草不黄》）。

续表

地区	动物名称
大雅 (王畿)	骒、鹰（《文王之什·大明》）。马、龟（《文王之什·绵》）。鸢、鱼（《文王之什·旱麓》）。麀、鹿、鸟、鱼、鼍（《文王之什·灵台》）。龟（《文王之什·文王有声》）。
	牛、羊、鸟、羝（《生民之什·生民》）。牛、羊（《生民之什·行苇》）。凫、鹥（《生民之什·凫鹥》）。豕（《生民之什·公刘》）。凤凰、马（《生民之什·卷阿》）。
	蜩、螗（《荡之什·荡》）。蟊、贼、鹿（《荡之什·桑柔》）。马（《荡之什·崧高》）。鳖、鱼、马、鲂、鱮、麀、鹿、熊、罴、猫、虎、貔、豹（《荡之什·韩奕》）。虎（《荡之什·常武》）。蟊、贼、枭、鸱、蚕（《荡之什·瞻卬》）。蟊、贼（《荡之什·召旻》）。
周颂 (都城)	羊、牛（《清庙之什·我将》）。
	鹭（《臣工之什·振鹭》）。鱼、鳣、鲔、鲦、鲿、鰋、鲤（《臣工之什·潜》）。马（《臣工之什·有客》）。
	蜂、桃虫、鸟（《闵予小子之什·小毖》）。犉牡（《闵予小子之什·良耜》）。羊、牛（《闵予小子之什·丝衣》）。
鲁颂 (鲁国)	马、骄、皇、骊、黄、雅、駓、骍、骐、骝、骆、骠、骃、騢、驒、鱼（灰白色而有鱼鳞纹的马）（《駉》）。黄、鹭、牡、骅（《有駜》）。马、鸮（《泮水》）。白牡、骍刚（《閟宫》）。
商颂 (宋国)	玄鸟（《玄鸟》）。

《逸周书·世俘解》提到武王伐纣后，"武王狩，禽（擒）虎二十有二，猫二，麋（麈）五千二百二十五，犀十有二"。

《孟子·滕文公下》："周公相武王诛纣，伐奄三年讨其君，驱飞廉于海隅而戮之，灭国者五十，驱虎、豹、犀、象而远之，天下大悦。"说明黄河下游有虎、豹、犀、象分布。

《国语·周语上》:"穆王将征犬戎。……王不听,遂征之,得四白狼、四白鹿以归。自是荒服者不至。"韦昭注:"白狼、白鹿,犬戎所贡。"犬戎位于今陕西西北和甘肃东部一带,犬戎给周王朝的贡品中有白狼和白鹿。

《国语·晋语八》载叔向回答晋平公说:"昔我先君唐叔射兕于徒林,殪以为大甲,以封于晋。"《诗经·小雅·吉日》:"发彼小豝,殪此大兕。"《诗经·小雅·何草不黄》:"非虎非兕,率彼旷野。"反映西周初年到幽王时,今山西南部到渭河下游镐京均有野犀的存在。

宝鸡关桃园遗址西周层位出土的动物骨骼中,哺乳纲有普氏野马、家猪、原麝、麋、梅花鹿、青羊和牛属等7种。[①]

扶风县周原齐家制玦作坊遗址年代属于西周早期,从出土的动物骨骼可知哺乳纲有不明种属的啮齿目1种,草兔、狗、马、家猪、小麂、梅花鹿、牛、绵羊和山羊等10种。鸟纲有鸡1种。爬行纲有龟1种。硬骨鱼纲有草鱼1种。瓣鳃纲有不明种属的蚌1种。鸡、狗、家猪、牛、绵羊和山羊是家养动物。[②]

长安县沣西马王村和大原村遗址时代包括先周晚期至西周晚期遗存,从出土的动物骨骼可知哺乳纲有兔、狗、犬科动物、马、家猪、黄牛、水牛和绵羊等10种。鸟纲有鸡1种。瓣鳃纲有文蛤和种属不明的蚌1种,共计2种。[③]

从山东滕州前掌大遗址西周早期层位出土的动物骨骼中可知,腹足纲有中国圆田螺1种。瓣鳃纲有圆顶珠蚌、中国尖嵴蚌、矛蚌、楔蚌、多瘤丽蚌、三角帆蚌、宝贝、鱼形楔蚌、短褶矛蚌、白河丽蚌、细纹丽蚌、洞穴丽蚌、种属不明的丽蚌、射线裂脊蚌、文蛤和无齿蚌等16种。哺乳纲中地层出土的有猪、黄牛、狗、小型鹿科、绵羊、麋鹿、梅花鹿、兔、中型食肉动物、小型食肉动物、马、鹿科或牛科等12种;墓葬随葬的有狗、猪、黄牛、绵羊、小型鹿科、

① 陕西省考古研究院、宝鸡市考古工作队编著:《宝鸡关桃园》,文物出版社2007年版,第283—318页。

② 马萧林、侯彦峰:《周原遗址齐家制玦作坊出土动物骨骼研究报告》,参见陕西省考古研究院等编著:《周原——2002年度齐家制玦作坊和礼村遗址考古发掘报告》,科学出版社2010年版,第724—751页。

③ 袁靖、徐良高:《沣西出土动物骨骼研究报告》,《考古学报》2000年第2期。

梅花鹿、小型食肉动物、麋鹿、兔和熊等 10 种。[①]

二、长江流域的动物

湖北长阳香炉石遗址第四层属于西周时期遗存，从出土的动物骨骼可知有环纹货贝、中华鳖、乌龟、环颈雉、鹰、豪猪、竹鼠、刺猬、红面猴、猕猴、家猪、野猪、苏门羚、水鹿、赤麂、黑麂、黄麂、喜马拉雅麝、菲氏麂、马、大熊猫、苏门犀、豹、豺、家犬、猪獾、黑熊。[②]

重庆中坝遗址相当于西周时期的地层中出土了鹿、毛冠鹿、麂、猪、狗、棕熊、黑家鼠、竹鼠等。[③]

安徽滁州市何郢遗址时代属商末至西周时期。从出土的动物骨骼可知哺乳纲有兔、狗、虎、马、家猪、小型鹿科、梅花鹿、麋鹿和黄牛等 9 种，其中马、狗、家猪和黄牛是家养动物。鸟纲有种属不明的鸟 1 种。爬行纲有扬子鳄和龟 2 种。硬骨鱼纲有种属不明的 1 种。瓣鳃纲有楔蚌 1 种。[④]

三、东北及华北地区的动物

黑龙江肇源县白金宝遗址，年代距今 3700—2900 年，时代下限为西周时期。从出土的动物骨骼可辨认哺乳纲有狗、马、猪、马鹿、东北狍、黄牛、山羊等 7 种，仅狗被确认为家养动物。硬骨鱼纲有鲟鱼、鲇鱼和乌鳢 3 种。鸟纲

① 袁靖、杨梦菲：《前掌大遗址出土动物骨骼研究报告》，参见中国社会科学院考古研究所编著：《滕州前掌大墓地》，文物出版社 2005 年版，第 728—810 页。

② 陈全家等：《香炉石巴文化遗址动物遗存研究》，参见陈全家等：《清江流域古动物遗存研究》，科学出版社 2004 年版，第 134—187 页。

③ 朱诚等：《重庆忠县中坝遗址出土的动物骨骼与 2372BC—200BC 气候生态环境研究》，参见科技部社会发展科技司等编：《中华文明探源工程文集：环境卷（I）》，科学出版社 2009 年版，第 284—301 页。

④ 袁靖、官希成：《安徽滁州何郢遗址出土动物遗骸研究》，《文物》2008 年第 5 期。

有疑似鹈鹕 1 种。瓣鳃纲有剑状矛蚌和背角无齿蚌 2 种。①

夏家店上层文化上限约相当于商周之际或西周早期，下限到战国中期前后。其大井类型处于夏家店上层文化圈的北部，分布于以西拉木伦河流域为中心，北面包括乌尔吉木伦河、查干木伦河、嘎苏太河流域，以及大兴安岭山脉南段东麓一带的丘陵山地，南面包括英金河以北、老哈河中下游、教来河中下游一带。从出土的动物骨骼中可知野生动物有鹿、麃、野马、野牛、狐狸、狍、熊、野兔、山鸡。家畜有羊。该类型狩猎经济比重较大。由此可以知道该地区的野生动物分布情况。②

四、《逸周书·王会解》记载的各地特产

周成王在洛邑会见诸侯王和周边少数民族首领，《逸周书·王会解》记载了各地进贡的特产。因此这是一篇研究西周时期各地物产尤其是典型动物的宝贵史料，我们根据原文和孔晁等注释集中介绍如下：

"西面者正北方，稷慎大塵。秽人前儿。前儿若弥猴，立行，声似小儿。良夷在子。在子□身人首，脂其腹炙之霍，则鸣曰'在子'。扬州禺禺，鱼名。解隃冠。发人麃麃者，若鹿迅走。俞人虽马。青丘狐九尾。周头辉羝，辉羝者，羊也。黑齿白鹿白马。白民乘黄，乘黄者似骐，背有两角。东越海蛤。欧人蝉蛇，蝉蛇顺，食之美。姑于越纳。曰姑妹珍。且瓯文蜃。共人玄贝。海阳大蟹。自深桂。会稽以鼃。皆面向。"

稷慎就是肃慎，其疆域包括今长白山以北，黑龙江及松花江下游两岸以南，东至日本海。肃慎进贡大塵，形状似鹿。秽人在今朝鲜境内，进贡前儿，前儿就是大鲵，又叫娃娃鱼。良夷属朝鲜境内的民族，进贡在子，在子鳖身人头。扬州进贡禺禺，是鱼的一种，据何秋涛依上下文推测，扬州可能在朝鲜境内。解国进贡的奇兽叫隃冠。发人是东北的民族，进贡麃麃，似鹿走得快。俞人为东北的民族，进贡虽马。青丘属海东地区，进贡九尾狐狸。周头进贡辉

---

① 陈全家：《白金宝遗址（1986 年）出土的动物遗存研究》，《北方文物》2004 年第 4 期。

② 靳枫毅：《夏家店上层文化及其族属问题》，《考古学报》1987 年第 2 期。

羝，辉羝是一种羊。黑齿国，多数学者认为在东方，而孔晁认为在西方，进贡白鹿、白马。白民为南方民族，进贡乘黄。乘黄像狐狸，背上有两只角。东越在今福建一带，进贡海蛤。瓯人为今广东广西境内民族，进贡鳝鱼。鳝鱼温顺，肉味鲜美。于越为南方越人，进贡纳鱼。姑妹在今浙江西部衢州一带，进贡珍物。且瓯在南方越地，进贡文蜃，即有花纹的大唇蛤。共人是吴越之蛮，进贡玄贝。海阳在楚东南，进贡大蟹。自深为南蛮，进贡桂树。会稽在今浙江绍兴，进贡鼍，即扬子鳄。

"正北方义渠以兹白，兹白者若白马，锯牙，食虎豹。史林以尊耳，尊耳者身若虎豹，尾长三尺其身，食虎豹。北唐戎以闾，闾似隃冠。渠叟以䶂犬，䶂犬者，露犬也，能飞，食虎豹。楼烦以星施，星施者珥旄。卜卢以纨牛，纨牛者，牛之小者也。区阳以鳖封，鳖封者，若彘，前后有首。规矩以麟者，兽也。西申以凤鸟，凤鸟者，戴仁、抱义、掖信、归有德。丘羌鸾鸟。巴人以比翼鸟。方扬以皇鸟。蜀人以文翰，文翰者，若皋鸡。方人以孔鸟。卜人以丹砂。夷用闾采。康民以桴苡者，其实如李，食之宜子。州靡费费，其形人身，技踵，自笑，笑则上唇翕其目，食人，北方谓之吐喽。都郭生生，若黄狗，人面，能言。奇干善芳，善芳者，头若雄鸡，佩之令人不昧。皆东向。"

义渠在今陕西北部和甘肃东北部，进贡兹白，兹白像白马，长着锯牙，吃虎豹。央林与义渠相近，进贡尊耳，尊耳身子像虎豹，尾巴有身子三倍长，吃虎豹。北唐戎是西北民族，进贡闾，闾似隃冠。渠叟属西戎，进贡䶂犬，䶂犬又叫露犬，能飞奔，吃虎豹。楼烦在今山西北部，进贡星施。卜卢属西北民族，进贡纨牛，纨牛是一种小牛。区阳为西戎，进贡鳖封，鳖封像彘，前后都有头。规矩属西戎，进贡麟。西申属西戎，进贡凤鸟。丘羌位于今甘肃地区，进贡鸾鸟。巴人在今陕南一带，进贡比翼鸟。方扬亦属西戎，进贡皇鸟。蜀人位于今成都平原，进贡文翰，文翰像皋鸡，羽毛有文彩。方人属西戎，进贡孔雀。卜人属江汉平原及三峡一带的民族，进贡丹砂。夷人，孔晁认为属东北夷，进贡闾采，闾即乌木，采即采石。康民属西戎，进贡桴苡，桴苡的果实像李子，妇女吃了容易怀孩子。州靡属北狄，进贡费费，形状像人身，脚踵是反的，爱笑，一笑嘴唇就遮住眼睛，吃人，北方人叫吐喽。都郭属北狄，进贡生生，生生即猩猩，猩猩像黄狗，人脸，能说话。奇干属北狄，进贡善芳，善芳头像雄鸡，佩戴在身上使人不昏昧。

"北方台正东：高夷嗛羊，嗛羊者，羊而四角。独鹿邛邛、距虚，善走也。孤竹距虚。不令支玄模。不屠何青能。东胡黄罴。山戎菽。其西般吾白虎。屠州黑豹。禺氏騊駼。大夏兹白牛。犬戎文马而赤鬣缟身，目若黄金，名古黄之乘。数楚每牛，每牛者，牛之小者也。匈戎狡犬，狡犬者，巨身，四尺果。皆北向。"

高夷即东北夷高句丽，进贡嗛羊，嗛羊是四角羊。独鹿属西戎，孙诒让认为这一段都讲的是东北民族，故独鹿亦属东北夷，进贡卭卭、距虚，卭卭善于奔跑，距虚属驴骡一类动物。孤竹位于今卢龙一带，进贡距虚。不令支即令支，属东北夷，位于今河北滦县、迁安一带，进贡玄模，玄模即黑狐。不屠何即屠何，在今辽西一带，进贡青能，青能即青熊。东胡位于西拉木伦河、老哈河一带，进贡黄罴。山戎活动于今河北北部，进贡菽，菽即大豆。般吾属西部的北狄，进贡白虎。屠州属北狄的一支，进贡黑豹。禺氏属西北戎夷，进贡騊骒，騊骒是马的一种。大夏为西北戎，进贡兹白牛。犬戎属西戎，位于今陕西北部，进贡文马。文马是红鬣白身，眼睛亮如黄金，名叫古黄之乘。数楚属北戎，进贡每牛，每牛是一种小牛。匈奴位于今蒙古一带，进贡狡犬。

"权扶三目。白州北闾，北闾者，其革若于，伐其木以为车，终行不败。禽人管。路人大竹。长沙鳖。其西鱼复鼓钟钟牛。蛮扬之翟。仓吾翡翠，翡翠者，所以取羽。其余皆可知自古之政。南人至众，皆北向。"

权扶属南蛮，进贡三目，三目即有光泽的玉石。白州属东南蛮，进贡北闾。禽人属东南蛮，进贡管，管即菅草。路人属东方之蛮，进贡大竹。长沙在今湖南，进贡鳖。鱼复在今重庆奉节，进贡钟牛，钟牛即橦牛。蛮扬为扬州之蛮，进贡翟鸟。仓吾在今广西梧州，进贡翡翠鸟。翡翠鸟，用来拔取羽毛。

"夏成五服，外薄四海。东海鱼须鱼目。南海鱼革、珠玑、大贝。西海鱼骨、鱼干、鱼胁。北海鱼剑、鱼石、出犋、击闾。河鲔。江鳍大龟。五湖元唐。巨野菱。巨定蠃。济中瞻诸。孟诸灵龟。隆谷玄玉。大都鲮鱼、刀鱼。咸会于中国。"

东海、南海、西海、北海出产鱼类、珠玑、大贝。黄河出产鲔，鲔即鼋。长江出产鼋和大龟。五湖即太湖，产元唐。巨野在今山东巨野县北，产菱角。巨定在今山东广饶东北，产蠃。济中产瞻诸。孟诸在今河南商丘东北，产灵龟。隆谷产玄玉。大都产鲮鱼、刀鱼。

《逸周书·王会解》记载伊尹制定的四方献令说："臣请正东符娄、仇州、伊虑、沤深、九夷、十蛮、越、沤，鬋发文身，请令以鱼支之鞞，□鲗之酱，鲛戟、利剑为献。正南瓯、邓、桂国、损子、产里、百濮、九菌，请令以珠玑、玳瑁、象齿、文犀、翠羽、菌鹤、短狗为献。正西昆仑、狗国、鬼亲、枳已、阔耳、贯胸、雕题、离丘、漆齿，请令以丹青、白旄、纰罽、江历、龙角、神龟为献。正北空同、大夏、莎车、姑他、旦略、豹胡、戎翟、匈奴、楼烦、月氏、䐑犁、其龙、东胡，请令以橐驼、白玉、野马、騊駼、駃騠、良弓为献。"

"我要求正东的符娄、仇州、伊虑、沤深、九夷、十蛮、越、瓯及断发文身的部族，要命令他们以鱼皮制的刀鞘、乌贼鱼酱、鲨鱼皮制的盾牌、利剑作为贡物；正南方的瓯骆、邓国、桂国、损子、产里、百濮、九菌等国，要命令他们以珍珠、玳瑁、象牙、犀牛角、翠鸟羽毛、菌地的鹤、矮脚狗作为贡物；正西方的昆仑、犬戎、鬼亲、枳已、阔耳、贯胸、刺额、离丘、漆齿的方国，要命令他们以朱砂、白旄牛尾、毛毡、江历、龙角、神龟为贡物；正北方的崆峒、大夏、莎车、姑他、旦略、豹胡、戎翟、匈奴、楼烦、月氏、䐑犁、其龙、东胡等方国，要命令他们用骆驼、白玉、野马、騊駼、駃騠、良弓作为贡物。"①

《逸周书·王会解》这篇文献所记载的各地贡物主要是动物，也有矿物、农作物等其他物产，反映了西周时期的主要动物和其他物产的分布状况。伊尹制定的四方献令所说的各地物产，时代还可能上溯到更早的商朝时期。

---

① 黄怀信、张懋镕、田旭东：《逸周书汇校集注》，上海古籍出版社 1995 年版，第850—983 页。

第五节　春秋战国时期动物的分布与变迁

一、黄河流域的动物

《春秋》庄公十七年（公元前 677 年）记载："冬，多麋。"鲁国有过多的麋鹿，以至于危害庄稼。

卫懿公爱鹤到了痴迷的程度。《左传》闵公二年（公元前 660 年）载："冬，十二月，狄人伐卫。卫懿公好鹤，鹤有乘轩者。将战，国人受甲者皆曰：'使鹤，鹤实有禄位，余焉能战?'"

《左传》僖公二年（公元前 658 年）记载："晋荀息请以屈产之乘，与垂棘之璧，假道于虞。"晋国屈地在今山西吉县北，此地产良马。

《左传》僖公三十三年（公元前 627 年），秦国讨伐郑国，军队走到滑（今偃师东南）这个地方，"郑商人弦高将市于周，遇之，以乘韦先牛十二犒师，曰：'寡君闻吾子将步师出于敝邑，敢犒从者，不腆，敝邑为从者之淹，居则具一日之积，行则备一夕之卫。'且使遽告于郑"。郑国商人弦高机智勇敢，以十二牛犒劳秦军，避免了一场战争灾难。由此可知，当时郑国养牛的数量比较多。

《左传》宣公二年（公元前 607 年）载："晋灵公不君，厚敛以雕墙，从台上弹人，而观其避丸也。宰夫胹熊蹯不熟，杀之，置诸畚，使妇人载以过朝。"《史记·晋世家》载："（灵公）十四年（公元前 607 年），宰夫胹熊蹯不熟，灵公怒，杀宰夫，使妇人持其尸出弃之，过朝。"说明晋国境内当时有熊这种动物。

《孟子·告子章句上》记载："鱼，我所欲也，熊掌亦我所欲也；二者不可得兼，舍鱼而取熊掌者也。"孟子打这个比喻，说明中原地区的人们有吃熊掌的食俗。

《史记·晋世家》记载晋灵公十四年（公元前607年），晋灵公为了杀赵盾，设有伏兵。因示眯明的暗示，赵盾没有多饮酒，提前离席，这时灵公的伏兵还没赶到。于是先放出大狼狗，"先纵啮狗名敖。（示眯）明为（赵）盾搏杀狗"。可知晋国喂养了大狼狗，并进行了专门训练，能够完成人们指定的重要任务。

《春秋》鲁庄公十七年（公元前677年）把"多麋"列为灾害之一，说明春秋时代，华北一带盛产麋鹿。春秋时期河南郑州一带有麋鹿。《左传》宣公十二年（公元前597年）记载，晋楚在敖、鄗一带交战，在这里发生了著名的邲（今河南郑州市东）之战，晋军大败。在邲之战中，"（楚）乐伯左射马，而右射人，角不能进，矢一而已。麋兴于前，射麋丽龟。晋鲍癸当其后，使摄叔奉麋献焉，曰：'以岁之非时，献禽之未至，敢膳诸从者。'鲍癸止之曰：'其左善射，其右有辞，君子也。'既免。晋魏锜求公族未得，而怒，欲败晋师，请致师，弗许。请使，许之，遂往请战而还。楚潘党逐之，及荥泽，见六麋，射一麋以顾献，曰：'子有军事，兽人无乃不给于鲜，敢献于从者。'"

鲁僖公二十二年（公元前638年），晋惠公（公元前650—637年在位）将陆浑之戎安排在伊河中上游一带（今河南嵩县），那时这里荆棘丛生，狐狸、豺狼出没于此。《左传》襄公十四年（公元前559年）载姜戎氏回答范宣子的话说："昔秦人负恃其众，贪于土地，逐我诸戎。惠公蠲其大德，谓我诸戎是四岳之裔胄也，毋是翦弃。赐我南鄙之田，狐狸所居，豺狼所嗥。我诸戎除翦其荆棘，驱其狐狸豺狼，以为先君不亲不判之臣，至于今不贰。"

鹳鹆本是华北地区的鸟，一般不越过济水。但《春秋》昭公二十五年（公元前517年）载："有鹳鹆来巢。"杜预注："此鸟穴居，不在鲁界，故曰来巢，非常故书。"鹳鹆越过济水，来到鲁国，是一件不寻常的事，因此《春秋》记载了这一物候现象。

《孟子·尽心下》载："孟子曰：'是为冯妇也。晋人有冯妇者，善搏虎，卒为善士。则之野，有众逐虎。虎负隅，莫之敢撄。望见冯妇，趋而迎之。冯妇攘臂下车。众皆悦之，其为士者笑之。'"孟子讲的这个故事虽不能确定准确的时间，但可说明晋国当时是有老虎的。

从山东滕州前掌大遗址东周地层出土的动物骨骼中可知，腹足纲有中国圆田螺1种。瓣鳃纲有圆顶珠蚌、中国尖嵴蚌、矛蚌、无齿蚌、三角帆蚌、文蛤和种属不明的蚬7种。哺乳纲有鹿科或牛科、猪、狗、小型鹿科、麋鹿、梅花鹿、黄牛、兔、大型食肉动物、马和绵羊等 11 种。①

二、长江流域的动物

南方地区野生动物资源十分丰富。

《左传》文公元年（公元前 626 年），"冬十月，（太子商臣）以宫甲围（楚）成王。王请食熊蹯而死，弗听。丁未，王缢"。《史记·楚世家》也有类似的记载。熊掌是一种美食，楚人喜欢吃熊掌，可知楚国有熊这种动物。

《国语·楚语上》记载楚灵王十二年（公元前 529 年），白公子张进谏，劝楚灵王向商王武丁、齐桓公、晋文公学习。楚灵王不想听，说："子复语。不穀虽不能用，吾憖置之于耳。"子张说："赖君用之也，故言。不然，巴浦之犀、牦、兕、象，其可尽乎，其又以规为瑱也？"就在这年"七月，乃有乾溪之乱，灵王死之"。韦昭注："牦，牦牛也。规，谏也。瑱，所以塞耳。言四兽之牙角可以为瑱难尽，而又以规谏为之乎？今象出徼外，其三兽则荆、交有焉。巴浦，地名。或曰：'巴，巴郡。浦，合浦。'"白公子张说楚王可以用犀、牦、兕、象的牙角来做耳塞，这样的牙角多得很，用不完，何必用我的劝谏做耳塞呢？从这段材料可知，巴浦一带有犀、牦、兕、象，巴浦可以看成一个地名，也可以分成巴郡和合浦两个地名。

晋常璩《华阳国志·蜀志》称，古代蜀国之宝有犀、象。由此可见，当时四川等地也有野象分布。

《诗经·鲁颂·泮水》："憬彼淮夷，来献其琛，元龟象齿，大赂南金。"该诗是歌颂鲁僖公的诗，春秋鲁僖公（在位时间为公元前 659—627 年）时，淮夷派使者进献大龟、象牙、青铜。那时淮河流域还有大象、大龟。

《左传》僖公二十三年（公元前 637 年），晋公子重耳"及楚，楚子（楚成王）飨之，曰：'公子若反晋国，则何报不穀？'对曰：'子女玉帛，则君有之。羽毛齿革，则君地生焉。其波及晋国者，君之余也，其何以报君？'"

《国语·晋语四》有类似的记载，晋公子重耳"遂如楚，楚成王以周礼飨

---

① 袁靖、杨梦菲：《前掌大遗址出土动物骨骼研究报告》，参见中国社会科学院考古研究所编著：《滕州前掌大墓地》，文物出版社 2005 年版，第 542—562、728—810 页。

之，九献，庭实旅百。公子欲辞，子反曰：'天命也，君其飨之。亡人而国荐之，非敌而君设之，非天，谁启之心！'既飨，楚子问于公子曰：'子若克复晋国，何以报我？'公子再拜稽首对曰：'子女玉帛，则君有之。羽旄齿革，则君地生焉。其波及晋国者，君之余也，又何以报？'"韦昭注："羽，鸟羽，翡翠、孔雀之属。旄，牦牛尾。齿，象牙。革，犀兕皮。皆生于楚。"春秋时期楚国境内盛产翡翠、孔雀、牦牛、大象、犀兕等珍贵动物。

《左传》宣公四年（公元前 605 年）："楚人献鼋于郑灵公。"鼋是楚地的特产。

周敬王十四年（鲁定公四年，公元前 506 年），楚人也曾经用象作战。《左传》定公四年："五战及郢，己卯，楚子取其妹季芈畀我以出，涉雎。箴尹固与王同舟，王使执燧象以奔吴师。"杜预注："烧火燧系象尾，使赴吴师，惊却之。"以火系象尾，使奔吴师。说明春秋时期楚郢都附近有象。

战国时屈原《楚辞·天问》载："一蛇吞象，厥大何如？"说明当时楚国有象。汉司马相如《子虚赋》也谈到战国时代楚国云梦游猎区，有"兕象野犀"，《子虚赋》中虽不无夸大，但说明当时长江中游有野象、野犀的分布却是一个事实。

《战国策·楚策一》还提到张仪说楚怀王和秦，楚遣车百乘，"献鸡骇之犀、夜光之璧于秦王"。

《战国策·楚策一》载："（楚怀）王曰：'黄金珠玑犀象出于楚，寡人无求于晋国。'"以上两条材料也可证明战国时期楚国有犀、象。

《战国策·宋策》载："墨子曰：'荆之地方五千里，宋方五百里，此犹文轩之与敝舆也。荆有云梦，犀兕麋鹿盈之，江汉鱼、鳖、鼋、鼍为天下饶，宋所谓无雉兔鲋鱼者也，此犹粱肉之与糟糠也。'"《墨子·公输》载："荆有云梦，犀、兕、麋鹿满之，江汉之鱼、鳖、鼋、鼍为天下富。"云梦泽里到处是犀兕麋鹿，长江汉水流域有很多鱼、鳖、鼋、鼍。

长江下游也有犀、象，《古本竹书纪年》载："越王使公师隅来献……犀角、象齿。"反映了魏襄王七年（公元前 312 年），今浙江绍兴一带仍有野象和野犀分布。

吴越地区地势低洼，有大量的鼋、鼍、鱼、鳖、蛙、龟等水生动物。《国语·越语下》记载吴国使者王孙雒来求和，范蠡毅然拒绝，回答说："王孙子，昔吾先君固周室之不成子也，故滨于东海之陂，鼋鼍鱼鳖之与处，而蛙黾之与同渚。余虽腼然而人面哉，吾犹禽兽也，又安知是谀谀者乎？"

《吕氏春秋·孝行览》载："洞庭之鱄，东海之鲕，醴水之鱼。"洞庭、东海、醴水所产的鱄、鲕、鱼，是很有名的。

战国时代长江中游一带有麋鹿。江陵县九店出土的 M51、M262、M617、M712 等 4 例战国中晚期的考古学上称为镇墓兽的角骸……它们显然属于麋鹿的角。它们代表着战国中晚期楚地这种动物的首次发现，具有重要的理论意义和实践意义。……根据迄至目前的资料，古麋鹿的化石、亚化石或骨骸出土记录多集中于中国的东部，特别是长江三角洲及其南北，约占古地理分布地点的90% 以上。而这 4 例江汉平原古麋鹿的骨骸标本的发现，增加并丰富了我国较西分布区的地点和内容。对于研究这一物种的发源、迁徙和演化及其相关问题不无裨益。……麋鹿是喜温暖湿润、地势低平、多水域沼泽环境的典型动物。[①]

学者对江陵九店战国中晚期墓 M410 出土毛样，做了显微镜下的和肉眼的仔细观察，并与区内大量的现生毛样进行了反复比较。从毛样的细胞结构看，与现生的麋鹿相同。[②]

各种仿野生动物的漆木器也能反映当时野生动物的存在状况，漆木器的动物造型包括镇墓兽、虎、豹、鹿、凤（鸟）、鸳鸯、鹤、龙（蛇）、鱼等，有的动物如镇墓兽、龙、凤是多种动物组合而成的复合动物。

江陵九店漆木器造型与动物有关的有：乐器中有虎座鸟架鼓 4 件，双虎、双鸟、一鼓。鹿鼓 3 件，下为一鹿，鹿上插一鼓。丧葬用品中镇墓兽 65 件，一墓只出一件，均出自头箱或棺椁间头端。木质，雕刻而成，绝大多数器表涂黑，少数器个别部位髹漆，用油彩绘纹饰。由鹿角、头身、座三部分构成。虎座飞鸟 4 件，由鹿角、鸟、虎三部分构成。鹿 3 件。鱼 3 件。[③]

---

① 曹克清：《江陵九店东周墓出土角骸标本的鉴定报告——江汉平原历史时期麋鹿的首次发现》，参见湖北省文物考古研究所编著：《江陵九店东周墓》，文物出版社 1995 年版。曹克清：《关于湖北省江陵九店战国中晚期墓 M410 出土毛样的鉴定报告》，参见湖北省文物考古研究所编著：《江陵九店东周墓》，文物出版社 1995 年版。

② 湖北省文物考古研究所编著：《江陵九店东周墓》，文物出版社 1995 年版。

③ 湖北省荆州地区博物馆：《江陵雨台山楚墓》，文物出版社 1984 年版。

江陵雨台山楚墓出土漆器造型与动物有关的有：虎座凤鸟鼓 15 件，分属 15 座墓，皆放在头箱或边箱内。镇墓兽 156 件，分属 156 座墓，除 M555 出自边箱外，余皆出自头箱。虎座飞鸟 6 件。木鹿 7 件。M427：4 为一件鸳鸯豆。M471：21 为一件漆卮，盖上雕 8 条相蟠的蛇，卮身四周雕 12 条蛇相蟠。①

望山 1 号墓出土虎座鸟架鼓 1 件，彩绘木雕小座屏 1 件，计有凤、鸟、鹿各 4 只，蛙 2 只，小蛇 15 条，大蟒 26 条。镇墓兽 1 件，由木雕的方座、相连的双头双身怪兽与鹿角三部分构成。望山 2 号墓出土小座屏 1 件，屏面长方形，屏面中部一隔梁，左右各透雕虎形动物 1 条。虎座鸟架鼓 1 件，由悬鼓、双凤、双虎构成。漆矢箙（SM1：23）面板中部透雕鸟 1 只，鸟的左右两侧分别有凤、豹各 1 只。边框上部浮雕 2 条小蛇。②

包山一号墓出土虎座飞鸟 1 件、镇墓兽 1 件。包山二号墓出土木虎 1 件。③

曾侯乙墓出土漆木器中有鸳鸯形盒 1 件、鹿 2 件。青铜器中有鹿角立鹤 1 件。④

楚墓器物内出土了一些家畜和野生动物的骨骼。

江陵九店楚墓 M711 陶鼎内盛有兽骨，经李天元同志鉴定，为乳猪。M712 鼎内装兽骨。M295 一件陶鼎内盛有兽骨，经鉴定为乳猪骨。M451 棺底板下置幼犬，现残留下颌骨等残片，头箱下层器物竹笥内装禽骨。M51 一件竹笥内放有幼犬肋骨。M33 出土有乳猪肩胛骨、兽骨。M453 出土了兽骨。M78 出土了乳猪、鲫鱼、家鸡、家猪、水牛、山羊。⑤

曾侯乙墓束腰平底大鼎中有 7 件鼎内装有牛、羊、猪、鱼、鸡的骨骼。Ⅰ式盖鼎 5 件，盖上分别有 3 个水牛形纽，有 2 件鼎内装有牛骨，2 件鼎内装有猪骨，1 件鼎内装有鳙鱼 4 尾。Ⅱ式盖鼎 1 件，内装雁骨。Ⅳ式盖鼎 2 件，其

① 湖北省文物考古研究所：《江陵望山沙冢楚墓》，文物出版社 1996 年版。
② 湖北省文物考古研究所编著：《江陵九店东周墓》，文物出版社 1995 年版。
③ 湖北省荆沙铁路考古队编：《包山楚墓》，文物出版社 1991 年版。
④ 湖北省博物馆编：《曾侯乙墓》，文物出版社 1989 年版。
⑤ 刘华才：《包山二号楚墓动物遗骸的鉴定》，参见湖北省荆沙铁路考古队编：《包山楚墓》，文物出版社 1991 年版。

中一鼎内装 2 只完整的乳猪，另一鼎内装有雁骨。镬鼎 2 件，内装牛骨。甗 1 件，内装牛骨。9 件小簋中有 1 件内装有猪骨。铜餐具盒 2 件，一件装两只完整的乳猪，另一件装雁的骨骼。[1]

长阳香炉石遗址第三层属东周时期遗存，从出土的动物骨骼可知有环纹货贝、剑状毛蚌、鳙、鲇鱼、环颈雉、鹤、豪猪、猕猴、家猪、野猪、苏门羚、水鹿、赤麂、黑麂、黄麂、喜马拉雅麝、菲氏麂、马、家犬、食蟹獴、猪獾、黑熊。[2]

秭归官庄坪遗址东周时期遗存出土的动物骨骼有狗、家猪、野猪、猪科、大角鹿。[3]

重庆中坝遗址春秋战国时期的地层中出土了马鹿、鹿、麋鹿、毛冠鹿、獐、黄麂、麂、猪、犀牛、狗、貉、棕熊、貂、狗獾、猕猴、猴、金丝猴、兔、黑家鼠、中华竹鼠、竹鼠，在战国至秦代的地层中还出土了标志气温降低的白唇鹿。[4]

《楚辞》中记载了楚国的许多动物，有的动物是自然界不存在的，属人类想象加工的产物，属神性的动物，是升天的工具，如龙、凤凰、虬、鹥、羲和、望舒、飞廉、鸾皇、雷师、丰隆等。大多数动物是自然界存在的动物，如骐骥、马、鸷鸟、鸩、鹈鴂、鸠、乌、麇、蛟、鼋、鱼、豹、猿、燕、雀、乌、鹊、狐、鸡、鹜、燕、蝉、雁、鹍鸡、蟋蟀、犬、牛、鳖、羔、鸽、鹄、青兕、鸽、虎、鲤、鳙、短狐、王虺、蝮、蝮蛇、蜮、豕、豺、蠵、龟、豚、鸹、鹑、鲭、孔雀、鹍、鸿、鹜鸽、鸿鹄、鹔鹴。在屈原的作品里，有的动物

---

[1] 高耀亭、叶宗耀、周福璋：《曾侯乙墓出土动物骨骼的鉴定》，参见湖北省博物馆编：《曾侯乙墓》，文物出版社 1989 年版。

[2] 陈全家等：《香炉石巴文化遗址动物遗存研究》，参见陈全家等：《清江流域古动物遗存研究》，科学出版社 2004 年版，第 134—187 页。

[3] 武仙竹、周国平：《湖北官庄坪遗址动物遗骸研究报告》，参见国务院三峡工程建设委员会办公室等编著：《秭归官庄坪》，科学出版社 2005 年版，第 612—614 页。

[4] 朱诚等：《重庆忠县中坝遗址出土的动物骨骼揭示的动物多样性及环境变化特征》，《科学通报》2008 年第 5 期。

象征正义，如鸾鸟、凤凰、骐骥、黄鹄。有的动物象征邪恶或含有贬义，如鸩、燕、雀、乌、鹊、鸡、鹜、凫、雁、驽马、驽骀、众鸟。诗人丰富的想象能力来自生活，说明当时楚人就是这样看待动物的，各种动物的象征意义是楚文化长期积淀的结果，由此可见，动物与人类的精神生活存在着密切的联系。我们将《楚辞》中有关动物的内容摘录如下：

《离骚》：

"乘骐骥以驰骋兮，来吾道夫先路。"

"步余马于兰皋兮，驰椒丘且焉止息。"

"鸷鸟之不群兮，自前世而固然。"

"驷玉虬以乘鹥兮，溘埃风余上征。"

"饮余马于咸池兮，总余辔乎扶桑。"

"吾令羲和弭节兮，望崦嵫而勿迫。"

"前望舒使先驱兮，后飞廉使奔属。鸾皇为余先戒兮，雷师告余以未具。吾令凤鸟飞腾兮，继之以日夜。"

"朝吾济于白水兮，登阆风而绁马。"

"吾令丰隆乘云兮，求宓妃之所在。"

"吾令鸩为媒兮，鸩告余以不好。雄鸠之鸣逝兮，余犹恶其佻巧。"

"凤凰既受诒兮，恐高辛之先我。"

"恐鹈鴂之先鸣兮，使夫百草为之不芳。"

"为余驾飞龙兮，杂瑶象以为车。"

"麾蛟龙使梁津兮，诏西皇使涉予。"

"凤凰翼其承旗兮，高翱翔之翼翼。"

"驾八龙之婉婉兮，载云旗之委蛇。"

《九歌·云中君》：

"龙驾兮帝服，聊翱游兮周章。"

《九歌·湘君》：

"驾飞龙兮北征，邅吾道兮洞庭。"

《九歌·湘夫人》：

"鸟何萃兮苹中，罾何为兮木上？沅有茝兮澧有兰，思公子兮未敢言。"

"麋何食兮庭中？蛟何为兮水裔？朝驰余马兮江皋，夕济兮西澨。"

《九歌·大司命》：

"乘龙兮辚辚，高驰兮冲天。"

《九歌·河伯》：

"乘白鼋兮逐文鱼，与女（汝）游兮河之渚。"

"波涛涛兮来迎，鱼鳞鳞兮媵予。"

《九歌·山鬼》：

"乘赤豹兮从文狸，辛夷车兮接桂旗。"

"雷填填兮雨冥冥，猿啾啾兮狖夜鸣。"

《九歌·国殇》：

"凌余阵兮躐余行，左骖殪兮右刃伤。霾两轮兮絷四马，援玉枹兮击鸣鼓。"

《九章·涉江》：

"驾青龙兮骖白螭，吾与重华游兮瑶之圃。"

"步余马兮山皋，邸余车兮方林。"

"入溆浦余僔佪兮，迷不知吾所如。深林杳以冥冥兮，猿狖之所居。"

"鸾鸟凤凰，日以远兮。燕雀乌鹊，巢堂坛兮。"

"鸟飞反故乡兮，狐死必首丘。"

《九章·怀沙》：

"凤凰在笯兮，鸡鹜翔舞。"

《九章·思美人》：

"车既覆而马颠兮，蹇独怀此异路。勒骐骥而更驾兮，造父为我操之。"

《九章·悲回风》：

"鸟兽鸣以好群兮，草苴比而不芳。鱼葺鳞以自别兮，蛟龙隐其文章。故荼荠不同亩兮，兰茝幽而独芳。"

《远游》：

"驾八龙之婉婉兮，载云旗之逶蛇。"

《卜居》：

"将泛泛若水中之凫，与波上下，偷以全吾躯乎？宁与骐骥抗轭乎？将随驽马之迹乎？宁与黄鹄比翼乎？将与鸡鹜争食乎？"

"蝉翼为重，千钧为轻。"

"龟策诚不能知此事。"

《九辩》：

"燕翩翩其辞归兮，蝉寂寞而无声；雁雍雍而南游兮，鹍鸡啁哳而悲鸣。独申旦而不寐兮，哀蟋蟀之宵征。"

"猛犬狺狺而迎吠兮，关梁闭而不通。"

"却骐骥而不乘兮，策驽骀而取路。当世岂无骐骥兮？诚莫之能善御。凫雁皆唼夫梁藻兮，凤欲飘翔而高举。"

"众鸟皆有所登栖兮，凤独遑遑而无所集。"

"谓骐骥兮安归？谓凤凰兮安栖？"

"骐骥伏匿而不见兮，凤凰高飞而不下。鸟兽犹知怀德兮，云何贤士之不处？骥不骤进而求服兮，凤亦不贪喂而妄食。"

《招魂》：

"肥牛之腱，臑若芳些。"

"腼鳖炮羔，有柘浆些。鹄酸臇凫，煎鸿鸧些。露鸡臛蠵，厉而不爽些。"

"君王亲发兮，惮青兕。"

《大招》：

"魂乎无南！南有炎火千里，蝮蛇蜒只。山林险隘，虎豹蜿只。鳙鳙短狐，王虺骞只。魂乎无南！蜮伤躬只。"

"内鸧鸽鹄，味豺羹只。魂乎归来，恣所尝只。鲜蠵甘鸡，和楚酪只。醢豚苦狗，脍苴蒪只。炙鸹烝凫，粘鹑陈只。煎鰿臛雀，遽爽存只。"

"孔雀盈园，畜鸾皇只。鹍鸿群晨，杂鹙鸧只。鸿鹄代游，曼鷫鸧只。魂乎归来，凤凰翔只。"

三、华北及东北地区的动物

内蒙古林西县井沟子春秋战国时期墓地 50 座墓葬殉葬了动物，主要是家畜，种类有绵羊、马、牛、驴、骡、狗、狐狸、鹿、獐和背角无齿蚌。其中饲养的动物为前 6 种，共计 98 个个体。而野生动物只有后 4 种，共 4 个个体。[1]

---

① 陈全家：《内蒙古林西县井沟子遗址西区墓葬出土的动物遗存研究》，《内蒙古文物考古》2007 年第 2 期。陈全家：《内蒙古林西县井沟子西梁遗址出土的动物遗存》，《内蒙古文物考古》2006 年第 2 期。

《国语·鲁语》载："仲尼在陈有隼集于陈侯之庭而死，楛矢贯之，石砮其长尺有咫。陈惠公使人以隼如仲尼之馆问之。仲尼曰：隼之来也远矣！此肃慎氏之矢也。昔武王克商，通道于九夷、百蛮，使各以其方赂来贡，使无忘职业。于是肃慎氏贡楛矢、石砮，其长尺有咫。先王欲昭其令德之致远也，以示后人，使永监焉，故铭其栝曰'肃慎氏之贡矢'，以分大姬，配虞胡公而封诸陈。"隼来自肃慎氏生活的东北地区。

《国语·晋语七》载："（晋悼公）五年（公元前 568 年），无终子嘉父使孟乐因魏庄子纳虎豹之皮以和诸戎。"韦昭注："悼公五年，鲁襄四年。无终，山戎之国，今为县，在北平。子，爵也。嘉父，名也。孟乐，嘉父之臣。庄子，魏绛。和诸戎，诸戎欲服从于晋。"河北北部一带当时有虎、豹一类动物。

《左传》昭公四年（公元前 538 年，晋平公二十年），楚国使者椒举出使晋国，要求诸侯到楚国会猎。晋平公不想答应，他的大臣司马侯建议答应楚国的要求。晋平公说："晋有三不殆，其何敌之有？国险而多马，齐楚多难。有是三者，何向而不济？"司马侯回答说："恃险与马，而虞邻国之难，是三殆也。四岳、三涂、阳城、大室、荆山、中南，九州之险也，是不一姓。冀之北土，马之所生，无兴国焉，恃险与马，不可以为固也，从古以然。"晋国和冀北多养马，晋国位于今山西一带，冀北指今河北北部地区。

《战国策·楚策一》载："赵、代良马橐他，必实于外厩。"战国时期赵、代一带出产良马和橐他（即骆驼）。

荀子说周边地区的各种物产为中原所用，其中就有各地的代表性动物。《荀子·王制》载："北海则有走马吠犬焉，然而中国得而畜使之；南海则有羽翮齿革曾青丹干焉，然而中国得而财之；东海则有紫紶鱼盐焉，然而中国得而衣食之；西海则有皮革文旄焉，然而中国得而用之。"北海物产有马、犬，南海物产有鸟羽、象齿、犀革、青铜、丹砂，东海物产有紫紶、鱼、盐，西海物产有皮革、牦牛尾。

《史记·匈奴列传》载："匈奴，其先祖夏后氏之苗裔也，曰淳维。唐虞以上有山戎、猃狁、荤粥，居于北蛮，随畜牧而转移。其畜之所多则马、牛、羊，其奇畜则橐驼、驴、骡、駃騠、騊駼、驒騱。"匈奴一带出产最多的就是马、牛、羊，另外还有橐驼、驴、骡、駃騠、騊駼、驒騱。橐驼就是骆驼，骡就是骡，駃騠是北方骏马，騊駼是一种青色马，驒騱是一种野马。

四、《山海经》与《尔雅》记载的各地动物

《山海经》中记载了291种动物，以兽类、鸟类为数较多，并涉及猛兽、猛禽，还有以猛兽为原型的各种动物图腾。[①] 列表如下。

《山海经》中动物种类的数目

类　别	数　目
化石类	3
螺蚌类	10
螃蟹类	2
昆虫类	4
鱼类	40
两栖类	4
爬行类	21
鸟类	100
兽类	207
合计	391

《山海经》对各山系的动物做了详细的记载，许多神怪类的动物未必实际存在。下面我们看看各山系的动物。

《南山经》各山系的动物有狌狌、白猿、怪兽、怪鱼、蝮虫、怪蛇、鹿蜀、旋龟、鲢、类、猾㺼、鹖鸼、九尾狐、灌灌、赤鱬、狸力、鹈、长右、猾裹、蝮虫、彘、鳖鱼、鴸、茈蠃、蛊雕、犀、兕、象、瞿如、虎、蛟、凤凰、怪鸟、鳟鱼、颙、大蛇、鹧雏。

《西山经》之首，该山系位于华山、秦岭一带。动物有㸙羊、䳤渠、肥蟥、牸牛、赤鷩、葱聋、鸱、鲜鱼、㸙羊、肥遗、人鱼、豪彘、嚣、橐𪈱、

---

① 郭郛、[英] 李约瑟、成庆泰：《中国古代动物学史》，科学出版社1999年版，第78页。

豹、尸鸠、犀、兕、熊、罴、白翰、溪边、栎、杜衡、玃如、数斯、犟、鹦鹉、旄牛、麢、麝鹛。

《西次二经》，该山系位于关中北部。动物有白蛇、鹦鹉、虎、豹、犀、兕、鸾鸟、㸨牛、羬羊、白豪、凫徯、朱厌、麢羊、麋、鹿、罗罗。

《西次三经》，该山系位于甘肃一带。动物有举父、蛮蛮、鼓、文鳐鱼、蠃母、鹰、鹗、槐鬼离仑、有穷鬼、陆吾、土蝼、钦原、鹑鸟、鲭鱼、长乘、西王母、狡、胜遇、少昊、狰、毕方、文贝、天狗、江疑、三青鸟、傲㺐、鸱、耆童、蛇、帝江、蓐收、讙、鹑鹑。

《西次四经》，该山系位于陕北、内蒙古、甘肃东部一带。动物有白鹿、当扈、蛇、白狼、白虎、白雉、白翟、㸨牛、羬羊、鸮、神魂、蛮蛮、冉遗之鱼、驳、穷奇、黄贝、蠃鱼、鳋鱼、𪊖𪊖之鱼、龟、湖熟、人面鸮。

《北山经》之首，该山系位于青海、西藏、新疆地区。动物有滑鱼、水马、朦疏、鹑鹑、儵鱼、何罗之鱼、孟槐、䲠䲠之鱼、麢羊、蕃、橐驼、寓、耳鼠、孟极、幽鹗、足訾、鹩、诸犍、鹩、那父、辣斯、旄牛、长蛇、赤鲑、兕、𪉆鸠、窦窳、𩾌𩾌之鱼、鳒鱼、山獐、诸怀、鲭鱼、肥遗、马、狗、龙龟。

《北次二经》，该山系位于今山西北部等地区。动物有闾、麈、白翟、白鵒、鳖鱼、騨马、狍鸮、独𤞞、鸳鹓、居暨、嚻、马、䱻、怪蛇。

《北次三经》，该山系位于今山西东部太行山一带。动物有䮝、鹣、人鱼、天马、鹠鹠、飞鼠、领胡、象蛇、鲐父之鱼、酸与、肥遗之蛇、鸪鹠、黄鸟、白蛇、飞虫、精卫、鳠、鼋、辣辣、橐驼、鹛、师鱼、獂、罴、蒲夷之鱼、大蛇。

《东山经》之首，该山系位于山东一带。动物有鳙鳙之鱼、活师、从从、蚩鼠、箴鱼、鳡鱼、堪予之鱼、鯈蟏、狪狪、茈蠃（蠃）。

《东次二经》，该山系的动物有軨軨、鸟兽、蜼珧、珠蟞鱼、犰狳、大蛇、朱獳、鵹鹕、大蛇、獙獙、蠪蛭、袯袯、挈钩。

《东次三经》，该山系的动物有媭胡、虎、𬶐鱼、麋、鹿、鳣鲔、大蛇、蠵龟、鲐鲐、精精。

《东次四经》，该山系的动物有猲狙、𪁺雀、鳛鱼、美贝、茈鱼、薄鱼、文贝、当康、鲭鱼、合窳、蜚。

《中山经》，该山系的动物有𪄲、豪鱼、天婴、飞鱼、朏朏。

《中次二经》，该山系位于今河南伊水东、南部。动物有闾、麋、鹍、鸣蛇、化蛇、蟨蚳、马腹。

《中次三经》，该山系位于今河南黄河南部。动物有熏池、夫诸、驾鸟、仆累、蒲卢、武罗、鹒、飞鱼、黄贝、泰逢。

《中次四经》，该山系位于今洛河上游南岸河南西南部、陕西秦岭南部一带。动物有麈、犀渠、獭、臧羊、人鱼、牸牛、臧羊、赤鷩、马肠之物。

《中次五经》，该山系位于今洛河上游北岸河南西南部、陕西秦岭南部一带。动物有駚鸟、麋。

《中次六经》，该山系位于今洛河上游北岸河南西南部、陕西秦岭一带。动物有骄虫、鸰鹦、旋龟、人鱼、修辟之鱼、牸牛、臧羊、鷩、马。

《中次七经》，该山系位于今河南嵩山一带。动物有山膏、天愚、文文、三足龟、鯩鱼、䲹鱼、鯑鱼。

《中次八经》，该山系位于今鄂西山区等地区。动物有文鱼、牦牛、豹、虎、鲛鱼、闾、麋、蠱围、豹、虎、麝、鹿、白䳭、翟、鸩、闾、麈、鷹、鴢、计蒙、涉蠱、犳、兕、牛、闾、豺、鹿、虎、豕、白犀。

《中次九经》，该山系位于今川西高原。动物有虎、豹、龟、鼍、犀、象、夔牛、翰、鷩、麋、麈、怪蛇、鷔鱼、鷹、鴢、兕、窃脂、狍狼、熊、罴、猿、蜼、蛇、闾、鸩、豕、鹿、鷹、鸩。

《中次十经》，该山系动物有䟒踵、鸜鹆。

《中次十一山经》，该山系位于今河南西南伏牛山一带。动物有蛟、人鱼、鷹、麋、鸣蛇、雍和、耕父、鸩、婴勺、豹、虎、青耕、獜、玄豹、闾、麈、鷹、鴢、三足鳖、蛟、猴、人鱼、蛟、颉、狙如、鱼、蛟、鸜鹆、狋即、梁渠、駅𫚕、闻豨。

《中次十二山经》，该山系位于今湖南一带。动物有鸟、兽、于儿、怪鸟、麋、鹿、麏、就、蜼、豕、鷹、麝、白蛇、飞蛇、怪蛇、怪虫。①

《尔雅》的《释虫》《释鱼》《释鸟》《释兽》《释畜》中可考证的动物有299种，加上未考证的动物，数量有300余种。其中鸟类数目最多，达95种；

---

① 袁珂校注：《山海经校注》，巴蜀书社1993年版。

其次是兽、昆虫，分别为 67 种和 61 种；鱼类为 24 种。[1] 列表如下。

类　别	《释虫》	《释鱼》	《释鸟》	《释兽》	《释畜》	合　计
蚯蚓类	1					1
蛭　类	1	1				2
螺贝类		16				16
多足类	4					4
蟹　类		3				3
蜘蛛类	4					4
昆虫类	60	1				61
两栖类	1	6				7
爬虫类		15				15
鱼　类		24				24
鸟　类			95			95
兽　类		1	3	48	15	67
合　计	71	67	98	48	15	299

---

[1] 郭郛、[英] 李约瑟、成庆泰：《中国古代动物学史》，科学出版社 1999 年版，第 108—109 页。

第六章

先秦时期的土壤环境

土壤结构跟气候密切相关。土地的质量决定了农业的丰歉，也决定了是否适合人类生存。人类发明农业以后，越来越依赖土地。因此我们要了解历史，不可不了解土壤。

第一节　先秦文献对土壤的记载

一、《禹贡》 对土壤的记载

《禹贡》对全国的土地情况进行了系统的总结，并根据土壤的情况制定了赋税的等级。"冀州既载……厥土惟白壤，厥赋惟上上错，厥田惟中中。……济河惟兖州……厥土黑坟。……厥田惟中下，厥赋贞。……海岱惟青州……厥土白坟，海滨广斥，厥田惟上下，厥赋中上。海岱及淮惟徐州……厥土赤埴坟，草木渐包，厥田惟上中，厥赋中中。淮海惟扬州……厥土惟涂泥，厥田惟下下，厥赋下上错。荆及衡阳惟荆州……厥土惟涂泥，厥田惟下中，厥赋上下。荆河惟豫州……厥土惟壤，厥田惟中上，厥赋错上中。华阳黑水惟梁州……厥土青黎，厥田下上，厥赋下中三错。黑水西河惟雍州……厥土惟黄壤，厥田惟上上，厥赋中下。"现将各州的土壤和赋税情况列表如下。

《禹贡》九州土壤情况表

州	雍州	徐州	青州	豫州	冀州	兖州	梁州	荆州	扬州
土	黄壤	赤埴坟	白坟	壤	白壤	黑坟	青黎	涂泥	涂泥
田	上上	上中	上下	中上	中中	中下	下上	下中	下下
赋税	中下	中中	中上	错上中	上上错	贞	下中三错	上下	下上

雍州位于今陕西、内蒙古、甘肃、宁夏，属黄土堆积的中心地带，其色

黄，故名"黄壤"。徐州位于今山东、江苏、安徽，土为黏土，红色，故名"赤埴坟"。青州位于今山东、河北，濒海地区为盐碱地，所以称之为"白坟"。豫州位于今河南、山东，土色杂而不纯，统称为"壤"，《说文》谓："壤，软土也。"《汉书·地理志》谓："柔土曰壤。"壤土应是一种肥美的土壤。冀州位于今山西、河北、河南一带，土壤干燥，土的颜色呈白色，所以叫"白壤"。兖州位于今山东、河北、河南，土呈黑色而肥沃，故称为"黑坟"。梁州位于今陕南、四川，土壤呈青黑色，也很肥沃，故名为"青黎"。荆州位于今湖北、湖南，扬州位于今江苏、安徽、江西、浙江，地下水位高，土壤潮湿，故称之为"涂泥"。

二、《管子·地员》对土壤的记载

《管子·地员》是一篇战国时代的生态植物学文章，具有很高的学术价值。根据实地考察资料，阐述地势高下、水泉深浅、土质类型与植物种类的关系。夏纬英的《管子地员篇校释》一书，对《管子·地员》进行了详细注释，我们主要参考此书的注释来理解此篇的文意。[①] 文章叙述的顺序是从海拔低的地区到海拔高的地区。

（一）平原地区的田地

"渎田"指江淮河济四渎之间的田，属冲积平原。根据地下水水位的高低，可将渎田分为五种。计量地下水位深度的单位为"施"，一施等于七尺，土的名称就用地下水深度来命名。

第一种土为"五施"，即息土，即地下水位深五施，在三十五尺下见到泉水，从钻孔里呼喊，回声为角声。息土肥沃，五谷都适合于种植。适宜生长的草为蚖蓄、杜松，"杜松"当是"杜荣"之误，就是现在的"芒"，是大平原中习见的植物。适宜生长的树木为楚、棘，"楚"即"荆"，就是大平原中习见的荆条，棘就是酸枣，也是大平原上习见的灌木。水呈苍色，居民坚强。

第二种土叫"四施"，即赤垆，在二十八尺下见到泉水，从钻孔里呼喊，

---

① 夏纬英校释：《管子地员篇校释》，中华书局 1958 年版。

回声为商声。赤垆即红色垆土，疏松、刚强而肥沃，五谷都可以种。所产的麻洁白，织出的布精细。适宜生长的草为白茅和藋，白茅现在也叫白茅，藋就是小苇。适宜生长的树木为赤棠，赤棠就是杜梨。水呈白色而有甜味，居民长寿。

第三种土叫"三施"，即黄唐，在二十一尺下见到泉水，从钻孔里呼喊，回声为宫声。黄唐为黄色而虚脆的盐碱土，只适宜种植黍、秫，黍就是稷的黏者，秫就是粟的黏者。人们把这种不宜耕种的地区划为泽薮之区。由于常有水患，不能设邑建立围墙，只能设置可以移动的篱笆墙。适宜生长的草为白茅。适宜生长的树木为樗、擩、桑，樗就是香椿，擩就是树叶较小的一种楸树。泉水呈黄色而有臭味，居民迁徙。

第四种土为"再施"，即斥埴，在十四尺下见到泉水，从钻孔里呼喊，回声为羽声。斥埴就是一种带盐质的黏土，适宜种植大菽与麦，即大豆和小麦。适宜生长的草为蕡、藋，蕡可能是香附子，藋是小苇。适宜生长的树木为杞，杞就是红皮柳或筐柳。泉水味咸，居民迁徙。

第五种土为"一施"，即黑埴，在七尺下见到泉水，从钻孔里呼喊，回声为徵声。黑埴即黑色的黏土，适宜种植稻、麦。适宜生长的草为苹、蓨，苹、蓨皆为蒿属。适宜生长的树木为白棠，白棠就是杜梨。泉水色黑味苦。

夏纬英认为《管子·地员》所记载的情况与今日华北平原情况大致相符，只是水泉似较今日为浅，这大概是当时的山地多有森林的缘故。

（二）丘陵地带

丘陵地带比渎田的海拔要高，地下水位随之逐渐变深。根据丘陵地带地势的高低，列举了十五种丘陵地貌，即坟延、陕之芳、祀陕、杜陵、延陵、环陵、蔓山、付山、付山白徒、中陵、青山、赤壤葝山、陛山白壤、徙山、高陵徒山，到水泉的深度从坟延的六施递增到高陵徒山的二十施。

（三）山地

山地从高到低，依次为县（悬）泉、复吕、泉英、山之材、山之侧，植物种类因地势的高低也不一样，呈垂直分布。

县（悬）泉是最高的山，山高森林茂密，保存了雨水，因此地下水位高，二尺下即可见到泉水，地表水流出来就是县（悬）泉。适宜生长的草为如

（茹）茅和走，如（茹）茅可能是生长于高山的禾本科植物，走可能是生长于高山的莎草科植物。适宜生长的树木为楠，楠就是落叶松，一般生长在海拔2000—3000 米之间。

复吕在三尺下可见到地下水。适宜生长的草为鱼肠和莸，莸是一种有气味的植物。适宜生长的树木是柳，柳为山地所生的柳属，与平原的柳树不同。

泉英在五尺下可见到泉水。适宜生长的草为蕲、白昌，蕲可能是当归或芹，白昌就是菖蒲，菖蒲既生于平原，也生于山上有水处。适宜生长的树木为杨，杨为山杨。

山之材在十四尺下可见到泉水。适宜生长的草为兢、蔷，兢可能是豨莶草，生于山地，蔷可能就是麦门冬或天门冬，生长于较低山地。适宜生长的树木为格，格为梓属。

山之侧在二十一尺下可见到泉水。适宜生长的草为萐、蒌，萐即旋花属植物，蒌即蒌蒿。适宜生长的树木为品榆，品榆即"枢榆"，就是刺榆，刺榆生长在山麓或近山的地方，华北习见。

"凡草土之道，各有榖造。或高或下，各有草土。"在一个有水有陆的小环境里，也像前面山上的植被一样，植物也呈垂直分布，从水面到陆地，文中依次列举十二种植物为叶、樊、苋、蒲、苇、蘧、蒌、荓、萧、薜、萑、茅。叶可能是荷，樊可能是芰或菰，苋就是莞属植物，三者都属水生植物。蒲就是香蒲，生于浅水。苇就是芦苇，生于浅水或水边湿地，介于水陆之间。蘧是旱生的苇，蒌是蒿属的一种，荓当是现在的扫帚菜，萧当是蒿属植物，薜可能为莎草，萑当是现在的益母草，茅就是白茅，从蘧到白茅均属陆生植物。

（四）土壤的等次与物产

土壤可以分为十八个等次。十八个等次可归为上土、中土、下土三等，上土包括前六个等次，中土包括七至十二等次，下土包括十三至十八等次。

1. 五粟

又称粟土，就是息土，为群土之长。颜色或赤，或青，或白，或黑，或黄。粟土湿而不黏，干而有润，不黏车轮，不污手足。五谷都可种植，尤其适宜种秫的两个品种大重和细重。在丘陵低山的阴坡阳坡都适合生长桐、柞，长得秀美高大，桐就是白桐或泡桐，柞就是橡栎。榆、柳、㮨、桑、柘、栎、槐、杨都长得又直又高。㮨就是山桑。柘现在仍名为柘，桑科植物。栎是柞栎之属。息土所形成的泽地水中多鱼，草地适宜放牧牛羊。山麓适宜生长竹、枣、楸、楢、檀，楢为栎属，檀就是青檀。生长着五种香草，即薜荔、白芷、蘼芜、椒、连。椒就是花椒，连就是连翘。香草令人少病长寿，士民皆好，其民工巧。泉水呈黄白色，这方水土使人长得美丽。土壤干又不太干，湿又不太湿，无论地势高下，都保持着水分。

2. 五沃

颜色或赤，或青，或黄，或白，或黑。土质疏松有空隙，虫豸隐藏其中。土色不是白色，土下面是润泽的。种植粟的两个品种大苗、细苗，红茎黑穗而秆长。沃土在丘山、冈陵之地，在陬隅或阳坡的左右，种植桐、柞、扶、櫄、白梓、梅、杏、桃、李，长得秀美；种植棘、棠、槐、杨、榆、桑、杞、枋，长得高大挺拔。棘是酸枣，棠就是杜，杞是柳属植物，枋可能是樬子木。在丘陵山岗的阴坡种植楂、藜，即山楂和梨树。在丘陵山岗的阳坡种植麻类，地势或高或下，无不适宜，麻长得大者如竹如苇，长得细者如藿如蒸。也可种植香草类，如连、蘼芜、藁本、白芷。连即连翘。藁本是伞形科的芳香植物，根做药用，或做香料。沃土所形成的泽地水中多鱼，草地适宜放牧牛羊。泉水呈白青色，居民身体健康，少有疥疾，也没有头痛病。沃土干而不裂，湿又不太湿，无论地势高下，都保持着水分。

3. 五位

位土杂有五色。这种土既不结成块垒，也不粉散若灰。土呈青色，质地疏松，不纯而带有杂质。种植谷类大苇无、细苇无，红茎白穗。位土在冈陵、隚衍、丘山适宜种植竹、枣、楸、楢、檀、榆、桃、柳、楝，树木高大。可以生长桑、松、杞、茸。还生长药类植物如姜、桔梗、小辛、大蒙，小辛又叫细辛，大蒙疑即牡蒙，又名王孙。山中有浅水处生长着茳、芹，茳是生于湿地或浅水处的茳草。山麓生长着榆树。半山腰里生长着箭、苑。山边的地方生长着黄虻、白昌、山藜、苇、芒，黄虻当是葫芦科的贝母，白昌即菖蒲，山藜为藜草的一种，苇即芦苇，芒即杜荣。生长着许多药材，可以预防人民的疾病。山麓的杂木林带有槐、楝、柞、穀，穀就是构树。树林里聚集着麋、麀、鹿等动物。泉水呈青黑色，居民性廉、省食、少事。无论地势高下，都保持着水分。

4. 五蕰

五蕰即隐土。土呈黑色而有杂质，土质疏松而肥沃，粉解如灰。种植櫚葛，櫚葛是稻，赤茎黄穗。种植果木产量比五粟、五沃、五位三土差十分之二。

5. 五壤

又名壤土。种植大水肠、细水肠，赤茎黄穗。大水肠、细水肠即水稻的两个品种。除此之外，还可以种植其他农作物。种植果木产量比五粟、五沃、五位三土差十分之二。

6. 五浮

五浮中夹杂沙粒，水分充足，不离不裂。种植蕰忍，蕰忍当是谷名，叶似小苇，叶上长毛，黄茎或黑茎，黑穗。种植果木产量比五粟、五沃、五位三土差十分之二。

7. 五壏

土质疏松，能够保持水分。种植大稷、细稷，赤茎黄穗。种植果木产量比五粟、五沃、五位三土差十分之三。

8. 五纑

五纑即垆土，为刚强之土。种植大邯郸、细邯郸，大邯郸、细邯郸为稻名。种植果木产量比五粟、五沃、五位三土差十分之三。

9. 五壏

土质疏松虚脆，一种盐碱土。种植大荔、细荔，大荔、细荔为谷名，青茎黄穗。种植果木产量比五粟、五沃、五位三土差十分之三。

10. 五剽

剽土轻散而色白。种植大秬、细秬，即黑黍，黑茎青穗。种植果木产量比五粟、五沃、五位三土差十分之四。

11. 五沙

五沙属沙土，细土夹粗沙。种植大蒉、细蒉，为黍的两个品种，白茎青穗而带红色。种植果木产量比五粟、五沃、五位三土差十分之四。

12. 五塯

塯土为有石子的土地，不耐水旱。种植大樛杞、细樛杞，为黍的两个品种，黑茎黑穗。种植果木产量比五粟、五沃、五位三土差十分之四。

13. 五犹

五犹土如粪有臭味。种植大华、细华，即黍的别名，白茎黑穗。种植果木产量比五粟、五沃、五位三土差十分之五。

14. 五壮

五壮土色如鼠肝，为红色土。种植青粱，就是粟，黑茎黑穗。种植果木产量比五粟、五沃、五位三土差十分之五。

15. 五殖

五殖属黏土，甚湿才能解散，干后必起鳞裂。种植雁膳、朱跗，可能为水稻，雁膳为黑实，朱跗为黄实。种植果木产量比五粟、五沃、五位三土差十分之六。

16. 五觳

五觳土地贫瘠，不耐水旱。种植大菽、细菽，为大豆的两个品种，果实呈白色。种植果木产量比五粟、五沃、五位三土差十分之六。

17. 五凫

五凫为一种坚脆的盐碱土，就是舄卤。种植棱稻，其两个品种为黑鹅、马夫。种植果木产量比五粟、五沃、五位三土差十分之七。

18. 五桀

五桀很咸而苦，是海滨的斥卤之地，桀土的质量低下。种植白稻，稻米狭长。种植果木产量比五粟、五沃、五位三土差十分之七。

第二节　黄河中游全新世黄土

周昆叔对岐山礼村、渭南北刘、灵宝荆山村、洛阳皂角树四个地点的全新世黄土进行了研究，取得了重要收获。

一、岐山礼村剖面

位于岐山县周原礼村东南半里许刘家沟的西岸黄土陡崖上。其层序如下：

全新世

第六层：耕土层。现代农耕层，厚约 0.40 米。

第五层：新近黄土层。粉沙土，暗黄褐色，含虫孔、根孔、蚯蚓粪、草根，偶含碎瓦片。层底年代距今 2000 年。层厚约 0.50 米。

第四层：褐色顶层埋藏土。黏质粉沙土。A 层，褐色，多细孔、虫孔、根孔，含蚯蚓粪与填土动物穴。较致密，垂向节理发育，柱状，含大量假菌丝体，与下伏 B、C 层不易区分。厚 0.30 米。B、C 层结构与 A 层相似，略显柱状结构。厚 0.50 米。开口于本层顶部的战国秦墓，打破了西周晚期的灰坑。本层底界年代距今约 3000 年。层厚约 0.80 米。

第三层：褐红色顶层埋藏土。黏质粉沙土。上部褐色，下部浅红褐色，底部褐、白、黄色混杂。微细孔，含蚯蚓粪，较上层少。棱柱状结构，较坚实，团粒明显。含假菌丝体，较上层明显少。多填土动物穴。含钙结核层上界的年代距今 8000 年。层厚约 0.60 米。

第二层：杂色黄土。埋藏土与下伏黄土混杂堆积。含钙结核，散布，一般为 1—2 厘米。与下伏马兰黄土界限明显。厚约 0.15 米。本层底界年代距今10000 年。

晚更新世

第一层：马兰黄土。粉细沙土，橙黄色，多微细孔，含少量冲孔，疏松。

出露厚 3.5 米。

二、渭南北刘剖面

位于渭南市沈河上游清水河左岸北刘村东南 50 米处。其层序如下：

全新世

第五层：耕土。厚 0.2 米。

第四层：庙底沟文化层。含细泥质红陶钵口沿碎片。厚 0.5 米。

第三层：红褐色顶层埋藏土。红褐色，块状，较坚硬。多微细孔，底部含钙结核，一般为 1.5—2 厘米，大者可达 5 厘米。层厚 0.15 米，层底距今约 7000 年。

第二层：老官台文化层。含夹沙灰陶筒形罐口缘残片和泥质橘红色盆的残片。厚 1 米。

晚更新世

第一层：马兰黄土。粉细沙，含多量微细孔，疏松，上部含钙质。出露厚 0.4 米。①

三、灵宝荆山村剖面

位于河南灵宝市秦岭北麓荆山峪西岸二级阶地荆山村东的晒谷场南侧。其层序如下：

全新世

第五层：表土层。人工扰动，褐黄色粉沙土，富含有机质，多植物根。厚 0.5 米。

第四层：新近黄土。灰黄色粉沙土，层下部 40 厘米中含一些钙结核，结核大小 1—2 厘米，富含植物根。层厚 1.2 米。

第三层：褐色埋藏土。钙质沿黄土的缝隙富集成白霜状分布，微细孔多，

---

① 周昆叔：《孕育华夏文明的渭河盆地》，参见《周秦文化研究》编委会编：《周秦文化研究》，陕西人民出版社 1998 年版，第 86—87 页。

含个别钙结核，结核大小不超过 1 厘米，层底含有一层战国瓦片。厚 0.5 米。

第二层：褐红色埋藏土。厚 1.2 米。

第二层的 C 层：土呈棱块状结构，钙质多富集成假菌丝状，黄土中垂直分布的缝隙多，上部 30 厘米含一些钙结核，大小 1—3 厘米。厚 0.6 米。

第二层的 B 层：土呈棱块状结构，钙质富集成的假菌丝状物较上层少。不含钙结核。含裴李岗文化的陶片和红烧土。厚 0.4 米。

第二层的 A 层：土为深褐色，钙质少。偶见细角砾。厚 0.2 米。

——————————侵蚀不整合——————————

第一层：砾石层。砾石成分多石英岩，也有砾岩等，磨圆差，大小混杂，大者 20 多厘米，小者 5—10 厘米，厚度 0.2—0.5 米。[①]

四、洛阳皂角树剖面

位于洛阳南郊关林镇皂角村遗址北侧。其层序如下：

全新世

第五层：耕土层。深褐色粉沙质黏土，富含植物残体和蚯蚓粪便，部分显团粒结构。厚 0.35 米。

第四层：新近黄土。浅黄色黏质粉沙土，土壤化程度较低，在剖面上形成一鲜明的黄色条带镶嵌地层中。土质疏松，有的被扰动，偶含炭屑或瓦、砖碎片。含唐宋文化层。厚 0.1 米。

第三层：褐色埋藏土。褐色黏质沙土。多微细孔，有蚯蚓洞穴或粪便。显团粒结构。本层可分为上下两部分，上部深褐色，下部浅褐色。据土壤微结构分析，在土壤孔隙壁上有薄层隐晶质碳酸盐黏粒胶膜，说明该层古土壤为碳酸盐褐土或淋溶褐土。层底含东周文化层，层顶含汉文化层。厚 0.4 厘米。

第二层：深褐红色埋藏土。沙质黏土或黏质沙土。上部 0.7 米，呈深褐红色，向下颜色变浅。多微细孔，有蚯蚓洞穴和粪便，但不如上层多，质较坚硬，呈柱状和棱块状。显团粒结构。上部无假菌丝体，中部少，下部略多。该

——————————

[①] 周昆叔：《铸鼎原觅古：中原要冲荆山黄帝铸鼎原考察纪要》，科学出版社 1999 年版。

层在洛阳地区俗称"红胶泥",据土壤微结构分析,在孔隙上沉积有厚层的流胶状黏粒胶膜,含较多的铁质凝团,说明该层古土壤为棕壤。层顶含二里头文化层。厚1.6米。

晚更新世

第一层:马兰黄土。浅黄色粉沙土,多微细孔,质均,疏松。出露厚0.5米,据钻探马兰黄土厚5—6米。[①]

黄土高原中北部全新世黄土为含黑垆土古土壤层的坡头黄土,而黄土高原东南边缘全新世黄土为含褐红色的近棕壤古土壤,二者存在地域差别,周昆叔称后者为周原黄土。综合四个剖面,可将周原黄土层序归纳如下。

全新世周原黄土(Q_4):

全新世晚期周原黄土。时间距今约3000年至近代。

第六层:耕土。粉沙土,为褐土,富含有机质。厚0.3—0.4米。

第五层:新近黄土。灰黄色粉沙土,成土作用低,质疏松。在礼村剖面该层下伏战国秦墓,故可与秦汉以来历史时期文化层相比。在皂角树遗址该层含唐宋文化层。形成于距今2000年至近代。厚0.3—0.4米。

第四层:褐色埋藏土。褐色黏质粉沙土,呈块状,质较坚。土壤微结构显示微孔中含Ca_2CO_3,黏粒胶膜薄层状,为褐土。在岐山礼村一带本层下伏西周晚期灰坑或地层,而在洛阳皂角树遗址此层下部含东周文化层,故其形成年代距今3000—2000年。该层含春秋、战国和秦汉文化层。厚0.4—0.5米。

全新世中期周原黄土。距今8000—3000年。

第三层:褐红色埋藏土。褐红色黏质粉沙土。渭河盆地西部含由Ca_2CO_3形成的假菌丝体,而豫西东部则少见或不见。结构为棱块状,含团粒,较坚实。渭河盆地西部微结构呈厚层状黏粒胶膜,偶呈叠层状,微孔中含不多的Ca_2CO_3;豫西东部微结构显示黏粒聚集成厚层状,微孔中不见含Ca_2CO_3。这些一方面说明该层为褐土向棕壤过渡,暂称棕褐土,或可能为淋溶褐土,部分为棕壤。另一方面说明关中比豫西雨量少,气温低。古生物有中华竹鼠、獐和凤尾蕨等。此层上部在岐山礼村周原一带,含西周文化层,层底碳十四年龄距

---

① 洛阳市文物工作队编:《洛阳皂角树:1992—1993年洛阳皂角树二里头文化聚落遗址发掘报告》,科学出版社2002年版。

今约 8000 年。

在渭南北刘遗址本层下伏老官台文化层，上覆庙底沟文化层。渑池县班村遗址的裴李岗文化层含于本层下部 0.3 米的地层中，上覆有庙底沟一期和庙底沟二期文化层。在洛阳皂角树遗址本层上部 0.5 米的地层中含二里头文化层，该层含裴李岗、仰韶、龙山文化层和夏、商、周文化层。厚 0.6—1.5 米。

全新世早期周原黄土。时间距今 10000—8000 年。

第二层：杂色黄土。有褐黄、褐红或灰黄色粉沙土。西部可见钙质富集于底层，或聚集成细的钙结核零星分布，在东部盆地不易见到。不过从微结构来看，均富含 Ca_2CO_3。从土壤发生学来看，此层为褐红色埋藏土的淀积层。本层一般不见含文化层，但与此相当的徐水南庄头村遗址湖积层中含距今 10800—10000 年的陶器碎片和新石器；在北京门头沟斋堂东湖林遗址与该层同时期的文化层中含人骨架、灰坑、陶器、石器等。此层下部的年龄距今约 10000 年。厚 0.2—0.5 米。

——————————局部不整合——————————

晚更新世马兰黄土。时间距今 10000 年以上。

第一层：马兰黄土。灰黄色粉沙土。疏松，多孔。下伏第一层埋藏土，厚 3 米以上。[1]

晚更新世的马兰黄土，命名地点在北京市门头沟区斋堂镇马兰峪沟。比马兰黄土更早的黄土为中更新世的离石黄土和早更新世的午城黄土，二者命名地点分别在山西省吕梁市离石区陈家崖和山西省隰县午城镇。

周昆叔把全新世黄土与各时期文化层对应起来研究，使我们能够了解黄河中下游地区各时期的人们是在什么样的土壤环境中生存发展的，也为断定全新世各种土壤和文化层的年代树立了一个标尺。

文化的发展与土壤存在密切的关系。土壤的形成与气候直接相关。我们以渑池县班村遗址剖面磁化率测试结果为例，距今约 8000 年时，当黄土高原东南缘红褐色顶层土发育初期，也为裴李岗文化开初时间，可见土壤为我国黄河中下游农业文明的兴起提供了先决条件。当磁化率明显增多，其曲线处在峰值阶段，骤然出现新的短暂低谷时，裴李岗文化结束，随后仰韶文化诞生。距今

——————————

[1] 周昆叔：《环境考古》，文物出版社 2007 年版，第 97—108 页。

约 3000 年的西周早期，当红褐色顶层埋藏土结束，并转变为褐色顶层埋藏土时期，我国社会发生大变动。距今约 2000 年时，当褐色顶层埋藏土转变为新近黄土沉积时期，我国文化进入秦汉后的历史时期。我国黄土高原全新世地层最明显变化的三个时期，亦即我国黄河中游古文化中三个重要时期，这昭示着环境变化与文化演进间存在着耦合关系。①

1993 年，叶万松、周昆叔等人在洛阳市皂角树遗址的发掘中，将地质地层学与考古地层学结合起来对比研究，弄清了皂角树遗址的地质地层与文化层的对应关系，为我们认识古代文化的发展与土壤的关系提供了一个实例。其对应关系如下。

地质地层划分为 5 层：

全新世周原黄土

第五层：耕作层。黄褐色黏沙，层厚约 0.35 米。

第四层：新近黄土层。浅黄色黏质粉沙土，土质硫松，厚约 0.10 米。

第三层：褐色顶层埋藏土。褐色黏沙土，多孔，有蚯蚓洞，显团粒结构，可细分为上下部，上部褐色较深，下部褐色较浅，层厚约 0.45 米。

第二层：深褐红色顶层埋藏土。沙质黏土或黏质沙土，上部 0.70 米，深褐红色，向下变浅。多孔，有蚯蚓洞，质较坚硬，呈短柱状和棱块状。显团粒结构。上部无假菌丝体，中部少，下部略多。层厚约 1.60 米。在本层上部剖面深 1.10 米，测得 ^{14}C 年龄距今 3660±150 年；剖面深 1.40 米，测得 ^{14}C 年龄距今 5375±135 年。

第一层：马兰黄土。浅黄色黏沙土，微孔多，疏松。出露厚约 0.50 米。

皂角树遗址考古文化层可划分为 4 层及下伏的生土层。

第一层：耕土层，厚约 0.35 米。

第二层：唐代文化层，厚约 0.10 米，相当于地质地层的新近黄土层。此层出土唐代筒瓦残片等唐代遗物，该层下还压一唐代墓葬。

第三层的 A 层：汉代文化层，厚 0.20 米，相当于地质地层中褐色顶层埋藏土的上部。该层出土汉代筒瓦，该层还叠压一汉代灰坑，内出汉代板瓦片。

第三层的 B 层：东周文化层，厚 0.25 米，相当于地质地层中褐色顶层

---

① 周昆叔：《中国环境考古的回顾与展望》，参见周昆叔、宋豫秦主编：《环境考古研究》（第二辑），科学出版社 2000 年版，第 8—10 页。

埋藏土的下部，该层出土东周陶豆、陶壶等遗物。

第三层：二里头文化层，厚约 0.40 米，相当于地质地层中深红褐色顶层埋藏土的上部，含二里头文化陶罐残片等，该层叠压二里头文化早期灰坑。

第四层以下为生土层。

二里头文化是在深红褐色顶层埋藏土的基础上发展起来的。二里头文化的先民们是生活在有别于现今属棕壤的深红褐色顶层埋藏土上部，即在磁化率曲线呈峰值下降的阶段，表明是处在全新世距今 8000—3000 年气候适宜期的晚期，此时的洛阳盆地不像现今处在暖温带的南部，而是处在气温高出现今约2℃，降水也大出约 200 毫米的亚热带北缘。二里头文化先民们在马鹿与梅花鹿等动物出没的以蒿草为主的草原上垦殖，在中性而有机质丰富的棕壤上，不仅善于利用黄土旱作，还能利用冲积平原的水利进行稻作。

在蕴含二里头文化深红褐色顶层埋藏土的末期，大致是距今 3000 年的西周时期，其上覆为褐土类的褐色顶层埋藏土，这说明气候转向干凉，伴随而至的是河湖水位降低，甚至干涸而被填没，气候旱化。

东周秦汉时期人们开垦的土壤是褐色顶层埋藏土。[①]

———————————

① 叶万松、周昆叔、方孝廉、赵春青、谢虎军：《皂角树遗址古环境与古文化初步研究》，参见周昆叔、宋豫秦主编：《环境考古研究》（第二辑），科学出版社 2000 年版，第 34—40 页。

第三节　长江中游及华南地区的土壤

一、长江中游一带的古土壤

　　学者对长江中游地区澧阳平原城头山遗址的地形与地层进行了研究，这里的地形有四级黄土台地、扇形河滩地、洪泛区、谷底平原等类型，地层堆积从下至上依次为细沙→红色网纹红土→黄土→网纹红土→黄土→棕色黄土→黄土→黑色土。

　　各层土壤是在不同的气候环境下逐渐形成的。在民德－里斯间冰期（MIS7c 或 7c）以前的温暖期，在两湖平原，洞庭湖水域扩大，澧阳平原大部分为水域或近水区域，城头山遗址附近为临湖的三角洲，堆积着澧水从上游带来的细沙。

　　在民德－里斯间冰期（MIS7c 以前或 7b）等寒冷期，洞庭湖水位下降，水位退至一级台地以下。此后陆化区域的细沙层在民德－里斯间冰期（MIS7c—7a）的温暖湿润的气候下受到赤色风化，形成红色网纹红土。在该地层中发现了约 20 万年的旧石器。在 20 万年前，人类就活动在红色网纹红土地面上。

　　在寒冷的里斯冰期（MIS6），该地区气候干燥，洞庭湖水位下降到二级台面以下，于是在一级和二级台面上堆积黄土。

　　到最后间冰期即里斯－沃姆间冰期（MIS5e），气候变得温暖湿润，洞庭湖水位上升，湖成层堆积形成三级台面，MIS5e 后水位退至三级台面以下，三级台面沉积物受赤色风化，形成网纹红土，在该地层中发现了约 10 万年前的旧石器。

　　10 万年前，人类活动在网纹红土地面上。

　　在最后冰期即沃姆冰期的 MIS4 期，气候寒冷干燥，黄土开始堆积。到稍温暖湿润的沃姆冰期的 MIS3 期，在黄土上形成了棕色黄土，在棕色黄土层发现了距今 3 万至 5 万年的旧石器。

到最寒冷的沃姆冰期的 MIS2 期，气候再次变得寒冷干燥，洞庭湖水位下降到四级台面以下，形成黄土堆积。

自 MIS2 后的 14000 年起，气候开始变得温暖，澧阳平原黄土台上开始形成黑土。全新世以来人们就在黑色土层上开展生产活动。

据研究澧阳平原上的黄土与黄土高原的黄土来源有别，澧阳平原的黄土来自青藏高原。①

二、华南地区的古土壤

珠江三角洲地区全新世地层自下而上可以分为三段，全新世下段：上部青灰色含腐木碎屑黏土，中部灰黄色中细沙，底部杂色沙砾；全新世中段：青灰色粉沙质细沙及黏土质粉沙；全新世上段：土黄色黏土、含少量粉细沙及少量植物根茎和贝壳等。②

---

① ［日］成濑敏郎：《澧阳平原的黄土与地形》，参见湖南省文物考古研究所、国际日本文化研究中心：《澧县城头山——中日合作澧阳平原环境考古与有关综合研究》，文物出版社 2007 年版，第 32—39 页。

② 龙云作、霍春兰：《珠江三角洲晚第四纪沉积特征》，《海洋科学》1990 年第 4 期。

第七章
先秦时期的矿产分布与利用

人类对自然的认识和利用，是不断进步的。自然界各种物质客观地存在着，随着人类认识水平的提高，自然界的某些物质才会引起人们的关注，加以开采和利用。先秦时期进入人们视野的矿物主要是玉矿、铜锡铅矿、铁矿和盐矿。

第一节　玉矿、绿松石矿的分布与开发

一、先秦时期的玉器概况

我国古玉主要是软玉。古人选玉就是以美为标准，《说文》认为玉就是"石之美有五德者"。从考古发现来看，古人所使用的玉料，除软玉之外，还有绿松石、石英、玛瑙、石髓、氟石和滑石等多种。

考古学家们为我们提供大量的材料表明，中国在新石器时代已经会制造玉器，内蒙古赤峰市敖汉旗宝国吐乡兴隆洼遗址出土的玉器，是目前发现的最早玉器，主要是装饰品。器类有玦、管、锛、凿等。年代为公元前6200—前5400年。

新石器时代环海地区出现了两个制玉高峰：一是环渤海的红山文化，红山文化是中国境内史前时期最早出现的一个玉器制造中心。另一个是环东海的良渚文化，良渚文化以太湖流域为中心，玉器生产规模远远超过红山文化。环海玉器带成为中国新石器文化独具特色的文化区。

红山文化的玉器主要出土于牛河梁遗址群。牛河梁遗址群位于辽宁省朝阳市的建平县与凌源市交界处、努鲁儿虎山谷间蔓延十余公里的多道黄土山梁上。在东西1万米、南北5000米的范围内，发掘了女神庙、祭坛和积石冢等重要红山文化遗存。玉器出土于积石冢，是作为随葬品埋入墓中的。器类主要有玉猪龙、三联玉璧、玉龟、玉环、箍形玉器、钩云形玉佩饰。红山文化玉器影响深远，东边一直到达黑龙江的中俄边境，跨过乌苏里江，进入现在的俄罗

斯。对黄河腹地、长江下游，也有重要影响。从渤海到东海的沿海玉文化带的形成，可能是受红山文化影响的结果。

山东地区也发掘出许多精美的玉器。距今5000年前，安徽凌家滩文化的玉器特别发达。

良渚文化玉器主要出自高级贵族的墓葬之中，出土数量之多，令人叹为观止。1986年发现的反山墓地，位于长命乡雉山村，反山高出现地表仅4米左右，东西长90米，南北宽30米，总面积约2700平方米。西部约被挖去10米长的一段。经发掘，反山是良渚文化时期人工堆筑的高台土冢，土方量有2万余立方米。已经发掘的11座墓葬，大多有棺椁葬具，出土随葬品1200余件套，其中玉器占90%。是目前良渚文化中规格最高的墓地，墓主人生前可能是酋长一级人物。

1987年发掘的瑶山遗址，位于今杭州市余杭区安溪镇下溪湾村。瑶山是一座小山，山顶较为平缓，海拔高程35米。在山顶发现1座祭坛和12座较大墓葬。祭坛遗迹平面呈方形，由里外三重组成。最里面一重偏于东部，是一座红土台，平面略呈方形。第二重为灰色土，在红土台四周挖凿深65—85厘米、宽1.7—2.1米的围沟。第三重为黄褐色斑土筑成的土台，边长约20米，面积约400平方米，土台西北部发现两段曲尺形的石坎。12座墓葬和祭坛基本同时被发掘。出土随葬品700余件套。

1991年发掘的汇观山遗址，与瑶山遗址相似，祭坛面积超过1600平方米，发掘4座墓葬，出土随葬品1700余件套。

良渚文化的玉器有钺、琮、璧、冠形器、三叉形器、锥形饰、珠、管、坠、玦、璜、瑗等。

夏代玉器主要出土于二里头遗址，二里头文化的前身王湾三期文化玉器很少，所以夏朝玉器在数量上逊色于良渚文化，具有明显的自身特色。器类可分为装饰类、礼仪类、工具类，装饰类玉器有镯、柄形饰、玦、环、管、坠等，礼仪类玉器有璋、钺、戈、琮、刀等，工具类玉器有铲、镞、纺轮等。夏朝西与羌族毗邻，东与东夷接壤，南有强劲的对手三苗集团，北部有水平颇高的荤粥。夏民族在强邻压境的环境中，将主要精力消耗在战争中，反映在玉器上，武器类如璋、戈、钺、刀是夏代玉器具有特色的器物。

商朝玉器有了质的飞跃，无论是制玉规模，还是制玉技术，都有很大的进步。殷墟经考古发掘出土的玉器有2000余件，绝大多数出土于大墓和中型墓中，小墓和居住址很少发现。只有贵族，才能够享用玉器。殷墟妇好墓出土玉器多达 755 件。

陈志达研究殷墟玉器后，认为殷墟玉器在琢玉工艺方面有四个特点：①选料用料似有缜密考虑。②造型丰富多彩，精细入微。③玉器花纹匀称协调，线条流畅。④比较熟练地掌握了镂空、钻孔和抛光等技术。

经初步鉴定，安阳殷墟玉料有的来自新疆和田，有的来自南阳独山，有的来自辽宁岫岩。从玉材的来源地看，至迟在商代，中原地区与新疆地区已有了密切联系，在丝绸之路形成以前，已经先有一条玉器之路。《穆天子传》说周穆王到过新疆，原来没什么证据。现在看来，周穆王是否到过新疆虽还不能确定，但新疆与内地在商代已经有比较密切的联系了，甚至还可以向上推溯至石器时代，这是我们过去在文献上见不到的，但考古学提供了铁的证据，改变了我们过去的认识。

商代成都平原三星堆文化、赣江流域的吴城文化玉器制造业都很发达，受到商文化的重大影响，又表现出两地文化的自身特色。

西周玉器有了进一步的发展。西周早期玉器以陕西宝鸡强伯墓地、山西曲沃天马—曲村晋侯墓地和随州叶家山曾侯墓地等出土的玉器为代表，出土了玉鹿、玉鱼等玉器。西周中期玉器以陕西长安张家坡墓地出土的玉器为代表，出土了玉琮、玉龙、玉龙凤人等精美玉器。西周晚期玉器以河南省三门峡市上村岭虢国墓地为代表，该墓地是西周晚期至春秋早期的虢国墓地。公元前 655年，晋国假道灭虢，是该墓地的下限。《左传·僖公五年》载：晋国向虞国借道灭虢，宫之奇反对借道，于是向虞国国君进谏说："谚所谓'辅车相依、唇亡齿寒'者，其虞、虢之谓也。""唇亡齿寒"一语即来源于此。虢国为文王母弟的封国，原来封地在宝鸡，周平王东迁，随之迁到三门峡一带。1955 年，为配合三门峡水库的建设，黄河水库考古工作队在虢国墓地发掘 234 座墓葬、3 座车马坑和 1 座马坑。1990—1999 年，河南省文物考古研究所等又在该墓地发掘 18 座墓葬、4 座车马坑和 2 座马坑。两次发掘都出土了大量玉器。

西周晚期玉器出现一些新的变化：一是由多种玉器组合而成的组佩开始流行。二是玉器受青铜器纹饰的影响，出现卷云纹等纹饰。三是玉覆面即"瞑目"开始出现，如 1994 年山西省曲沃县天马—曲村晋侯墓地 92 号墓葬出土的玉覆面，由 23 块不同的玉片缀在布帛类织物上组成，织物已朽，仅存玉片。用 14 块象征眉、眼、鼻、嘴、髭的玉片组成人面，周围绕以 9 块带扉牙的玉片，紧贴在墓主人脸部。这是汉代玉衣的滥觞。

春秋战国时期的玉器在器形、装饰、琢玉技术等方面，均有较大进步。各国在玉器制造业领域，相互交流，共同发展。总体特征是薄片玉器多，立体的玉雕很少。器形有璧、环、琮、璋、圭、觿、璜、龙形佩、虎形佩、牌饰等。组佩的主要组件为玉璜，其他组件有玉质、玛瑙、水晶、玻璃的珠、管等。春秋晚期出现了剑首、剑格、剑璏、剑珌等玉剑饰。玉器纹饰受同期青铜器纹饰的影响，流行蟠虺纹、云纹、谷纹、"S"形纹等。纹饰或为阴线，或为隐起，或阴线与隐起相结合，手法多样，碾琢精致。

春秋早期玉器以河南光山宝相寺黄君孟夫妇墓出土的玉器为代表。春秋中晚期玉器以河南淅川和尚岭楚国箴尹克黄墓地、下寺令尹子庚墓地出土的玉器为代表。楚国本地有玉矿，宫廷有专门的琢玉专家玉人。和氏璧的故事，妇孺皆知。最早的记载见于《韩非子·和氏》记载："楚人和氏得玉璞楚山中，奉而献之厉王，厉王使玉人相之。玉人曰：'石也。'王以和为诳，而刖其左足。及厉王薨，武王即位，和又奉其璞而献之武王。武王使玉人相之。又曰：'石也。'王又以和为诳，而刖其右足。武王薨，文王即位。和乃抱其璞，而哭于楚山之下，三日三夜，泣尽而继之以血。王闻之，使人问其故。曰：'天下之刖者多矣，子奚哭之悲也？'和曰：'吾非悲刖也，悲夫宝玉而题之以石，贞士而名之以诳，此吾所以悲也。'王乃使玉人理其璞而得宝焉，遂命曰'和氏之璧'。"史书上不见楚厉王，楚武王、文王是春秋早期的楚国国君，则和氏为春秋早期人。和氏璧不是玉璧，而是一块玉料。完璧归赵之璧就是和氏璧。《太平御览》卷六百八十三引崔浩《汉纪音义》曰："（秦始皇）传国玺是和氏璧作之。"据史载，在五代时，后唐最后一个皇帝李从珂抱着和氏璧自焚，和氏璧才失传。

楚怀王曾将夜光之璧作为重要礼品送给秦国，如《战国策·楚策一》载："楚怀王乃遣使车百乘，献鸡骇之犀、夜光之璧于秦王。"

江汉地区还出产随侯之珠，如《史记·李斯列传》载："今陛下致昆山之玉，有随、和之宝。"

该时期吴国、晋国的玉器也很有名。在江苏六合程桥2号墓出土了玉蟠虺纹剑首、剑格。山西太原晋国赵卿墓出土了剑首、剑璏、剑珌等，放置在墓主人的身边和腰侧。以上两墓时代为春秋晚期，开启了战国西汉玉具剑的先河。《左传》僖公二年记载："晋荀息请以屈产之乘，与垂棘之璧，假道于虞。"说明晋国垂棘所产的璧属于宝物，当时就很知名了。

曾侯乙墓出土的玉器堪称战国玉器的杰作。曾侯乙墓位于随州市擂鼓墩。墓葬下葬时间约为公元前433年，为战国早期。曾侯乙墓出土的玉器经鉴定，属新疆和田玉。出土的玉器主要有虎形玉佩、龙形玉佩、圆雕玉龙佩、鸟首形玉佩、十六节龙凤玉佩、四节龙凤玉佩、玉琮、玉带钩、玉璧、玉璜、透雕玉璜、玉剑等。

河南淅川徐家岭战国早期楚国贵族墓葬出土的玉器也很精美。出土谷纹玉璧、卷云纹璧、卷云纹环、玉璜等器物。

战国早期无锡鸿山越国贵族墓地出土玉器48件。蛇凤纹带钩、三角形神兽管、凤形玉佩、双龙管形佩、龙凤璜、双龙首璜是富有地方特色的玉器。鸿山玉器代表了越国最高水平的治玉工艺。鸿山越国玉器既受中原文化、楚文化的影响，又表现出越国的地方特色。

战国中期玉器以河北平山中山王墓、河南辉县固围村魏王室墓、河南信阳楚墓、湖北荆州望山楚墓、荆州熊家冢陪葬墓等出土的玉器为代表。荆州熊家冢陪葬墓出土的玉器数量最多，器形有璧、璜、环、珠、管、龙形佩等。

战国晚期玉器以淮阳平粮台M16、安徽寿县楚王墓、安徽长丰战国晚期楚墓出土的玉器为代表。出土的玉器有龙凤玉佩、双首龙形玉佩、璧形佩、凤首龙形佩、双龙同体佩、龙凤佩、金钮玉环、双首龙形玉璜、龙首璜等。

春秋战国时期的玉材主要来自和田，质地温润莹泽。

二、玉矿的分布

《山海经》对各地矿物记载得系统而详细。这是战国时期系统记录矿物分布情况的专著。当时了解的矿物种类还不是很多。主要是金、银、玉、铜、铁、丹粟、青臒等矿物。各山系的矿物分布情况可参见前文所列《山海经》矿物分布情况。

《战国策·秦策三》载："臣闻周有砥厄，宋有结绿，梁有悬黎，楚有和璞。此四宝者，工之所失也，而为天下名器。"由此可知，周、宋、梁、楚皆出美玉。

先秦时期人们观察玉矿附近的环境，得出一些规律性的认识，认为有玉矿的地方，草木生长得格外滋润，深潭里有珠，岸边的岩石也是湿润的，如

《荀子·劝学》载："玉在山而草木润，渊生珠而崖不枯。"

中国玉器制造业源远流长，先秦时期制玉技术已经达到了较高水平。根据专家鉴定，先秦玉材主要来自以下玉矿。

1. 岫岩闪石玉和岫岩蛇纹石玉

栾秉璈称"软玉"或"透闪石玉"为"闪石玉"。闪石玉是由角闪石类矿物（主要是透闪石，有时含有少量阳起石和其他杂石）组成，达到工艺要求的才是玉，否则就是岩石。

岫岩闪石玉因产于辽宁岫岩县而得名，又称"岫岩软玉"，当地人称为"老玉""河磨玉"。形成于前元古界（距今 15.9 亿年前）辽河群大石桥组的富镁碳酸盐（白云岩）中，属于层控超变质热液交代矿床，近期亦称"蛇纹石型闪石玉矿床"。岫岩闪石玉按产出状况可分为山料（原生矿，当地人称为"老玉"）、河料（产于河中，当地人称为"河磨玉"）、山流水（坡积物）。按颜色可分为：黄白玉、绿玉、青玉、墨玉、糖玉。组成矿物透闪石占95%以上，墨玉中有少量阳起石，其他杂质矿物有白云石、方解石、磷灰石、粒硅镁石、绿帘石、蛇纹石、滑石、石墨、石英、黄铁矿、磁黄铁矿、磁铁矿和褐铁矿等。显微镜观察，呈纤维交织变晶结构为主，块状构造为主，偶尔亦见斑杂状构造和天然"白化"现象的岫岩闪石玉。摩氏硬度为 6—6.5 度。比重为 2.91—3.02g/cm^3。折光率为 1.60—1.62。岫岩闪石玉氧化亚铁一般含量大于 2%，微量元素普遍含有铬、钴、镍。

蛇纹石玉是由蛇纹石矿物组成的。由蛇纹石矿物组成的集合体，即称"蛇纹岩"，蛇纹岩只有达到工艺要求的才被称为"蛇纹石玉"。蛇纹石化学成分中常含有铁，有时含有锰、铝、镍、钴、铬等金属元素杂质，可使蛇纹石玉呈现白、黄、淡黄、绿、浅绿、翠绿、暗绿和黑绿等多种颜色或杂色。杂质矿物有方解石、透闪石、绿泥石等。蛇纹石玉的硬度为 2.5—4（个别情况下达 5.5）。比重为 2.44—2.62 g/cm^3。折光率为 1.56—1.57。

兴隆洼文化、查海文化和红山文化的玉器即取材于岫岩玉矿，生产地与玉矿相隔千里。

2. 溧阳小梅岭闪石玉

亦称"小梅岭透闪石软玉""小梅岭软玉""梅岭玉"。位于江苏省溧阳市小梅岭。小梅岭闪石玉产于中生代燕山期（距今 1.8 亿—0.7 亿年）花岗岩与下二迭统栖霞组镁质碳酸盐接触变质带中。矿体呈脉状，围岩主要是硅卡岩和透闪石岩。颜色有白色、灰白色、青白色、青色等多种色调。经过钟华邦、闻广、牟永抗、邹厚本等专家的研究考察，最终确定小梅岭有透闪石玉矿，填补了江南软玉产地的空白。

小梅岭玉矿的发现，为寻找良渚文化玉材的来源提供了宝贵的线索，但目前还没有证据证明良渚文化的玉材肯定就来自这里。

3. 南阳独山玉

独山玉又名"南阳玉"，因产于河南省南阳市东北的独山而得名。独山玉是一种"蚀变斜长岩"独特类型的玉石，组成矿物除斜长石（钙长石）外，还有黝帘石、绿帘石、透闪石、阳起石、透灰石、绢云母、金云母、黑云母、方解石、榍石等多种矿物。独山玉呈致密块体，已知最大块体有十数吨。硬度为6—6.5。通常不透明，优质者半透明。由于所含有色矿物和多种色素离子，使独山玉的颜色多样，有绿、白、紫、黄、杂色五个色系。其中50%以上为杂色玉，10%为白色玉。玉石中含铬时呈绿色或翠绿色，同时含钛、铁、铬、锰、镍、钴、锡、锌时多呈紫色，含钒时呈黄色，同时含铁锰时呈淡黄色。从所含有色矿物来看，其绿色直接同阳起石、透灰石、绿帘石有关，淡红色与黝帘石有关，白色与斜长石有关。

据河南省地质工作调查，独山之上有古代采玉的矿坑千余个，可见其开采规模之大。1958年，南阳黄山遗址出土一件距今6000年多年的玉铲，经鉴定材料为独山玉，证明独山玉的开采历史可追溯到新石器时代。后来又在仰韶文化、屈家岭文化时期的18处遗址中发现了独山玉制品，其中以斧、铲、凿、镰等工具类玉器为主。殷墟妇好墓出土的玉器中有一件可能是独山玉。[①] 元朝的渎山大玉海是一个大玉瓮，现放置于北京北海公园团城玉瓮亭，高70厘米，短口径135厘米，长口径182厘米，最大周长493厘米，膛深55厘米，约重3500千克，可贮酒30余石。堪称蒙古汗国时期的杰作，世祖至元二年（1265年）琢成此器，材料为墨玉，玉色青白夹带黑色。器物周身碾琢隐起的海龙、海马、海羊、海豚、海犀、海蛙、海螺、海鱼、海鹿等海中瑞兽13种，形态生动，气势雄伟。乾隆皇帝命玉工重新对花纹进行了加工。2004年5月25日，

---

① 陈志达：《殷墟玉器的玉料及其相关问题》，《商承祚教授百年诞辰纪念文集》，文物出版社2003年版，第93—98页。

地质界、珠宝界、玉器界等专家学者一致确认，渎山大玉海的玉质就是独山玉，原料应来自南阳的独山。[①]

4. 龙溪闪石玉

亦称"龙溪软玉"，简称"龙溪玉"。龙溪闪石玉产于四川省汶川县龙溪乡直台村。赋矿地层为志留系（距今4.4亿—4亿年）结晶灰岩夹变质基性火山岩，呈层状产出。含龙溪闪石玉的是层状透闪石化白云质大理岩，夹少量斑花大理岩。矿体呈不规则的透镜状，位于白云质大理岩和透闪石片岩中，闪石玉矿体与透闪石片岩呈渐变关系。龙溪闪石玉主要颜色有黄绿或淡绿，次为绿、深绿及青灰等色。颜色不够鲜艳，质地不够细润。组成矿物透闪石占98%以上，杂质矿物有白云石、滑石、石榴石和榍石。

广汉三星堆遗址玉石器材料来源于距成都约50公里的龙门山脉南段，即茂县—汶川—灌县一带。龙门山脉至今仍是我国强烈活动的地震带之一，曾经过多次岩浆活动，从而形成了分布广泛的花岗岩、流纹岩、大理岩、蛇纹石、白云石等多种岩浆岩和变质岩。[②] 成都金沙村遗址玉石器材料来源与三星堆玉器一致。[③]

5. 和田闪石玉

产于新疆昆仑山，以著名产地和田为名，亦称"和田透闪石玉""和田软玉""昆山玉"，简称"和田玉"。和田闪石玉矿产于前寒武系片岩夹碳酸盐（距今6亿年前）和花岗闪长岩接触变质带中，为华力西期（距今4亿—2.25亿年）非蛇纹石型闪石玉矿床。和田闪石玉按产出状况可分为山料、山流水

① 栾秉璈编著：《古玉鉴别》，文物出版社2008年版，第61—63页。

② 核工业西南地质局测试中心刘兴源、巫声扬、王德生，四川省文物考古研究所三星堆工作站陈德安、敖天照：《三星堆一、二号祭祀坑出土玉石器岩石类型薄片鉴定报告》，参见四川省文物考古研究所编：《三星堆祭祀坑》，文物出版社1999年版，第500—514页。

③ 杨永富、李奎、常嗣和：《金沙村遗址玉、石器材料鉴定及初步研究》，参见成都市文物考古研究所、北京大学考古文博院编著：《金沙淘珍——成都市金沙村遗址出土文物》，文物出版社2002年版，第193—200页。

和子玉三类。按颜色可分为白玉（包括羊脂白玉在内）、白玉子料、青白玉、青玉、黄玉、墨玉及糖玉。组成矿物主要是透闪石，其他杂质矿物很少。白玉中透闪石含量多数大于 99%，少数（青白玉）在 98% 左右，青玉中透闪石含量在 99%—97% 之间，少数为 97%—95%。杂质矿物有磁铁矿、磷灰石、绿帘石、透灰石、镁橄榄石、白云石和石英等。纤维交织变晶结构为主。密度致密块状构造和片状构造。摩氏硬度为 6.5—6.9。比重为 2.66—2.97 g/cm^3，其中白玉为 2.922 g/cm^3，青玉为 2.976 g/cm^3，墨玉为 2.66 g/cm^3。折光率为 1.60—1.64。玻璃至油脂光泽，微透明至不透明。化学成分的最大特征是氧化亚铁含量少于 2%，微量元素中不含铬、钴、镍。

据陈葆章、杨伯达研究结果，距今 6600 多年，半坡仰韶文化中期已经出土了和田闪石玉制造的玉斧、玉铲，说明和田闪石玉距今 6000 多年前已被运至关中，打破了原始社会就地取材的惯例，这是一件了不起的突破。[1]

齐家文化玉器有的玉料来自新疆和田，齐家文化地域正处于新疆和田玉通往中原的交通要道之上，对于研究和田玉何时进入中原，具有重要价值。

1951 年，李济在《殷墟有刃石器图说》一文中指出，殷墟有刃石器 444 件中有玉器 7 件，经地质学家阮维周教授鉴定，7 件玉器质料都是南阳玉。[2] 1978—1992 年，不少专家对安阳殷墟妇好墓 300 件样品鉴定结果，玉料主要是新疆玉（包括和田玉）。[3]

西周早期洛阳北窑墓地、平顶山应国墓地、鹿邑太清宫镇长子口墓、扶风黄堆村 M22、宝鸡竹园沟强伯墓地、扶风杨家堡（79SFYM4）出土的闪石玉，经过鉴定，来自和田玉。

西周中期扶风黄堆村（M1、M4）、扶风齐家村（FQM19）、扶风强家村（81 扶强 M1）、扶风北吕村（FBYXM6FBBDM251）、岐山贺家村（76QHZM7、76QHM110、M112、78QHM50、M48）、宝鸡強国墓地、洛阳北窑西周中期墓

---

① 杨伯达：《中国古代玉器概述》，参见杨伯达：《古玉史论》，紫禁城出版社 1998 年版，第 20 页。

② 张光直、李光谟编：《李济考古学论文选集》，文物出版社 1990 年版，第 375 页。

③ 陈志达：《殷墟玉器的玉料及其相关问题》，《商承祚教授百年诞辰纪念文集》，文物出版社 2003 年版，第 93—98 页。

葬、平顶山应国墓地（M84）出土的玉器经过鉴定，以闪石玉为主，材料来自和田玉。

西周晚期上村岭虢国墓地出土的玉器经过鉴定，材料以新疆和田闪石玉为主。

春秋时期大量玉料来自新疆和田玉，新疆和田玉业已进入了主流时代，并被春秋时期的思想家管子、孔子赋予了"德"的观念，玉器的内涵更加丰富。

战国时期玉器材料也主要以新疆和田闪石玉为主。[1]《史记·李斯列传》载："今陛下致昆山之玉，有随、和之宝，垂明月之珠，服太阿之剑，乘纤离之马，建翠凤之旗，树灵鼍之鼓。"张守节《正义》："昆冈在于阗国东北四百里，其冈出玉。"说明秦王政时，秦国从新疆获得玉材。经鉴定，湖北随州曾侯乙墓出土的大量玉器，材料也来自新疆和田玉。

6. 马鬃山玉矿

马鬃山玉矿遗址位于甘肃省肃北县马鬃山镇西北 22 公里，遗址面积约 5 平方公里，发现古矿井百余处，防御型建筑 11 处。2011 年，甘肃省文物考古研究所对此遗址进行了发掘，发掘面积 150 平方米。清理出矿坑 1 处、防御型建筑 2 处、作坊址 2 处、灰坑 12 处。根据调查采集和出土的陶器断代，时代从四坝文化，经骟马文化，一直到汉代。[2] 四坝文化时代与夏代相当，下限进入商代早期。骟马文化时代相当于商代。这是甘肃境内目前所见年代最早的一处古代玉矿遗址。

三、绿松石矿

绿松石简称"松石"，它是铜和铝的含水磷酸盐矿物。颜色以天蓝色为主，也有绿色、蓝绿色和淡绿色者。硬度 5—6。比重为 2.6—2.9。块体呈蜡状光泽，不透明，折光率为 1.61—1.65。我国绿松石矿多产在寒武纪（距今 5

---

[1] 栾秉璈编著：《古玉鉴别》，文物出版社 2008 年版，第 334—365、384、412、453 页。

[2] 甘肃省文物考古研究所：《甘肃肃北马鬃山玉矿遗址 2011 年发掘简报》，《文物》2012 年第 8 期。

亿年前）或志留纪（距今 4 亿年前）地层的碳质页岩中。

绿松石也是古人特别喜爱的玉石，早在裴李岗文化时期（距今 8200—7000 年），先民就利用绿松石制作装饰品，先秦时期人们一直保持了这一传统。栾秉璈认为《禹贡》《尔雅》《穆天子传》等诸多古书记载的"璆琳琅玕"，直译就是"球状绿松石珠"或"粒状绿松石珠"，简称"绿松石珠"，也就是出土物中的珠、管等绿松石制品。经过统计，他提出一个令人深思的问题："新石器时代出土绿松石制品，在东北、内蒙古地区和黄河流域经常出现，特别是黄河流域从裴李岗文化、仰韶文化、大汶口文化、龙山文化、马家窑文化到齐家文化，都有绿松石制品，而为什么在长江中下游地区的新石器时代文化类型中，反而极为少见，这一现象早已引起考古学家和古玉专家的重视。此外，从二里头文化（夏）经商、西周到春秋战国，绿松石的出土地点依然如此，主要在黄河流域，只是在浙江省有一点，云南、河北在战国时增多。"①

绿松石矿主要有如下几处。

1. 湖北绿松石

湖北绿松石矿分布在郧西、郧县、竹山，发现了 40 多处矿点。绿松石产在含碳质、硅质岩层中，形成于早寒武世（距今 5 亿年前）。绿松石矿体呈透镜状、脉状产出，通常块度不大。

2. 陕西绿松石

产于陕西省安康地区白河县，发现了 20 多处矿点。成矿特征与湖北基本相似，同属一个区域性的大矿带，但赋存绿松石的岩层时代不同，含矿岩层的地质时代为志留纪（距今 4 亿年前）。岩层岩性为含碳质石英绢云母片岩及绢云母片岩。

3. 河南绿松石

产于河南省淅川县，与湖北绿松石属于同一个区域性的大矿带。绿松石呈翠绿色，块度不大，多数只有核桃和红枣那么大。

4. 新疆绿松石

新疆绿松石产地位于新疆哈密地区戈壁滩的黑山岭，北距哈密市 250 公

---

① 栾秉璈编著：《古玉鉴别》，文物出版社 2008 年版，第 44 页。

里。绿松石呈绿色和天蓝色，产于早寒武世的碳质、硅质岩层中，距今5亿年前。该矿山于1981年被新疆地质工作者发现，2001年8月，栾秉璈等再次进行考察。绿松石矿化带东西分布长达2.5公里，宽5—40米。在整个矿化带上，有古代采坑10多处，其中一个老硐深10米左右。山岗上发现了古代矿工居住的圆顶小屋房基，在山南坡也发现了古代矿工的居址、红陶片及打制石器。栾秉璈断定黑山岭绿松石矿山乃是新石器时代已开采的古矿山。这一发现非常重要，为几个重大问题的解决提供了线索。河西甸子应该产于黑山岭，而非波斯气里马泥（今伊朗克尔曼）所产。《禹贡》所载"雍州之璆琳琅玕"，也是产于黑山岭。马家窑文化、齐家文化的绿松石制品，其材料也可能来自黑山岭。

5. 云南绿松石

其产地位于昆明市以西的安宁市。其产于赤铁矿的裂隙中，块度很小，一般为1—3毫米，大者5毫米。云南江川李家山、楚雄万家坝、剑川鳌凤山出土的春秋时期绿松石饰品，其原料可能来自安宁矿山。①

---

① 玉矿部分参考栾秉璈编著：《古玉鉴别》，文物出版社2008年版，第27—63页。

第二节　铜、锡、铅矿的分布与开发

中国古代青铜器是由铜、锡、铅的合金铸造而成的，我们在探讨铜、锡、铅矿产地之前，先介绍一下青铜器。

一、青铜器

青铜，就是红铜和锡的合金，有的是红铜和锡、铅的合金，少量是红铜和铅的合金。用青铜铸造的器物就叫青铜器。

青铜具有以下几个特点：

①熔点低。红铜熔点为1083℃，随着加锡的数量不同，熔点发生相应的变化，若加15%的锡，熔点则降为960℃。若加25%的锡，熔点则降为800℃。

②硬度大。现代研究成果表明，随着加锡的数量不同，硬度也发生相应的变化。红铜硬度是布氏硬度的35度，若加锡5%—7%，硬度就增高到50%—60%，若加锡7%—9%，硬度就增高到70%—80%，青铜中锡的成分占20%时，其延伸率为40%，抗拉强度约为30公斤/毫米^2，硬度约为200度。加铅也可以降低熔点。古人根据铸造器物的用途，加入不同数量的锡。《周礼·考工记》一书学者们认为是战国时代的著作，是对夏、商、周以来青铜铸造等技术的科学总结。该书记载了制作不同器物的不同合金比例："六分其金而锡居一，谓之钟鼎之齐（剂）。五分其金而锡居一，谓之斧斤之齐。四分其金而锡居一，谓之戈戟之齐。三分其金而锡居一，谓之大刃之齐。五分其金而锡居二，谓之削杀矢之齐。金锡半，谓之鉴燧之齐。"

	铜（%）	锡（%）
钟鼎之齐	83.3	16.7
斧斤之齐	80	20
戈戟之齐	75	25
大刃之齐	66.7	33.3
削杀矢之齐	60	40
鉴燧之齐	50	50

根据现代科学分析，后母戊鼎铜占 84.77%，锡占 11.64%，铅占 2.79%，郑州出土的两件大方鼎铅占 17%，锡占 3.5%。与《考工记》所记相符。

③化学性质稳定。

④铸造性能好。铜锡合金的液体填充性能好，无孔不入，铸造的铜器很少有砂眼，具有良好的铸造性能。

二、青铜时代

青铜时代是青铜作为制造工具、用具和武器的重要原料的人类物质文化发展阶段。

最早提出这一概念的学者是丹麦的考古学家汤姆生，他于 19 世纪中叶，主要根据人类使用的工具和武器等物，把丹麦博物馆的藏品分为石器时代、青铜时代、铁器时代。这一分期法真实地揭示了人类生产发展的历史过程，为广大学者所接受，至今仍被人们使用。马克思也给予了肯定，马克思在《资本论》中指出："从来的历史记述，一直不大注意物质生产的发展，也就是不大注意一切社会生活和一切现实历史的基础。但是对于历史以前的时期，人们至少曾根据自然科学的研究，而又是根据所谓历史的研究，那就是根据工具和武器的材料，把它分作石器时期、铜器时期和铁器时期。"[1]

青铜时代文化在世界各地的发展不平衡，有早有晚。伊朗南部、土耳其和

---

[1]［德］马克思：《资本论》（第一卷），人民出版社 1963 年版，第 174 页。

美索不达米亚一带，最早使用青铜器，大约在公元前第 4000 年初。欧洲在公元前第 4000 年中出现铜器。印度在公元前第 3000 年中，非洲约不晚于公元前第 1000 年，美洲则于公元 11 世纪以前在秘鲁和玻利维亚形成冶铜中心。

中国历史上也存在一个青铜时代，并且具有典型性和鲜明的自身特色。陶范铸造技术是中国人的一项重要发明，青铜礼器占据主要地位。清人阮元说："器者，所以藏礼，故孔子曰：'唯器与名，不可以假人。'"青铜是宝贵的材料，青铜器因此显得十分珍贵，青铜礼器又赋予了特殊的社会含义，所以青铜礼器又被称为"彝器"。《左传》襄公十九年载臧武仲对季孙说："……且夫大伐小，取其所得以作彝器，铭其功烈，以示子孙。"晋杜预注："彝，常也，谓钟鼎为宗庙之常器。"又在《左传》昭公十五年注："彝，常也，谓可常宝之器。"

中国的青铜时代大约从公元前 2000 年开始，至战国结束。所谓的开始和结束，都是一个渐变的过程，产生需要一个相当长的探索时期，衰落也需要一个过渡阶段。郭沫若在《两周金文辞大系图录考释》一书中，根据铜器的形象学的考古方法，对青铜器的造型、花纹和铭文进行了综合研究，将青铜器分为五期。

第一期：滥觞期——大率相当于殷商前期。

第二期：勃古期——殷商后期及周初成康昭穆时期。

第三期：开放期——恭懿以后至春秋中叶。

第四期：新式期——春秋中叶至战国末年。

第五期：衰落期——战国末叶以后。

郭沫若这一分期结论，基本上反映了中国青铜器的发展规律。根据现在的考古资料，滥觞期时代要提前到夏代，龙山时代为铜石并用时代，其他的分期仍然正确。他的标准器断代研究方法给予后人很大的启发，陈梦家、郭宝均等青铜器研究专家都沿着这一思路，取得了丰硕的研究成果。

三、铜矿

中国铜矿资源主要集中分布于长江中下游、川滇地区、山西中条山、甘肃白银等铜矿区，其中长江中下游铜矿带居于首位。大冶矿区铜矿储量居全国第二，品位居全国之首。

《诗经·鲁颂·泮水》载："憬彼淮夷，来献其琛，元龟象齿，大赂南金。"说明春秋时期鲁僖公时淮夷一带产铜。

《周礼·考工记》载："吴、粤之金锡，此材之美者也。"吴、粤境内的铜、锡矿，其产地应位于长江中游。

《尚书·禹贡》记载荆州和扬州贡金三品，金三品就是金、银、铜，铜的产地集中分布在荆、扬二州。

《史记·货殖列传》载："江南出楠、梓、姜、桂、金、锡、连、丹砂、犀、玳瑁、珠玑、齿革。""江南卑湿，丈夫早夭。多竹木。豫章出黄金，长沙出连、锡，然堇堇物之所有，取之不足以更费。""夫吴自阖庐、春申、王濞三人招致天下之喜游子弟，东有海盐之饶、章山之铜。"

《史记·李斯列传》载："必秦国之所生然后可，则是夜光之璧不饰朝廷，犀象之器不为玩好，郑、卫之女不充后宫，而骏良駃騠不实外厩，江南金锡不为用，西蜀丹青不为采。"说明南方分布着大量的有色金属矿。

楚国拥有大量铜矿，在与中原国家交往中还赏赐铜锭。《左传》僖公十八年载："郑伯始朝于楚，楚子赐之金。既而悔之，与之盟曰：'无以铸兵。'故以铸三锺。"阮元校勘记：石经、宋本、淳熙本、岳本、纂图本、闽本、监本、毛本"锺作钟"。

华北地区也有铜矿，如《史记·货殖列传》载："龙门碣石北多马、牛、羊、旃裘、筋角；铜、铁则千里往往山出棋置。"

《管子·地数》载："出铜之山四百六十七山。""出铁之山三千六百九山。"《山海经·中山经》最后部分有相同的记载。

考古已经发掘了一些古代采矿遗址，简要介绍如下。

1. 湖北大冶铜绿山古矿冶遗址

湖北黄石和大冶境内共发现矿冶遗址 55 处，最著名的要数大冶铜绿山古矿冶遗址。根据调查与发掘情况可知，铜绿山古矿冶遗址分布范围为：北起大冶湖边的乌鸦布尔塘，南迄铜（铜山口）大（大冶）铁路，东起铜绿山矿尾沙库，西迄柯锡太村，东西长约 1 公里，南北长约 2 公里，面积约 2 平方公里。考古专家在这里发现了 7 处露天开采遗址和 10 余处井下开采遗址。

从 1974 年 1 月至 1985 年 7 月，考古部门连续对铜绿山古矿冶遗址进行发掘，共发掘了 6 处采矿遗址、2 处冶炼遗址。发掘总面积 4923 平方米，发掘古代采矿竖（盲）井 231 个、平（斜）巷 100 条、炼炉 12 座。

根据[14]C 测年数据和考古类型学研究，铜绿山采矿遗址的开采年代从商代晚期开始，经西周、春秋，直到战国至西汉时期，不间断地开采了千余年时间，其后隋唐时期在早期的遗址上又继续开采。

当时人们已经掌握了多种找矿的方法。首先利用矿体露头找矿。如《管子·地数》篇记载："上有丹砂者，下有黄金。上有慈石者，下有铜、金。上有陵石者，下有铅、锡、赤铜。上有赭者，下有铁。此山之见荣者也。"其次采用开采竖井探矿。在考古发掘中，发现一部分断面小的竖井，分布密集，有的开凿在花岗闪长岩内证明无矿；有的开采在绢云母化硅卡岩内，证明接近矿体；有的则开凿在矿体内，并沿着矿脉跟踪开采。再次就是利用重沙分析技术找矿。在铜绿山各个时期的古矿井中，都发现了船形木斗，还发现了木杵和木臼。将矿土在木臼中捣碎，装入船型木斗，然后放在水中淘洗，泥土洗走后，金属矿物沉于盘底，沉淀愈多，说明品位愈高。

开采技术已经达到了较高水平。铜绿山古矿冶遗址开采技术的显著特点是采用竖井、平巷和盲井联合开拓法进行深井开采。这些井巷相互贯通，层层延伸，最大井深可达60米，科学地解决了井巷开拓、井巷支护、采矿方法、矿井提升、矿井排水、井下照明和深井通风等技术难题。

战国以前井巷开拓主要使用青铜工具，如铜斧、铜镢和铜锛。到了战国时期，铁器已广泛用于矿业生产，如铁斧、铁锤、铁钻和铁锄等，开采能力增强。

为了防止井巷塌陷，战国以前主要采用榫卯结构木支护技术。战国至西汉时期竖井主要采用垛盘结构、平巷采用鸭嘴结构等符合力学原理的木支护技术。经支护后的井巷，能有效地承受顶压、侧压、底压。

采矿技术不断进步。战国以前从地表矿体露头向下开拓竖井，达到富矿时，即开拓平巷，平巷下部再开凿盲井，这样跟踪矿脉，逐渐向下延伸，有矿即采，无矿即停。战国至汉代采用的是上向式方框支柱充填法。先将斜巷开拓到矿体底部，然后再凿穿脉平巷进入矿体，进行开采，下层采完后再采上层。矿石经手选后运到地表，贫矿和废石填充到下层巷道。这样既有效地处理了下层采矿区，保证了上层采矿区的安全，又减少了大量废石的运输。

矿石提升技术可分为两个阶段。战国以前采用人工提升，战国至汉代用辘轳提升。

古矿井已经形成了一套完整的排水系统。用木水槽将水引入专门设置的排水巷道，流入集水井，然后用木桶和提升工具将水排除地表。

井下通风是利用井口高低不同所产生的气压差形成自然风流进行通风，同时关闭废弃巷道，控制风的流向，使空气达到最深的作业面。

井下照明材料为竹签，既可以单根燃烧，又可以扎成火把照明。①

从商文化的分布范围来看，商王朝应该直接控制了铜绿山的铜矿开采权，至于西周时期，西周王朝也可能代替商朝直接控制了铜绿山的铜矿资源。再后来则是楚国成了铜绿山铜矿的新主人，如有的学者认为铜绿山古矿冶遗址的国属为楚②，还有的学者认为两周之际楚人还没到大冶，西周至春秋早期铜绿山古铜矿的主人为古越族，到楚成王时，铜绿山已成为楚国的囊中之物。③

2. 湖北阳新港下矿冶遗址

位于湖北阳新富池镇港下村，北距长江约 10 公里，矿山西边的富河直通长江，水上交通十分便利。1985—1986 年，湖北省博物馆和阳新县博物馆进行正式发掘，发掘总面积 170 平方米。阳新港下的古矿井有竖井和平巷两种。竖井的支护框架大的为日字形，小的为口字形。日字形框架井口较大，井框内空长约 420、宽约 300 厘米，全用圆木支护。4 根粗原木，直径约 25 厘米，组成一个长方形框架，在长方形框架中间支撑一根直径约 15 厘米的原木，构成日字形框架。口字形框架较小，呈正方形，由 4 根直径约 15 厘米的圆木支撑而成。竖井与平巷交会处建造马头门。平巷的每一组支护框架由 3 根圆木构成，圆木的直径约 22—25 厘米，2 根立柱埋入矿体或围岩中，上端砍成弧形凹叉，凹叉上架设横梁，横梁上铺木板，盖板排列得不严密的地方，铺藤或竹的编织物，最后在巷道顶部填塞树叶。在矿井中发现了铜锛、铜削、木铲、绳耙、木楔、木水槽等遗物。根据^{14}C 测年数据，阳新港下古矿冶遗址的开采时间约相当于西周晚期至春秋早期。④

3. 江西瑞昌铜岭矿冶遗址

1988 年，江西瑞昌西北铜岭也发现了集采、冶、炼于一地的古矿冶遗址，

---

① 黄石市博物馆编著：《铜绿山古矿冶遗址》，文物出版社 1999 年版。

② 夏鼐、殷玮璋：《湖北铜绿山古铜矿》，《考古学报》1982 年第 1 期。

③ 张正明、刘玉堂：《大冶铜绿山古铜矿的国属——兼论上古产铜中心的变迁》，参见张正明主编：《楚史论丛》，湖北人民出版社 1984 年版。

④ 港下古铜矿遗址发掘小组：《湖北阳新港下古矿井遗址发掘简报》，《考古》1988 年第 1 期。

采区面积为 7 万平方米。冶炼区则分布在矿山脚下附近的地区，分布范围 20 万平方米，炼渣堆积层厚 0.60—3.40 米不等。1988—1991 年，江西省文物考古研究所、瑞昌市博物馆连续 4 个秋冬对采矿区进行了抢救性发掘，清理发掘面积 1800 平方米、布方 18 个。在此范围内清理出矿井 103 口、巷道 19 条、露采坑 3 处、探矿槽坑 2 处、工棚 6 处、选矿场 1 处、研木场 1 处，还有用于矿山管理的围栅设施等遗迹。发掘和征集铜、木、竹、石、陶等文物计 468 件。既有露天开采，也有井下开采的方式。竖井与平巷相结合，均采用了支护技术，竖井采用间隔框架支护，平巷采用间隔排架式支护。框架外侧用木板或木棍支护，以防止围岩脱落。发掘出土了许多生产工具和生活用具，如铜器有斧、凿，木器有辘轳、锨、铲、盘、钩、水槽等，竹器有盘和筐。根据出土陶器和 ^{14}C 测年数据，推断铜岭古矿冶遗址上限可到商代二里岗期，下限为春秋战国时期。[1]

4. 湖南麻阳矿冶遗址

麻阳矿冶遗址位于湖南湘西麻阳县城东 32 公里的九曲湾，与辰溪县毗邻。麻阳铜矿是以自然铜为主的沙岩型富铜矿床，自然铜含量占铜矿物总量的 85%。1982 年，共发现古矿井 14 处，其中一处为露天开采，其余的为井下开采。一般是在地表沿矿脉露头处开口，沿矿脉进行斜井开采。由于舍贫矿，取富矿，导致矿井宽窄不一，采幅一般为 0.8 米至 1.4 米，最大采幅 3 米。

为了采矿安全，在斜井内用木柱支撑。先在矿井顶部保留 40 厘米的矿石层不加开采，作为天然护顶，在跨度大的采区还留有矿柱或隔墙，并在相邻矿柱之间支撑两排木支柱，间距 0.35—1.1 米。在木柱顶端或加木楔，以固定木柱，或加木板，以增大支撑面积。在运输线或人行道上还铺有地栿，以方便运输和保证安全。

经初步估算，此矿井开采面积 32351 平方米，共开采矿石 175365 吨，按平均品位 4.86%计算，矿含铜金属 8523 吨。

在矿井内发现了铁锤、铁凿，铁锤大者重 7.8 公斤，木工具有木槌、木撮

---

[1] 江西省文物考古研究所铜岭遗址发掘队：《江西瑞昌铜岭商周矿冶遗址第一期发掘简报》，《江西文物》1990 年第 3 期；刘诗中、卢本珊：《江西铜岭铜矿遗址的发掘与研究》，《考古学报》1998 年第 4 期。

瓢、木舀瓢、木撬棍、木楔、木手铲、藤条等，照明工具为竹片。陶器中有陶罐 51 件，还有陶豆 1 件。《湖南麻阳战国时期古铜矿清理简报》作者推断九曲湾古铜矿的开采时间为战国时期。[1] 高至喜根据陶罐的形态和 ^{14}C 测年数据，认为九曲湾古铜矿应在春秋时期就已经开采了。[2]

5. 内蒙古林西大井矿冶遗址

大井古铜矿遗址位于内蒙古自治区林西县官地镇中兴村大井自然村北 1 公里处。1976 年辽宁省博物馆在此调查试掘，在方圆 2.5 平方公里的范围内发现 40 余条古采坑，最长的达 500 米。采坑均位于品位很高的矿脉之上，说明人们掌握了精确的找矿技术。采矿工具主要是石质工具，如石锤、石斧、石凿等，大型石锤重达 7.5 公斤。铜质工具仅发现铜凿 1 件。从采矿工具来看，是比较落后的。炼炉有马蹄形、多孔串炉等多种，还有马首形鼓风管。矿址内还发现了 7 块残陶范，其中有 5 块外范、2 块内范。说明矿址内也可能有铸铜作坊。大井矿冶遗址集采矿、冶炼、铸造三位于一体。第 5 号故矿坑上发掘房址 3 座，所出陶鬲属夏家店上层文化。根据 ^{14}C 测年数据和陶器断代结果，大井古铜矿遗址的开采时间约在西周中期至春秋早期。[3]

6. 安徽铜陵铜岭矿冶遗址群

1987 年，安徽省文物考古研究所、铜陵市文物管理所对安徽铜陵市古代铜矿遗址进行了一次全面的专题调查，共发现古代铜矿遗址 29 处，其中先秦时期的炼铜遗址共有 7 处，主要集中分布在金山、曹山南侧、凤凰山一带，有朱村乡木鱼山，西湖乡大冲、小冲，凤凰山的万迎山，金榔乡金山盛、金山北坡、岗巴垅等地，遗址面积一般为 1 万—2 万平方米。地表散布大量的炼铜废渣、红烧土块、残炉壁以及各类陶片和原始瓷等。从曹山东南坡脚下越过西边河至木鱼山遗址，炼铜废渣散布范围近 1 平方公里，是古代一处较大的冶炼场所。

其中木鱼山遗址位于铜陵市朱村镇新民行政村木鱼山自然村的北边。西、

① 湖南省博物馆等：《湖南麻阳战国时期古铜矿清理简报》，《考古》1985 年第 2 期。

② 高至喜：《楚文化的南渐》，湖北教育出版社 1996 年版，第 44、45 页。

③ 辽宁省博物馆文物工作队：《辽宁林西县大井古铜矿 1976 年试掘简报》，《文物资料丛刊》（第 7 辑），文物出版社 1983 年版，第 138—146 页。

北两面傍依西边河，西南至鸡冠山铁矿约 2.5 公里。遗址地貌西高东低，分为木鱼山、火龙岗、鬼墩墓三片，总面积约 10 万平方米。1974 年修河堤，遗址的北部遭到破坏。当时取土曾于鬼墩墓东部发现 100 余公斤菱形铜锭，并伴有铜鼎、陶罐出土。据木鱼山遗址剖面观察，其文化堆积厚度 2—3 米，夹杂有灰层、炼渣、陶片等。地表散布的遗物有大量的炼渣、红烧土、炼铜炉壁残块，以及夹砂陶、泥质陶、印纹陶、原始青瓷等器皿残片。在遗址北侧西边河的河道内，20 世纪 70 年代当地群众在改田中曾发现古代采矿坑，坑内有直径 50 厘米的圆木，坑深见不到底。另外在西侧的河道中也经常有古代矿井的木支护出土。由此说明，木鱼山遗址冶铜的原料，就来自附近。

万迎山遗址位于铜陵市新桥镇凤凰行政村北约 100 米处的万迎山南坡。1980 年，国营凤凰山铜矿在南坡进行一次地下大爆破，山腰以上的原始地貌因坍陷均被破坏，残存面积约 5 万平方米。遗址地表有大量的炼渣、红烧土、炼铜炉壁残块。在万迎山南坡脚下至凤凰行政村村部，炼渣分布较集中，有的地方深 2—3 米。1987 年 10 月，市文物管理所曾在这里征集 1 件畐形石范，据了解石范出土于今凤凰行政村村部的附近。1984 年，在遗址南部约 300 米处的凤凰山西坡曾发现一批春秋时期窖藏青铜器，内有一件菱形铜锭，与木鱼山出土的铜锭相同。根据上述情况分析，今凤凰行政村一带在古代可能是一处综合性的采矿、冶炼和铸造场所。调查中于万迎山南坡西侧现代采场的断面上（铁帽层）见有零星古代"老窿"（当地人对古矿井的称呼）。老窿为圆形，直径 0.8 米，弯弯曲曲，呈鼠穴状，无木质支护，分布不规律，从剖面观察最大采掘深度在 10 米以上。据国营凤凰山铜矿工人介绍，20 世纪 70 年代在万迎山地下采矿中曾发现过不少古代"老窿"。"老窿"一般均有木质支护，有的地段保存较好，当时还没有坍塌，人可以通过，后在大爆破时被毁。[1]

安徽铜陵师姑墩遗址发掘取得了更多的信息，早在二里头文化时代的第 9 号灰坑中就出土了与冶铸有关的陶炉壁和炉渣，陶炉壁外表呈红褐色，内侧有铜锈。在西周文化层里出土了青铜器、陶范、石范、陶壁炉、炉渣。这次发掘成果表明，铜陵铜矿开采时间可能早至夏代。遗址里发现了炼渣、陶范和石

---

[1] 安徽省文物考古研究所等：《安徽铜陵市古代铜矿遗址调查》，《考古》1993 年第 6 期。

范，说明该地采矿、冶炼、铸造三位一体，集中在一个地方进行，突破了过去冶、铸分离的观点。[1]

7. 云南东川玉碑地冶铜遗址

玉碑地遗址位于云南昆明市东川区铜都镇，20 世纪 80 年代发现，因居民建房，发现了陶片、碳化稻、灰烬层等遗迹和遗物。2006 年，昆明市博物馆考古队对该遗址进行了试掘，发现了灰坑、房屋和汉式钱币等。2013 年 3—5 月，云南省文物考古研究所、昆明市博物馆和东山市文物管理所联合对该遗址进行正式发掘，发掘出房屋 14 座、灰坑 48 个。房屋多为半地穴式圆形房屋，还有浅地穴式长方形房屋。房屋正中有火塘。房内发现了双孔石刀、铜针、铜鱼钩、铜锥、铜块、石镯残件等。灰坑为椭圆形或不规则形，有的灰坑发现了碳化稻遗存，这种灰坑应是粮食窖穴。有的灰坑内发现大量铜渣，应是炼铜的遗迹。根据遗存判断，该遗址是一个与炼铜有关的聚落。时代要早于战国时期。陶器具有地方特色，与滇池地区的陶器区别明显。[2]

四、锡矿

《尚书·禹贡》记载荆州、扬州、豫州产锡，锡主要分布在南方。《史记·货殖列传》载："江南出楠、梓、姜、桂、金、锡、连、丹砂、犀、玳瑁、珠玑、齿革。""豫章出黄金，长沙出连、锡，然堇堇物之所有，取之不足以更费。"《汉书·地理志》载："益州郡……贲古，北采山出锡，西扬山出银、铅，南乌山出锡。"《后汉书·郡国志》载："贲古采山出铜、锡。"贲古就是现在的云南个旧。以上古文献记载锡矿分布在南方地区。

从现代地质资料看，中国锡矿分布相对集中，主要分布在广西、云南、江西、广东、湖南、四川，其余的则分布在青海、贵州、内蒙古、福建、辽宁、黑龙江等地。广西锡矿储量居全国首位，云南锡矿产量则居全国第一，如云南

---

[1] 安徽省文物考古研究所：《安徽铜陵县师姑墩遗址发掘简报》，《考古》2013 年第 6 期。

[2] 唐启荣、任维东：《昆明东川玉碑地遗址考古有进展　时代应早于战国时期》，《光明日报》2013 年 6 月 6 日。

个旧锡矿产量名列全国之首，广西的大厂锡矿仅次于云南个旧。中原地区的河南一带及黄河中下游地区都不曾找到锡矿。[①]

金正耀在中国科学技术大学铅同位素实验室测定研究了殷墟妇好墓 12 件青铜器样品的铅同位素比值，其中第 2 号到第 6 号样品的铅同位素组成特征模式与云南永善金沙厂十分接近，它们的铅可能全部或部分来自这处矿山。

妇好墓青铜器中的云南铅只能是随着大批其他云南物产，其中应该也包括锡，一起进入中原内地的。在武丁、妇好晚商最强盛的时期，中原大规模青铜铸造所用锡料可能来自云南地区。当然这一看法并不排斥这一时期中原也可能采用其他来源的锡（如甘肃地区的部分锡和南方其他地区的锡），甚至包括中原地区的零星锡，假如中原今后能找到锡矿，它们确实能被证明早在青铜时代已被开采的话。[②]

五、铅矿

铅矿往往与锌矿、银矿伴生，铅的密度很高，但硬度很低，非常柔软。我国的铅储量仅次于美国，居世界第二位。我国铅矿主要分布在云南、内蒙古、广东和湖南。其余则分布在四川、广西、湖北、江西、浙江、陕西、甘肃、山西、黑龙江等地。[③]

在青铜时代，铅、锡与铜搭配形成青铜合金。前文已述，青铜具有四大优点，在夏、商、西周、春秋和战国时期被广泛使用，形成了辉煌灿烂的青铜文明。商代青铜器中所用铅料有的就来自云南。

---

① 何越教、朱履熹编著：《中国的矿产资源》，上海教育出版社 1987 年版，第 134—138 页。

② 金正耀：《晚商中原青铜的锡料问题》，《自然辩证法通讯》1987 年第 4 期。

③ 何越教、朱履熹编著：《中国的矿产资源》，上海教育出版社 1987 年版，第 118—123 页。

第三节　铁矿的分布与开发

一、铁器出土情况

　　早在商代，中国就出现了铁刃铜钺，刃部用陨铁锻打而成。[1] 西周时期已经发现了人工冶铁制品，如 1990 年 3 月至 1991 年 5 月，在三门峡上村岭虢国墓地的考古发掘中，出土 6 件铁制兵器和工具，其中 M2001 出土的玉柄铁剑、铜内铁援戈，M2009 出土的铜骸铁叶矛，经鉴定铜内铁援戈为块炼铁制品，玉柄铁剑和铜骸铁叶矛为块炼铁渗碳钢制品。所谓块炼铁就是铁矿石在较低温度（约 1000℃）的固态状态下，用木炭还原法炼成的比较纯净的铁。以块炼铁为原料，并在炭火中经过反复锻打，使块炼铁渗碳钢变硬，这就是块炼铁渗碳钢技术。另外 3 件为陨铁制品。M2001、M2009 时代为西周晚期。说明西周晚期我国已经出现了人工冶铁产品，除了块炼铁外，还应用了块炼铁渗碳钢技术。[2]

　　2001 年以前，学者统计春秋时期铁器出土总数已有 80 件以上，春秋早中晚期都有铁器出土。春秋早期的铁器以武器为主，也有农具、工具，中、晚期品种大大增多，有农具、工具、武器、礼器和日常用具，表明铁器的用途日益广泛。从出土的数量来看，早期较少，中、晚期逐渐增多。从分布范围来看，早期仅在西北地区和河南的秦、虢等国，中、晚期已经遍布周、郑、秦、燕、

---

[1] 河北省博物馆文物管物管理处：《河北藁城台西村的商代遗址》，《考古》1973 年第 5 期；北京市文物管理处：《北京市平谷县发现商代墓葬》，《文物》1977 年第 11 期。

[2] 河南省文物考古研究所等：《三门峡虢国墓》，文物出版社 1999 年版。

齐、鲁、吴、越、楚、蜀等国，其中尤以南方出土的铁器较多，说明楚、吴等国冶铁手工业后来居上。春秋时代已逐步跨入了铁器时代。①

春秋时期出土铁器的地点逐渐增多，发现的地点分布于甘肃、宁夏、山西、山东、河南、江苏、湖北、湖南等省。春秋时期的铁器多为块炼铁制品。《国语·齐语》记载："美金以铸剑戟，试诸狗马；恶金以铸锄、夷、斤、劚，试诸壤土。"美金指青铜，恶金就是铁。春秋时期铁器已经有所推广。

在楚国的辖境内发现的铁制生产工具较多。1999年，宜昌上磨垴遗址出土了一批铁制生产工具。第5层出土铁锸4件、直銎铲1件，时代为春秋中期。第4层出土铁锸、刀、削刀各1件，时代为春秋晚期。发现有冶铸遗迹，在第4层的局部发现一些烧土面，并伴有较多的草木灰、炉渣、铜渣、铁渣。②

1981年，秭归县柳林溪遗址第三层出土铁锸2件（T3③：3，T2③：10），时代为春秋晚期。③

巴东茅寨子湾遗址B区出土铁锸1件、镰刀1件，采集铁锸2件、镢1件。C区出土铁锸7件，铁镢、斧、矛、镰刀各1件，采集铁锸2件，铁镢、斧、镰刀、削各1件，并有铁渣、铁块等与冶炼有关的遗物。时代属春秋时期。④

1999年，巫山县蓝家寨遗址第一期出土铁镬2件、铁锸2件、铁镞1件，

---

① 顾德融、朱顺龙：《春秋史》，上海人民出版社2001年版，第164—169页。

② 湖北省文物考古研究所：《湖北宜昌县上磨垴周代遗址的发掘》，《考古》2000年第8期。

③ 湖北省博物馆江陵考古工作站：《1981年湖北省秭归县柳林溪遗址的发掘》，《考古与文物》1986年第6期。

④ 湖北省文物考古研究所：《巴东茅寨子湾遗址的第二次发掘》，参见国务院三峡工程建设委员会办公室、国家文物局编著：《湖北库区考古报告集第三卷》，科学出版社2006年版，第428—516页。

时代为春秋晚期。①

2000 年，巫山蓝家寨遗址早一期出土铁锸 4 件、条状器 3 件，时代为春秋中期晚段；早二期出土铁器 26 件，其中铁镢 5 件、铁锄 1 件、铁锸 9 件、铁镞 1 件、块状器 10 件，时代为春秋晚期至战国中期。②

同年又在蓝家寨遗址发掘春秋中期铁锸 2 件、铁镢 1 件；战国中期镢 2 件，铁锸、斧、凿、削各 1 件。春秋晚期墓葬（M4）出土铁凿、刀各 1 件。③

巫山培石遗址出土春秋中晚期铁刀 1 件。④ 巫山上阳村遗址出土春秋时期铁锸 2 件，斧、锄、铁带钩、铁环首刀各 1 件。⑤

在宜昌上磨垴、小溪口、巴东茅寨子湾等遗址发现了冶炼遗迹，说明这些工具是在当地铸造的。三峡地区有许多铁矿资源，如湖北秭归县有铁矿床 5 个、铁矿点 5 个，巴东县已探明铁矿储量达 32057 吨，恩施自治州铁矿保有储量 10 多亿吨。重庆巫山县的桃花铁矿约有 1.5 亿吨铁矿储量。重庆石柱、武

---

① 重庆市博物馆等：《巫山蓝家寨遗址发掘报告》，参见重庆市文物局、重庆市移民局编：《重庆库区考古报告集（1998 卷）》，科学出版社 2003 年版，第 103—118 页。

② 重庆市文化局、重庆市博物馆等：《巫山蓝家寨遗址发掘报告》，参见重庆市文物局、重庆市移民局编：《重庆库区考古报告集（1999 卷）》，科学出版社 2006 年版，第 1—25 页。

③ 湖南益阳市文物考古队等：《巫山蓝家寨遗址发掘报告》，参见重庆市文物局、重庆市移民局编：《重庆库区考古报告集（2000 卷·上）》，科学出版社 2007 年版，第 1—24 页。

④ 南京博物院考古研究所等：《巫山培石遗址第二次发掘报告》，参见重庆市文物局、重庆市移民局编：《重庆库区考古报告集（2000 卷·上）》，科学出版社 2007 年版，第 66 页。

⑤ 重庆市文物考古所、湖南益阳市文物考古队等：《巫山上阳村遗址发掘报告》，参见重庆市文物局、重庆市移民局编：《重庆库区考古报告集（2000 卷·上）》，科学出版社 2007 年版，第 109—124 页。

隆、涪陵、巴南、綦江、南川、万盛等县区均发现有丰富的铁矿。[①] 至于楚人开采了哪个矿床，还需要进一步进行考古调查发掘。

上磨垴、柳林溪、茅寨子湾、蓝家寨等遗址的铁器时代都很早，有的可以早到春秋中期，属于楚国铁器方面的最早的资料，说明楚国很早就将冶铁术传播到峡江地区。杨权喜认为："西陵峡地区是目前唯一在遗址的春秋战国文化层中较普遍发现冶铁用铁遗存的地区，这个地区可能是楚国最早冶铁和使用铁器的地区，也可能是我国最早将铁器应用于农业生产的地区。"[②] 上磨垴等遗址发现的早期铁器一般是生产工具，斧头、刀便于开荒，镢、锸用于耕种，镰刀用于收割。铁器的使用，大大提高了峡江地区的农业生产水平。

秦国辖境内的陕西宝鸡益门村 M2 出土铁器有 20 余件，有金柄铁剑、金环首铁刀、金方首铁刀等。[③]

渗碳钢技术进一步发展。在楚国辖境内的湖南长沙杨家山春秋晚期 M65 出土一柄钢剑，通长 38.4 厘米，金相组织为铁素体集体及碳化物，是含碳0.5%左右的退火中碳钢。在剑身上可以观察到反复锻打的层次，有 7—9 层。[④]

春秋时期出现了生铁冶铸技术。生铁是在较高温度（1146℃）下，用木炭还原法将铁矿石炼成含碳量2%以上的液态铁。目前所见的最早标本是山西天马—曲村晋国遗址出土的春秋早期铁条 1 件、春秋中期铁条 2 件，经鉴定，其金相组织属于过共晶的白口铁。长沙杨家山春秋晚期 M65 出土的春秋晚期铁鼎、长沙窑岭 M15 出土的春秋战国之际的铁鼎，均为生铁铸成。[⑤] 江苏六合

---

① 邹后曦、白九江：《三峡地区东周至六朝铁器的考古发现及相关问题的初步探讨》，《江汉考古》2008 年第 3 期。

② 杨权喜：《试论楚国铁器的使用和发展》，《江汉考古》2004 年第 2 期。

③ 宝鸡市考古工作队：《宝鸡市益门村二号春秋墓发掘简报》，《文物》1993 年第 10 期。

④ 长沙铁路车站建设工程文物发掘队：《长沙新发现春秋晚期的钢剑和铁器》，《文物》1978 年第 10 期。

⑤ 长沙铁路车站建设工程文物发掘队：《长沙新发现春秋晚期的钢剑和铁器》，《文物》1978 年第 10 期。

程桥的铁块也是生铁。① 中国生铁冶铸技术比西方早 1800 多年。块炼铁技术、渗碳钢技术、生铁冶铸技术在西周到春秋较短的时间内均被发明出来，这是中国冶铁技术的鲜明特征。西方从块炼铁技术到生铁冶铸技术的发明，中间经历了 2500 年的时间。

战国时期铁器出土地点更多，据初步统计，已经超过 350 处，分布于黑龙江、吉林、辽宁、内蒙古、河北、河南、山西、山东、陕西、甘肃、宁夏、新疆、湖北、湖南、安徽、江西、江苏、浙江、广东、广西、四川、云南、贵州等地。战国七雄秦、楚、齐、韩、赵、魏、燕辖境内都有铁器出土，楚国辖境内出土铁器的地点有 70 余处，燕国辖境内河北出土铁器地点有 40 余处，湖南长沙计有 200 余座楚墓出土了铁器。②

战国早期又发明了铸铁柔化技术。将铸铁件加热并持续保温，使铸铁中的自由渗碳体分解，脱碳或石墨化，从而改善铸铁的脆性，并获得一定韧性，形成展性铸铁。1974 年，洛阳水泥制品厂的战国早期灰坑中出土铁锛 2 件、铁铲 1 件，经金相鉴定，这几件标本是经过退火柔化处理的展性铸铁。③ 战国中晚期的铁器，展性铸铁更多。如 1957 年长沙出土的铁铲，大冶铜绿山的六角锄，易县燕下都 M44 出土的铁镢、六角锄和镈，都是展性铸铁。

战国时期发明了铁范，铁范可以重复使用，使铸造效率大大提高。如河北兴隆发现一批铁范，共 42 副 87 件，包括农具、工具和车具的铸范。铁范本身就是很好的白口铁铸件。④

二、铁矿的分布

先秦时期人们已经积累了丰富的寻找铁矿的经验。《管子·地数》载："上有赭者，下有铁。此山之见荣者也。"《管子·地数》还载："出铁之山三

---

① 江苏省文管会、南京博物院：《江苏六合程桥东周墓》，《考古》1965 年第 3 期。

② 铁器部分参考中国社会科学院考古研究所编著：《中国考古学：两周卷》，中国社会科学出版社 2004 年版，第 179—181、406—414 页。

③ 李众：《中国封建社会前期钢铁冶炼技术发展的探讨》，《考古学报》1975 年第 2 期。

④ 郑绍宗：《热河兴隆发现的战国生产工具铸范》，《考古通讯》1956 年第 1 期。

千六百九山。"说明春秋时期人们勘察出相当数量的铁矿。

《史记·货殖列传》载："龙门碣石北多马、牛、羊、旃裘、筋角；铜、铁则千里往往山出棋置。"说明当时人知道华北地区有铁矿。《史记·货殖列传》载："巴蜀亦沃野，地饶卮、姜、丹砂、石、铜、铁、竹、木之器。"巴蜀地区也有丰富的铁矿资源。

《史记·货殖列传》记载了几个因冶铁致富的大商人，如："而邯郸郭纵以冶铁成业，与王者埒富。""蜀卓氏之先，赵人也，用铁冶富。秦破赵，迁卓氏。……致之临邛，大喜，即铁山鼓铸，运筹策，倾滇蜀之民，富至僮千人。田池射猎之乐，拟于人君。程郑，山东迁虏也，亦冶铸，贾椎髻之民，富埒卓氏，俱居临邛。宛孔氏之先，梁人也，用冶铁为业。秦伐魏，迁孔氏南阳。大鼓铸，规陂池，连车骑，游诸侯，因通商贾之利，有游闲公子之赐与名。然其赢得过当，愈于纤啬，家致富数千金，故南阳行贾尽法孔氏之雍容。鲁人俗俭啬，而曹邴氏尤甚，以冶铁起，富至巨万。"由此可见战国时期今四川、河北、河南、山东冶铁业之发达。

《禹贡》载：梁州"厥贡璆铁，银镂砮磬"。铁是四川的贡品之一。

第四节　盐业资源的开发与利用

《史记·货殖列传》载："山东食海盐，山西食盐卤。领南、沙北固往往出盐。"由此可知先秦时期的盐业布局，东部地区仰赖海盐，西部地区主要依靠井盐。

一、海盐

《史记·货殖列传》载："山东多鱼、盐、漆、丝、声色。"沿海诸侯国利用得天独厚的优势，发展盐业，从中获得丰厚的利润。《管子·轻重甲》载："楚有汝汉之黄金，齐有渠展之盐，燕有辽东之煮。"齐国在发展盐业方面尤其突出，《史记·齐太公世家》载："太公至国，修政，因其俗，简其礼，通工商之业，便鱼盐之利，而人民多归齐，齐为大国。"

《史记·货殖列传》载："故太公望封于营丘，地舄卤，人民寡，于是太公劝其女功，极技巧，通鱼盐，则人物归之，襁至而辐凑。故齐冠带衣履天下，海岱之间敛袂而往朝焉。""齐带山海，膏壤千里，宜桑麻，人民多文彩布帛鱼盐。"齐国刀间就是一个经营鱼盐的富商，富至数千万。

《国语·齐语》也记载齐桓公时，"通齐国之鱼盐于东莱，使关市几而不征，以为诸侯利，诸侯称广焉"。除了齐国以外，燕、吴也因地制宜发展盐业。《史记·货殖列传》载："夫燕亦勃、碣之间一都会也。……有鱼、盐、枣、栗之饶。""夫吴自阖庐、春申、王濞三人招致天下之喜游子弟，东有海盐之饶。"

《禹贡》载：青州"厥贡盐绨，海物惟错"。

1980 年，山东文物普查时在寿光市卧铺乡郭井子村发现了大荒北央遗址。2001 年，山东大学东方考古研究中心、寿光市博物馆对该遗址进行发掘，发掘面积 110 平方米，证实该遗址是一处西周前期的盐业遗址。这是考古学界首次发掘的盐业遗址。[①]

　　2003—2008 年，考古工作者在山东寿光市调查发现了双王城盐业遗址群，在 30 多平方公里的范围内，发现古遗址 89 处，其中龙山文化中期遗址 3 处，商至西周初年遗址 76 处，东周时期遗址 4 处，宋元时期遗址 6 处。每处商周遗址规模不大，除个别在数万平方米外，多在 4000—6500 平方米之间。该遗址群从殷墟一期至西周早期，处于制盐业的鼎盛期，东周和宋元时期这里又出现盐业遗址。[②]

　　2007 年，考古工作者又在山东东营市广北农场南河崖村一带发现盐业遗址，在 4 平方公里的范围内，发现 60 多个制盐地点。[③]

　　鲁北地区沿海地带出土盔形器的盐业遗址遍布于西起乐陵、东至昌邑的 19 个县、市、区，这些遗址分布有三个特点：一是多在海拔 10 米以下，距海较近；二是遗址数量多，据推测有数百处；三是盔形器出土数量大，占全部器物的 80% 以上，多的在 98% 以上，少的也在 50% 以上。[④]

二、池盐、井盐和岩盐

　　山西池盐自古有名，《左传》成公六年（公元前 585 年）载："晋人谋去故绛，诸大夫曰：'必居郇瑕氏之地，沃饶而近盬，国利君乐，不可失也。'"杜预注："盬，盐也。猗氏县盐池是。"孔颖达疏："《说文》云：盬，河东盐池，袤五十一里，广七里，周总百一十六里。字从盐省，古声，然则盬是盐之名，盬虽是盐，唯此池之盐，独名为盬，余盐不名盬也。"《史记·货殖列传》载："猗顿用盬盐起。"唐司马贞《索隐》载："盬谓出盐直用不炼也。一说云盬盐，河东大盐；散盐，东海煮水为盐也。"张守节《正义》载："猗氏，蒲

---

①　山东大学东方考古研究中心等：《山东寿光市大荒北央西周遗址的发掘》，《考古》2005 年第 12 期。

②　山东省文物考古研究所等：《山东寿光市双王城盐业遗址 2008 年的发掘》，《考古》2010 年第 3 期。

③　山东大学考古系等：《山东东营市南河崖西周煮盐遗址》，《考古》2010 年第 3 期。

④　王青、朱继平：《山东北部商周盔形器的用途与产地再论》，《考古》2006 年第 4 期。

州县也。河东盐池是畦盐。"《汉书·地理志》河东郡安邑县条班固自注："巫咸山在南，盐池在西南。魏绛自魏徙此，至惠王徙大梁。有铁官、盐官。"河东盐池就是运城以南的运城盐池（也称解池）。

三峡地区也有丰富的盐卤资源。在北纬30°附近的四川盆地同时并列着三大盐体矿床，即渝东盐矿、川中自贡盐矿、川西蒲江盐矿，这三大盐体矿床的成盐地质时代、地质结构大体相似，都蕴藏着丰富的盐资源。在渝东地区，最大的盐体矿床是云阳—万县盐体，其地质构造极其复杂，呈南西—北东向，沿长江两岸展布，南西端起于忠县永丰场附近，北东端至云阳城西，长约100公里，宽约37公里，面积约3700平方公里。地貌基本骨架明显受地质构造控制，蕴藏着极其丰富的盐矿资源，遍布于整个万县复向斜之中，岩盐赋存于三叠系中部的嘉陵江组和巴东组，共有6个含盐层位，最大矿层厚度达127.58米，盐层厚度及层位均较稳定，盐体规模巨大，展布面积达2500平方公里，总储量为1500亿—1600亿吨，该盐体属海相潟湖蒸发沉积矿床。①

《汉书》《水经注》《华阳国志》等文献记载，盐矿主要分布于今湖北长阳，重庆巫山、云阳、万州区、忠县，与现代地质研究成果相合。

《水经·夷水注》卷三十七："东南过佷山县（今长阳县）南。"注文："（廪君）乃乘土舟从夷水下至盐阳，盐水有神女，谓廪君曰：'此地广大，鱼盐所出，愿留共居。'廪君不许，盐神暮辄来宿，旦化为虫，群飞蔽日，天地晦暝，积十余日，廪君因伺便射杀之，天乃开明。"

《汉书·地理志》载南郡所辖巫县（治今巫山县巫峡镇）"有盐官"，巴郡所辖朐忍县（今云阳县）"有盐官"。

《水经·江水注》卷三十四载："（江水又）东，巫溪水注之。"注文："溪水道源梁州晋兴郡之宣汉县东，入（又）南径建平郡泰昌县南（治今巫山县大昌镇），又径北井县西（治今巫山县巫峡镇北宁河），东转历其县北，井南有盐井，井在县北，故县名北井，建平一郡（治今巫山县巫峡镇）之所资也。盐水下通巫溪，溪水是兼盐水之称矣。"

《水经·江水注》卷三十三："江水又东径瞿巫滩。"注文："即下瞿滩也，

---

① 侯虹：《渝东地区古代地质环境与盐矿资源的开发利用》，《盐业史研究》2003年第1期。

又谓之博望滩。左则汤溪水（位于今云阳县境）注之，水源出县北六百余里上庸界，南流历之县，翼带盐井一百所，巴川资以自给，粒大者方寸，中央隆起，形如张伞，故因名之曰伞子盐。有不成者，形亦必方，异于常盐矣。王隐《晋书·地道记》曰：入汤口四十三里，有石煮以为盐，石大者如升，小者如拳，煮之，水竭盐成，盖蜀火井之伦，水火相得，乃佳矣。"

《水经·江水注》卷三十三："江水又东南会北集渠。"注文："二溪水涪陵县界谓之于阳溪，北流，径巴东郡之南，浦侨县西（今重庆万州区南），溪夹侧，盐井三口，相去各数十步，以木为桶，径五尺，修煮不绝。溪水北流注于江，谓之南集渠口，亦曰于阳溪口，北水出新浦县北高梁山，分溪南水，径其县西，又南一百里，入胸忍县，南入于江，谓之北集渠口，别名班口，胸忍尉治此。"

《华阳国志·巴志》载："临江县（今忠县），枳东四百里，接胸忍。有盐官，在盐、涂二溪，一郡所仰。其豪门亦家有盐井。胸忍县有桔圃、盐井。"

《水经·江水注》卷三十三："江水又东径临江县（今忠县）南。"注文："王莽之临江县也。《华阳记》曰：县在枳东四百里，东接胸忍县，有盐官，自县北入盐井溪，有盐井营户，沿注溪井水。"

峡江地区的土著居民很早就在开采盐卤资源。管维良认为大巫山地区最早被人利用的有三大盐泉，就是巫溪县宁厂镇宝源山盐泉、彭水县郁山镇伏牛山盐泉和湖北省长阳县西的盐泉。巴族因盐业而壮大，将盐贩运到周边地区，获得丰厚的收益，从而使自己的民族经济日益强大，雄厚的经济实力必然导致政治和军事上的强大。[①]

重庆忠县哨棚嘴、瓦渣地、中坝、李园遗址出土了大量的尖底陶杯和花边陶釜，时代从商代后期延续至西汉初期，孙华、曾宪龙认为这两种器物分别是晒盐、煮盐的工具，并且中坝遗址是历代瀯井盐场的所在，李园遗址在历代涂井盐场下游两公里的地方。考古资料证实忠县盐泉至迟从商代已被开采了。[②]

三峡地区的盐卤资源具有重大价值，楚人进入峡江地区的目的之一可能是

---

① 管维良：《巫山盐泉与巴族兴衰》，参见重庆市博物馆《巴渝文化》编辑委员会编：《巴渝文化》（第四辑），重庆出版社1999年版，第79—99页。

② 孙华、曾宪龙：《尖底陶杯与花边陶釜》，参见重庆市博物馆《巴渝文化》编辑委员会编：《巴渝文化》（第四辑），重庆出版社1999年版，第59—78页。

要控制该地区的盐卤资源。巫山大昌坝一带为北井县盐泉所在地，发现的楚人遗址有蓝家坝遗址、涂家坝遗址、林家码头遗址，蓝家坝遗址时代可上溯到春秋中期，据此推测楚人在春秋中期可能已经控制了巫县盐泉。

《史记·楚世家》载："肃王四年（公元前377年），蜀伐楚，取兹方。于是楚为扞关以拒之。"扞关在今长阳县境。《太平寰宇记》卷一百四七十长阳县条载："废巴山县在县南七十里，本佷山县地，即古扞关，楚肃王拒蜀之处。"说明至迟在公元前377年，楚国已经控制了长阳县一带，长阳盐泉被楚占领。

云阳发现了战国中期的故陵楚墓、马沱楚墓，忠县发现了战国中期的崖脚楚墓，云阳、重庆万州区、忠县的盐泉很可能在战国中期被楚国控制。《史记·秦本记》载："（秦）孝公元年（公元前361年，即楚宣王九年），楚自汉中，南有巴黔中。"文献记载与考古资料相符，战国中期楚人控制了巴人几乎所有的盐卤资源。此时巴国地盘仅剩川东北一隅，所以管维良说："巴国得盐而兴，得盐而盛；反之，失盐即衰，失盐即亡。"[①] 楚人占领了巴人的盐卤资源后，大大地增强了楚国的经济实力。

---

① 管维良：《巫山盐泉与巴族兴衰》，参见重庆市博物馆《巴渝文化》编辑委员会编：《巴渝文化》第四辑，重庆出版社1999年版，第79页。

第五节　矿产开发与环境变迁

一、铜、铁矿的冶铸对植被的影响

湖北大冶铜绿山冶炼遗址就分布在采矿遗址附近，古代炼渣遍布矿区，经地质部门测算，在 40 万吨以上。据测算，铜绿山古矿冶遗址生产了 10 万吨以上的粗铜。其他的矿冶遗址如瑞昌铜岭矿冶遗址、阳新港下矿冶遗址、麻阳矿冶遗址、林西大井矿冶遗址均是就地冶炼。

铸造铜器一般与采冶分开，在各时期的城址内发现了许多铸铜作坊。

二里头遗址东南部发掘一处铸铜作坊，遗址范围近万平方米。发掘出几座铸铜房屋基址，还出土了陶范、石范、熔炉碎片、铜渣、铜矿石、木炭、小件铜器等。[1]

郑州商城内城南北各发现一处铸铜作坊。城北为紫荆山铸铜作坊，位于商城北墙外 300 米处，发掘出房基、窖穴等遗迹和陶范、铜矿石、铅块、熔炉残块、炼渣、木炭、陶器等遗物。作坊时代始于二里岗文化第三期，终于二里岗文化第四期。城南为南关外铸铜作坊，位于南城墙外侧约 700 米处，南北长约 100 米，东西宽约 80 米。发掘出铸铜房址、烘范窑、窖穴等遗迹，出土了陶范、熔炉残块、炼渣、木炭、铜器、陶器等遗物。作坊时代始于二里岗文化第一期，终于二里岗文化第四期。[2]

---

[1] 中国社会科学院考古研究所编著：《中国考古学：夏商卷》，中国社会科学出版社 2003 年版，第 111—113 页。

[2] 河南省文物研究所：《郑州商代二里岗期铸铜基址》，《考古》编辑部编：《考古学集刊》第 6 集，中国社会科学出版社 1989 年版。

安阳殷墟已发现 4 处铸铜作坊，分布于苗圃北地、孝民屯、薛家庄和小屯村东北地。其中苗圃北地作坊规模最大，时代从殷墟一期延续至殷墟四期。①

洛阳北窑发现了洛邑一处大型铸铜作坊，遗址东临瀍水，北依邙山，东西长约 700 米，南北宽约 300 米，面积约 20 万平方米。发掘出房基、烧窑、地下管道、路土面等遗迹，出土了熔炉以及数以万计的陶范，铸造的器形有鼎、簋、尊、卣、觚、爵、觯、钟等礼乐器。时代属于西周早期。②

春秋战国时期都城遗址内往往有铸铜遗址，如侯马古城，新郑郑韩故城，荆州纪南城，山东临淄、曲阜，河北易县燕下都等城址。

侯马铸铜遗址位于牛村古城南，面积 4.7 万多平方米。时代从春秋中期偏晚到战国早期。发掘出房址、水井、陶窑、烘范窑、窖穴等遗迹，出土熔炉、鼓风管、坩埚、陶范、铜锭、铅锭等遗物。

新郑郑韩故城铸铜遗址位于东城东部，面积约 10 万平方米。出土有炼炉、炼渣、陶范、鼓风管、木炭等遗物。

在临淄小城内发现两处炼铜遗址。一处位于小城南部小徐村北部，东西宽约 80 米，南北长约 100 米。另一处位于西关石洋村北头，东西长约 150 米，南北宽约 100 米。

曲阜鲁国故城内发现两处铸铜作坊遗址。一处位于盛果寺村西北，东西长约 350 米，南北宽约 250 米，出土陶范、铜渣等遗物。始于西周，延续到春秋时期。另一处位于城的西北部药圃一带，南北宽约 200 米，东西长约 70 米，亦出土陶范、铜渣等遗物。时代为西周后期。

在荆州纪南城西南部新桥区的陈家台遗址发现铸铜作坊一处，出土炼炉、铜渣、锡渣、鼓风管、红烧土等遗物，时代属战国时期。

燕下都发现一处铸铜作坊遗址，位于郎井村西北，南北长 480 米，东西宽 430 米，出土陶范、铜器等遗物。

---

① 中国社会科学院考古研究所编著：《中国考古学：夏商卷》，中国社会科学出版社 2003 年版，第 376—379 页。

② 叶万松、张剑：《1975—1979 年洛阳北窑西周铸铜遗址的发掘》，《考古》1983 年第 5 期。

战国时期的冶铸遗址主要发现于河北、河南和山东。如河北的易县燕下都①、兴隆寿王坟②、邯郸赵王城③、平山三汲中山灵寿城遗址④，河南的新郑郑韩故城⑤、登封阳城⑥和商水扶苏古城遗址⑦，山东临淄齐故城⑧、滕州薛国故城⑨和曲阜鲁国故城⑩。

燕下都位于今河北易县东南 2.5 公里，介于北易水和中易水之间。在燕下都发现手工业遗址 11 处，其中有冶铁作坊遗址 1 处，制兵器作坊遗址 4 处。冶铁作坊位于高陌村西北 650 米，东西宽 300 米，南北长 300 米，面积 9 万平方米。遗址内出土铁渣、铁块、红烧土等，还曾出土斧、锛、镰、铲、镢、犁铧等工具。

郑韩故城的铸铁作坊位于东城内西南部，面积约 4 万平方米。发掘出残炼炉 1 座、烘范窑 1 座，出土一批陶范、铁器等遗物。

河南登封阳城冶铸铁遗址规模大，遗址范围 23 万平方米。出土遗物有熔铁炉残块、鼓风管残块、铸模、铸范及铁器，还发现了烘范窑、退火脱碳炉。时代始于战国早期，盛于战国晚期，延续至汉代以后。

---

① 河北省文物研究所编：《燕下都》，文物出版社 1996 年版。

② 郑绍宗：《热河兴隆发现的战国生产工具铸范》，《考古通讯》1956 年第 1 期。

③ 邯郸市文物保管所：《河北邯郸市区古遗址调查简报》，《考古》1980 年第 2 期；河北省文物管理处等：《赵都邯郸故城调查报告》，《考古学集刊》第 4 集，中国社会科学出版社 1984 年版，第 162 页。

④ 河北省文物研究所：《䃂墓——战国中山国国王之墓》，文物出版社 1996 年版。

⑤ 刘东亚：《河南新郑仓城发现战国铸铁器泥范》，《考古》1962 年第 3 期；河南省博物馆新郑工作站等：《河南新郑郑韩故城的钻探与试掘》，《文物资料丛刊》第 3 集，文物出版社 1980 年版，第 56—66 页。

⑥ 河南省文物研究所等编：《登封王城岗与阳城》，文物出版社 1992 年版。

⑦ 商水县文物管理委员会：《河南商水县战国城址调查记》，《考古》1983 年第 9 期。

⑧ 群力：《临淄齐国故城勘探纪要》，《文物》1972 年第 5 期。

⑨ 庄冬明：《滕县古薛城发现战国时代冶铁遗址》，《文物参考资料》1957 年第 5 期。

⑩ 山东省文物考古研究所等编：《曲阜鲁国故城》，齐鲁书社 1982 年版。

在齐国临淄城内发现 4 处冶铁作坊遗址，大城内有两处，一处在南北河道以西石佛塘村一带，面积 4 万—5 万平方米，另一处在南北河道以东的傅家庙村西南一带，面积 40 余万平方米。小城西门东北 200 米有一处冶铁遗址，南北长约 150 米，东西宽约 100 米。

曲阜鲁故城发现两处冶铁遗址。一处在曲阜北关一带，遗址范围东西长约 450 米，南北宽约 120 米。另一处在周公庙东约 100 米，遗址东西长约 250 米，南北宽约 200 米。

众多的铜铁采矿、冶炼、铸造遗址，说明当时的生产规模逐渐扩大，冶炼和铸造都需要大量的燃料，当时的燃料是木材，过度砍伐木材，会破坏自然植被，引起水土流失，生态失衡。

冶炼铜矿铁矿，会释放废气，排出废水，造成局部地区的环境污染。

二、制盐业对环境的影响

明代以前，海盐生产方式为煮盐，明代以后开始推广晒盐法。先秦时期制盐的方式是煮盐，而不是晒盐，需要砍伐大量柴草，这样会使植被遭到破坏。如《管子·地数》载："齐有渠展之盐。""君伐菹薪，煮沸水为盐。""北海之众无得聚庸而煮盐。"《管子·轻重甲》载："齐有渠展之盐，燕有辽东之煮。……今齐有渠展之盐。请君伐菹薪，煮沸火为盐。"

近年来，考古工作者发掘了山东地区商周时期的盐业遗址，为研究商周盐业提供了具体的材料。在山东寿光市双王城首次发掘出 3 个保存基本完整的制盐作坊单元，时代为殷墟晚期至西周早期，是商朝直接控制的盐场。制盐作坊遗址遗迹包括坑井、沟、坑池、盐灶、储卤坑、灶棚、烧火的工作间、活动地面、垃圾坑等。每个制盐作坊单元面积约 2000 平方米，卤水坑井、盐灶、灶棚、工作间、储卤坑位于地势最高的中部，以之为中轴，卤水沟、过滤坑池、蒸发坑池对称分布在南北两侧，而生产垃圾如盔形器碎片、烧土和草木灰则倾倒在盐灶周围空地和废弃的坑池、灰坑内。①

---

① 山东省文物考古研究所等：《山东寿光市双王城盐业遗址 2008 年的发掘》，《考古》2010 年第 3 期。

盐业遗址内发现大量的陶盔形器，数量占 95% 以上，而 90% 以上的盔形器腹部内壁都有白色垢状物。遗址灶室内发现成堆的白色和黄白色块状物。同时在生产垃圾内还发现了成片的白色和黄白色粉状物。经过科学分析这些白色和黄色物质主要是钙镁的碳酸盐，以碳酸钙为主，还包括碳酸镁以及碳酸钙镁等碳酸盐。由于钙镁碳酸盐微溶于水，在制盐过程中溶解度低的钙镁碳酸盐容易析出，形成类似水垢的物质，一直保留至今。而氯化钠易溶于水，此类遗存不容易保存。钙镁碳酸盐是判断制盐遗址的重要标志之一。

经测量，双王城遗址钙镁碳酸盐中的锶同位素平均比值为 0.7105，大于现代海水锶同位素比值 0.7092。由此证明，商周时期制盐的原料不是海水，而是地下卤水。

根据对双王城遗址钙镁碳酸盐的氧碳同位素比值研究结果，商周时期绿色淤土中的碳酸盐形成时的温度为 32℃，绿色淤土是由于风吹日晒形成的，说明制卤时天气较热，可据此推测，煮盐是季节性的活动，一般在春天至夏初煮盐，这时风多，日照时间长，气温上升快，降水少，蒸发量高，有利于卤水的蒸发，适宜制盐。盐工们春天煮盐，夏天将盐运出，撤离制盐场所，秋末冬初又返回盐场，收割薪草，为来年煮盐做准备。

商周时期的陶片内部钙镁碳酸盐形成时的温度为 37℃—57℃，大部分在50℃左右，而宋元时期的碳酸盐形成温度为 81℃。钙镁碳酸盐在成盐之前就已析出，形成温度比成盐温度要低，成盐温度要比钙镁碳酸盐的形成温度高出10℃—20℃。故商周时期的成盐温度在 60℃ 左右，宋元时期成盐温度为90℃—100℃。商周时期与宋元时期的成盐温度不同，是由于制盐工具不同而形成的。商周时期用陶盔形器煮盐，该类器物属泥质陶，不能直接受火，在灶上搭网状架子，在网口内铺垫草拌泥，将盔形器放在草拌泥上。盔形器底部与火还隔一层草拌泥，采用慢火炖煮的方法制盐，故成盐温度较低。宋元时期用铁盘煎炼，故成盐温度高达 100℃。[①]

商周时期盐业对环境的变迁有较大的影响。首先需要为煮盐制造大量的陶盔形器，这些盔形器是先由内陆地区制造好，然后输往制盐地区。烧陶器需要

_____

① 崔剑锋等:《山东寿光市双王城遗址古代制盐工艺的几个问题》，《考古》2010
  年第 3 期。

大量的薪柴，放出的废气也会污染环境。煮盐也需要大量的薪柴，煮盐地区由于浅层富含卤水，不适于植物生长，薪柴也要从内陆地区运去。另外盐工的粮食、肉食等也是从内陆地区运来的。盐业生产主要对植被造成较大的破坏，所谓鱼盐之利，是以破坏环境为代价的。如山东阳信李屋遗址就是一个专为煮盐地区提供盔形器等产品的遗址，是盐业产业链中的一个重要环节。该遗址距现海岸40多公里，包含岳石文化、商代、东周、汉代、宋元时期的遗存。其中商代遗存从殷墟一期至殷墟四期，属商朝直接控制的地盘。在遗址中出土了大量的盔形器，占全部器物的50%左右，盔形器中完整器较多，盔形器内壁均无白色垢状物，底部也不见粘贴的草拌泥烧土，表面没有二次使用的痕迹。在遗址中还多见窑壁、窑汗以及因烧制温度过高而变形的盔形器，还发现了陶窑。说明该遗址是一个以烧制盔形器为主业的古代聚落。

李屋遗址出土了较多的收割工具如石蚌质刀、镰和加工修理刀镰的工具如砺石等。李屋地处盐碱地，土壤中含盐碱量略低于盐场，也不适宜农业的发展。故这些石蚌质刀、镰应是主要收割薪柴的工具，除了用于烧窑等外，多余的薪柴要运往煮盐地区。

李屋遗址出土了大量动物遗骸。可鉴定标本5225件，代表211个个体。包括猪、牛、狗、麋鹿、斑鹿、獐、貉、猫、仓鼠、兔子、竹鼠、鸟类、龟、鳖、草鱼、鲤鱼、青鱼、螃蟹、文蛤、青蛤、毛蚶、螺、宝贝、细纹丽蚌等，至少有26个种属。野生动物居多，哺乳动物中野生的占47%。说明渔猎活动在该聚落中占着重要地位。

李屋遗址虽然发现了较多的牛、猪、狗、鹿类动物，但这些动物的下颌骨、四肢骨数量较少，尤其是牛角和长骨很少，卜骨中也少见牛肩胛骨。而在距李屋南部10多公里的兰家遗址，发现了制骨作坊，骨剩料中有大量的下颌骨、掌骨、跖骨、跟骨、桡骨、胫骨。李屋遗址的有些骨头可能流向了这里。寿光双王城遗址出土的骨骼主要是四肢骨和下颌骨，应该是从李屋一类的地方运去的。[①] 制盐业不仅直接影响煮盐区的生态环境，也对内陆地区的环境如植被、动物群造成破坏，失去生态平衡。

① 山东省文物考古研究所等：《山东阳信县李屋遗址商代遗存发掘简报》，《考古》2010年第3期。

第八章

先秦时期的自然灾害

先秦时期发生了各种自然灾害，如水灾、旱灾、风灾、霜灾、雪灾、雹灾、震灾、疫灾、生物灾害等，有些灾害是相当严重的。人类不畏艰险，战胜灾难，把历史推向前进。

第一节　气候灾害

一、水灾

（一）史前时期传说中的水灾与治水

相传在燧人氏时，发生过大洪水。《太平御览》卷八百三十三引《尸子》曰："燧人之世，天下多水，故教人以渔。"

《淮南子·览冥训》载："往古之时，四极废，九州裂。天不兼覆，地不周载。火爁炎而不灭，水浩洋而不息。""禹之时，天下大水，禹令人民聚土积薪，择丘陵而处之。"

相传尧、舜、禹时均发生过特大洪水，在治理水患方面，共工氏、鲧采用壅防的方法，导致治水失败，受到严惩。后来禹吸取教训，采用疏导的方法治水，一举获得成功。尧、舜、禹时期的洪水在许多文献里都有记载，现摘引如下。

《国语·周语下》载："昔共工氏弃此道也，虞于湛乐，淫失其身，欲壅防百川，堕高堙庳，以害天下。皇天弗福，庶民弗助，祸乱并兴，共工用灭。其在有虞，有崇伯鲧，播其淫心，称遂共工之过，尧用殛之于羽山。其后伯禹念前之非度，厘改制量，象物天地，比类百则，仪之于民，而度之于群生，共之从孙，四岳佐之，高高下下，疏川导滞，钟水丰物，封崇九山，决汨九川，陂鄣九泽，丰殖九薮，汨越九原，宅居九隩，合通四海。故天无伏阴，地无散阳，水无沉气，火无灾燀，神无间行，民无淫心，时无逆数，物无害生，帅象禹之功，度之于轨仪，莫非嘉绩，克厌帝心。皇天嘉之，祚以天下，赐姓曰

'姒',氏曰'有夏',谓其能以嘉祉殷富生物也。祚四岳国,命以侯伯,赐姓曰'姜',氏曰'有吕',谓其能为禹股肱心膂,以养物丰民人也。"

《国语·鲁语上》载:"鲧鄣洪水而殛死,禹能以德修鲧之功。"

《管子·揆度》载:"共工之王,水处什之七,陆处什之三,乘天势以隘制天下。"

《管子·山权数》载:"禹五年水。"

《左传》昭公十七年载:"共工氏以水纪,故为水师而水名。"

《尚书·尧典》载:"帝曰:'咨,四岳!汤汤洪水方割,荡荡怀山襄陵,浩浩滔天,下民其咨,有能俾乂?'佥曰:'于,鲧哉!'帝曰:'吁,咈哉!方命圮族。'岳曰:'异哉!试可乃已。'帝曰:'往,钦哉!'九载,绩用弗成。"

《论语·泰伯》载:"子曰:禹,吾无间然矣!菲饮食而致孝乎鬼神,恶衣服而致美乎黻冕,卑宫室而尽力乎沟洫。禹,吾无间然矣!"

《孟子·滕文公上》载:"当尧之时,天下犹未平,洪水横流,草木畅茂,禽兽繁殖,五谷不登,禽兽逼人,兽蹄鸟迹之道交于中国。尧独忧之,举舜而敷治焉。舜使益掌火,益烈山泽而焚之,禽兽逃匿。禹疏九河,瀹济、漯而注诸海,决汝、汉,排淮、泗而注之江,然后中国可得而食也。当是时也,禹八年于外,三过其门而不入,虽欲耕,得乎?"

《孟子·滕文公下》载:"当尧之时,水逆行,泛滥于中国,蛇龙居之。民无所定,下者为巢,上者为营窟。《书》曰:'洚水警余。'洚水者,洪水也。使禹治之。禹掘地而注之海,驱蛇龙而放之菹。水由地中行,江、淮、河、汉是也。险阻既远,鸟兽之害人者消,然后人得平土而居之。"

《庄子·秋水》载:"禹之时,十年九潦而水弗为加益,汤之时,八年七旱,而崖不为加损。"

《庄子·天下》载:"古者禹之湮洪水,决江河而通四夷九州也,名川三百,支川三千,小者无数。禹亲自操橐耜而九杂天下之川;腓无胈,胫无毛,沐甚雨,栉疾风,置万国。禹大圣也,而形劳天下如此。"

《荀子·富国》载:"禹有十年水。"

《史记·夏本纪》载:"当帝尧之时,鸿水滔天,浩浩怀山襄陵。""禹伤先人父鲧功之不成受诛,乃劳身焦思,居外十三年,过家门不敢入,薄衣食,至孝于鬼神。"

《淮南子·本经训》载："舜乃使禹疏三江五湖，辟伊阙，导廛涧，平通沟陆，流注东海，鸿水漏，九州干。"

《淮南子·齐俗训》载："禹之时，天下大雨。"

（二）考古发现的水灾遗迹

前文已经介绍长江、淮河沿岸古代遗址发现的洪水遗迹，兹不赘述。

在青海喇家遗址也发现了洪水遗迹。喇家遗址位于青海省民和县官亭镇下喇家村，位于民和县官亭盆地，遗址面积约 20 万平方米。1999—2000 年，中国社会科学院考古研究所和青海省文物考古研究所发掘了该遗址，发掘出的两座房屋 F3、F4，时代属齐家文化时期，两座房址内均发现有人骨，数量不等，姿态各异，一组组呈不同姿态分布于居住面上，有的相拥而死，有的倒地而亡，有的匍匐在地，有的母子相依，从人骨分布及姿态分析，反映出室内死者应属意外死亡。报告作者认为，居室内自上而下填充红泥土等迹象表明，有可能是一次特大洪水侵袭夺去了室内生命，造成房屋废弃。北京大学城市与环境学系夏正楷教授亲临喇家遗址实地考察，对喇家遗址和黄河一级阶地及二级阶地的地层，以及房址内的红泥土及遗址内的红土堆积进行综合考察和采样分析，认为这种红土堆积层非自然形成，可能是来自黄河大洪水的洪水沉积。

喇家遗址史前灾难遗存是一项具有重要学术意义的发现，同时发现的洪水沉积层，再现了黄河大洪水的历史。[①]

喇家遗址史前灾难现场的初步研究表明，位于我国黄河中上游的青海官亭盆地，在距今 3650—2750 年前后的齐家文化晚期至辛店文化早期，曾经发生过一起包括洪水、山洪和地震在内的大规模群发性灾害事件，这场灾害导致喇家遗址的毁灭，给当时的人类文明带来了极大的破坏。根据不同灾害记录分布的层位以及它们之间的相互关系，我们初步判断地震发生在先，它造成了喇家遗址地面的破坏和房屋的倒塌；山洪和大河洪水发生在地震之后，其中山洪暴发是主河洪水来临的前奏，随之而来的黄河大洪水则彻底摧毁了整个遗址，这些灾害事件集中出现在距今 3650 年前后的齐家文化晚期，给喇家遗址的先民

---

① 中国社会科学院考古研究所甘青工作队、青海省文物考古研究所：《青海民和县喇家遗址 2000 年发掘简报》，《考古》2002 年第 12 期。

带来了灭顶之灾，在遗址被毁之后的数百年内，黄河进入一个多洪水期，整个官亭盆地一直处于洪水的威胁之下，直到距今 2750 年前后多洪水期结束，人类才再次回到这里生活，由于距今 4000—3000 年前后是全新世大暖期濒临结束，全球进入一个气候波动加剧的时期，我们推测黄河多洪水期的出现可能与当时气候的急剧变化有密切的关系。[1]

有的学者提出喇家遗址 F3、F4 居住面上的人骨不是由于洪灾和震灾而致死的，而是一种弃屋居室葬，饥馑和瘟疫是能够造成人口大规模集中死亡的原因。[2]

河南新密市新砦遗址位于双洎河北岸，高出现河床 25 米。上有龙山文化、新砦期文化、二里头文化期遗址。2000 年在发掘中发现台地上有古河道，探明长度约 500 米，高出现在河面 20 米，古河道宽 15—68 米。古河道的上覆地层中含有较多二里头文化时期的器物，属二里头文化层，下伏地层中含有龙山时期的陶片，属龙山文化层。古河道平面形态为扇形，古河道属于古决口扇堆积体。位于二里头文化层与龙山文化层之间，在横向上与新砦期的文化层水平过渡，且自身又含有新砦期的文化遗物，推断古河道堆积与新砦文化层应同属一个时期。根据遗址中新砦期文化层的测年数据，推断古河道决口时间在距今 3550—3400 年之间。这一发现表明，距今 3500 年前后发生过大洪水，河水暴涨，河流决口，形成了考古所发现的决口扇。

鲁西南皖北地区属于冲积平原，平原上分布着许多低矮的土丘，一般高于地面 2—10 米，面积大小不等，一般为 1000—8000 平方米，当地群众称为堌堆，其上保留有大汶口文化、龙山文化和岳石文化遗址。如菏泽地区就有堌堆 112 个以上，菏泽的陶官堌堆遗址高 8 米，堌堆下依次为：黑色淤积层，厚 1 米左右，为漫滩堆积；灰黄色细沙（未见底），厚 1 米许，细沙质地纯洁，分选良好，应为古黄河的冲积层。堌堆堆积中含有大汶口—龙山—岳石文化遗存。堌堆是先民在黄河泛滥平原上人工叠加堆积而成的。夏正楷推测堌堆下的泛滥平原形成于龙山时代之前。

---

[1] 夏正楷、杨晓燕、叶茂林：《青海喇家遗址史前灾难事件》，《科考通报》2003 年第 11 期。

[2] 李新伟：《再论史前时期的弃屋居室葬》，《考古》2007 年第 5 期。

菏泽的袁堌堆遗址、鄄城历山庙遗址、东明庄寨堌堆遗址等地，龙山时期的堌堆深埋于地下 1—3 米，其上覆盖有厚度不等的淤泥层，反映龙山后期发生过洪水泛滥。

泗水尹家城遗址为一个高于平原面 20 米的堌堆，龙山文化层上覆盖一层河流相细沙，厚约 1 米，沙层高于平面约 10 米，其年代为距今 3700±95 年，说明在龙山后期，洪水上涨的高度在 10 米左右，淹没了堌堆上的龙山遗址。

海淀台地位于西山山前的古永定河冲积扇后缘，北京大学校园恰好位于海淀台地的北缘。1998 年，在北京大学理科大楼地下 5 米深处发现古河道，古河道由 SW 向 NE 方向横穿北大校园，在校园内延伸 2 公里左右，其中理科大楼下的古河道宽 10—20 米，最宽处可达 50 米。这条古河道比台地北侧的古清河故道中同期沉积物底部要高出 6 米，说明当时的洪水水位至少在 6 米以上。根据测年结果，这次洪水发生在距今 5000 年左右。

山西襄汾龙山时期的陶寺古城东城墙和西北城墙有被山洪冲毁的现象，时间为陶寺晚期，距今 4000 年左右。河南孟县龙山时期孟庄古城也有被洪水冲毁的现象，时间也在距今 4000 年左右。以上考古发现表明，在距今 4000 年左右，黄河流域发生过一次异常洪水事件。[1]

（三）夏代水灾

在禹之后，启建立了中国历史上第一个王朝——夏朝。史载在少康之时，又发生过洪水，商人祖先冥担任夏朝的水官，在治水中献身。《国语·鲁语上》载："冥勤其官而水死。……商人禘舜而祖契，郊冥而宗汤。"吴韦昭注："冥，契后六世孙，根圉之子也，为夏水官，勤于其职而死于水。"《今本竹书纪年》载："（帝少康）十一年，使商侯冥治河。""（帝予）十三年，商侯冥死于河。"《今本竹书纪年》被认为是伪书，但这条材料与《国语》的记载可以互相印证，其史料价值不能轻易否定。关于夏代的史料本来就极少，因此《国语》和《今本竹书纪年》记载的这条夏代水灾的史料非常宝贵。

---

[1] 夏正楷：《我国黄河流域距今 4000 年的史前大洪水》，参见科技部社会发展科技司等编：《中华文明探源工程文集：环境卷（I）》，科学出版社 2009 年版，第 245—264 页。

（四）商代水灾

商人屡次迁徙，张衡《西京赋》载："殷人屡迁，前八后五，居相圮耿，不常厥土。"商朝建立以前，共有八次大的迁徙，王国维认为自契至汤八次的迁徙顺序是："契自亳迁居蕃，一迁；昭明自蕃迁居砥石，二迁；昭明自砥石迁商，三迁；相土自商迁商邱，四迁；相土自西都商邱迁居东都泰山下，后复归商邱，五迁；商侯自商邱迁于殷，六迁；殷侯复归于商邱，七迁；汤始居亳，八迁。"①

商朝建立以后，仍迁都五次。中丁迁嚣（隞）（今河南郑州），河亶甲迁相（今河南内黄），祖乙迁邢（今河北邢台），南庚迁奄（今山东曲阜），盘庚迁殷（今河南安阳）。

商朝频繁迁都，原因多种多样，有的主张战争说，认为迁都的目的是为了消灭敌人。②

有的认为商代屡迁都城是由政治斗争导致的。黎虎根据《史记·殷本纪》记载："自中丁以来，废嫡而更立诸弟子，弟子或争相代立，比九世乱，于是诸侯莫朝。"认为王位纷争是商朝屡次迁都的原因。③

有的从经济方面探讨商朝迁都的原因。如王玉哲认为，在盘庚以前，商朝农业生产尚处于粗耕农业阶段，迁徙不定。到盘庚时，农业进入精耕阶段，于是迁殷以后不再徙都。④

有的主张水患说。例如伪古文《尚书》之《咸有一德》载："祖乙圮于耿。"孔安国传曰："亶甲子，圮于相，迁于耿。河水所毁曰圮。"孔颖达疏认为河水冲毁了耿，而不是相，又引郑玄说："祖乙又去相居耿，而国为水所毁，于是修德以御之，不复徙也。"顾颉刚、刘起釪、史念海等都认为商朝迁

---

① 王国维：《观堂集林》卷十二《说自契至于成汤八迁》，中华书局 1959 年版。

② 邹衡：《夏商周考古学论文集》，科学出版社 2001 年版，第 194—195 页。

③ 黎虎：《殷都屡迁原因试探》，《北京师范大学学报》1982 年第 4 期。

④ 王玉哲编著：《中国上古史纲》，上海人民出版社 1959 年版，第 63 页。

都与水患有关。[1]

　　商朝迁都肯定是多种因素促成的，多次迁都不会只是一种原因。因此，不能够不考虑水患一说。

　　《史记·殷本纪》记载商朝晚期的国王武乙在河渭之间狩猎，被暴雷震死。暴雷往往与暴雨相随。

　　武王伐纣之时，也遇到了洪水泛滥。《荀子·儒效》载："武王之诛纣也，行之日以兵忌。至汜而泛，至怀而坏。"杨倞注："汜，水名。怀，地名。《书》曰：'覃怀底绩。'孔安国曰：'覃怀，近河地名。谓至汜而适遇水泛涨，至怀又河水泛滥也。'"《吕氏春秋·慎大览·贵因》载："武王至鲔水，殷使胶鬲候周师，武王见之。胶鬲曰：'西伯将何之？无欺我也。'武王曰：'不子欺，将之殷也。'胶鬲曰：'曷至？'武王曰：'将以甲子至殷郊，子以是报矣。'胶鬲行，天雨，日夜不休。"

　　甲骨卜辞中记载的与水灾有关的雨有大雨、弘雨、多雨、盅雨、疾雨、烈雨、祸雨等。弘雨就是大雨。盅雨意谓降雨连绵不断。疾雨、祸雨就是造成灾祸的雨。烈雨就是暴雨。因降雨过多，商人在甲骨卜辞中向祖先神和各种自然神请求停止下雨，称之为"宁雨"。[2]

　　商朝的气候较现在温暖湿润，亚热带分界线北移，据研究，当时安阳地区还属于亚热带，水灾应当是相当频繁的。

（五）西周水灾

　　西周时期气候变得干燥偏冷，黄河流域处于相对干旱的状态，目前在传世文献中找不到水灾的记录，但也不能说在西周时期黄河流域没发生过水灾。

　　长江流域却与之情形相反。《今本竹书纪年》载："（孝王）七年冬，大雨雹，江、汉水。"中国地域辽阔，水旱灾害的分布具有不平衡性，华北发生旱

---

① 顾颉刚、刘起釪：《〈盘庚〉三篇校释译论》，《历史学》1979 年第 1、2 期；史念海：《历史时期黄河流域的侵蚀与堆积》，《河山集》（第二集），三联书店 1981 年版，第 1—69 页。

② 杨升南、马季凡：《商代经济与科技》，中国社会科学出版社 2010 年版，第 47—53 页。

灾，南方又可能发生水灾。

（六）春秋战国水灾

春秋战国时期气候又变得温暖湿润，关于水灾的记录较多。春秋时期文献记载的水灾共有 18 次。分别是：鲁国 8 次，宋国、郑国、周各 2 次，楚国、徐国、齐国、晋国各 1 次。18 次水灾之中有 2 次是人为造成的灾害，是出于战争的需要，将水作为一种制约对手的武器。① 如《左传·昭公三十年》载："冬，十二月，吴子执钟吾子，遂伐徐，防山以水之。己卯，灭徐。"

周平王四十一年（公元前 730 年），"大雨雪"。

《春秋》《左传》中记载的水灾共 11 次，有的有经无传，有的有传无经。分别发生在隐公九年，桓公元年、十三年，庄公七年、十一年、二十四年、二十五年，宣公十年，成公五年，襄公二十四年，昭公十九年。列表如下。

时　　间	《春秋》	《左传》
鲁隐公九年（公元前 714 年）	三月，癸酉，大雨震电。庚辰，大雨雪。	王三月，癸酉，大雨霖以震，书始也。庚辰，大雨雪，亦如之，书时失也。凡雨三日以往为霖，平地尺为大雪。
鲁桓公元年（公元前 711 年）	秋，大水。	秋，大水。凡平原出水为大水。
鲁桓公十三年（公元前 699 年）	夏，大水。	此条无传。
鲁庄公七年（公元前 687 年）	秋，大水。无麦苗。	此条无传。
鲁庄公十一年（683 年）	秋，宋大水。	秋，宋大水。
鲁庄公二十四年（公元前 670 年）	八月……大水。	此条无传。

---

① 刘继刚、何婷立：《先秦水灾概说》，《华北水利水电学院学报》2007 年第 2 期。

时 间	《春秋》	《左传》
鲁庄公二十五年（公元前 669 年）	秋，大水。鼓用牲于社于门。	秋，大水。鼓用牲于社于门，亦非常也。凡天灾，有币无牲，非日月之眚，不鼓。
鲁宣公十年（公元前 599 年）	秋，大水。冬，饥。杜预注：无传，有水灾，嘉谷不成。	此条无传。
鲁成公五年（公元前 586 年）	秋，大水。	此条无传。
鲁襄公二十四年（公元前 549 年）	秋七月……大水。……冬……大饥。	此条无传。
鲁昭公十九年（公元前 523 年）	经无此条。	郑大水，龙斗于时门之外洧渊。

　　《国语·周语下》记载："（周）灵王二十二年（公元前 550 年），谷、洛斗，将毁王宫。"韦昭注："谷、洛，二水名也。洛在王城之南，谷在王城之北，东入于瀍。斗者，两水激，有似于斗也。至灵王时，谷水盛，出于王城之西，而南流合于洛水，毁王城西南，将及王宫，故齐人城郏也。"当时周灵王准备把谷水堵塞，使之北流，太子晋建议不能壅堵。太子晋说："不可。晋闻古之长民者，不堕山，不崇薮，不防川，不窦泽。夫山，土之聚也；薮，物之归也；川，气之导也；泽，水之钟也。夫天地成而聚于高，归物于下。疏为川谷，以导其气；陂塘污庳，以钟其美。是故聚不阤崩，而物有所归；气不沉滞，而亦不散越。是以民生有财用，而死有所葬。然则无夭、昏、札、瘥之忧，而无饥、寒、乏、匮之患，故上下能相固，以待不虞，古之圣王唯此之慎。"太子晋接着指出共工和鲧壅堵治水的教训，肯定大禹疏导治水的经验，太子晋的观点代表了春秋时期有关治水方法的主流思想。周灵王并没有接受太子晋的建议，还是堵塞了谷水。

　　吴王阖闾使用水攻的办法，消灭了徐国。《左传》昭公三十年（公元前 512 年）载："吴子怒，冬十二月，吴子执钟吴子，遂伐徐，防山以水之。己卯，灭徐。徐子章禹断其发，携其夫人，以逆吴子。"吴王阖闾用水攻灭徐，人为造成水灾，这是史书中所见同类事件的最早记录。

《晏子春秋·内篇谏上第一》："（齐）景公之时，霖雨十有七日。"齐景公在位的时间是公元前 547—公元前 490 年。晏子说这次水灾"坏室乡有数十，饥民里有数家，百姓老弱冻寒不得短褐，饥饿不得糟糠"。

《水经注·获水注》引《古本竹书纪年》周敬王四十三年（公元前 477 年），"宋大水，丹水壅不流"。

战国时期水灾共有 17 次，其空间分布情况是：魏国 6 次，赵国 4 次，晋国 3 次，秦国 1 次，中山 1 次，周 1 次，楚 1 次。17 次水灾中，人为水灾就有 7 次。

因为自然因素导致的水灾记录有如下几条：

《水经注·沁水注》引《古本竹书纪年》晋幽公九年（公元前 425 年），"丹水出，相反击"。

周威烈王五年（公元前 421 年）"晋丹水出"。

《路史》卷三十三《发挥二》引《古本竹书纪年》梁惠成王八年（公元前 362 年），"雨骨于赤髀"。

《水经注·洛水注》引《古本竹书纪年》载："魏襄王九年（公元前 310 年），洛入成周，山水大出。"

《水经注·济水注》引《古本竹书纪年》，魏襄王"十年（公元前 309 年），大霖雨，疾风，河水溢酸枣郛"。

《史记·六国年表》记载：魏昭王十四年（公元前 282 年）"大水"。

《战国策·赵策一》记载：赵惠文王十八年（公元前 281 年），"大潦，漳水出"。

周赧王四十三年（公元前 272 年），"河水出为灾"。

《史记·赵世家》记载：赵惠文王二十七年（公元前 272 年），"河水出，大潦"。

《史记·秦始皇本纪》载：秦王政八年，"河鱼大上"。索隐曰："谓河水溢，鱼大上平地，亦言遭水害也。"

战国时期战争频繁，交战双方多次引水淹没对方，造成惨重的损失。

《战国策·赵策一》载："智伯从韩、魏兵以攻赵，围晋阳而水之，城下不沉者三板。""三国之兵乘晋阳城，遂战。三月不能拔，因舒军而围之，绝晋水而灌之。围晋阳三年，城中巢居而处，悬釜而炊，财食将尽，士卒病羸。"《史记·赵世家》记载："智伯怒，遂率韩、魏攻赵。赵襄子惧，乃奔保晋阳。……三国攻晋阳，岁余，引汾水灌其城，城不浸者三版。城中悬釜而炊，易子而食。"《史记·六国年表》将此事记载于赵襄子五年。《战国策》记载引水灌城的时间为三年，《史记》记载的时间为一年多，当以《史记》为准。这是智伯、韩、魏三国为了瓜分赵国、人为造成的一次水灾。

后来赵襄子派张孟谈游说韩、魏，韩、魏为了保存自己，背叛了智伯，转而与赵联盟。《战国策·赵策一》记载张孟谈与韩、魏之君约定："夜期杀守堤之吏，而决水灌智伯。"智伯的军队被水淹没，阵脚大乱，赵、韩、魏联军乘机擒杀智伯，戏剧性地改变了政治格局。

中山国曾经引水围困赵国的鄗城。《战国策·赵策一》记载赵武灵王回忆道："先时中山负齐之强兵，侵掠吾地，系累吾民，引水围鄗，非社稷之神灵，即鄗几不守。"《史记·赵世家》也有类似的记载："先时中山负齐之强兵，侵暴吾地，系累吾民，引水围鄗，微社稷之神灵，则鄗几于不守也。"

赵国也曾两次在对魏或齐、魏的战争中决黄河水。

《史记·赵世家》记载：赵肃侯"十八年，齐、魏伐我，我决河水灌之，兵去"。

《战国策·赵策一》记载：赵惠文王十八年（公元前281年），"王再之卫东阳，决河水，伐魏氏。大潦，漳水出"。张守节《正义》载："《括地志》云：'东阳故城在贝州历亭县界。'按：东阳先属卫，今属赵。河历贝州南，东北流，过河南岸即魏地也。故言王再之卫东阳伐魏也。"唐代贝州州治在今河北清河县西。赵惠文王在这里决黄河水淹没魏国。同年赵国发生了洪灾，漳水泛滥成灾。

楚国与魏国交战时，曾决黄河水淹没魏国。《水经注》引《古本竹书纪年》记载："梁惠成王十二年（公元前358年），楚师出河水，以水长垣之外者也。"[1]

又过了八十年，公元前279年，秦将白起占领楚鄢城，也利用水攻战术，致使数十万人死于洪水。当时白起下令在鄢城西部立坝，引水灌鄢，城中军民俱淹没于水中，"水溃城东北角，百姓随水流，死于城东者数十万，城东皆

---

[1] 王国维校：《水经注校》卷五《河水注》，上海人民出版社1984年版，第160页。

臭，因名其陂为臭池"①。

秦国大将王贲引黄河水淹没大梁，俘虏了魏国国王，消灭了魏国。《史记·秦始皇本纪》记载：秦王政"二十二年（公元前 225 年），王贲攻魏，引河沟灌大梁，大梁城坏，其王请降，尽取其地"。

二、旱灾

（一）史前时期传说中的旱灾

《淮南子·本经训》载："逮至尧之时，十日并出，焦禾稼，杀草木，而民无所食。"说明尧在位的时候发生过严重的旱灾。有时又水灾、旱灾、震灾等多灾并发，如《淮南子·览冥训》载："往古之时，四极废，九州裂。天不兼覆，地不周载。火爁炎而不灭，水浩洋而不息。"

（二）夏代旱灾

《古本竹书纪年》云："胤甲即位，居西河，天有妖孽，十日并出。"《今本竹书纪年》记载帝癸二十九年"三日并出"。《墨子·非攻下》载："沓至乎夏王桀，天有命，日月不时，寒暑杂至，五谷焦死，鬼呼国，鹤鸣十夕余。"《国语·周语上》载："昔伊、洛竭而夏亡……"这些文献记载说明夏代后期气候偏干，降水量减少，最后到夏桀亡国的时候，连夏代所依赖的生命之河伊河和洛河都断流了。

（三）商代旱灾

《管子·山权数》载："汤七年旱，禹五年水，民之无糧卖子者。汤以庄山之金铸币，而赎民之无糧卖子者。"

《今本竹书纪年》载："（商汤）十九年，大旱，氐羌来贡。二十年，大旱，夏桀卒于亭山，禁弦歌舞。二十一年，大旱，铸金币。二十二年，大旱。

---

① 王国维校：《水经注校》卷二十八《沔水注》，上海人民出版社 1984 年版，第 908 页。

二十三年，大旱。二十四年，大旱，王祷于桑林，雨。"

《吕氏春秋·顺民》载："汤克夏而征天下，天大旱，五年不收。汤乃以身祷于桑林。……雨乃大至。"

《古本竹书纪年》谓太丁"三年，洹水一日三绝"。

《今本竹书纪年》载帝辛五年"雨土于亳"。《墨子·非攻下》有同样的记载："沓至乎商王纣，天不序其德，祀用失时，兼夜中，十日雨土于薄。"

《淮南子·俶真训》载："逮至夏桀殷纣……当此之时，峣山崩，三川涸。"《览冥训》也记载殷纣时"峣山崩而薄落之水涸"。

《国语·周语上》载："昔伊、洛竭而夏亡，河竭而商亡。"

《逸周书·大匡解》载："维周王宅程三年，遭天之大荒。"这是讲周文王时属于商朝末年，程在今陕西周原附近，这里发生了大灾荒，灾荒原因不清楚。

商朝的旱灾史料集中在商朝的一头一尾，中间大部分时间没有文献材料，数百年不发生旱灾也是不可能的。

（四）西周旱灾

西周时期气候转冷，因此旱灾较多。

《太平御览》卷八百七十九引《史记》曰："共和十四年，大旱，火焚其屋。伯和篡位立，秋又大旱，其年，周厉王奔彘而死，立宣王。"今本《史记》无此文，学者们认为当引自《古本竹书纪年》。大旱持续到宣王即位之后。《太平御览》卷八十五引《帝王世纪》云："宣王元年（公元前827年），以召穆公为相，是时天下大旱。王以不雨，遇灾而惧，整身修行，期以修去之。祈于群神，六月乃得雨。大夫仍叔美而歌之，今《云汉》之诗是也。"

现将《云汉》一诗抄录如下：

倬彼云汉，昭回于天。王曰：於乎！何辜今之人？天降丧乱，饥馑荐臻。靡神不举，靡爱斯牲。圭璧既卒，宁莫我听？

旱既大甚，蕴隆虫虫。不殄禋祀，自郊徂宫。上下奠瘗，靡神不宗。后稷不克，上帝不临。耗斁下土，宁丁我躬。

旱既大甚，则不可推。兢兢业业，如霆如雷。周余黎民，靡有孑遗。昊天上帝，则不我遗。胡不相畏？先祖于摧。

旱既大甚，则不可沮。赫赫炎炎，云我无所。大命近止，靡瞻靡顾。群公先正，则不我助。父母先祖，胡宁忍予？

旱既大甚，涤涤山川。旱魃为虐，如惔如焚。我心惮暑，忧心如熏。群公先正，则不我闻。昊天上帝，宁俾我遁？

旱既大甚，黾勉畏去。胡宁瘨我以旱？憯不知其故。祈年孔夙，方社不莫。昊天上帝，则不我虞。敬恭明神，宜无悔怒。

旱既大甚，散无友纪。鞫哉庶正，疚哉冢宰。趣马师氏，膳夫左右。靡人不周，无不能止。瞻卬昊天，云如何里？

瞻卬昊天，有嘒其星。大夫君子，昭假无赢。大命近止，无弃尔成！何求为我？以戾庶正。瞻卬昊天，曷惠其宁？

这首诗歌反复咏叹旱灾带来的灾难，可见当时旱情非常严重。

《今本竹书纪年》载："宣王二十五年，大旱。王祷于郊庙，遂雨。"说明宣王在位四十六年，在其统治的中期，又发生了旱灾。

《国语·周语上》和《史记·周本纪》都记载周幽王二年，关中地区发生地震，泾水、渭水、洛水枯竭，震灾和旱灾并发。

西周末年的大旱灾导致华北自然条件恶化，猃狁、姜氏之戎、犬戎等少数民族纷纷内迁。根据多友鼎铭文记载，周厉王时猃狁曾进犯京师，多友率师取得多次战斗的胜利。虢季子白盘铭文记载周宣王时，虢季子白率军在北洛水之阳击败猃狁，获馘首五百，执讯五十。不娶簋铭文记载不娶在高陵等地与猃狁作战，获得胜利。《诗经·小雅·采薇》载："靡室靡家，猃狁之故。不遑启居，猃狁之故。"正是描写周宣王时猃狁侵扰内地的诗歌。周宣王在千亩与姜氏之戎作战，大败而归。犬戎是周人的老对手了，周文王和周穆王都曾讨伐过犬戎。到周幽王时，申侯联合缯、犬戎攻杀幽王于骊山之下，西周灭亡。

（五）春秋战国旱灾

我们先将《春秋》《左传》中记载的旱灾情况列表如下：两书记载旱灾共计29次，没有明确指出发生旱灾国名的，都是鲁国所发生的旱灾，鲁国旱灾约10年发生一次。《春秋》中所记载的旱灾，有的不见于《左传》。

时　　间	《春秋》	《左传》
桓公五年（公元前 707 年）	秋，大雩。	秋，大雩。
庄公三十一年（公元前 663 年）	冬，不雨。	此条无传。
庄公三十二年（公元前 662 年）	经无此条。	雩，讲于梁氏。
僖公三年（公元前 657 年）	春，王正月，不雨。夏，四月，不雨。……六月，雨。	春，不雨。六月，雨。自十月不雨，至于五月，不曰旱，不为灾也。
僖公十一年（公元前 649 年）	秋八月，大雩。	此条无传。
僖公十三年（公元前 647 年）	秋九月，大雩。	此条无传。
僖公十九年（公元前 641 年）	经无此条。	秋，卫大旱。
僖公二十一年（公元前 639 年）	夏，大旱。	夏，大旱。
文公二年（公元前 625 年）	自十有二月不雨，至于秋七月。	此条无传。
文公十年（公元前 617 年）	自正月不雨，至于秋七月。	此条无传。
文公十三年（公元前 614 年）	自正月不雨，至于秋七月。	此条无传。
宣公七年（公元前 602 年）	秋，大旱。	此条无传。
成公三年（公元前 588 年）	秋，大雩。	此条无传。
成公七年（公元前 584 年）	冬，大雩。	此条无传。
襄公五年（公元前 568 年）	秋，大雩。	秋，大雩。旱也。
襄公八年（公元前 565 年）	秋，九月，大雩。	秋，九月，大雩。旱也。
襄公十六年（公元前 557 年）	秋，大雩。	此条无传。
襄公十七年（公元前 556 年）	九月，大雩。	此条无传。
襄公二十八年（公元前 545 年）	秋八月，大雩。	秋八月，大雩。旱也。
昭公三年（公元前 539 年）	八月，大雩。	八月，大雩。旱也。
昭公六年（公元前 536 年）	秋九月，大雩。	秋九月，大雩。旱也。

续表

时　间	《春秋》	《左传》
昭公八年（公元前 534 年）	秋，大雩。	此条无传。
昭公十六年（公元前 526 年）	九月，大雩。	九月，大雩。郑大旱。
昭公二十四年（公元前 518 年）	秋，八月，大雩。	秋，八月，大雩。旱也。
昭公二十五年（公元前 517 年）	秋，七月，上辛，大雩。季辛，又雩。	秋，书再雩，旱甚也。
定公元年（公元前 509 年）	秋，九月，大雩。	此条无传。
定公七年（公元前 503 年）	秋，大雩。九月，大雩。	此条无传。
定公十二年（公元前 498 年）	秋，大雩。	此条无传。
哀公十五年（公元前 480 年）	秋八月，大雩。	此条无传。

其他书籍记载的春秋时期旱灾资料有以下几条：

《太平御览》卷八百七十九引《史记》载："晋庄伯元年，不雨雪。"

《左传》隐公六年（公元前 717 年）："冬，京师来告饥，公为之请籴于宋、卫、齐、郑，礼也。"这段文字没有交代造成饥荒的原因，估计是旱灾造成的。既然需要这么多国家参与救灾，说明洛阳饥荒很严重。以下凡是没有明确交代饥荒原因的材料，放在旱灾内容里。

《国语·鲁语上》载："鲁饥，臧文仲言于庄公曰：'夫为四邻之援，结诸侯之信，重之以婚姻，申之以盟誓，故国之艰急是为。铸名器，藏宝财，固民之珍病是待。今国病矣，君盍以名器请籴于齐！'公曰：'谁使？'对曰：'国有饥馑，卿出告籴，古之制也。辰也备卿，辰请如齐。'公使往。

"从者曰：'君不命吾子，吾子请之，其为选事乎？'文仲曰：'贤者急病而让夷，居官者当事不避难，在位者恤民之患，是以国家无违。今我不如齐，非急病也。在上不恤下，居官而惰，非事君也。'

"文仲以鬯圭与玉磬如齐告籴，曰：'天灾流行，戾于弊邑，饥馑荐降，民羸几卒，大惧乏周公、太公之命祀，职贡业事之不共而获戾。不腆先君之弊器，敢告滞积，以纾执事；以救弊邑，使能共职。岂唯寡君与二三臣实受君赐，其周公、太公及百辟神祇实永享而赖之。'齐人归其玉而与之籴。"

韦昭注："鲁饥，在庄公二十八年（公元前 666 年）。"

《春秋》庄公二十八年载："冬，筑郿。大无麦禾，臧孙辰告籴于齐。"《左传》同年记载："冬，饥，臧孙辰告籴于齐，礼也。"与《国语》记的是同一件事。鲁国发生严重的饥荒，臧文仲主动请缨，带着玉器出使齐国，请求救灾，齐国救济了鲁国。

《史记·赵世家》载："赵夙，晋献公十六年（公元前 661 年）伐霍魏耿，而赵夙为将伐霍。霍公求奔齐。晋大旱，卜之，曰'霍太山为祟'。使赵夙召霍君于齐，复之，以奉霍太山之祀，晋复穰。"春秋早期晋国发生了旱灾，晋人认为是霍太山的山神在作祟，这条材料反映了当时人们对灾害原因的看法。鲁国在公元前 662 年前后也发生了旱灾，说明黄河流域当时普遍比较干燥。

《左传》僖公十三年（公元前 647 年）载："冬，晋荐饥，使乞籴于秦。秦伯谓子桑：'与诸乎？'对曰：'重施而报，君将何求？重施而不报，民必携。携而讨焉，无众必败。'谓百里：'与诸乎？'对曰：'天灾流行，国家代有。救灾恤邻，道也，行道有福。'丕郑之子豹在秦，请伐晋。秦伯曰：'其君是恶，其民何罪？'秦于是乎输粟于晋，自雍及绛相继，命之曰泛舟之役。"

《左传》僖公十四年（公元前 646 年）载："冬，秦饥，使乞籴于晋，晋人弗与。庆郑曰：'背施无亲，幸灾不仁，贪爱不祥，怒邻不义，四德皆失，何以守国！'虢射曰：'皮之不存，毛将安傅？'庆郑曰：'弃信背邻，患孰恤之？无信患作，失援必毙，是则然矣。'虢射曰：'无损于怨，而厚于寇，不如勿与。'庆郑曰：'背施幸灾，民所弃也。近犹雠之，况怨敌乎！'弗听，退曰：'君其悔是哉！'"

《国语·晋语三》载："晋饥，乞籴于秦。丕豹曰：'晋君无礼于君，众莫不知。往年有难，今又荐饥。已失人，又失天，其有殃也多矣。君其伐之，勿予籴！'公曰：'寡人其君是恶，其民何罪？天殃流行，国家代有。补乏荐饥，道也，不可以废道于天下。'谓公孙枝曰：'予之乎？'公孙枝曰：'君有施于晋君，晋君无施于其众。今旱而听于君，其天道也。君若弗予，而天予之。苟众不说其君之不报也，则有辞矣。不若予之，以说其众。众说，必咎于其君。其君不听，然后诛焉。虽欲御我，谁与？'是故泛舟于河，归籴于晋。"《国语·晋语三》又载："秦饥，公令河上输之粟。虢射曰：'弗予赂地而予之籴，无损于怨而厚于寇，不若勿予。'公曰：'然。'庆郑曰：'不可。已赖其地，而又爱其实，忘善而背德，虽我必击之。弗予，必击我。'公曰：'非郑之所知也。'遂不予。"晋非但不支持秦国，还于秦穆公十五年（公元前 645 年）发兵攻打秦国，秦军转败为胜，俘虏了晋君夷吾，在周天子和秦穆公夫人的请求下，晋君才免于一死。

《国语·晋语三》记载秦穆公仅咨询了公孙枝，而没有提百里奚。秦饥，晋惠公采纳了虢射的意见，否定了庆郑支援秦国的主张。司马迁在写作《史记·晋世家》时采用了《国语·晋语三》这段史料。

《史记·晋世家》记载："（惠公）四年（公元前 647 年），晋饥，乞籴于秦。缪公问百里奚，百里奚曰：'天灾流行，国家代有，救灾恤邻，国之道也。与之。'丕郑子丕豹曰：'伐之。'缪公曰：'其君是恶，其民何罪！'卒与粟，自雍属绛。"晋国发生大旱，请求秦国支援粮食。丕豹主张不支援晋国，并趁其饥荒讨伐之。秦穆公听从了百里奚的意见，把粮食运到晋国的首都绛城。

"五年（公元前 646 年），秦饥，请籴于晋。晋君谋之，庆郑曰：'以秦得立，已而背其地约。晋饥而秦贷我，今秦饥请籴，与之何疑？而谋之！'虢射曰：'往年天以晋赐秦，秦弗知取而贷我。今天以秦赐晋，晋其可以逆天乎？遂伐之。'惠公用虢射谋，不与秦粟，而发兵且伐秦。秦大怒，亦发兵伐晋。"秦国也发生大旱，庆郑主张救济秦国，虢射主张乘机伐秦，晋惠公采纳了虢射的建议。

这件事还见于如下文献记载，内容基本一致，有的地方存在差异。

《史记·秦本纪》记载：秦穆公十三年（公元前 647 年），"晋旱，来请粟。丕豹说缪公勿与，因其饥而伐之。缪公问公孙支（裴骃《集解》引服虔曰：秦大夫公孙子桑。），支曰：'饥穰更事耳，不可不与。'问百里傒，傒曰：'夷吾得罪于君，其百姓何罪？'于是用百里傒、公孙支言，卒与之粟。以船槽车转，自雍相望至绛。十四年，秦饥，请粟于晋。晋君谋之群臣，虢射曰：'因其饥伐之，可有大功。'晋君从之"。

与《史记·晋世家》相比，《史记·秦本纪》秦穆公除了咨询百里奚外，还咨询了公孙支。晋拒绝救济秦国写得更为简略，没有提庆郑坚持支援秦国的主张。

晋国紧接着又发生了饥荒，秦国为了取得晋国民心，依然援助了晋国。《左传》僖公十五年（公元前 645 年）载："是岁，晋又饥，秦伯又饩之粟。曰：'吾怨其君而矜其民，且吾闻唐叔之封也，箕子曰：其后必大。晋其庸可冀乎！姑树德焉，以待能者。'于是秦始征晋河东，置官司焉。"

公元前 641 年，卫国发生大旱以后，祭祀山川不灵，转而把矛头对准邢国，发动了伐邢的战争。《左传》僖公十九年载："秋，卫人伐邢，以报菟圃之役。于是卫大旱，卜有事于山川，不吉。宁庄子曰：'昔周饥，克殷而年丰，今邢方无道，诸侯无伯，天其或者欲使卫讨邢乎？'从之，师兴而雨。"

上表所列公元前 639 年，鲁国发生旱灾以后，鲁僖公想焚烧巫尪，臧文仲进谏，才免巫尪一死。《左传》僖公二十一年载："夏，大旱。公欲焚巫尪。臧文仲曰：'非旱备也。修城郭，贬食省用，务穑劝分，此其务也。巫尪何为？天欲杀之，则如勿生，若能为旱，焚之滋甚。'公从之。是岁也，饥而不害。"

《国语·鲁语上》记载：齐孝公说鲁国"室如悬磬，野无青草，何恃而不恐？"韦昭注："悬磬，言鲁府藏空虚如悬磬也；野无青草，旱甚也。"鲁国发生的这次旱灾时间可依齐孝公伐鲁一事来确定，《左传》将此事记录于鲁僖公二十六年（公元前 634 年）。

晋文公在位期间，晋国也发生过一次饥荒。《国语·鲁语上》记载："晋饥，公问于箕郑曰：'救饥何以？'对曰：'信。'公曰：'安信？'对曰：'信于君心，信于名，信于令，信于事。'公曰：'然则若何？'对曰：'信于君心，则美恶不逾。信于名，则上下不干。信于令，则时无废功。信于事，则民从事有业。于是乎民知君心，贫而不惧，藏出如入，何匮之有？'公使为箕。及清原之搜，使佐新上军。"《左传》僖公三十一年载："秋，晋搜于清原，作五军以御狄，赵衰为卿。"《国语·晋语四》将此次饥荒放在伐郑之后，《左传》中伐郑之事发生在鲁僖公三十年（公元前 630 年），《史记·晋世家》记载伐郑之事发生于晋文公七年（公元前 630 年），因此推知这次饥荒发生的时间在鲁僖公三十一年，即晋文公八年（公元前 629 年）。

《水经注·洛水注》引《古本竹书纪年》："晋襄公六年（公元前 622 年），洛绝于泂。"

《左传》文公十六年（公元前 611 年）载："秋八月，辛未，声姜薨，毁泉台。楚大饥，戎伐其西南，至于阜山，师于大林，又伐其东南，至于阳丘，以侵訾枝。庸人帅群蛮以叛楚。麇人率百濮聚于选，将伐楚。"这一年为楚庄王三年，楚国遇到饥荒，山戎、庸人、群蛮、麇人、百濮乘机伐楚。同年，宋国也发生了饥荒，如《左传》文公十六年载："宋公子鲍礼于国人，宋饥，竭其粟而贷之，年自七十以上，无不馈诒也。时加羞珍异，无日不数于六卿之门。国之材人，无不事也。自桓以下，无不恤也。"

《左传》襄公九年（公元前 564 年）载："秦人侵晋，晋饥，弗能报也。"秦景公与楚共王联军攻打晋国，这一年晋国遇到了饥荒。

鲁襄公二十八年（公元前 545 年），鲁国春天无冰，气候变暖。八月，就发生了旱灾。第二年，郑国和宋国也发生了饥荒，因为赈灾措施得力，有效地解决了饥荒问题。《左传》襄公二十九年（公元前 544 年）载："郑子展卒，子皮即位，于是郑饥而未及麦，民病。子皮以子展之命，饩国人粟，户一钟，是以得郑国之民，故罕氏常掌国政，以为上卿。宋司城子罕闻之，曰：'邻于善，民之望也。'宋亦饥，请于平公，出公粟以贷，使大夫皆贷。司城氏贷而不书，为大夫之无者贷，宋无饥人。"

《晏子春秋·内篇谏上·景公欲祠灵山河伯以祷雨晏子谏》记载齐景公时（在位时间为公元前 547—前 490 年），"齐大旱逾时。景公召群臣问曰：'天不雨久矣，民且有饥色，吾使人卜，云祟在高山广水。寡人欲少赋敛，以祠灵山可乎？'群臣莫对。晏子进曰：'不可，祠此无益也。夫灵山固以石为身，以草木为发，天久不雨，发将焦，身将热，彼独不欲雨乎？祠之何益？'公曰：'不然，吾欲祠河伯，可乎？'晏子曰：'河伯以水为国，以鱼鳖为民，天久不雨，国将亡，民将灭矣，彼独不欲雨乎？祠之何益？'"齐景公要祭祀灵山、河伯诸神，晏子说这些神也为不下雨而着急，祭祀这些神没什么效果。景公问怎么办，晏子说："君诚避宫殿暴露，与灵山、河伯共忧，其幸而雨乎？于是景公出野暴露，三日，天果大雨，民尽得种时。"

《水经注·洛水注》引《古本竹书纪年》载："晋定公二十年（公元前 492 年），洛绝于周。"洛水因旱灾而断流。

《水经注·淇水注》引《古本竹书纪年》载："晋定公二十八年（公元前 484 年），淇绝于旧卫。"淇水也因干旱而断流。

《上海博物馆藏战国楚竹书》（二）有一篇《鲁邦大旱》，该文记载鲁哀公时期发生了大旱灾。马承源认为这次旱灾发生于鲁哀公十五年，即公元前 480 年。[1] 鲁哀公向孔子请教如何抵御大旱，孔子认为要加强刑德之治，不必用瘗埋圭璧币帛来向山川神灵作求雨之祭。

---

[1] 马承源主编：《上海博物馆藏战国楚竹书》（二），上海古籍出版社 2002 年版，第 203 页。

《国语·吴语》记载吴王夫差七年（489年），吴国准备伐齐，伍子胥进谏，谈到当时的吴国"天夺吾食，都鄙荐饥"。吴王夫差十四年（公元前482年），他从黄池之会归来，吴国又发生了饥荒。《国语·吴语》记载越大夫种说："今吴民既罢，而大荒荐饥，市无赤米，而囷鹿空虚，其民必移就蒲蠃于东海之滨。"

《吴越春秋》记载，吴王夫差十八年（公元前478年），吴国发生了大旱，民多就食于东海之滨。越王勾践乘机对吴国发动进攻。北方的鲁国和南方的吴国在同一年都发生了旱灾。

战国时期的旱灾资料有如下几条：

《水经注·浍水注》引《古本竹书纪年》记载："晋出公五年（公元前470年），浍绝于梁。"

《水经注·沁水注》引《古本竹书纪年》记载："晋出公五年（公元前470年），丹水三日绝不流。"

《礼记·檀弓下》记载："岁旱，穆公召县子而问然。曰：'天久不雨，吾欲暴尪而奚若？'"鲁穆公在位的时间为公元前410年至公元前377年。在鲁穆公时期鲁国发生过旱灾。

《水经注·河水注》引《古本竹书纪年》："晋出公二十二年（公元前453年），河绝于扈。"

《北堂书钞》卷一百四十六引《古本竹书纪年》："（晋幽公）七年（公元前427年），大旱，地长生盐。"

《上海博物馆藏战国楚竹书》（四）有一篇《柬大王泊旱》，该文记载楚简王时期"邦家大旱"。楚简王为楚惠王熊章之子，名中，在位时间为公元前431年至公元前408年。这次旱灾发生于楚肃王在位期间。①

《今本竹书纪年》周威烈王三年（公元前423年）："晋大旱，地生盐。"

《史记·韩世家》：韩昭侯"二十五年，旱，作高门。屈宜臼曰：'昭侯不出此门。何也？不时。'"韩昭侯在大旱时期大兴土木，屈宜臼认为此时不合时宜。此事亦载于《史记·六国年表》。

---

① 马承源主编：《上海博物馆藏战国楚竹书》（四），上海古籍出版社2004年版，第210页。

《史记·六国年表》记载：魏襄王二十一年（公元前 298 年），魏"与齐韩共击秦于函谷。河、渭绝一日"。

《史记·秦始皇本纪》记载：秦王政十二年（公元前 235 年），"当是之时，天下大旱，六月至八月乃雨"。十七年（公元前 230 年），"民大饥"。十九年（公元前 228 年），"大饥"。

三、风灾

史前时期人们已经苦于大风带来的灾难，并下决心解决风灾问题。《淮南子·本经训》载："逮至尧之时……猰貐、凿齿、九婴、大风、封豨、修蛇，皆为民害。尧乃使羿诛凿齿于畴华之野，杀九婴于凶水之上，缴大风于青丘之泽。"

《吕氏春秋·音初》记载："夏后氏孔甲田于东阳蕡山，天大风晦盲。孔甲迷惑，入于民室。"这是夏朝孔甲时发生的一次大风灾。

西周时期也发生过大风灾，《尚书·金縢》载："既克商二年，王有疾，弗豫。……秋，大熟，未获。天大雷电以风，禾尽偃，大木斯拔，邦人大恐。王与大夫尽弁，以启金縢之书。乃得周公所自以为功，代武王之说。三公及王乃问诸史与百执事，对曰：'信。噫，公命我无敢言。'王执书以泣，曰：'其勿穆卜。昔公勤劳王家，惟予冲人弗及知。今天动威，以彰周公之德。惟朕小子其新逆，我国家礼亦宜之。'王出郊，天乃雨，反风，禾则尽起。二公命邦人，凡大木所偃，尽起而筑之。岁则大熟。"

清华简《金縢》篇将此事放在"武王既克殷三年"，"武王既克殷三年，王不豫有迟。……是岁也，秋大熟，未获。天疾风以雷，禾斯偃，大木斯拔，邦人□□□弁，大夫绦，以启金縢之匮。王得周公之所自以为功以代武王之说。王问执事人，曰：'信。噫，公命我无敢言。'王布书以泣，曰：'昔公勤劳王家，惟余冲人亦弗及知。今皇天动威，以彰公德。惟余冲人其亲逆公，我邦家礼亦宜之。'王乃出逆公至郊。是夕，天反风，禾斯起。凡大木之所拔，二公命邦人尽复筑之。岁大有年，秋则大获"。[①]

---

① 清华大学出土文献研究与保护中心编、李学勤主编：《清华大学藏战国竹简（壹）》（下册），中西书局 2010 年版，第 158 页。

《史记·鲁周公世家》载："周公卒后，秋未获，暴风雷，禾尽偃，大木尽拔。周国大恐。成王与大夫朝服以开金縢书，王乃得周公所自以为功代武王之说。二公及王乃问史、百执事，史、百执事曰：'信有，昔周公命我无敢言。'成王执书以泣，曰：'自今后其勿穆卜乎！昔周公勤劳王家，惟予幼人弗及知。今天动威以彰周公之德，惟朕小子其迎，我国家礼亦宜之。王出郊，天乃雨，反风，禾尽起。二公命国人，凡大木所偃，尽起而筑之。岁则大熟。'"

三条史料时间不一致，《史记·鲁周公世家》把这次风灾记录在周公卒后，当以《尚书·金縢》和清华简《金縢》为准，史事发生在克殷二年还是克殷三年，只能存疑。

《国语·鲁语上》记载：鲁僖公时，有一只名叫"爰居"的海鸟在鲁东门外停了三天，臧文仲叫国人祭祀它。展禽表示反对，认为祭祀是国家大事，不能随意祭祀。"夫圣王之制祀也，法施于民则祀之，以死勤事则祀之，以劳定国则祀之，能御大灾则祀之，能扞大患则祀之。非是族也，不在祀典。"海鸟之所以跑到鲁国来，是因为"是岁也，海多大风，冬暖"。此事记载于鲁僖公三十一年（公元前629年）之后，鲁僖公共在位33年，此事应发生于公元前629年至公元前627年之间。

《春秋》僖公十六年（公元前644年）载："春，王正月……是月，六鹢退飞，过宋都。"《左传》解释道："六鹢退飞，过宋都，风也。"《史记·宋微子世家》载："襄公七年……六鹢退蜚，风疾也。"因为刮大风，六只鹢鸟退着飞行。

春秋时期鲁昭公十八年（公元前524年），宋、卫、陈、郑均遭受风灾，并连带发生了火灾。《左传·昭公十八年》载："夏五月，火始昏见。丙子，风。梓慎曰：'是谓融风，火之始也，七日其火作乎？'戊寅，风甚，壬午，大甚。宋、卫、陈、郑皆火。梓慎登大庭氏之库以望之，曰：'宋、卫、陈、郑也。'数日，皆来告火。"

《太平御览》卷八百七十九引《史记》载：晋烈公二十二年（公元前394年），"国大风，昼昏，自旦至中"。今本《史记》无此文，当出于《古本竹书纪年》。

四、霜灾与雪灾

《旧唐书》引《六韬》曰："武王伐纣，雪深丈余，五车二马，行无辙迹，诣营求谒，武王怪而问焉。太公对曰：'此必五方之神来受事耳。'遂以其名召入，各以其职命焉。既而克殷，风调雨顺。"①　武王伐纣时发生了雪灾。

隋萧吉《五行大义》引《周书》曰："武王营洛邑，未成。四海之神皆会，曰：'周王神圣，当知我名。若不知，水旱败之。'明年，雨雪十余旬，深长余。"此条资料与前一条资料故事情节有相似性。但这里讲的是营洛邑一事，时间应在周成王时，则周初又发生了雪灾。

《今本竹书纪年》载：周幽王四年（公元前778年），"夏六月，陨霜"。

《春秋》隐公九年（公元前714年），"三月，癸酉，大雨震电。庚辰，大雨雪"。《左传》隐公九年，"王三月，癸酉，大雨霖以震，书始也。庚辰，大雨雪。亦如之，书时失也。凡雨三日以往为霖，平地尺为大雪"。

《春秋》桓公八年（公元前704年），"冬十月，雨雪"。杜预注："无传。今八月也，书时失。"鲁国八月下雪，冬季提前来临。

《春秋》僖公十年（公元前650年），"冬，大雨雪"。

《春秋》僖公三十三年（公元前627年），"冬……十有二月，公至自齐。乙巳，公薨于小寝。陨霜不杀草，李梅实"。杜预注："乙巳，十一月十二日，经书十二月，误。""无传，书时失也。周十一月，今九月，霜当微而重，重而不能杀草，所以为灾。"

《春秋》成公十六年（公元前575年），"春，王正月，雨木冰"。杜预注："无传。记寒过节，冰封着树。"孔颖达疏："正月，今之仲冬时，犹有雨，未是盛寒。雨下即着树为冰，记寒甚之过其节度。《公羊》《穀梁》皆云雨而木冰，是冰封着树也。"这种冰灾现在称之为冻雨。

《春秋》定公元年（公元前509年），"冬十月，陨霜杀菽"。杜预注："无传，周十月，今八月，陨霜杀菽，非常之灾。"鲁国八月就降霜，属于异常气候。

---

① 《旧唐书》卷二十一《礼仪志》。

以上《春秋》《左传》所记录的霜灾、雪灾都发生在鲁国。

《史记·六国年表》记载：秦躁公八年（公元前 435 年）"六月，雨雪。日月蚀"。

《史记·赵世家》记载："（赵成侯）二年（公元前 373 年）六月，雨雪。"六月下雪，天气反常，是天气偏干的象征。

《战国策·魏策二》记载："魏惠王死，葬有日矣。天大雨雪，至于牛目，坏城郭，且为栈道而葬。群臣多谏太子者，曰：'雪甚如此而丧行，民必甚病之。官费又恐不给，请弛期更日。'"根据《史记·六国年表》，魏惠王在位三十六年，卒年为公元前 335 年。

《史记·秦始皇本纪》记载：秦王政二十一年（公元前 226 年），"大雨雪，深二尺五寸"。当时的一尺等于 23.1 厘米，则这一年的积雪深约 57.7 厘米。

五、雹灾

西周时期的雹灾记录有如下几条：

《太平御览》卷八百七十八引《史记》："孝王七年，冬大雨雹，牛马死，江、汉俱冻。"今本《史记》无此文。

《古本竹书纪年》记载：周夷王"七年冬，雨雹，大如砺"。

春秋时期，鲁僖公、昭公在位时均发生过严重的雹灾。如《春秋》载：鲁僖公二十九年（公元前 631 年）秋，"大雨雹"。《左传》同年载："秋，大雨雹。为灾也。"《春秋》载鲁昭公三年（公元前 539 年），"冬，大雨雹"。《春秋》载鲁昭公四年（公元前 538 年），"春，王正月，大雨雹"。《左传》载鲁昭公四年，"大雨雹"。

第二节　地质灾害

一、史前震灾

青海喇家新石器时代遗址不仅发生了洪灾，而且在洪灾之前还发生了地震，如该遗址 F7 内有地震裂缝，裂缝内有洪水淤积土，地震震级约 7 级，烈度为 9 度，居室中的死者是被震塌的窑洞式房屋砸死的。①

喇家遗址史前灾难现场的初步研究表明，位于我国黄河中上游的青海官亭盆地，在距今 3650—2750 年前后的齐家文化晚期至辛店文化早期，曾经发生过一起包括洪水、山洪和地震在内的大规模群发性灾害事件，这场灾害导致喇家遗址的毁灭，给当时的人类文明带来了极大的破坏。根据不同灾害记录分布的层位以及它们之间的相互关系，我们初步判断地震发生在先，它造成了喇家遗址地面的破坏和房屋的倒塌；山洪和大河洪水发生在地震之后，其中山洪暴发是主河洪水来临的前奏，随之而来的黄河大洪水则彻底摧毁了整个遗址，这些灾害事件集中出现在距今 3650 年前后的齐家文化晚期，给喇家遗址的先民带来了灭顶之灾，在遗址被毁之后的数百年内，黄河进入一个多洪水期，整个官亭盆地一直处于洪水的威胁之下，直到距今 2750 年前后多洪水期结束，人类才再次回到这里生活，由于距今 4000—3000 年前后是全新世大暖期濒临结束，全球进入一个气候波动加剧的时期，我们推测黄河多洪水期的出现可能与

---

① 叶茂林等：《青海喇家遗址又发现史前地震证据》，《中国文物报》2003 年 3 月 14 日；《民和喇家遗址发现地震和洪灾新证据》，《中国文物报》2002 年 3 月 15 日。

当时气候的急剧变化有密切的关系。①

古代文献很少记载史前地震，《今本竹书纪年》载："（黄帝）一百年地裂。"

《古本竹书纪年》载："三苗将亡，天雨血，夏有冰，地坼及泉，青龙生于庙，日夜出，昼日不出。"《墨子·非攻下》："昔者三苗大乱，天命殛之。日妖宵出，雨血三朝。龙生于庙，犬哭于市。夏冰，地坼及泉。"这两段记载表明，在史前时期的末段，应发生过地震、日食、旱灾、洪灾等多种自然灾害。

二、夏代震灾

夏代末年两个国君帝发和帝癸在位时期，发生了三次地震，连伊、洛河的水都枯竭了。如《今本竹书纪年》："（夏帝发）七年，陟，泰山震。""（帝癸）十年，五星错行，夜中，星陨如雨。地震，伊、洛竭。""（帝癸）三十年，瞿山崩。"

《太平御览》卷八百八十引《古本竹书纪年》："夏桀末年，社坼裂，其年为汤所放。"《路史·后纪十三》注引："桀末年，社震裂。"②

虽说地震与改朝换代没有必然联系，但在政治腐败的时候，严重的地震灾害加速了夏朝的灭亡。

三、商代震灾

商王帝乙时期，关中地区发生了地震。如《今本竹书纪年》载：帝乙三年"夏六月，周地震"。《吕氏春秋·制乐》载："周文王立国八年，岁六月，文王寝疾，五日而地动，东西南北不出国郊。"

商纣王时候也发生了大地震。如《今本竹书纪年》载："（帝辛）四十三

---

① 夏正楷、杨晓燕、叶茂林：《青海喇家遗址史前灾难事件》，《科考通报》2003年第11期。

② 范祥雍编：《古本竹书纪年辑校订补》，新知识出版社1956年版。

年，春，大阅，峣山崩。"《淮南子·俶真训》记载："逮至夏桀殷纣……当此之时，峣山崩，三川涸。"《淮南子·览冥训》记载："峣山崩而薄洛之水涸，区冶生而淳钧之剑成。"

商末地震与旱灾并发，正如震灾加速了夏朝的灭亡一样，多灾并发也加速了商朝的灭亡。

四、西周震灾

周幽王二年（公元前780年），镐京一带爆发了地震，泾水、渭水、洛水枯竭，岐山崩塌，被时人认为是亡国之兆。如《国语·周语上》记载："幽王二年，西周三川皆震。伯阳父曰：'周将亡矣！夫天地之气，不失其序；若过其序，民乱之也。阳伏而不能出，阴迫而不能烝，于是有地震。今三川实震，是阳失其所而镇阴也。阳失而在阴，川源必塞；源塞，国必亡。夫水土演而民用也。水土无所演，民乏财用，不亡何待？昔伊洛竭而夏亡，河竭而商亡。今周德若二代之季矣，其川源又塞，塞必竭。夫国必依山川，山崩川竭，亡之征也。川竭，山必崩。若国亡不过十年，数之纪也。夫天之所弃，不过其纪。'是岁也，三川竭，岐山崩。十一年，幽王乃灭，周乃东迁。"韦昭注："三川，泾、渭、洛，出于岐山也。"其实泾、渭、洛皆不出于岐山。

《史记·周本纪》也记载了这段材料，《集解》："徐广曰：'泾、渭、洛也。'骃案：韦昭曰：'西周镐京地震动，故三川亦动。'"《正义》："按：泾渭二水在雍州北。洛水一名漆沮，在雍州东北，南流入渭。此时以王城为东周，镐京为西周。"

四年后，诗人回忆这场地震，仍记忆犹新，震灾前后还发生了月食和日食。如《诗经·小雅·十月之交》："十月之交，朔月辛卯。日有食之，亦孔之丑。彼月而微，此日而微。今此下民，亦孔之哀。

"日月告凶，不用其行。四国无政，不用其良。彼月而食，则维其常。此日而食，于何不臧！

"烨烨震电，不宁不令。百川沸腾，山冢崒崩。高岸为谷，深谷为陵。哀今之人，胡憯莫惩？"

周幽王二年发生震灾，同时又发生旱灾，加速了西周的灭亡。伯阳父认为地震产生的原因是阴阳不调，"阳伏而不能出，阴迫而不能烝，于是有地震"。

其解释是有一定科学依据的，代表了当时人对地震现象的认识水平。

五、春秋、战国震灾

春秋时期发生过多次地震。《春秋》《左传》记载的 8 次地震情况如下表。

时　间	《春秋》	《左传》
鲁僖公十四年（公元前 646 年）	秋，八月，辛卯，沙麓崩。杜预注："沙麓，山名，平阳元城县东有沙麓土山，在晋地。"	秋，八月，辛卯，沙麓崩。晋卜偃曰："期年将有大咎，几亡国。"杜预注："国主山川，山崩川竭，亡国之征。"
鲁僖公十五年（公元前 645 年）	九月，己卯晦，震夷伯之庙。杜预注："震者，雷电击之。"认为不是地震。	震夷伯之庙，罪之也。
鲁文公九年（公元前 618 年）	九月，癸酉，地震。	此条无传。
鲁成公五年（公元前 586 年）	夏，梁山崩。杜预注："记异也。梁山在冯翊夏阳县北。"	梁山崩。
鲁襄公十六年（公元前 557 年）	五月，甲子，地震。	此条无传。
鲁昭公十九年（公元前 523 年）	五月，己卯，地震。	此条无传。
鲁昭公二十三年（公元前 519 年）	八月，乙未，地震。	八月，丁酉，南宫极震。杜预注："经书乙未地动，鲁地也。丁酉南宫极震，周地亦震也，为屋所压而死。"
鲁哀公三年（公元前 492 年）	夏，四月，甲午，地震。	此条无传。

上表《左传》成公五年关于"梁山崩"还有一段有趣的故事。"梁山崩。晋侯以传召伯宗，伯宗辟重，曰：'辟传。'重人曰：'待我，不如捷之速也。'问其所，曰：'绛人也。'问绛事焉，曰：'梁山崩，将召伯宗谋之。'问将若之何？曰：'山有朽壤而崩，可若何？国主山川，故山崩川竭，君为之不举，降服，乘缦，彻乐，出次，祝币，史辞，以礼焉，其如此而已。虽伯宗，若之

何?'伯宗请见之,不可,遂以告而从之。"《国语·晋语五》有类似的记载。这个赶大车的师傅具有朴素的唯物主义思想,能够科学地分析梁山崩塌的原因。

鲁国史书《春秋》详细记载了鲁国发生地震的情况,其他地区的地震情况大多不得而知。鲁国每隔 30 年左右发生一次地震。

战国时期的地震也比较频繁。

《资治通鉴外纪》卷十载:周贞定王三年(公元前 466 年),"晋空桐震七日,台舍皆坏,人多死"。

《史记·魏世家》载:魏文侯二十六年(公元前 421 年),"虢山崩,雍河"。

《太平御览》卷八百八引《古本竹书纪年》载:梁惠成王七年(公元前 363 年),魏国"地忽长十丈有余,高尺半"。

《开元占经》卷一百一引《古本竹书纪年》载:赵成侯二十年(公元前 355 年),"邯郸四曀,室坏多死"。

《水经注·汾水注》卷八百八十引《古本竹书纪年》载:梁惠成王二十五年(公元前 345 年),"绛中地坼,西绝于汾"。

《华阳国志》卷三《蜀志》载:周显王三十二年(公元前 337 年),"蜀遣五丁迎秦之五女,到梓潼,山崩,时压杀五人。蜀遣五丁迎之,还到梓潼,见一大蛇入穴中,一人揽其尾掣之不禁,至五人相助大呼抴蛇,山崩,时压杀五人"。

《太平御览》卷八百八引《古本竹书纪年》载:周赧王二年(公元前 313 年),"齐地暴长,长一丈余,高一尺"。

《战国策》卷十三《齐策六》载:公元前 284 年,"(闵)王奔莒,淖齿数之曰:'夫千乘、博昌之间,方数百里,雨血沾衣,王知之乎?'王曰:'不知。''嬴、博之间地坼至泉,王知之乎?'王曰:'不知。''人有当阙而哭者,求之则不得,去之则闻其声,王知之乎?'王曰:'不知。'淖齿曰:'天雨血沾衣者,天以告也;地坼至泉者,地以告也;人有当阙而告者,人以告也。天地人皆以告矣,而王不知戒焉,何得无诛乎?'于是杀闵王于鼓里"。正当燕、秦、楚、三晋联军攻齐,燕将乐毅率军占领齐国之时,齐国发生地震。齐闵王被淖齿杀害。

《史记·六国年表》载:秦昭王二十七年(公元前 280 年),"地动,坏城"。

《史记·赵世家》：赵幽缪王迁"五年（公元前231年），代地大动，自乐徐以西，北至平阴，台屋墙垣太半坏，地坼东西百三十步。六年，大饥。民讹言曰：赵为号，秦为笑，以为不信，视地之生毛"。

此次地震也记载于《史记·六国年表》：赵幽缪王迁五年（公元前231年），"地大动"。

《史记·秦始皇本纪》：秦王政"十五年（公元前232年）……地动。……十七年（公元前230年）……地动。……民大饥"。

战国时期的地震涉及的地区较广，如晋、魏、赵、蜀、齐、秦等国都发生过地震，各国发生地震的次数分别是晋国1次、魏3次、赵2次、蜀1次、齐2次、秦3次。黄河中下游地区是地震多发地带。

第三节　疫灾与地方病

一、商代疫灾与地方病

《韩非子·五蠹》载："上古之世，人民少而禽兽众，人民不胜禽兽虫蛇。有圣人作，构木为巢，以避群害，而民悦之，使王天下，号之曰有巢氏。民食果蓏蚌蛤，腥臊恶臭，而伤害腹胃，民多疾病。有圣人作，钻燧取火，以化腥臊，而民悦之，使王天下，号之曰燧人氏。"在人类用火之前，食物未经烧烤，吃后易伤腹胃，容易得胃肠疾病。早在100多万年前，人类已开始使用自然火。到山顶洞人时期，人类已经能够人工取火。发明火的人传说就是燧人氏。自从有了火，人类开始吃熟食，加速了人类体质的进步。

商代甲骨文中有关于人们各种疾病的资料，胡厚宣最早研究了甲骨文中所记载的疾病问题，发表了《殷人疾病考》这篇拓荒性的论文。[①] 台湾李宗焜对一些有争议的问题作了深入研究，所著《从甲骨文看商代的疾病与医疗》一文，把商代的疾病和医疗研究提高到一个新的高度。[②] 宋镇豪又发表了《商代的疾患医疗与卫生保健》一文，全面收集甲骨文资料，进行考释，发现商代甲骨文中记载商人所患疾病达53种之多。商人对疾病的观察相当仔细，对疾病作了详细的分类，明确地标出了病灶的位置，对致病的原因也做出了解释。有几片甲骨文还对病情做了长期的跟踪观察和记录，是研究医学史的宝贵资

[①] 胡厚宣：《殷人疾病考》，参见胡厚宣：《甲骨学商史论丛初集》（第3册），上海书店1944年版。

[②] 李宗焜：《从甲骨文看商代的疾病与医疗》，（台北）《中央研究院历史语言研究所集刊》（第72本），2001年。

料。商人对疾病的分类、病理的研究和医疗技术已经达到了较高的水平。

甲骨文中"疾人"和"疾年"的记载,属于疫灾性质的史料。如关于"疾人"的材料:

贞疾人,隹父甲害。贞有疾人,不隹父甲害。(《合集》2123)

疾人,惟父乙害。(《合集》5480 反)

宋镇豪认为疾人可能指流疫之众患者,"疾人,隹父甲害""疾人惟父乙害"是对疾病原因的解释,认为疾病是由已故先王所降的灾害,实际上疾人即指受到流疫病毒感染的众患者。[1] 李宗焜认为"疾人"当是人有疾,"人"泛指全身,也许是全身不舒服。[2]

再就是关于"疾年"的材料:

贞有疾年其死。(《合集》526)

疾年当如《周礼·天官·疾医》说的"四时皆有疠疾,春时有痟首疾,夏时有痒疥疾,秋时有疟寒疾,冬时有漱上气疾"。即一年四季中随时随地可能发生各种病毒性疠疫传染蔓延。"疾年其死"亦指年内疠疫流行而死亡人众。

二、西周时期的疫灾与地方病

西周末年多灾并发,有震灾、旱灾,也有疫灾。《诗经·小雅·节南山》:"天方荐瘥,丧乱弘多。民言无嘉,惨莫惩嗟。"郑玄注曰:"天气方今又重以疫病,长幼相乱而死丧甚大多也。""天下之民皆以灾害相吊唁,无一嘉庆之言,曾无以恩德止之者,嗟乎奈何。"《诗经·大雅·召旻》:"旻天疾威,天笃降丧。瘨我饥馑,民卒流亡。""如彼岁旱,草不溃茂,如彼栖苴。""池之竭矣,不云自频。泉之竭矣,不云自中。"表明这次疫灾发生的原因是旱灾。

---

① 宋镇豪:《商代的疾患医疗与卫生保健》,《历史研究》2004 年第 2 期。

② 李宗焜:《从甲骨文看商代的疾病与医疗》,(台北)《中央研究院历史语言研究所集刊》(第 72 本),2001 年。

三、春秋战国时期的疫灾与地方病

春秋战国时期各国之间战争频繁，遇到年成歉收，百姓饥寒交迫，容易导致疫灾。《墨子·兼爱下》载："然即敢问今岁有疬疫，万民多有勤苦冻馁、转死沟壑中者，既已众矣。不识将择之二君者，将何从也？"这段话正是春秋时期疫灾频发的情况。

春秋战国疫灾的记录有如下几条：

《春秋》鲁庄公二十年（公元前674年），"齐大灾"。这次灾情没有记载具体内容，杜预注："天火曰灾。"而《公羊传》解释道："夏，齐大灾。大灾者何？大瘠也。大瘠者何？疬也。何以书？记灾也。外灾不书，此何以书？及我也。"《公羊传》认为齐国这次大灾是疫灾。

明孙毂《古微书》卷十载："襄公朝于荆，士卒度岁，愁悲失时，泥雨暑湿，多霍乱之病。"据《春秋》《左传》记载，襄公二十八年（公元前545年）十一月襄公到楚国，第二年五月返鲁。

《左传》昭公十九年（公元前523年）冬，郑国子产回答晋国使节说："郑国不天，寡君之二三臣，札瘥夭昏。"杜预注："大死曰札，小疫曰瘥，短折曰夭，未名曰昏。"孔颖达疏引郑玄云："札，疫疬也。"

《左传》昭公二十年（公元前522年）载："齐侯疥，遂痁。期而不瘳，诸侯之宾问疾者多在。"杜预注："痁，疟疾。""疥"字有两种解释，一是其本意，《说文》："疥，搔也。"疥是一种皮肤病，难治，患者奇痒难耐，并且传染。二是"疥"字当作"痎"，《说文》："痎，两日一发疟。"此事还记载于《晏子春秋》内篇和外篇，上海博物馆所藏楚竹书也有此篇内容，齐侯就是齐景公，竹书中写成"齐竞公"。

吴王阖闾发动对楚国的战争之前（公元前514—公元前506年），吴国曾发生过疫灾。《左传》哀公元年记载，吴王阖闾"在国，天有灾疬，亲巡其孤寡，而共其乏困"。杜预注："疬，疾疫也。"

《左传》定公四年（公元前506年）春三月，晋国参加伐楚盟军，晋国荀寅对范献子说："国家方危，诸侯方贰，将以袭敌，不亦难乎？水潦方降，疾疟方起。"荀寅认为春季以后将要发生水灾和疾疟，不利于发动战争。

《清华大学藏战国竹简（贰）》所公布的资料是楚国的史书《系年》，第十八章记载：楚昭王时，"晋与吴会为一，以伐楚，闵方城。述（遂）明（盟）者（诸）侯于堲（召）陵。伐中山，晋师大疫，且饥，食人"①。此事发生在鲁定公四年。正好与《左传》定公四年所记载的荀寅的话可以互证。荀寅推测要发生疾疠，这一年晋国军队确实发生了疫灾，又并发了其他灾害，缺乏粮食，导致人吃人的严重后果。

《上海博物馆藏战国楚竹书》（四）有一篇《柬大王泊旱》，该文记载楚简王得了严重的疥病，当时采用占卜这种巫术疗法治疗，简王亲临占卜，参与的官员有龟尹、赘尹、大宰等高层官员。该文整理者濮茅左引用了几种医书对疥病的解释。如《医说》："夏时有痒疥疾。"隋巢元方《巢氏诸病源候总论·疥候》载："疥者有数种，有大疥，有马疥，有水疥，有干疥，有湿疥，多生手足乃至遍体。……此悉由皮肤受风邪热气所致也。"《济生方·疥》载："论曰：夫疥疮之为病，虽若不害人，然亦至难忍矣。"《薛氏医案》卷一载："夏作渴，发热吐痰，唇燥，遍身生疥，两腿尤多色暗生痒，日晡愈炽，仲冬腿患疮，尺脉洪数，余曰疥。"楚简王在位时间为公元前431年至公元前408年。②

清华简《楚居》记载：楚悼王时（公元前401至公元前381年在位），"邦大瘥，焉徙居鄩郢"③。《公羊传》庄公二十年："夏，齐大灾。大灾者何？大瘥也。大瘥者何？痢也。"何休注："痢者，民疾疫也。"楚悼王时楚国出现过流行病。

《史记·六国年表》载：周烈王七年（公元前369年）秦"民大疫"。

据《路史》记载："梁惠成八年（公元前362年），雨（骨）于赤鞞，后国饥兵疫。"这次疫灾因饥馑引起，且主要在军队中流行。④

《史记·赵世家》载：赵惠文王二十二年（公元前277年），赵"大疫"。

---

① 李学勤主编：《清华大学藏战国竹简（贰）》，中西书局2011年版，图版上册第90页，释文见下册第180页。

② 马承源主编：《上海博物馆藏战国楚竹书》（四），上海古籍出版社2004年版，第195—215页。

③ 清华大学出土文献研究与保护中心编、李学勤主编：《清华大学藏战国竹简（壹）》（下册），中西书局2010年版，第182页。

④《路史》卷三十三"骨"字条。

《史记·秦始皇本纪》载：秦王政四年（公元前 243 年），"蝗虫从东方来，蔽天，天下疫"。

龚胜生等认为春秋战国时期疫灾分布于齐、鲁、郑、吴、秦、魏、赵等地区。公元前 243 年的疫灾分布地区应当涉及秦和其他诸侯国地区。南方只有吴国发生过疫灾，华北则秦、赵、郑、魏、齐、鲁诸国都发生过疫灾，华北疫灾数明显多于南方。文献记载肯定有局限性，如楚国、越国等国家也可能发生过疫灾，只是没有记载而已。从现有文献记载来看，先秦疫灾主要分布于黄河中下游地区由西安、邯郸、临淄、曲阜、商丘、新郑等城市围成的区域范围内，这个疫灾重心区域正是当时农耕历史悠久、人口相对稠密的区域，从一个侧面证明了疫灾频度与人口密度的正相关关系。①

楚国的竹书补充了楚国疫灾方面的新资料。

---

① 龚胜生、刘杨、张涛：《先秦两汉时期疫灾地理研究》，《中国历史地理论丛》
　2010 年第 3 期。

第四节　生物灾害

一、史前的生物灾害

尧在位之时，多种野生动物对人造成伤害，为了保证人类自身安全，尧派羿制服了各种凶猛的动物。《淮南子·本经训》载："逮至尧之时……猰貐、凿齿、九婴、大风、封豨、修蛇，皆为民害。尧乃使羿诛凿齿于畴华之野，杀九婴于凶水之上，缴大风于青丘之泽，上射十日而下杀猰貐，断修蛇于洞庭，禽封豨于桑林，万民皆喜，置尧以为天子。"

二、商代虫灾

范毓周认为商代甲骨文已有关于蝗灾的记录，把下面三期卜辞中的一个象形字释为"蝗"字：

癸酉卜，其……

弜亡雨。

蝗其出于田。

弜。（《掇续》216）

译成白话文：

癸酉这一天占卜，其……

不会没有雨吧？

蝗虫会出现在田里吗？

不会。

殷墟妇好墓出土了一件玉雕蝗虫。该器物为圆雕玉器，浅绿色，有褐斑。造型十分生动，身较细长，昂首挺立，圆眼突起，双翅并拢，下有两大后肢前屈，是一件惟妙惟肖的艺术珍品。说明在商王武丁时期，人们注意观察蝗虫，对其造型了如指掌，才能制作出这样的艺术佳作。①

　　彭邦炯找出了甲骨文中更多的证据，认为甲骨文中有关于蝗灾的记录。甲骨文中有一个虫的象形字，有三种用法：一是作人名、地名或国族名；二是指季节，可释为"秋"字；三就是指蝗虫，但不读"蝗"，而应是"螽"的本字。此类卜辞共计 20 余条。如：

　　甲申卜，宾，贞告螽于河。（佚 525）

　　乙未卜，宾，贞于上甲告螽冓。

　　乙未卜，贞于戋告螽。（续存上 196）

　　贞于王［亥］告螽［冓］。（续存上 197）

　　告螽隻于高祖夒。（粹 2）

　　其告螽上甲。（粹 4）

　　其告螽上甲二牛。（粹 88）

　　庚申卜，出，贞今戊螽不至兹商，二月。

　　贞螽其至。（文录 687）

　　［……］［……］螽冓至商，六月。（龟 2·15·9）

　　"告螽"就是蝗虫飞来像敌人入侵一般，因而向神灵求告。"贞今戊螽不至兹商"就是"卜问戊日螽不会飞到商地吧？""螽其至"就是"螽会来吗？"②

三、西周时期虫灾

　　《诗经》中保留了不少虫灾方面的信息。螟、螣、蟊、贼、螽斯等害虫是农作物的天敌，当时人们经过长期的观察，对其命名分类，积累了昆虫方面的科学知识。《诗经·小雅·大田》载："去其螟螣，及其蟊贼，无害我田稚！田祖有神，秉畀炎火。"螟是食心虫，如玉米螟、稻螟。螣是食叶性、田野跳跃昆虫，如蝗虫、粘虫。蟊是食根性害虫，如金针虫幼虫。贼是食茎节性害

---

① 范毓周：《殷代的蝗灾》，《农业考古》1983 年第 2 期。
② 彭邦炯：《商人卜螽说——兼说甲骨文的秋字》，《农业考古》1983 年第 2 期。

虫，如茎蜂。防止虫灾的办法就是用火把虫烧死。

《诗经·周南·螽斯》载："螽斯羽诜诜兮，宜尔子孙振振兮。螽斯羽薨薨兮，宜尔子孙绳绳兮。螽斯羽揖揖兮，宜尔子孙蛰蛰兮。"《诗经·豳风·七月》载："五月斯螽动股。"螽就是飞蝗，秦汉以后书面文字用"蝗"。[①]

《诗经》中所记载的蝗灾是目前所能见到的传世文献所记载的最早蝗灾。

四、春秋战国时期虫灾

春秋战国时期，虫灾事关农业的丰歉，因此有关虫灾方面的记录也屡屡见于史书。螽就是蝗虫，有的文献直接称为蝗虫，古代的蝗灾尤其频繁。如：

《春秋》鲁桓公五年（公元前 707 年）秋，"螽"。

《春秋》鲁僖公十五年（公元前 645 年）八月，"螽"。

《春秋》鲁文公三年（公元前 624 年）秋，"雨螽于宋"。《左传》文公三年，"秋，雨螽于宋，坠而死也"。

《春秋》鲁文公八年（公元前 619 年）冬十月，"螽"。

《春秋》鲁宣公六年（公元前 603 年）秋八月，"螽"。

《春秋》鲁宣公十三年（公元前 596 年），"秋，螽"。

《春秋》鲁宣公十五年（公元前 594 年）秋，"螽"。

《春秋》鲁襄公七年（公元前 566 年）八月，"螽"。

《春秋》鲁哀公十二年（公元前 483 年），"冬，十有二月，螽"。《左传》哀公十二年，"冬十二月，螽"。

《春秋》鲁哀公十三年（公元前 482 年），"九月，螽。十有二月，螽"。

《太平御览》卷九百五十引《广五行记》载："秦昭王委政于太后弟穰侯，穰侯用事。山木尽死，蜂食人苗稼，时大饥，人相食。穰侯罢免归第。"穰侯魏冉于秦昭王三十二年担任相国，此年为公元前 275 年。

《史记·六国年表》载：秦王政四年（公元前 243 年），"七月，蝗蔽天下。百姓纳粟千石，拜爵一级"。

---

① 郭郛、［英］李约瑟、成庆泰：《中国古代动物学史》，科学出版社 1999 年版，第 110—111 页。

《史记·秦始皇本纪》载：秦王政四年（公元前 243 年），"十月庚寅，蝗虫从东方来，蔽天"。

螟是一种吃苗心的虫，也是蝗虫。如：

《春秋》鲁隐公五年（公元前 718 年），"九月，螟"。

《春秋》鲁隐公八年（公元前 715 年），"九月……螟"。

《春秋》鲁庄公六年（公元前 688 年）秋，"螟"。

除上文所见螽、螟之外，又有蟘、蜚、蝝等害虫。蟘就是《诗经·小雅·大田》中所说的螣。《吕氏春秋·任地》载："大草不生，又无螟蟘。"高诱注："蟘或作螣。食心曰螟，食叶曰蟘。兖州谓蟘为螣，音相近也。"

蜚，《说文》："蜚，臭虫。负蠜也。"是一种吃农作物的害虫。

蝝，《说文》："蝝，复陶也。刘歆说：'蝝，蝗蠡子也。'董仲舒说：'蝝，蝗子也。'"董仲舒认为蝝是蝗虫的幼虫。如：

《春秋》鲁庄公十八年（公元前 676 年）秋，"有蜮"。《左传》鲁庄公十八年，"秋，有蜮，为灾也"。

《春秋》鲁庄公二十九年（公元前 665 年）秋，"有蜚"。《左传》鲁庄公二十九年，"秋，有蜚，为灾也"。

《春秋》鲁宣公十五年（公元前 594 年），"冬，蝝生，饥"。杜预注："螽子以冬生遇寒而死，故不成螽。"《左传》鲁宣公十五年，"冬，蝝生，饥，幸之也"。杜预注："蝝未为灾而书之者，幸其冬生不为物害，时岁虽饥，尤喜而书之。"

虫灾一般发生在秋季，以周历八月和九月居多，即农历的六月和七月。蝗虫喜干不喜湿，因此蝗灾往往与旱灾相伴，大旱之后往往有蝗灾。

第九章

先秦时期的环境与文化

人类适应自然，也改造自然，从而创造了辉煌灿烂的文化。先秦时期被称为中国文化的奠基时代，这种特殊的环境是产生中国文化的沃壤。

第一节　史前时期的环境与农作物的培育

农作物是人类适应环境长期培育的结果，是人类取得的重大文化成就。由于黄河流域与长江流域处在不同的气候带上，野生植物群也存在差异，在利用野生植物培育农作物方面形成了各自的特色。长江流域为亚热带气候，先民们利用野生稻培育出了水稻，黄河流域等北方地区主要为温带气候，先民们则利用野生的狗尾草培育出了粟，为世界农业发展做出了重大贡献。由于文化交流，异域的农作物如小麦、大麦等被传播到中国，为中国人提供了更加高效的食物保障。

一、水稻的培育

一般认为在公元前 3000 年，稻作农业起源于印度东北部的阿萨姆山地、缅甸北部山地和中国云南山地，然后向四周传播。这一说法是农学家根据作物品种分类和分布状况推测出来的，缺乏考古学的证据。中国各地发掘出了大量的早期水稻标本，彻底改变了人们关于水稻起源地的认识。

①1955—1956 年，考古学家在湖北省的京山屈家岭、天门石家河和武昌放鹰台等处发现了大量新石器时代的稻谷遗存。屈家岭遗址发现约 500 平方米的房基垫土，其中掺杂了稻壳和稻草，偶尔也有一些稻谷和炭化稻米。① 经鉴

---

① 张绪球：《长江中游新石器时代文化概论》，湖北科学技术出版社 1992 年版，第 205 页。

定，属于粳稻，是颗粒比较大的粳稻品种，与今天栽培的粳稻品种最为接近。① 当时还没有 ^{14}C 测年方法，估计的时间为三四千年，后来有了 ^{14}C 测年方法后，屈家岭文化的测定年代约为公元前 3000 至前 2500 年。这一发现为探索稻作农业的起源，提供了重要信息。

②1973—1974 年、1977—1978 年在余姚河姆渡遗址进行了两次发掘，河姆渡文化因此得名。河姆渡文化分布于宁绍平原和舟山群岛，中心地区在姚江流域，与太湖流域的马家浜文化、崧泽文化相比，河姆渡文化是与之时代相当、平行发展的文化。根据河姆渡遗址四个文化层及其他遗址的出土遗物，可将河姆渡文化分为四期，第一期以河姆渡遗址第四层为代表，第二期以河姆渡遗址第三层为代表，第三期以河姆渡遗址第二层为代表，第四期以河姆渡遗址第一层为代表，^{14}C 测定年代为公元前 5005±130 年至公元前 3380±130 年。

在河姆渡遗址的第四层居住区内，有的地方发现米粒，普遍存在稻谷、谷壳、稻秆、稻叶的堆积，厚 20—50 厘米，最厚处超过 1 米。经鉴定，属于栽培稻的籼亚种晚稻型水稻。这是当时世界上发现的最早的栽培稻标本，年代约公元前 5000 年。河姆渡文化是以稻作农业为基础的文化。这一发现引起了学术界的广泛关注，有学者提出了长江下游及附近地区是稻作农业起源的一个主要地区。②

③1983 年、1984 年对湖北宜都县城背溪遗址进行了两次发掘，发现了一种新的文化遗存。考古工作者又发掘了宜都境内的枝城北、花庙堤、金子山、孙家河、栗树窝子及枝江县的青龙山、秭归的柳林溪和朝天嘴遗址。这类遗存被命名为"城背溪文化"，根据其文化特征，与彭头山类型相似，距今 8500—7500 年。首先在枝城北遗址的红烧土块和陶片中发现稻壳。然后在整理城背溪遗址的材料时，也发现了稻壳碎片。城背溪文化稻壳标本的发现，把稻作农业的起源研究又向前推进了一步。

④彭头山类型因湖南澧县彭头山遗址的发掘而得名。该遗址处于澧水与其支流涔水之间的一处岗地上。1988 年 11 月，湖南省文物考古研究所裴安平率

---

① 丁颖：《江汉平原新石器时代红烧土中的稻谷壳调查》，《考古学报》1959 年第 4 期。
② 浙江省文物管理委员会、浙江省博物馆：《河姆渡遗址第一期发掘报告》，《考古学报》1978 年第 1 期。

队对该遗址进行发掘，^{14}C 测定年代为公元前 6500—前 5500 年，是长江中游发现的最早的新石器时代遗存。发掘者有计划地把发现水稻遗存作为发掘工作的一个重要目的。开工不久的一天上午，裴安平终于从一片残破的陶片上看到了一粒炭化稻壳，然后他又到水塘边去看刚刚洗刷晾晒的陶片，在陶片上发现了更多的炭化稻谷。后来在已废弃的房屋红烧土块中也发现有稻壳。有的学者经过研究认为彭头山发现的水稻为人工栽培稻，长江中游是人类栽培水稻的一个重要发源地。①

⑤1993—1997 年，在湖南澧县八十垱遗址进行了 6 次发掘。在八十垱遗址发现了环绕聚落的围沟和围墙，也就是所谓的环壕聚落。最初所挖的壕沟时代与遗址的早期同时。因长期淤积，再次挖沟，后来所挖的沟打破原来的沟并叠压其上。壕沟呈不规则长方形，环绕村落，壕沟内村落面积 1.6 万多平方米。壕沟上口宽约 4 米，底宽 1.5 米，深 1.5—2 米。壕沟内侧用壕沟内挖出的土堆成一条土埂，现存高半米多，底最宽处约 6 米。土埂有助于增强壕沟的防御能力。在新壕沟的使用过程中，曾进行过三次清淤工作，淤土堆筑于土埂两侧以修补护坡。

该遗址发现了数万粒保存很好的稻谷和稻米，出土时还显黄褐色，有的还带 1 厘米长的芒。经鉴定，兼有现代籼稻、粳稻和普通野生稻多种特征。八十垱遗址属彭头山文化中晚期，距今约 8000 年。②

⑥1993 年、1995 年湖南省文物考古研究所在湖南西南部的道县玉蟾岩进行了两次发掘，共发现了 4 粒稻谷壳，碳十四测定年代为距今 14000 年，这是目前我国发现的最早的稻谷标本。玉蟾岩遗址是一个洞穴遗址，相对高程约 5 米，周围地势开阔，水源充足，适合水稻生长。经鉴定，这是栽培未久，尚保

---

① 湖南省文物考古研究所、澧县文物管理所：《湖南澧县彭头山新石器时代早期遗址发掘简报》，《文物》1990 年第 8 期。

② 湖南省文物考古研究所、湖南省文物考古研究所：《湖南澧县梦溪八十垱新石器时代早期遗址发掘简报》，《文物》1996 年第 12 期。

留部分野生稻特征而籼粳尚未分化的古稻。①

⑦1993 年、1995 年中美考古学家联合两次发掘江西万年仙人洞和吊桶环遗址，1999 年北京大学与江西省文物考古研究所又进行发掘。万年县位于鄱阳湖东岸，仙人洞和吊桶环遗址的小环境为狭长盆地，仙人洞遗址为石灰岩溶洞，吊桶环遗址为溶蚀性岩棚，位于仙人洞西南约 800 米处。发现了栽培稻植硅石，距今 10000 年左右。②

以上发现说明，长江中下游是探索稻作农业起源地的重要地区之一。

全新世中期，气候带整体北移，其结果是农业和水田作物分布界线向北扩展，强劲暖湿季风沿黄河中游向西北推进，直抵黄河主要支流渭河分布的关中盆地，促其成为孕育华夏文明的摇篮。而且这强劲暖湿季风影响到干旱区的腹地渭河上游葫芦河河谷一带，以至这里当时湖沼发育，促成了大地湾等著名聚落与文化得以形成。因此，我们在环境考古中要重视季风对环境变化和文化演变的驱动作用研究。③

河南舞阳贾湖遗址位于淮河上游主要支流沙河和北汝河交汇处附近，地处黄淮大平原的西部边缘，现属暖温带大陆性季风气候，植被分区为淮北平原小麦、芝麻、烟草、杂粮作物组合片。

该遗址属裴李岗文化时期的遗址，时间为距今 8942—7801 年。从出土的动物群看，除部分动物如貉、獾等适应性很强，至今分布仍较广泛外，有相当一部分生活在江淮、江南和东南沿海地区，如扬子鳄、闭壳龟、鹿等，且有许多水生、水边或沼泽生的动物，如鱼类、蚌类、鹤类等表明当时遗址周围有广阔的草原和大面积的水体和沼泽。附近也可能有稀疏的树林和灌木丛。目前喜暖动物分布区界限的南

---

① 袁家荣：《湖南道县玉蟾岩 1 万年以前的稻谷和陶器》，参见严文明、安田喜宪主编：《稻作陶器和都市的起源》，文物出版社 2000 年版，第 36 页；张文绪、袁家荣：《湖南道县玉蟾岩古栽培稻的初步研究》，《作物学报》1998 年第 4 期。

② 姜钦华：《江西万年县旧石器晚期至新石器时期遗址的孢粉与植硅石分析初步报告》，参见周昆叔、宋豫秦主编：《环境考古研究》第二辑，科学出版社 2000 年版，第 152—158 页。

③ 周昆叔：《中国环境考古的回顾与展望》，参见周昆叔、宋豫秦主编：《环境考古研究》第二辑，科学出版社 2000 年版，第 11 页。

移，表明这一带裴李岗时期的气候可能会好于现在。从孢粉分析、硅酸体分析的结果来看，在裴李岗文化时期，这一带属于亚热带气候。

贾湖先民受长江中游彭头山文化、城背溪文化的影响，主要从事稻作农业。考古学家在红烧土块上发现了一些稻壳印模，在灰坑土样中发现了许多炭化栽培稻的籽实。经鉴定粳稻或偏粳稻占 74.4%，籼稻或偏籼稻占 23.3%。并有一粒可能为野生稻。而现代野生稻的最北分布在安徽巢湖一带。表明此时本区为稻作农业区，比现在稻作农业的北界高 1—2 个纬度。[①]

现在我国水稻种植的北界已达到黑龙江省黑河市。我国属于东亚季风气候，春夏气温迅速提高，能够确保一季稻的生长，只要水源充足，就可以种稻。

过去认为黄河流域是以种植粟和黍为代表的华北旱作农业。但考古发现，黄河流域很早就种植水稻，考古工作者对龙山时代和夏商周时期的考古遗址用浮选法筛选标本，除发现粟和黍以外，几乎无例外地发现了炭化稻谷遗存，说明龙山时代和夏商周时期，黄河流域普遍种植水稻。

二、粟的培育

粟作农业的起源地可能不止一个地方，粟作农业的起源探索也经历了漫长的过程。

1954—1957 年，中国科学院考古研究所对西安半坡遗址进行了大规模发掘，在属于早期的 152 号墓葬中，发现两个陶钵中盛放着粟粒；在 38 号房子东北角的窖穴中发现了粟粒腐灰堆积；在属于晚期的 115 号窖穴中，发现粮食腐朽后形成的壳灰，厚 18 厘米，经鉴定为粟。仰韶文化的年代为公元前5000—公元前 3000 年。这一重大的发现，引起了学者的广泛关注。以后又在陕西宝鸡北首岭、彬县下孟村、临潼姜寨，河南洛阳王湾、临汝大张、郑州林山砦和甘肃临夏马家湾等地陆续发现了粟或黍的标本。

1976—1977 年，对河北武安县磁山遗址进行了发掘，该遗址位于太行山

① 张居中、孔昭宸、陈报章：《试论贾湖先民的生存环境》，参见周昆叔、宋豫秦主编：《环境考古研究》（第二辑），科学出版社 2000 年版，第 41—43 页。

脉与华北平原的交界处。磁山遗存早于仰韶文化，因该遗址的发掘，把这一类遗存命名为"磁山文化"。碳十四测定年代为公元前 6000 年—前 5600 年之间。在遗址中有数以百计的储粮窖穴，许多窖穴中还遗留有大量腐朽了的粮食或粮食朽灰，用灰象法鉴定为粟。据佟伟华按朽灰的容积换算，磁山人原来储藏的粮食有 138200 斤。其数量之大，令人惊讶。若加上没有粮食朽灰和没有发掘的窖穴，储藏粮食的数量将更大。

1978 年、1982 年先后发掘新郑裴李岗和沙窝李遗址时，都发现了炭化的小米颗粒，经鉴定为黍。[①]

2001—2003 年，中国社会科学院考古研究所内蒙古工作队对兴隆沟遗址进行了大规模发掘，该遗址第一地点属兴隆洼文化。用浮选法采集土样 1500 份，筛选出大量的炭化植物标本，其中有栽培作物粟和黍。年代在距今 8000—7500 年间。这是当时我国华北地区发现的最早的栽培植物，西辽河流域也是我国探索粟和黍的起源地之一。[②]

2002 年，赵志军等对陶寺遗址土样进行浮选，出土了大量的碳化植物种子，总计 13000 余粒，粟粒数量占绝对优势，共 9160 粒，占 70.1%，黍 606 粒，占 4.6%，稻谷 30 粒，占 0.2%，大麦 13 粒，占 0.1%，其他还有黍亚科、早熟禾亚科、豆科、野大豆、茄科、苍耳等植物种子。陶寺文化属于龙山时代。该文化的农业以种植粟为主。如果水稻为本地种植，数量比重也是比较少的。大麦种子的发现，说明西亚培养的大麦在龙山时代已经传入中原。[③]

2002—2004 年，对登封王城岗遗址土样进行浮选分析，农作物种子以粟为主，有 1442 粒，还有黍 124 粒、大豆 153 粒、水稻 17 粒。非农作物种子有黍亚科、豆科、藜科、菊科、紫苏、水棘针等。再次证明黄河流域以粟作农业

---

① 李璠编著：《中国栽培植物发展史》，科学出版社 1984 年版，第 62 页。

② 赵志军：《植物考古学及其新进展》，《考古》2005 年第 7 期。

③ 赵志军、何努：《陶寺城址 2002 年度浮选结果及分析》，参见科技部社会发展科技司等编：《中华文明探源工程文集：技术与经济卷（I）》，科学出版社 2009 年版，第 92—103 页。

为主,同时种植黍、大豆、水稻等农作物。①

河南鹤壁市刘庄遗址属仰韶时代晚期大司空类型文化遗存,经过浮选统计分析,出土农作物粟2643粒、黍489粒,总计3132粒,占出土炭化种子和果实总数的53.1%。出土非农作物种子和果实数量为2765粒,包括黍亚科、野大豆、豆科、藜科、唇形科、苋科、禾本科、紫草科、葫芦科、蓼科、马齿苋属、大戟科、菊科、伞形科、茄科等,占出土炭化种子和果实总数的46.9%。刘庄遗址是一处典型的以种植粟和黍为主的华北旱作农业遗址。②

河南博爱县西金城遗址为一座龙山文化时代的城址,经过浮选统计分析,共出土龙山文化时代的植物种子为2162粒,农作物有粟740粒、黍5粒、小麦1粒、大豆8粒、稻谷82粒。非农作物包括黍亚科1168粒、豆科62粒、藜科21粒、蓼属40粒、菊科4粒、唇形科4粒、紫苏3粒、早熟禾亚科3粒、酸枣核2粒、苋科1粒、锦葵科1粒、茄科1粒、果壳1粒、未知品种15粒。西金城遗址出土的农作物种子表明,当时人们以种植粟为主,同时兼种水稻等农作物。③

东胡林遗址属新石器时代早期遗址,早期遗存距今11500—10500年,晚期距今10500—9450年,遗址部分土样经浮选发现了山楂和小米类遗存。④ 磨

---

① 赵志军、方燕明:《登封王城岗浮选结果及分析》,参见科技部社会发展科技司等编:《中华文明探源工程文集:技术与经济卷(I)》,科学出版社2009年版,第104—122页。

② 王传明、赵新平、靳桂云:《河南鹤壁市刘庄遗址浮选结果分析》,《华夏考古》2010年第3期。

③ 陈雪香、王良智、王青:《河南博爱县西金城遗址2006~2007年浮选结果分析》,《华夏考古》2010年第3期。

④ 秦岭:《中国农业起源的植物考古研究与展望》,参见北京大学考古文博学院、北京大学中国考古学研究中心编:《考古学研究(九)——庆祝严文明先生八十寿辰论文集》,文物出版社2012年版。

盘、磨棒和陶片残留物上发现了橡子、粟或黍的淀粉位。[1] 徐水南庄头遗址的石磨盘和磨棒上也提取到丰富的草本植物淀粉，其中近一半具有粟类植物淀粉的特点。[2] 说明华北地区至少是粟作农业起源地之一。

以上发现说明黄河流域等地是粟作农业的起源地之一。至于哪个地区最早培育出粟或黍，还有待进一步研究。

三、小麦的引进

仅有粟满足不了人口增长的需要。中原地区除了引进长江流域的水稻外，又根据农作物的生长条件，引进了西亚培育的小麦、大麦等新的作物品种。

小麦、大麦由西亚人首先培育。目前中国发现的最早小麦标本出土于甘肃民乐东灰山遗址，经 ^{14}C 测年距今 4230±250 年。[3]

考古工作者最近又在山东日照两城镇遗址和聊城教场铺遗址浮选出小麦遗存，时代为龙山时代，距今 4000 年前。说明在龙山时代小麦已经开始引入黄河流域。

在夏朝时期继续推广，河南洛阳皂角树遗址发现了炭化小麦，时代为二里头文化时期，距今 3500 左右。

王城岗遗址位于河南登封市告城镇。20 世纪 70 年代末至 80 年代初，考

---

[1] Liu L, Field J, Fullagar R, et al. A functional analysis of grinding stones from an early holocene site at Donghulin, North China. Journal of Archaeological Science, 2010, 37（10）：2630-2639；Yang X Y, Wan Z W, Linda P, et al. Early millet use in northern China. PNAS, 2012, 109（10）：3726-3730. 转引自吴文婉、陈松涛、靳桂云：《中国北方裴李岗时代生业经济研究现状与思考》，参见莫多闻等主编：《环境考古研究》（第五辑），科学出版社 2016 年版，第 53—72 页。

[2] Yang X Y, Wan Z W, Linda P, et al. Early millet use in northern China. PNAS, 2012, 109（10）：3726-3730.

[3] 李璠等：《甘肃省民乐县东灰山新石器遗址古农业遗存新发现》，《农业考古》1989 年第 1 期。

古工作者在王城岗遗址发掘了龙山文化晚期东西并列的两座城址，2002—2005年，北京大学考古文博院和河南省文物考古研究所在王城岗遗址又发现一座龙山文化晚期的大城址。靳桂云等对王城岗遗址的土壤样品进行了植硅石分析，在3个灰坑中发现了谷子叶部和颖壳、水稻叶部和颖壳植硅体，说明王城岗遗址曾经种植水稻和谷子两种农作物。炭化植物遗存的分析则发现了龙山文化晚期的水稻、谷子和二里头时期的小麦遗存。[①]

小麦的产量比粟和黍高，它的引入，对中国华北地区的粮食结构影响很大，小麦逐渐取代粟和黍，成为主要的粮食作物，可谓华北农业的一场革命，高产的小麦为中华文明的诞生和发展提供了充足的动力。

农作物的培育是人与环境互动的典型案例，环境为人类活动提供基础，人类因地制宜，充分利用自己的经验和智慧，培育出了多种多样的农作物。农业的发明，使人类历史进入了一个快速发展的时代。

[①] 靳桂云、方燕明、王春燕：《河南登封王城岗遗址土壤样品的植硅体分析》，《中原文物》2007年第2期。

第二节　史前时期的环境与文化

一、旧石器时代的环境与石器工业传统

旧石器时代文化与史前气候环境存在密切的关系。长江流域及华南地区茂密的森林植被，为人们提供了充足的植物性食物来源。采集植物果实根茎成为人们生计的主要方式，狩猎成为辅助性的生计方式。为适应南方的这种生态环境，便于采集，形成了砾石工业的传统，石器为大型的砍砸器和尖状器。

砾石工业遗存主要分布在长江流域中下游地区和华南地区，向北达黄河流域的南部地区，蓝田、匼河、丁村石器工业可能受了南方的影响，向南达广西的百色盆地。

到晚更新世时期，由于最后冰期最盛期的强烈影响，使华南大部分地区的环境发生了变化，人类的生计方式相应改变。到晚更新世的后期，在华南北部，石片石器工业代替了砾石工业，器类以刮削器等小型工具为主。岭南地区则继续保持着原来的砾石工业传统。华北的细石器技术对南方的影响甚微。

华北地区由于气候干燥，生计方式以狩猎为主，采集为辅。因此在石器工业方面形成了石片石器工业的传统。在石制品中，石片和以石片为毛坯加工的各类石器居重要地位。石器加工方式以单面为主。石器种类为刮削器、尖状器、端刮器、砍砸器等，以刮削器、尖状器为主。到晚更新世的晚期，华北地区细石器技术高度发展，细石器技术是中国华北旧石器技术发展的最高峰。细石器技术的出现与狩猎技术的高度发达密切相关。

在云贵高原的石灰岩地区，洞穴多，洞穴成为人类栖居之地。这与华南河谷地带的环境有所区别。云贵高原有丰富的动物资源，人类的生计方式以狩猎为主。石器工业是以刮削器为主的石片石器工业，与华北地区的石器工业相

似，与华南的砾石工业有别。①

二、新石器时代的环境与建筑特色

　　黄河流域是以粟作农业为主的生计方式，长江流域是以稻作农业为主的生计方式，这种格局一直影响到今天。在农作物的培育一节中已经举出许多例证，此不赘言。

　　在建筑方面，由于气候环境的差异，各地的房屋建筑技术也存在着明显的差别。江南地区多流行干栏式建筑。如河姆渡人为了适应南方潮湿气候，建造的就是干栏式建筑，先挖柱洞，柱洞底部填陶片、红烧土、沙石、泥土，层层填实加固，然后立柱子，架设大小梁（龙骨），在柱子上铺地板。再在其上立柱、架梁、盖顶，就建成了高于地面的干栏式建筑。河姆渡人建造的房屋规模比较大，如在第四层发现的一座干栏式房屋，呈西北—东南走向，有相互平行的四排桩木，长度在 23 米以上，进深约 7 米，面向东北，房前有 1.3 米长的前廊过道。为了防止台风，加固房屋，梁柱之间普遍用榫卯结合，说明河姆渡人已经掌握了较高的建筑技术。在河姆渡遗址还发现了一口木构浅水井，可以就近取水。②

　　江汉平原地区的房屋建筑颇具特色。一般是地面式建筑，地面铺垫红烧土，以达到防潮的目的。墙壁一般是木骨泥墙。如大溪文化居民的房屋为地面式建筑，平面呈长方形或正方形，极少圆形半地穴式房屋。房屋的修建程序如下：第一步是平整地面，多用红烧土铺垫，厚 8—15 厘米，有的用黄黏土作垫层。红烧土可以防潮和加固地基。第二步是在室内建火塘或灶坑，平面为长方形或瓢形，用黏土做成四条土埂，使火源与居住面隔开。在房基周围挖墙基槽，在基槽内栽柱，在立柱之间编扎竹片、竹竿、木条和芦苇，墙壁内侧用黏土加红烧土抹成，墙壁外侧用较纯的黏土加稻草抹成。第三步是涂抹居住面、

---

① 王幼平：《旧石器时代考古》，文物出版社 2000 年版。

② 浙江省文物管理委员会等：《河姆渡遗址第一期发掘报告》，《考古学报》1978 年第 1 期；河姆渡遗址考古队：《浙江河姆渡遗址第二期发掘的主要收获》，《文物》1980 年第 5 期。

灶面，粉刷墙面。居住面是用黏土和粉沙土涂抹，火塘和土埂抹一层泥。墙壁用黄泥浆粉刷，光洁美观。第四步是用火烧烤墙壁和地面，使其变得坚硬结实，防水防潮。第五步是在室内挖柱洞、立柱、架梁，覆盖屋顶。有的房屋开设门道，两侧有小柱洞，上面当架设有护棚。有的房屋发现了檐柱或专门的檐廊。大溪文化的房屋具有南方特色，加强了防潮避雨的功能，看似简便易行，但效果非常理想，大溪文化居民适应南方生态环境，对住房条件做了较大的改善。① 屈家岭文化时期出现了土坯墙，如应城门板湾古城就发现了土坯砌的房屋。

黄河中游地区的房屋建筑带有华北地区的特点。仰韶文化的房屋有圆形半地穴式、圆形地面式、方形半地穴式、方形地面式、方形地面连间式。

圆形半地穴式房屋多见于半坡和姜寨遗址，平面近圆形，直径多为 5—6 米，房基在地面以下，深约 1 米，沿坑壁有一周柱洞，房屋中央有灶坑，灶坑附近有较粗的柱洞。居住面为草泥土面，墙壁和居住面多经火高温烧烤，坚硬平整。也有的不经烘烤处理。门一般开在南面。

另有一种为方形半地穴式房子，半坡遗址有一间方形半地穴式房子面积达 160 平方米，姜寨遗址的方形半地穴式大房子面积均在 80 平方米以上，这样的大房子应属氏族公共活动场所。小的半地穴式房子面积仅 10 平方米左右。

黄河流域气候相对干燥一些，黄土的直立性又强，为建造半地穴式房子提供了条件。半地穴式房子冬暖夏凉，是仰韶居民因地制宜发明的一种房屋结构。门向南开，可以避开冬天凛冽刺骨的寒风。原始先民在长期的生活中积累了丰富的建筑经验。

圆形地面式房屋也集中见于半坡和姜寨遗址。方形地面式建筑主要见于洛阳和郑州地区。方形地面连间式房屋主要见于河南地区的仰韶文化晚期遗址中。②

住房结构的差异，说明人们的生活方式总是与环境分不开的。

---

① 李文杰：《大溪文化房屋的建筑形式和工程做法》，《考古与文物》1986 年第 4 期。
② 中国社会科学院考古研究所编著：《新中国的考古发现和研究》，文物出版社1984 年版，第 65—58 页。

三、环境变迁对生活方式的影响

如果一个地区的环境发生了变化，生活方式也会发生相应的变化，如在农牧交错带地区，随着气候的变化，生活方式也发生着相应的变化，有时宜农，有时宜牧。在沿海地区，海平面的升降也对当地居民生活产生很大的影响。气候的变化，直接导致经济方式的转变。下面我们举四个典型的例子。

（一）甘青地区气候变化对生活方式的影响

莫多闻等研究了甘肃葫芦河流域气候变化与文化变迁之间的关系。本地区自距今 8500 年左右或更早的时期，气候开始由干凉转为温湿，至距今 8000 年以后，变为温暖湿润气候，曾一度出现森林茂密、河湖水体清澈的山清水秀的景观。在这种优越的自然环境条件下，导致了古人类的迅速繁衍和古文化的繁盛。距今 7800 年至 7300 年间的大地湾一期文化，就是在这样一种有利的环境下发展起来的。

温暖湿润的气候一直延续到距今 6000 年左右。本区继大地湾一期文化之后，发育了仰韶早期文化（距今 6800—6000 年左右）。仰韶早期文化较大地湾一期文化而言又有所发展。距今 5000 年以后气候旱化，是该地区人类活动规模缩小、古文化面貌衰退、牧业文化比重增加的主要原因。葫芦河流域常山下层文化（距今 4800—4200 年）的规模和一些特征都表现有衰退趋势，可能与气候的干凉化有关。齐家文化（距今 4400—3900 年）在葫芦河流域很盛行，遗址个数虽多，但单个遗址的平均面积和平均埋藏量远不及大地湾一期和仰韶时期。[①]

距今 4000 年左右，出现过一次明显的寒冷期过程。齐家文化之后，甘肃、青海地区在青铜时代，文化和社会经济发展出现了一次普遍的停滞或倒退现象。仅在河西走廊发现了夏代的四坝文化，规模小，以养羊为主业，以小团体的方式逐水草而居。商、周时期，甘肃中部的新店文化、青海东部的卡约文

---

① 莫多闻等：《甘肃葫芦河流域中全新世环境演化及其对人类活动的影响》，《地理学报》1996 年第 1 期。

化、甘肃中东部的寺洼文化、河西走廊的沙井文化都是以畜牧业为主的文化。①

甘青地区在距今 4000 年前后开始的持续长期的寒冷期气候环境，改变了农业生产赖以存在的基本条件，使这种农业经济体系逐步解体并衰落下去。在旧的体制趋向衰亡的过程中，新的经济因素不断增长，并最终取代旧有体制而成为人们经济生活中的主流。这种新的经济方式就是在甘青地区青铜时代普遍出现的畜牧业生产方式。

甘青地区环境条件及其变化状况是这一地区早期文化发展最本质的决定因素，在气候和环境条件良好的全新世高温期，该地区形成和发展了繁荣昌盛的定居农业文化。而当气候恶劣的新冰期来临，农业经济解体，文化发生普遍的倒退，只以长期维持低水平的简单畜牧经济为唯一发展途径。②

（二）西辽河流域地区气候变化对生活方式的影响

西辽河流域由于处于农牧交错带地区，受环境的制约特别明显。这里的文化多次达到很高的水平，但每一次高潮之后都伴随文化发展的低潮。

兴隆洼文化距今 9000—8000 年，继之而起的是赵宝沟文化，距今约 6000 年，红山文化兴起后，建造了大型祭坛、女神庙、积石冢等建筑，出现了史前玉文化的第一个高峰。这三支文化以粟作农业为主，到红山文化时期，人口繁殖过快，农业开发过度，破坏了地表结皮层，导致大面积风蚀沙化。到距今 5300 年左右，气候开始转凉，红山文化突然衰落。

距今 5000 年左右，小河沿文化属于低潮时期，辽西地区经历了近千年的过渡期准备。

相当于夏商时期，西辽河流域崛起了一支夏家店下层文化，属青铜文化，主营农业，进入第二次文化发展的高潮期。到距今 3500 年左右，夏家店下层文化突然消失，又经历了 700 年的文化衰落期。

---

① 宋豫秦等：《中国文明起源的人地关系简论》，科学出版社 2002 年版，第 55—76 页。

② 水涛：《论甘青地区青铜时代文化和经济形态转变与环境变化的关系》，参见周昆叔、宋豫秦主编：《环境考古研究》（第二辑），科学出版社 2000 年版，第 65—71 页。

到距今 2800 年左右，兴起了一支夏家店上层文化，亦属青铜文化，时代相当于西周早期至战国早中期。其经济类型已经改为以畜牧业为主。[①]

(三) 内蒙古岱海地区气候变化对生活方式的影响

内蒙古岱海地区的考古学文化受气候影响较大，多种人群在这里活动。这里的考古学文化发展序列为后岗一期文化→仰韶文化"王墓山下类型"→海生不浪文化"庙子沟类型"→老虎山文化→朱开沟文化。

在仰韶文化时期，气候温暖湿润，中原文化北上，东部文化西进。从太行山东侧过来的后岗一期文化人群来到岱海，进行农业开发，生态环境就遭到了一定程度的破坏。使用尖底瓶的仰韶文化人群也沿汾河谷地北上，占据此地，创造了仰韶文化"王墓山下类型"。距今 6300 年前后的老虎山后岗一期文化遗址，位于王墓山东北 1000 米处，分布高程为海拔 1300 米左右。距今 6000 年前后的仰韶文化半坡—庙底沟过渡性遗存（王墓山下遗址），其分布高程为海拔 1250 米左右。说明岱海在距今 6300 年前水位最高，距今 6000 年时突然降落。在距今 6000 年时海水水面突然降落，很可能发生了一次突然降温事件。从老虎山剖面 12 层显示的黄色粉沙沉积层看，确曾有过一段短暂的干旱期。

随后，岱海地区又被从东部来的大司空文化和红山文化控制，出现了海生不浪文化"庙子沟类型"，并经过了一个较长的稳定的发展时期。距今 5800—5000 年之间的海生不浪文化早期（王墓山中遗址）至晚期（王墓山上遗址）遗存，其分布高程为 1250—1300 米，距今 5800—5000 年时湖水又逐渐上涨。其中，除海生不浪文化晚期的王墓山上遗址的文化层可以分期外，其他遗址的文化层堆积很薄，说明延续的时间很短。

到了龙山时代，气候略显冷干，从太行山东侧过来的以素面夹砂双耳罐为代表的冀中"午方类型"人群，掌握了红山文化坛、庙、冢石筑技术的小河沿文化人群，还有鄂尔多斯东部黄河两岸发展起来的尖底瓶系文化人群，三大人群在岱海一带交融，产生了老虎山文化。老虎山文化是以尖底瓶—鬲式鬲为代表的考古学文化，该支文化南下和东进，影响深远，陶寺文化、客省庄二期文化、夏家店下层文化出土的陶鬲，均溯源于老虎山文化。距今 4800—4300

---

① 宋豫秦等：《中国文明起源的人地关系简论》，科学出版社 2002 年版，第 31—54 页。

年的老虎山文化遗存，均分布于海拔 1400 米以上的避风向阳处。此时期遗址虽然都分布于邻近泉水处，但从岱海盆地各沉积剖面所显示的生态环境看，仍处于降水丰富时期。

华北鬲谱系文化在南下时，与关中客省庄文化和晋南龙山晚期文化发生碰撞与交融，在鄂尔多斯东南部生态环境较好的地区发展成与夏代同时的朱开沟文化。

"岱海地区考古学文化的演替和发展，无不受生态环境的制约。在暖湿气候条件下，中原文化北上，东部文化西进；在冷湿、冷干气候条件下，本区文化南下和东进。气候的冷暖和降水量的变化，又直接受季风的影响。位于中国华北季风尾闾区季风东西摆动中轴线上的岱海地区，其考古学文化东南西北摆动的规律，与季风的摆动规律大体一致。这个气候变化最敏感的地区，也是经济发展最脆弱的地区，同时也是各时期各种文化接触最频繁的地区，而每一次的文化接触、碰撞、融合又是本区文化发生跃变的时期。"①

（四）珠江三角洲海平面的升降影响了人们的生活方式和遗址分布的地理空间

全新世早期海平面比现今低数十米，全新世中期海进沉积普遍超覆在全新世早期沉积层之上，因此新石器时代早期遗址仅在丘陵上尚有保存，如西樵山遗址（峰顶高程 344 米）。

新石器中期（距今 6500—5200 年），海平面上升，到距今 6000 年前后出现全新世第一次高海面，比现今海平面约高出 1 米，贝丘遗存甚多，而且分布偏于上游（例如，西江的高要下江村贝丘、北江的南海观音庙口贝丘、东江的东莞万福庵贝丘、增江的金兰寺贝丘）。这时期的生产活动以渔猎为主。

新石器晚期前段（距今 5200—4200 年），海平面下降，水域缩小，贝丘遗址随之逐渐减少，沙丘和山岗、台地遗址明显增多。遗址分布北少南多。山岗、台地遗址出土的工具以锛、矛等为多，反映出人们主要从事陆上经济。沙

---

① 田广金：《岱海地区考古学文化与生态环境之关系》，参见周昆叔、宋豫秦主编：《环境考古研究》（第二辑），科学出版社 2000 年版，第 72—80 页。

丘遗址的生产则仍为渔猎和水上采集。环境的突然改变，水生生物锐减，使先民迁徙，一部分人到山岗、台地以狩猎及采集植物果实为生，一部分人则往河口和海岛继续从事水上生产。

　　新石器晚期后段（距今4200—3500年），距今3700年海平面升高，因此，贝丘遗址大增，遗址的分布变为北多南少。①

_____

① 李平日、方国祥、黄光庆：《珠江三角洲全新世环境演变》，《第四纪研究》1991
　 年第2期。

第三节　先秦时期环境与区域文化的形成

一、史前时期的环境与区域文化的萌芽

史前时期的考古学文化是在自然地理环境的基础上形成的，如高山、河流等自然分界线，往往就是部族的分界线即文化的分界线。

在一个考古学文化的范围内，考古学文化总体特征虽然基本一致，但是由于山川的阻隔，各个区域或多或少体现出一定的区域特征，为了揭示历史上客观存在的差别，我们在研究考古学文化时，要把一个考古学文化细分为不同的类型。如大溪文化可分为汉水以东的油子岭类型、鄂西南的关庙山类型和湘北地区的三元宫类型；屈家岭文化可分为屈家岭类型、青龙泉类型、划城岗类型；石家河文化可分为石家河类型、青龙泉类型、季家湖类型、尧家林类型、岱子坪类型、白庙类型等。

各考古学文化之间的关系有的很亲密，有的很疏远。关系密切、特征相近的几个考古学文化可以合并成一个文化区或文化圈。文化圈随着时代的发展，不断地发生变化，一般由小圈圈变为大圈圈，大圈圈变成一个更大的圈圈。秦帝国的建立，如果从文化圈演化的角度来看，就是战国七个文化圈经过兼并融合，形成了一个大的文化圈，一开始带有军事征服的特征，随后采取的车同轨、书同文、统一货币度量衡等措施，使文化更趋统一。

1981年，《关于考古学文化的区系类型问题》一文，把类型学的方法运用于考古学文化的研究，站在全国的高度，对中国新石器时代文化进行总体把

握。① 1997 年苏秉琦又出版了《中国文明起源新探》一书，进一步阐述了这一理论。② 区就是块块，指不同传统的文化区，系就是条条，指文化发展的系列，类型指考古学文化以下更小的划分单位。苏秉琦将全国新石器时代考古学文化分为以下六大区。

1. 以燕山南北长城地带为重心的华北

广义的华北分为三大块：西北、华北和东北。狭义的华北，东以辽河为界，辽东、辽西各成区系。内蒙古中南部的河套地区与河曲地带各成区系，西以陇山为界，陇东属中原区系，陇西属华北区系。古文化的辽西区范围北起西拉木伦河，南至海河，可细分为辽宁朝阳、内蒙古昭乌达盟（今赤峰市）、京津和河北张家口共四块。这一地区自古以来就是宜农宜牧区，既是农牧分界区，又是农牧交错地带。这里新石器时代文化有红山文化和富河文化，青铜时代文化有夏家店下层文化和夏家店上层文化。西拉木伦河流域的文化序列可表述为：公元前 6000 年兴隆洼文化→赵宝沟文化→公元前 5000 年红山文化→公元前 3000 年小河沿文化→夏代商前期夏家店下层文化→商后期、西周早期魏营子文化→西周至战国早中期夏家店上层文化。

2. 以山东为中心的东方

山东地区的史前文化自成一个区系，其文化序列为：后李文化→北辛文化→大汶口文化→龙山文化。但以泰山为中心的鲁西南、以胶州湾为中心的鲁东北与以莱州湾为中心的胶东地区在文化特征上，也存在一定的差别。

3. 以关中（陕西）、晋南、豫西为中心的中原

甘肃陇山是一条自然和文化的分界线，甘肃陇山以西的文化序列为：大地湾一期文化→石岭下类型→马家窑文化→半山类型文化→马厂类型文化→齐家文化。

陇山以东归属关中文化区，其文化序列为：老官台文化→仰韶文化→客省庄二期文化。

豫陕之间的文化序列为：仰韶文化→庙地沟二期文化→三里桥文化。

河南中西部的文化序列为：裴李岗文化→仰韶文化→王湾三期文化→二里头文化。

① 苏秉琦、殷玮璋：《关于考古学文化的区系类型问题》，《文物》1981 年第 5 期。
② 苏秉琦：《中国文明起源新探》，三联书店 1999 年版。

4. 以环太湖为中心的东南部

太湖地区东临大海，北到长江，西到茅山山脉，南达天目山麓，是一个相对独立的地理区域，考古学文化也自成一系，其文化序列为：马家浜文化→崧泽文化→良渚文化→马桥文化。

5. 以环洞庭湖与四川盆地为中心的西南部

四川盆地四面环山，洪水灾害频繁，成都平原的新石器时代文化出现很晚，目前只找到了距今 4500 年左右的宝墩文化，三星堆文化就在此文化基础上形成。

长江中游为江汉平原，文化特征突出，其文化序列为：城背溪文化→大溪文化→屈家岭文化→石家河文化。

6. 以鄱阳湖—珠江三角洲为中轴的南方

以鄱阳湖—赣江—珠江三角洲为中轴的一线，是几何印纹陶分布的核心区。

至于如何分区，除了苏秉琦的分法以外，其他的学者也提出了不同的分法。如严文明认为史前时期中国可分为以下六区：中原文化区、山东文化区、长江中游区、江浙文化区、燕辽文化区、甘青文化区。①

向绪成认为可分为八个文化区：黄河中上游文化区、黄河下游文化区、长江中游文化区、长江下游文化区、东南文化区、西南文化区、东北文化区、西北文化区。②

史前文化的区系类型说明人类文化要受环境的制约，族群的分布以自然的山水为界，尤其是早期的族群活动，更受制于自然环境。基于自然环境而形成的史前文化区，奠定了中国区域文化发展的基础。

二、夏商周时期的环境与区域文化的形成

在新石器时代文化区系类型的基础上，夏、商时期中国地盘不断扩大，尤其是西周分封制为地方发展创造了条件，到了春秋战国时期诸侯割据，竞相争

---

① 严文明：《中国史前文化的统一性与多样性》，《文物》1987 年第 3 期。
② 向绪成编著：《中国新石器时代考古》，武汉大学出版社 1993 年版。

霸，各地区文化因地制宜，得到了充分发展，形成了鲜明的地域特色。在先秦时期形成了秦文化、晋文化、齐鲁文化、燕赵文化、巴蜀文化、荆楚文化、吴越文化、华北的草原文化等区域文化，多元地方文化是充满活力的中华文明的不竭源泉。

先秦时期几大区域文化的形成，除了政治等因素外，自然环境也是一个重要的原因。

各诸侯国境内都有一些标志性的山川，为区域文化的形成提供了自然环境。楚国境内的名山为荆山，名川为江、汉、雎、漳。《左传》昭公十二年，楚灵王问右尹子革道："昔我先王熊绎，与吕级、王孙牟、燮父、禽父，并事康王，四国皆有分，我独无有。吾使人于周，求鼎以为分，王其与我乎？"右尹子革回答说："与君王哉。昔我先王熊绎，辟在荆山，筚路蓝缕，以处草莽。跋涉山林，以事天子。唯是桃弧、棘矢，以共御王事。齐，王舅也。晋及鲁、卫，王母弟也。楚是以无分，而彼皆有。今周与四国服事君王，将唯命是从，岂其爱鼎！"《左传》哀公六年："初，昭王有疾。卜曰：'河为祟。'王弗祭。大夫请祭诸郊。王曰：'三代命祀，祭不越望。江、汉、雎、漳，楚之望也。祸福之至，不是过也。不穀虽不德，河非所获罪也。'"《左传》僖公四年，楚屈完回答齐桓公说："君若以德绥诸侯，谁敢不服？君若以力，楚国方城以为城，汉水以为池，虽众无所用之。"

新蔡葛陵战国中期楚简也记载了楚国的雎、漳、江，如甲三·11+24："□昔我祖出自郫追，宅兹湑（沮）、章。"乙四9："□渚湑（沮）、章及江。"[1] 董珊释"郫追"为"颛顼"。[2]

晋国境内名山有景霍、梁山，名川有汾、河、涑、浍。《国语·晋语三》载："宰孔谓其御曰：'晋侯（晋献公）将死矣！景霍以为城，而汾、河、涑、浍以为渠，戎、狄之民实环之。'"韦昭注："景，大也。大霍，晋山名也，今在河东。"

《国语·晋语五》载："梁山崩，以传召伯宗。"韦昭注："梁山，晋望也。崩在鲁成公五年（公元前586年）。"

---

[1] 河南省文物考古研究所编著：《新蔡葛陵楚墓》，大象出版社2003年版，第189、206页。

[2] 董珊：《新蔡楚简所见的"颛顼"和"雎漳"》，简帛研究网2003年12月7日。

《史记·赵世家》记载智伯率韩、魏攻赵，赵襄子奔保晋阳，原过随从，在这关键之时，霍泰山三神人显灵，给原过竹二节，叫他转交给赵毋恤（赵襄子名毋恤），其文曰："赵毋恤，余霍泰山山阳侯天使也。三月丙戌，余将使女反灭知氏。女亦立我百邑，余将赐女林胡之地。至于后世，且有伉王，赤黑，龙面而鸟噣，鬓麋髭髯，大膺大胸，修下而冯，左衽界乘，奄有河宗，至于休溷诸貉，南伐晋别，北灭黑姑。"赵襄子再拜，接受了三神之令。赵襄子派相张孟同策反韩、魏，反灭知氏。于是"遂祠三神于百邑，使原过主霍泰山祠祀"。

齐国东濒大海，西至黄河。《左传》僖公四年，管仲说："昔召康公命我先君太公，曰：'五侯九伯，汝实征之，以夹辅周室。'赐我先君履，东至于海，西至于河，南至于穆陵，北至于无棣。"

《史记·苏秦列传》记载了苏秦游说各国君主的说辞，苏秦讲的是战国时期的情况。我们来看看苏秦对各国地理的描述。

游说秦惠王时说："秦四塞之国，被山带渭，东有关河，西有汉中，南有巴蜀，北有代马，此天府也。以秦士民之众，兵法之教，可以吞天下，称帝而治。"

游说燕文侯时说："燕东有朝鲜、辽东，北有林胡、楼烦，西有云中、九原，南有呼沱、易水，地方二千余里，带甲数十万，车六百乘，骑六千匹，粟支数年。南有碣石、雁门之绕，北有枣栗之利，民虽不佃作而足于枣栗矣。此所谓天府者也。"

游说赵肃侯时说："当今之时，山东之建国莫强于赵。赵地方二千余里，带甲数十万，车千乘，骑万匹，粟支数年。西有常山，南有河漳，东有清河，北有燕国。"

游说韩宣王时说："韩北有巩、成皋之固，西有宜阳、商阪之塞，东有宛、穰、洧水，南有陉山，地方九百余里，带甲数十万，天下之强弓劲弩皆从韩出。"

又游说魏襄王说："大王之地，南有鸿沟、陈、汝南、许、郾、昆阳、召陵、舞阳、新都、新郪，东有淮、颍、煮枣、无胥，西有长城之界，北有河外、卷、衍、酸枣，地方千里。"

游说齐宣王时说："齐南有泰山，东有琅邪，西有清河，北有勃海，此所谓四塞之国也。"

　　最后游说楚威王时说："楚，天下之强国也；王，天下之贤王也。西有黔中、巫郡，东有夏州、海阳，南有洞庭、苍梧，北有陉塞、郇阳，地方五千余里，带甲百万，车千乘，骑万匹，粟支十年。此霸王之资也。"

　　苏秦特别强调自然环境在军事斗争中的重要性，由此也可看出自然环境在区域文化形成过程中的作用。

第四节 夏商周环境与政区及风俗

一、自然环境与九州的划分

虽说"九州"概念未必形成于大禹时期，但追溯其渊源，必然相当久远。九州的政区划分与新石器时代文化区存在着密切的联系，追根溯源，还是以自然环境为基础的。

《周礼》卷三十三《职方氏》记载的九州是扬州、荆州、豫州、青州、兖州、雍州、幽州、冀州、并州。

东南为扬州，名山为会稽山，大泽为具区，大河有三江，著名的湖泊为五湖，特产为金、锡、竹箭，男女性别比为2：5，动物有鸟兽，农作物为水稻。

正南为荆州，名山为衡山，大泽为云梦，大河有江、汉，还有颍水、湛水，特产为丹砂、银、齿革，男女性别比为1：2，动物有鸟兽，农作物为水稻。

黄河以南为豫州，名山为华山，大泽为圃田，大河有荥洛，还有波水、溠水，特产为林、漆、丝枲，男女性别比为2：3，动物有六畜，农作物有黍、稷、菽、麦、稻。

正东为青州，名山为沂山，大泽为望诸，大河有淮、泗，还有沂水、沭水汇入淮河，特产为蒲柳和鱼，男女性别比为2：2，动物有鸡、狗，农作物为水稻和麦。

黄河以东为兖州，名山为岱山，大泽为大野，大河有黄河、沛水，还有庐水和维水，特产为蒲柳和鱼，男女性别比为2：3，动物有六畜，农作物为黍、稷、稻、麦。

正西为雍州，名山为岳山（即汧山），大泽为弦蒲，大河有泾水，还有渭水、洛水，特产为玉石，男女性别比为3：2，动物有牛马，农作物为黍、稷。

东北为幽州，名山为医无闾山，大泽为貕养，大河有黄河、沛水，还有淄水和时水，特产为鱼、盐，男女性别比为 1：3，动物有马、牛、羊、豕，农作物为黍、稷、稻。

黄河北部为冀州，名山为霍山，大泽为杨纡，大河有漳水，还有汾水和潞水，特产为松、柏，男女性别比为 5：3，动物有牛、羊，农作物为黍、稷。

正北为并州，名山为恒山，大泽为昭余祁，大河有虖池、呕夷，还有涞水和易水，特产为布帛，男女性别比为 2：3，动物有马、牛、羊、犬、豕，农作物为黍、稷、菽、麦、稻。

每一个州都有标志性的名山大川和沼泽湖泊，正是这些特殊的自然地貌，使生活在不同环境下的居民，久而久之，形成了不同的部族。因此各地古代文化具有鲜明的区域特征，最终成为划分九州政区的依据。

《尚书·禹贡》记载的九州是冀州、兖州、青州、徐州、扬州、荆州、豫州、梁州、雍州。九州的划分是以著名的山水为界限的。冀州西至壶口，即西部以今山陕间的黄河为界，名山为岳山（即霍山），东部有漳水。济水与河水之间为兖州。从大海到岱山（即泰山）为青州。从大海至泰山一线到淮水为徐州。从淮水以南到大海为扬州。从荆山至衡山之阳为荆州。从荆山至黄河为豫州。从华山之阳到黑水为梁州。从黑水到西河（今山陕间的黄河）为雍州。

《尚书·禹贡》记载的九州名称与《周礼·职方氏》的相关记载存在差异，相同的州名有 7 个，即冀州、兖州、青州、扬州、荆州、豫州、雍州。《尚书·禹贡》记载的九州中的徐州、梁州不见于《周礼·职方氏》，《周礼·职方氏》记载的幽州、并州不见于《尚书·禹贡》。

《上海博物馆藏战国楚竹书》之《容成氏》篇也记载了九州：夹州、徐州、竞州、莒州、藕州、荆州、扬州、豫州、虘州。与《禹贡》记载的九州名称相同的仅有徐州、荆州、扬州、豫州。夹州与徐州邻近，这里的河流有九河，据《尔雅·释水》，九河为图骇、太史、马颊、覆釜、胡苏、简、絜、钩盘、鬲津。整理者认为此二州在古鲁、宋之地。竞州、莒州一带有沂水，在古齐、莒之地。藕州一带有萎水和汤水，可能是《周礼·职方氏》中的并州。荆州、扬州一带有三江五湖。豫州一带有伊、洛、瀍、涧。荆州、扬州、豫州与《禹贡》等书所记的同名各州地望相同。虘州一带有泾、渭，相当于《禹贡》中的雍州。①

九州的分布情况与新石器时代的文化区系类型基本一致。以《禹贡》记载的九州为例，冀州相当于以燕山南北长城地带为重心的华北。兖州、青州、徐州相当于以山东为中心的东方。豫州、雍州、梁州相当于以关中（陕西）、晋南、豫西为中心的中原。扬州相当于以环太湖为中心的东南部。荆州相当于以环洞庭湖与四川盆地为中心的西南部的一部分地区。这种惊人的一致并非偶然，实际上九州就是对当时族群分布情况的一种反映。

二、自然环境与风俗习惯的差异

因为环境的差异和历史的积淀，各地区形成了不同的风俗。司马迁在《史记·货殖列传》中生动地描绘了不同地区的风俗民情。

陕西关中地区土地肥沃，周人长期在此耕耘，农业发达，"故其民犹有先王之遗风，好稼穑，殖五谷，地重，重为邪"。但是后来因为秦国占据关中，西汉定都长安，"四方辐凑并至而会，地小人众，故其民益玩巧而事末也"。甘肃东部、陕西北部的民俗与关中相同。

山西南部、河南曾经是尧、夏、商、周的都城所在地，"土地小狭，民人众，都国诸侯所聚会，故其俗纤俭习事"。山西北部一带与少数民族林胡接壤，"人民矜懻忮，好气，任侠为奸，不事农商。然迫近北夷，师旅亟往，中国委输时有奇羡。其民羯羠不均，自全晋之时故已患其慓悍，而武灵王益厉之，其谣俗犹有赵之风也"。

河北灵寿一带为中山国所在地，"中山地薄人众，犹有沙丘纣淫地余民，民俗懁急，仰机利而食。丈夫相聚游戏，悲歌慷慨，起则相随椎剽，休则掘冢作巧奸冶，多美物，为倡优。女子则鼓鸣瑟，跕屣，游媚富贵，入后宫，遍诸侯"。

赵国北边与燕国相邻，南边与郑、卫接壤，河北邯郸的人"微重而矜节"。

---

① 马承源主编：《上海博物馆藏战国楚竹书》（二），上海古籍出版社2002年版，第268—271页。

河北北部、内蒙古南部、辽宁西部一带的人与东胡相邻，经常被侵扰，所以"少虑，有鱼盐枣栗之饶"。

山东北部为齐国辖境，"齐带山海，膏壤千里，宜桑麻，人民多文采布帛鱼盐。临淄亦海岱之间一都会也。其俗宽缓阔达，而足智，好议论，地重，难动摇，怯于众斗，勇于持刺，故多劫人者，大国之风也"。

山东南部为邹、鲁等国，"而邹、鲁滨洙、泗，犹有周公遗风，俗好儒，备于礼，故其民龊龊。颇有桑麻之业，无林泽之饶。地小人众，俭啬，畏罪远邪。及其衰，好贾趋利，甚于周人"。

今河南东部、山东西部、安徽西北部属魏国和宋国的地盘，宋国原属于商朝始都的地方，尧和舜都曾在这里活动过，"其俗犹有先王遗风，重厚多君子，好稼穑，虽无山川之饶，能恶衣食，致其蓄藏"。

司马迁把楚国曾经管辖的地方划分为西楚、东楚、南楚三个地区。今安徽西部、江苏北部、河南中南部、湖北中部一带属西楚，"其俗剽轻，易发怒，地薄，寡于积聚"。苏北一带，其俗"清刻，矜己诺"。

今江苏、浙江一带属东楚，靠北边的民俗与苏北相同。南部则是越人风俗。

今江西、湖南、湖北东部、安徽大部分属南楚，民俗与西楚相似。因为与越人交融，"故南楚好辞，巧说少信。江南卑湿，丈夫早夭"。五岭以南属于越人风俗。

今河南西南部一带，"颍川、南阳，夏人之居也。夏人政尚忠朴，犹有先王之遗风。颍川敦愿"。到秦国末年，迁徙不轨之民到南阳，风俗有所变化，"俗杂好事，业多贾。其任侠，交通颍川，故至今谓之'夏人'"。

《史记·货殖列传》总结各地风俗说："楚越之地，地广人稀，饭稻羹鱼，或火耕而水耨，果隋蠃蛤，不待贾而足，地势饶食，无饥馑之患，以故呰窳偷生，无积聚而多贫。是故江淮以南，无冻饿之人，亦无千金之家。沂、泗水以北，宜五谷桑麻六畜，地小人众，数被水旱之害，民好畜藏，故秦、夏、梁、鲁好农而重民。三河、宛、陈亦然，加以商贾。齐、赵设智巧，仰机利。燕、代田畜而事蚕。"

第十章

先秦时期的生态思想与环境保护

在渔猎时代和农耕时代早期，人类对环境的破坏还比较有限，人与环境的关系总体上是协调的。但随着经济的发展、人口的繁衍、城市的崛起，人的活动会造成环境的破坏，一些有识之士已经认识到环境的重要性，认为天、地、人为一体，人不能破坏自然，不能脱离自然，人是自然的一部分。人类要持续发展，必须保护环境。先秦时期人们在思想和行动方面，已经积累了许多经验。

第一节　人类活动对环境的影响

人类文明的发展，必然对环境造成重大影响。这些影响主要表现在如下几个方面。

一、农业对环境的影响

自从新石器时代早期发明农业以后，形成了黄河流域的粟作农业区和长江流域的稻作农业区。人们开荒种地，土地面积逐渐扩大。到了仰韶文化和龙山文化时代，就形成了一些大的农业区，如黄河中下游地区、长江上游的成都平原、长江中游的江汉平原、长江下游的太湖平原等地。苏秉琦所讲的新石器时代文化六大区系类型，基本上就是以农业为支撑的文化区。条件较好的地区，新石器时代的农业已经具有一定的规模，聚落分布相当密集。

例如仰韶文化时期郑州北部存在一个西山聚落群。西山城址面积有 3 万平方米左右，而遗址面积为 20 万平方米左右。在西山城址周围至少有 18 处同时期的仰韶文化聚落遗址，面积在 5 万—10 万平方米的遗址有青台、阎村、点军台、杨寨北、后王庄和兰砦等 6 处。有的遗址虽然没有城址，但面积很大，如西山东南部的大河村遗址范围达 30 万平方米。

龙山时期的聚落群更多更大。河南安阳后岗聚落群分布于洹河两岸，后岗遗址面积约 10 万平方米，有龙山时代城址。后岗城址东部的安阳县八里庄遗址面积达 35 万平方米，晁家、大寒遗址的面积达 25 万平方米，东南部的汤阴县白营遗址面积达 20 万平方米，还有很多 5 万或 5 万平方米以下的小型聚落。

石家河聚落群位于湖北天门市石家河镇。石家河城址面积 120 万平方米，以石家河城址为中心的聚落群面积多达 8 平方公里。

类似的还有河南辉县孟庄聚落群、登封王城岗聚落群、新密市古城寨聚落群、淮阳平粮台聚落群、郾城郝家台聚落群，山东章丘区城子崖聚落群、寿光市边线王聚落群、五莲县丹土聚落群、临朐县朱封聚落群，湖北荆门马家院聚落群，浙江杭州余杭区良渚聚落群等，内蒙古自治区大青山南麓石城址群、凉城县岱海石城址群、准格尔旗和清水河县的石城址群等。①

土地的不断开垦，势必改变生态环境，破坏原生植被。但新石器时代生产工具主要为石器，开荒的能力还比较有限，对环境的影响还比较小。

夏、商、西周时期，农业有了较大的发展，周时民众以擅长农业著称于世。该时期为青铜时代的兴起和鼎盛期，青铜器被发明和推广使用，西周晚期又发明了铁器。青铜器的主要用途一是作礼器，二是作武器，而青铜农业工具所占比例不大，青铜工具还没有能力完全取代石质工具。该时期的农业组织方式主要是大规模的集体劳动。《诗经·周颂·噫嘻》描绘了当时的劳动场面："噫嘻成王，既昭假尔。率时农夫，播厥百谷。骏发尔私，终三十里。亦服尔耕，十千维耦。"与新石器时代相比，生产技术有了显著进步。由于青铜农具使用有限，依然大量使用石工具，农业对环境的影响还不很大。

西周时期最早出现了人工冶铁工具，春秋时期开始加以推广，战国时期铁工具得到普遍推广。铁工具广泛应用于生产领域，与青铜器的使用领域明显不同。《国语·齐语》载："美金以铸剑戟，试诸狗马；恶金以铸锄、夷、斤、斸，试诸壤土。"铁器推广之后，其才真正取代了石质工具。铁器的使用，增强了人们改造自然的能力，提高了生产水平，扩大了开荒面积。农业组织方式也发生了巨大变化，一家一户成为农业的生产单位成为可能，小农经济方式正式形成。战国时期的农田亩数还不清楚，我们可以以西汉的田亩数作为参考，西汉平帝元始二年时，垦田数为 8270536 顷，户数为 12233062 户，人口数为

---

① 钱耀鹏：《中国史前城址与文明起源研究》，西北大学出版社 2001 年版，第 100—127 页。

59594978 人。① 每户平均人口数为 4.87 人，每户垦田平均亩数为 67.61 亩，每人平均亩数为 13.88 亩。② 从西汉时的垦田数来看，随着铁器的推广，垦田面积大大增加，农业对环境的影响已经相当大了。

二、城市的发展对环境的影响

城镇的兴起，人口的聚居，对环境的影响比较大。新石器时代，黄河流域和长江流域就出现了大批史前古城，有些史前古城规模相当大，如陕西神木石峁古城面积有 400 余万平方米，浙江良渚古城面积有 290 余万平方米，山西襄汾陶寺古城面积为 280 余万平方米，湖北天门石家河古城面积为 120 余万平方米。从夏代至春秋战国时期，城市的发展步伐加快。如夏代晚期都城二里头遗址位于现洛河之南、洛河古道之北，分布范围 5—6 平方公里，目前已经发现了宫城遗址、制骨作坊、制绿松石器作坊。已经发掘了商代的郑州商城、偃师商城、安阳殷墟、洹北商城、焦作府城商城、黄陂盘龙城、垣曲商城、夏县东下冯商城等。郑州商城内城周长 6960 米，外城墙已探出城墙长 3425 米，是目前发现的最大的一座商代城址。安阳殷墟没有发现城墙，分布范围近 30 平方公里。1999 年，在安阳殷墟洹河北岸又发现一座略早于殷墟的洹北商城，面积 470 万平方米。

西周城市在商代的基础上又有发展，西周都城是全国的政治中心。先周时期营造的岐邑、文王所建的丰、武王所建的镐、成王建造的洛邑，在西周政治生活中均具有重要地位。周人在选择城址的时候很慎重，以期选择城址的最佳位置和适宜的环境。如《诗经·大雅·绵》记载古公亶父率领周人从豳迁移到岐山之下时，写道："周原膴膴，堇荼如饴。爰始爰谋，爰契我龟。曰止曰时，筑室于兹。" 在选择城址时，首先要占卜。建立镐京时，也进行了占卜。如《诗经·大雅·文王有声》载："考卜维王，宅是镐京。维龟正之，武王成之。" 建陪都洛邑时，周公亲自到现场考察，还进行了多次占卜，最后才确定了洛邑的位置。《尚书·洛诰》载："我卜河朔黎水。我乃卜涧水东，瀍水西，

---

① 《汉书》卷二十八下《地理志第八下》。

② 梁方仲编著：《中国历代户口、田地、田赋统计》，中华书局 2008 年版，第 6、7 页。

惟洛食。我又卜瀍水东，亦惟洛食。伻来以图及献卜。"

西周实行分封制，每个封国的都城又是一个区域中心，如曲阜鲁国故城、临淄齐国都城、北京房山琉璃河镇燕国都城、今山西翼城与曲沃之间天马—曲村晋国的故绛等。

春秋战国时期除东周王城外，大国都城规模更大，城市数量增多。城市的选址已经有系统的理论指导，因地制宜，讲究环境的谐调，着重考虑供水问题，如《管子·乘马》说："凡立国都，非于大山之下，必于广川之上，高毋近旱而水用足，下毋近水而沟防省。因天材，就地利，故城郭不必中规矩，道路不必中准绳。"

目前考古工作者已对许多城址进行了勘探和发掘，基本弄清了它们的地理位置和布局结构。

东周王城位于今洛阳市涧河两岸，南濒洛河，涧河由北向南穿过城西，北城墙长2890米，南北城墙间距约3200米。城墙建于春秋中叶以前，战国至秦汉之际曾加修补。

晋景公十五年（公元前585年），其所迁的新田，位于今侯马市西北，西有汾河，南濒浍河。由八座小城址构成，如白店古城、牛村古城、台神古城、平望古城、呈王古城、马庄古城、北坞古城（两座）。台神古城、牛村古城、平望古城三城相连，呈"品"字形。白店古城年代较早，被叠压在牛村古城和台神古城之下。马庄古城、呈王古城位于牛村古城的东部，北坞两座古城位于东北部。

郑韩故城位于今河南新郑市一带，原为春秋时期郑国都城，后为韩国都城。城址西南为双洎河，东部有黄水河。城址呈不规则的长方形，东西约有5000米，南北约有4500米，中部有一道隔墙将城分为东西两城。

赵国邯郸故城位于今河北邯郸市区西部，由王城和大北城组成。王城为宫城，由东城、西城和北城构成，平面近似"品"字形，始建于战国时期。大北城位于宫城的西北面，呈不规则的长方形，始建年代略早于宫城。

魏国都城安邑位于今山西夏县西北，由大、中、小三个城圈构成。大城呈梯形，周长15.5公里，青龙河从大城东部穿过。小城位于城中部，周长3公里，可能是宫城。大城和小城时代属于战国时期。中城位于西南部，可能是秦汉时期河东郡治所在。

燕下都武阳位于今河北易县东南2.5公里，位于北易水和中易水之间，城址平面呈不规则长方形，东西长约 8 公里，南北宽 4—6 公里，分为东西两城。

临淄是齐献公元年（公元前 859 年）至齐王建四十四年（公元前 221 年）这一时期的齐国都城，位于今山东省淄博市临淄区新店北 8 公里的齐都镇。东临淄水，西濒系水，南为牛山、稷山，北为平原。临淄分为大城和小城两部分，平面均为长方形，小城位于大城的西南部。大城周长 14158 米，小城周长 7275 米。

曲阜是从伯禽在位到鲁顷王二十四年（公元前 249 年）的鲁国都城，历时近 800 年。平面呈长方形，周长 11771 米。洙水从城西、城北缓缓流过，被利用为城西、城北的护城河。

秦德公元年（公元前 677 年），秦定都于雍，至战国前期秦灵公迁都于泾阳。雍都位于今陕西凤翔县城之南、雍水河之北。平面呈不规则的方形，东西长约 3480 米，南北长约 3130 米。秦献公二年（公元前 383 年）迁都栎阳，位于今西安市临潼区武屯镇关庄和玉宝屯一带。秦孝公十二年（公元前 350 年）又徙都咸阳，南濒渭水。

宜城楚皇城和荆州纪南城都是楚国的郢都。宜城楚皇城位于今湖北宜城市南部蛮河北岸。纪南城位于今湖北荆州市北 5 公里，平面近方形，周长 15506 米。朱河从北垣中部入城，新桥河从北绕城垣西南经南垣中部入城北流，两河在板桥会合成龙桥河，向东经东垣龙会桥出城，注入庙湖，可与长江相通。纪南城有水门，城内可以通航，具有江南水乡的城市特色。

大国都城人口众多，如齐国临淄有七万户居民，数十万人，街道上“车毂击，人肩摩，连衽成帷，举袂成幕，挥汗如雨”（《战国策·齐策》）。楚国郢都也很繁华，“车毂击，民肩摩，市路相排突，号为朝衣鲜而暮衣弊”（《太平御览》卷七十七引桓谭《新论》）。

城市的发展固然是人类的巨大进步，但对资源的过度开发，就会破坏自然景观。如《孟子·告子上》载：“牛山之木尝美矣，以其郊于大国也，斧斤伐之，可以为美乎？是其日夜之所息，雨露之所润，非无萌蘖之生焉，牛羊又从而牧之，是以若彼濯濯也。人见其濯濯也，以为未尝有材焉，此岂山之性也哉？”临淄南边的牛山曾经树木繁茂，但因其位于临淄南郊，树木不断地被砍伐，又加上放牧牛羊，牛山就变成了一座光秃秃的荒山。

先秦时期人们在城市里铸造了数以万计的青铜器、铁器。采矿、冶炼在矿山进行，铸造的地点则在城市，冶炼矿石、铸造器物时要消耗大量的木材，会造成局部地区的环境恶化。

三、建造房屋对环境的影响

中国建筑以土木结构为特征，城市乡村众多的土木建筑需要大量的材料，必须砍伐森林。如果砍伐过度，树木生长周期又长，森林就无法恢复。吴王夫差扩建姑苏台，战败的越王勾践为了迎合夫差，奉献木材，派了千余人到山上寻找，已经无法找到合适的木材了。《吴越春秋·勾践阴谋外传》载："（文）种曰：'吴王好起宫室，用工不辍，王选名山神材奉而献之。'越王乃使木工千余人入山伐木，一年，师无所幸，作士思归，皆有怨望之心，而歌《木客之吟》。"

《庄子·人间世》载："宋有荆氏者，宜楸柏桑。其拱把而上者，求狙猴之杙者斩之；三围四围，求高名之丽者斩之；七围八围，贵人富商之家求樿傍者斩之。故未终其天年，而中道之夭于斧斤，此材之患也。"这虽是一则寓言，但可以说明当时宋国有用的木材被过度砍伐的状况。能够保留下来的就是一些无法使用或奇形怪状的树木。

齐国也存在类似的现象。如《庄子·人间世》载："将石之齐，至于曲辕，见栎社树。其大蔽数千牛，絜之百围，其高临山，十仞而后有枝，其可以为舟者旁十数。观者如市，匠伯不顾，遂行不辍。弟子厌观之，走及将石，曰：'自吾执斧斤以随夫子，未尝见材如此其美也。先生不肯视，行不辍，何也？'曰：'已矣，勿言之矣！散木也，以为舟则沉，以为棺椁则速腐，以为器则速毁，以为门户则液樠，以为柱则蠹。是不材之木也，无所可用，故能若是寿。'""南伯子綦游乎商之丘，见大木焉，有异，结驷千乘将隐芘其所藾。子綦曰：'此何木也哉？此必有异材夫？'仰而视其细枝，则拳曲而不可以为栋梁；俯而视其大根，则轴解而不可以为棺椁；咶其叶，则口烂而为伤；嗅之，则使人狂酲，三日而不已。子綦曰：'此果不材之木也，以至于此其大也。嗟乎神人，以此不材！'"

杜牧所写的《阿房宫赋》说："蜀山兀，阿房出。"秦朝建造阿房宫，把蜀山的成材树木砍光了，说明大型建筑的建成，是以众多山林被毁坏为代价的。

四、丧葬活动对环境的影响

丧葬活动也需要大量的木材。夏、商、周时期还规定了严格的棺椁制度，如《荀子·礼论》《庄子·天下》载："天子棺椁七重，诸侯五重，大夫三重，士再重。"《礼记·檀弓上》载："天子之棺四重。"郑玄注："诸公三重，诸侯再重，大夫一重，士不重。"战国早期曾侯乙墓椁室共用成材木料378.633立方米，折合圆长木500多立方米。墓主外棺的木料为梓木。陪葬棺共21具，其中东室8具、西室13具。陪葬棺与殉狗棺的木料除东室6号陪葬棺与殉狗棺为榆木外，其他陪葬棺均为梓木。曾侯乙墓椁室顶部填塞木炭，取出木炭31360公斤，估计全墓内用木炭在6万公斤以上。出土的木炭属于栎属木材烧制而成。[1]

战国中期新蔡葛陵楚墓葬具由棺、椁组成。椁室呈亚字形，分内椁和外椁两部分。外椁分为东、西、南、北、中五个椁室，外椁东西长10.7米，南北宽9.3米，由百余根方形条木叠砌而成。内椁呈长方形，东西长5米，南北宽4.2米，用41根方木叠砌而成。椁室所用木材都较粗大，如东室、西室的底板长5.5米，横截面为0.5×0.5平方米。外椁顶盖板长5.1—5.25米，横截面为0.5×0.5平方米。棺木为楸木，属优质木材。内外椁室、内外棺所用木材总计182立方米，折合原木300余立方米。[2]

包山二号墓葬具由两椁三棺组成。椁分外椁和内椁。外椁置于坑底中部，其内以隔板分为五室，内椁置于外椁中室内。棺椁共用木材182块，约合成材77.23立方米。棺、椁用材，经中国林业科学院木材研究所鉴定：外椁第三号盖板用榉木制成，外椁北室第三号分板用榉木制成，内椁第三号盖板用桢楠木制成，第一层棺第二号南侧板用桢楠木制成，第二层棺底板用梓木制成。[3]

当时全国仅丧葬一项，就要砍伐大量优质林木，以至于树木的生长无法满足人类的用材需要。由于先秦时期人们对森林的过度砍伐，到西汉末年许多地

---

① 湖北省博物馆编：《曾侯乙墓》，文物出版社1989年版，第12页。

② 河南省文物考古研究所编著：《新蔡葛陵楚墓》，大象出版社2003年版，第21—39页。

③ 湖北省荆沙铁路考古队编：《包山楚墓》，文物出版社1991年版，第51页。

区已经很难找到大型优质木材了，于是木椁墓普遍变成了砖室墓，砖室墓就是用砖室代替了木椁。

五、战争对环境的影响

频繁的战争对环境造成严重的破坏。《老子》说："夫佳兵者不祥之器，物或恶之，故有道者不处。君子居则贵左，用兵则贵右。兵者不祥之器，非君子之器，不得已而用之，恬淡为上。胜而不美，而美之者，是乐杀人。夫乐杀人者，则不可以得志于天下矣。"（三十一章）"师之所处，荆棘生焉。大军之后，必有凶年。"（三十章）老子指出了战争给人类带来的灾难。

水灾一节所提到的吴国伐徐以水淹徐，知氏联合韩、魏引晋水灌晋阳城，中山国引水围困赵国的鄗城，赵国曾两次在对魏或齐、魏的战争中决黄河水，楚国与魏国交战时，曾决黄河水淹没魏国，秦将白起引水灌鄢，秦国大将王贲引黄河水淹没大梁，给人类带来巨大灾难。

六、打猎活动对环境的影响

当时有一种焚烧山林的打猎方法对植被有一定的破坏。如《春秋》桓公七年（公元前705年），"春，二月，己亥，焚咸丘"。杜预注："焚，火田也。咸丘，鲁地，高平钜野县南有咸亭。讥尽物，故书。"根据杜预的解释，焚是一种称为火田的打猎方法，《春秋》之所以记载这件事，因为打猎焚烧过度，属于破坏环境的重大事件，所以要记下来引以为戒。

第二节　先秦时期的生态思想

一、夏商时期的生态思想

生态思想是由宇宙观决定的，不同的宇宙观，就会产生不同的生态思想，因此在处理人与自然的关系时，就会有不同的态度。张光直认为，从宇宙观上讲，中国文明是一种连续性的文明，而西方文明则是一种主客二分的破裂式文明。连续是指人类与动物之间的连续、地与天之间的连续、文化与自然之间的连续。西周时期天人合一的思想开始萌芽，这种观察世界的哲学观念来源于夏商时期的巫术。[①] 所谓的连续性宇宙观，就是把自然与人类看成一个整体，即万物一体，把自然的物看成有灵性的东西，人与物的关系是一种朋友关系，和谐相处，共存共荣，这种宇宙观成为我国的一种主流观念。夏商时期巫术盛行，商代的占卜就是巫术活动，商王占卜的内容非常广。《甲骨文合集》一书共收甲骨 41956 片，占卜内容列了 22 项。（一）奴隶和平民；（二）奴隶主贵族；（三）官吏；（四）军队、刑法、监狱；（五）战争；（六）方域；（七）贡纳；（八）农业；（九）渔猎、畜牧；（十）手工业；（十一）商业、交通；（十二）天文、历法；（十三）气象；（十四）建筑；（十五）疾病；（十六）生育；（十七）鬼神崇拜；（十八）祭祀；（十九）吉凶梦幻；（二十）卜法；（二十一）文字；（二十二）其他。陈梦家认为商代"王者自己虽为政治领袖，同时仍为群巫之长"[②]。商代的宇宙观就是所谓的连续性的宇宙观，

[①] 张光直：《连续与破裂：一个文明起源新说的草稿》，参见张光直：《中国青铜时代》，三联书店 1999 年版，第 484—496 页。

[②] 陈梦家：《商代的神话与巫术》，《燕京学报》1936 年第 20 期。

这种宇宙观为中国的生态思想奠定了基础。

二、西周时期的生态思想

明确提出"天人合一"概念的是北宋思想家张载，他在《正蒙·乾称》中说："儒者则因明致诚，因诚致明，故天人合一，致学而可以成圣，得天而未始遗人，《易》所谓不遗、不流、不过者也。"但天人合一思想的萌芽却早在西周时期就已出现。西周把商代连续性的宇宙观发展到一个新的阶段，形成了天人合一的思想，在商代思想的基础上，增加了德和孝的新内容。只有有孝有德的人，才能得到上帝的授命，才能维持统治权力。商朝神本思想占主导地位，西周则逐渐重视人的作用，中国文化从此走向了人文的方向。侯外庐揭示了周人"天""祖""德""孝"各范畴的关系，"正如《庄子·天下篇》所说，周人'以天为宗，以德为本'，在宗教观念上的敬天，在伦理观念上就延长而为敬德。同样地，在宗教的观念上的尊祖，在伦理观念上也就延长而为宗孝，也可以说'以祖为宗，以孝为本'。先祖克配上帝，是宗教的天人合一，而敬德与孝思，是使'先天的'天人合一，延长而为后天的天人合一，周氏族的'宗子'地位要求在伦理上发展当初的天命，这样才能'子子孙孙永保命'，'子子孙孙其帅型受兹命'"①。

三、《周易》的生态思想

《周易》是一部集体著作，是众多作者智慧的结晶，分《经》和《传》两部分。《经》包括六十四卦的卦辞、爻辞，早在新石器时代，已经开始萌芽，经过文王演《周易》，使其思想系统化。《传》包括象传、象传、文言、系辞、说卦、序卦、杂卦，据说《传》是孔子写的。《周易》一书是中国先民认识自然和社会的成果，是一本研究卦象、解释吉凶的著作，体系博大精深。《系辞下》说："古者伏羲氏之王天下也，仰则观象于天，伏则观法于地，观鸟兽之文，与地之宜，近取诸身，远取诸物，于是做八卦，以通神明之德，以类万物

---

① 侯外庐等：《中国思想通史》第一卷，人民出版社 1995 年版，第 94 页。

之情。"

《系辞上》说："易与天地准，故能弥纶天地之道，仰以观于天文，俯以察于地理，是故知幽明之故。原始反终，故知死生之说。精气为物，游魂为变，是故知鬼神之情状。与天地相似，故不违。知周乎万物而道济天下，故不过。旁行而不流，乐天知命，故不忧。安土敦乎仁，故能爱。范围天地之化而不过，曲成万物而不遗，通乎昼夜之道而知，故神无方而易无体。""夫《易》，圣人之所以极深而研几也。唯深也，故能通天下之志；唯几也，故能成天下之务；唯神也，故不疾而速，不行而至。"

《周易·说卦》说："昔圣人之作《易》也，幽赞于神明而生蓍，参天两地而倚数。观变于阴阳而立卦，发挥于刚柔而生爻。和顺于道德而理于义，穷理尽性以至于命。"《郭店楚简·语丛一》说："《易》，所以会天道、人道也。"

《周易》认为，宇宙由天、地、人构成一个整体，人是这个整体的一部分。《周易·系辞下》说："《易》之为书也，广大悉备。有天道焉，有人道焉，有地道焉。兼三才而两之，故六。六者非它也，三才之道也。"《周易·说卦》讲得更清楚："昔者圣人之作《易》也，将以顺性命之理。是以立天之道，曰阴与阳；立地之道，曰柔与刚；立人之道，曰仁与义。兼三才而两之，故易六画而成卦，分阴分阳，迭用柔刚，故易六位而成章。"

人虽为万物之一，但又不是一般的物，人有认识、改造自然和社会的能力。《周易》为了突出人的主体地位，把人从万物中独立出来，视作宇宙中与天地并立的一个重要的组成部分。

《周易》认为世间万物是互相联系的。《系辞上》说："日往则月来，月往则日来，日月相推而明生焉；寒往则暑来，暑往则寒来，寒暑相推而岁成焉。"《周易》的六十四卦排序，就是按照万物之间的联系而排列的。《序卦》说："有天地，然后万物生焉，盈天地之间者唯万物，故受之以《屯》。屯者，物之始生也。物生必蒙，故受之以《蒙》。蒙者，蒙也，物之稚也。物稚不可不养也，故受之以《需》。需者，饮食之道也。饮食必有讼，故受之以《讼》。讼必有众起，故受之以《师》。师者，众也。众必有所比，故受之以《比》。……"

人之所以分贵贱，也有形而上的依据。《系辞上》说："天尊地卑，乾坤定矣，卑高以陈，贵贱位矣。"君臣、夫妇、父子之间的不平等都根源于此。

在《系辞》作者看来，人类的不平等乃是天经地义的。

天地为万物提供生态条件。如乾卦《彖传》说："大哉乾元，万物资始，乃统天。云行雨施，品物流行，大明终始，六位时成。"坤卦《彖传》说："至哉坤元，万物资生，德合无疆，含弘光大，品物咸亨。"

人在行为之前，要认真研究卦象，以生态为本，遵循自然规律。《周易》的卦都是自然界的现象，如乾为天，坤为地，震为雷，巽为木，坎为水，离为火，艮为山，兑为泽。《系辞上》说："圣人设卦观象，系辞焉而明吉凶，刚柔相推而生变化。"所谓卦象也就是自然之象，从自然之象以判断人的活动的吉凶，自然之象是人类活动的形而上的依据，因此人要师法自然。《系辞上》说："是故天生神物，圣人则之；天地变化，圣人效之；天垂象，见吉凶，圣人象之。"

我们试举几例，看看易卦对于人类活动的指导作用。《周易·系辞上》："生生之谓易。"《周易·系辞下》："天地之大德曰生。"《周易》的本意之一就是生生不息。乾卦《象传》说："天行健，君子以自强不息。"君子要像天那样自强不息、刚健有为。

坤卦《象传》说："地势坤，君子以厚德载物。"君子要像大地那样胸怀博大、厚德载物。

豫卦《象传》说："天地以顺动，故日月不过而四时不忒。圣人以顺动，则刑罚清而民服。豫之时义大矣哉！"天地按规律运行，圣人也要按规律办事。

颐卦《象传》说："天地养万物，圣人养贤以及万民。颐之时大矣哉！"人要像天地养万物那样养贤和万民。

咸卦《象传》说："天地感而万物化生，圣人感人心而天下和平。观其所感，而天地万物之情可见矣。"天地相感而生万物，圣人得民心则天下和平。

艮卦《象传》说："艮，止也。时止则止，时行则行，动静不失时，其道光明。"人的动静都要顺时，宜动则动，宜静则静。

兑卦《象传》说："兑，说也，刚中而柔外，说以利贞。是以顺乎天而应乎人。说以先民，民忘其劳；说以犯难，民忘其死。说之大，民劝矣哉！"人的行为要遵循天道，合乎民意。

所谓"圣人"就是师法自然、与自然最和谐的人。《文言传》说："夫大人者，与天地合其德，与日月合其明，与四时合其序，与鬼神合其吉凶。先天而天弗违，后天而奉天时。天且弗违，而况于人乎？况于鬼神乎？"①

四、《论语》的生态思想

孔子所说的天既有人格神，也有自然之天的意思。《论语·阳货》载："天何言哉？四时行焉，百物生焉，天何言哉？"与《周易》乾卦的"天行健"思想相似，这里所说的天属于自然之天。《论语·述而》载："天生德于予，桓魋其如予何？"《论语·子罕》载："天之将丧斯文也，后死者不得与于斯文也；天之未丧斯文也，匡人其如予何？"这两句中的天具有人格神的含义。孔子一直对天命进行苦苦思索，《论语·为政》载："吾十有五而志于学，三十而立，四十而不惑，五十而知天命，六十而耳顺，七十而从心所欲不逾矩。"知天命是做君子的首要条件，《论语·季氏》载："不知命，无以为君子也；不知礼，无以立也；不知言，无以知人也。"因为天命难知，孔子平时很少对学生谈天命问题，《论语·公冶长》载子贡说："夫子之文章，可得而闻也；夫子之言性与天道，不可得而闻也。"

孔子对天命怀有敬畏之心，《论语·季氏》载："君子有三畏：畏天命，畏大人，畏圣人之言。小人不知天命，而不畏也，狎大人，侮圣人之言。"

孔子主张人的行为要遵循天的规律，尧之所以伟大，就是因为他以天为准则。《论语·泰伯》载："大哉尧之为君也！巍巍乎！唯天为大，唯尧则之。"人在天的面前也并非被动屈从，天固然伟大，但只有人才能认识天道，并将天道发扬光大，因此孔子说："人能弘道，非道弘人。"

孔子的天人合一思想直接影响了他对自然的态度和对自然的体验。《论语·雍也》载："智者乐水，仁者乐山。"智者喜欢流水，仁者喜欢高山。流水是智慧的象征，高山是仁义的象征。孔子从流水中悟到了人生的真谛。《论语·子罕》载："子在川上曰：'逝者如斯夫，不舍昼夜。'"他从松、柏这两种常绿植物看到了它们坚忍不拔的高贵品质。《论语·子罕》载："岁寒，然后知松柏之后凋也。"山、水、松、柏这些物是与人相通的。

---

① 王玉德：《周易精解》，中国人民大学出版社 2011 年版，第 184—202 页；康学伟：《论〈周易〉的"天人合一"思想》，《社会科学战线》2008 年第 4 期。

《论语·先进》记载了大家熟悉的一则故事：子路、曾晳、冉有、公西华侍坐。子曰："以吾一日长乎尔，毋吾以也。居则曰：'不吾知也！如或知尔，则何以哉？'"子路率尔而对曰："千乘之国，摄乎大国之间，加之以师旅，因之以饥馑，由也为之，比及三年，可使有勇，且知方也。"夫子哂之。"求，尔何如？"对曰："方六七十，如五六十，求也为之，比及三年，可使足民。如其礼乐，以俟君子。""赤，尔何如？"对曰："非曰能之，愿学焉。宗庙之事，如会同，端章甫，愿为小相焉。""点，尔何如？"鼓瑟希，铿尔，舍瑟而作。对曰："异乎三子者之撰。"子曰："何伤乎？亦各言其志也。"曰："莫春者，春服既成，冠者五六人，童子六七人，浴乎沂，风乎舞雩，咏而归。"夫子喟然叹曰："吾与点也。"

孔子赞同曾晳的观点，表明孔子充分肯定回归自然、洒脱自如、乐得其所的生活方式。

孔子提倡"钓而不纲、弋不射宿"，钓鱼时不用大网一网打尽，射鸟不射归巢的鸟。有的学者认为这是对生命的关怀，是仁心的流露，是深层次的生态意识。[①]

五、《老子》的生态思想

"道"是老子哲学的最高范畴，道是宇宙万物之本。"道生一，一生二，二生三，三生万物。"（四十二章）"有物混成，先天地生，寂兮寥兮，独立而不改，周行而不殆，可以为天下母。吾不知其名，字之曰道。强为之名曰大，大曰逝，逝曰远，远曰反。故道大、天大、地大、王亦大，域中有四大，而王居其一焉。人法地，地法天，天法道，道法自然。"（二十五章）老子的"天人合一"思想就是"人""地""天"与"道"的统一。

人要顺应自然，不要刻意而为。"生而不有，为而不恃，功成而弗居。"（二章）"道常无为而无不为。"（三十七章）"为学日益，为道日损，损之又损，以至于无为，无为而无不为。"（四十八章）"致虚极，守静笃。万物并作，吾以观复。夫物芸芸，各复归其根。归根曰静，是谓复命，复命曰常，知

---

① 蒙培元：《人与自然——中国哲学生态观》，人民出版社 2004 年版，第 107 页。

常曰明，不知常，妄作凶。知常容，容乃公，公乃王，王乃天，天乃道，道乃久，没身不殆。"（十六章）"绝圣弃智，民利百倍。绝仁弃义，民复孝慈。绝巧弃利，盗贼无有。此三者以为文不足，故令有所属。见素抱朴，少私寡欲。"（十九章）

最后达到婴儿或愚人状态。"我独泊兮其未兆，如婴儿之未孩。儽儽兮若无所归，众人皆有余，而我独若遗，我愚人之心也哉！"（二十章）"知其雄，守其雌，为天下溪。为天下溪，常德不离，复归于婴儿。"（二十八章）婴儿或愚人状态就是"天人合一"的境界。

六、《管子》的生态思想

《管子》一书一般认为是战国时期各种言论的汇编，虽不能说就是管仲的著作，但至少能够反映管仲的思想。该书有丰富新颖的生态思想。

《管子》强调土、四时、山林川泽等环境要素的重要性。《牧民》载："仓廪实则知礼节，衣食足则知荣辱。"环境要素山林川泽是财富之源。《水地》载："地者，万物之本原，诸生之根菀也，美恶贤不肖愚俊之所生也。水者，地之血气，如筋脉之通流者也，故曰水具材也。""水者何也？万物之本原也，诸生之宗室也，美恶贤不肖愚俊之所产也。"

人们要掌握四时季节，按照季节安排各种活动。《牧民》载："凡有地牧民者，务在四时。……不务天时，则财不生；不务地利，则仓廪不盈。"《四时》载："唯圣人知四时，不知四时，乃失国之基。不知五谷之故，国家乃路。"

山林川泽草木是国家富强的前提条件，国君必须当作大事来抓。《立政》载："君之所务者五：一曰山泽不救于火，草木不植成，国之贫也。二曰沟渎不遂于隘，障水不安其藏，国之贫也。三曰桑麻不植于野，五谷不宜其地，国之贫也。四曰六畜育于家，瓜瓠荤菜百果不备具，国之贫也。五曰工事竞于刻镂，女事繁于文章，国之贫也。故曰山泽救于火，草木植成，国之富也。沟渎遂于隘，障水安其藏，国之富也。桑麻植于野，五谷宜其地，国之富也。六畜育于家，瓜瓠荤菜百果备具，国之富也。工事无刻镂，女事无文章，国之富也。"国君所抓的五件大事大多与山林川泽有关。

《管子》认为自然界生物的生长存在着生态学规律。《七法》说："根天地之气，寒暑之和，水土之性，人民鸟兽草木之生物，虽不甚多，皆均有焉，而未尝变也，谓之则。"这是说，在天地、气候、水土等条件下，养育了人民鸟兽草木，万物虽然不很多，但是相互间都有一定的关系，这种关系是有规律性的，这就叫法则。《地员》就是在认真考察的基础上写成的，阐明了土壤与植物生长的相互关系。

人们只有遵循自然规律，才能取得成功。《君臣下》载："审天时，物地生，以辑民力。"《宙合》载："成功之术，必有巨获，必周于德，审于时，时德之遇，事之会也，若合符然。故曰是唯时德之节。春采生，秋采蓏，夏处阴，冬处阳，此言圣人动静开阖，诎信涅儒，取与之必因于时也，时则动，不时则静。"《轻重》载："彼王者不夺民时，故五谷兴丰。""彼善为政者，使农夫寒耕暑耘，力归于土。""山林梁泽以时禁发而不正（征）也。"这就是主张山林水面要按时封禁和开放，国家可以不收税。

《管子》一书主张用严厉的法令来保护山林川泽。《地数》载："苟山之见荣者，谨封而为禁。有动封山者罪死而不赦。有犯令者，左足入，左足断。右足入，右足断。"《立政》载："修火宪，敬山泽，林薮积草，夫财之所出，以时禁发焉，使民足于宫室之用，薪蒸之所积，虞师之事也。决水潦，通沟渎，修障防，安水藏，使时水虽过度，无害于五谷，岁虽凶旱，有所粉获，司空之事也。"就是说，要制定防火的法令，保护山泽草木，按照时令封禁与开发。《轻重》提出了禁发的具体规定："以春日至始，数四十六日，春尽而夏始。天子……发出号令曰：毋聚大众，毋行大火，毋断大木，诛大臣，毋斩大山，毋戮大衍。灭三大而国有害也。天子之夏禁也。"意即：夏天不能砍伐树木，不能焚烧山林。"以秋日至始，数四十六日，秋尽而冬始。天子……发出号令曰：毋行大火，毋斩大山，毋塞大水，毋犯天之隆。天子之冬禁也。"冬天也不能焚烧山林，不能过度砍伐，不要堵塞大水，不要违背上天的意志。

《七臣七主》载："故明主有六务四禁。六务者何也？一曰节用，二曰贤佐，三曰法度，四曰必诛，五曰天时，六曰地宜。四禁者何也？春无杀伐，无割大陵，倮大衍，伐大木，斩大山，行大火，诛大臣，收谷赋。夏无遏水达名川，塞大谷，动土功，射鸟兽。秋毋赦过、释罪、缓刑。冬无赋爵赏禄，伤伐五谷。故春政不禁则百长不生，夏政不禁则五谷不成，秋政不禁则奸邪不胜，冬政不禁则地气不藏。四者俱犯，则阴阳不和，风雨不时，大水漂州流邑，大风漂屋折树，火暴焚地燋草；天冬雷，地冬霆，草木夏落而秋荣；蛰虫不藏，

宜死者生，宜蛰者鸣；苴多螣蟆，山多虫螟；六畜不蕃，民多夭死；国贫法
乱，逆气下生。"

营造宫室要适度，不要破坏森林。江海池泽的鱼鳖不可一网打尽。《八
观》载："故曰：山林虽近，草木虽美，宫室必有度，禁发必有时，是何也？
曰：大木不可独伐也，大木不可独举也，大木不可独运也，大木不可加之薄墙
之上。故曰：山林虽广，草木虽美，禁发必有时；国虽充盈，金玉虽多，宫室
必有度；江海虽广，池泽虽博，鱼鳖虽多，罔罟必有正，船网不可一财而成
也。非私草木爱鱼鳖也，恶废民于生谷也。故曰，先王之禁山泽之作者，博民
于生谷也。"

不保护好山林川泽就不配当君王。《地数》载："为人君而不能谨守其山
林菹泽草莱，不可以为天下王。"[1]

七、《中庸》的生态思想

《中庸》是《礼记》中的一篇，朱熹认为作者为子思。该文阐发了万物一
体的思想。《中庸》说："唯天下至诚，为能尽其性；能尽其性，则能尽人之
性；能尽人之性，则能尽物之性；能尽物之性，则可以赞天地之化育；可以赞
天地之化育，则可以与天地参矣。"因为至诚，所以能尽己之性，能尽己之
性，就能尽人之性和尽物之性，可以赞天地之化育。由此人与天、地并列为
三，构成一个整体。

因为天、地、人为一体，所以"诚"既要成己，又要成物。天地之化育，
就是"诚"的具体体现。《中庸》说："诚者自成也，而道自道也。诚者物之
终始，不诚无物。是故君子诚之为贵。诚者非自成己而已也，所以成物也。成
己，仁也；成物，知也。性之德也，合外内之道也，故时措之宜也。故至诚无
息。不息则久，久则征。征则悠远，悠远则博厚。博厚，所以载物也；高明，
所以覆物也；悠久，所以成物也。博厚配地，高明配天，悠久无疆。如此者，
不见而章，不动而变，无为而成。天地之道，可一言而尽也：其为物不贰，则
其生物不测。天地之道：博也，厚也，高也，明也，悠也，久也。今夫天，斯

---

① 袁清林：《先秦环境保护的若干问题》，《中国科技史料》1985 年第 1 期。

昭昭之多，及其无穷也，日月星辰系焉，万物覆焉。今夫地，一撮土之多，及其广厚，载华岳而不重，振河海而不泄，万物载焉。今夫山，一卷石之多，及其广大，草木生之，禽兽居之，宝藏兴焉。今夫水，一勺之多，及其不测，鼋鼍、蛟龙、鱼鳖生焉，货财殖焉。《诗》云：'维天之命，于穆不已！'盖曰天之所以为天也。'于乎不显，文王之德之纯！'盖曰文王之所以为文也，纯亦不已。"

因为万物一体，人与天地万物就是相通的。《中庸》说："喜怒哀乐之未发，谓之中；发而皆中节，谓之和。中也者，天下之大本也；和也者，天下之达道也。致中和，天地位焉，万物育焉。"朱熹注说："盖天地万物本吾一体，吾之心正，则天地之心亦正矣；吾之气顺，则天地之气亦顺矣。"

坚持万物一体的思想，人就会上顺天时，下合地理，与万物和谐相处。《中庸》说："仲尼祖述尧舜，宪章文武；上律天时，下袭水土。辟如天地之无不持载，无不覆帱，辟如四时之错行，如日月之代明。万物并育而不相害，道并行而不相悖，小德川流，大德敦化，此天地之所以为大也。"

八、《孟子》的生态思想

孟子进一步发展了天人合一的思想，提出了性天合一的命题。《孟子·尽心上》载："尽其心者，知其性也。知其性，则知天矣。存其心，养其性，所以事天也。夭寿不贰，修身以俟之，所以立命也。"他的"天人合一"思想讲的是人与义理之天的合一。义理之天是人伦道德的本体论根据。孟子的观点被宋代理学家张载、程颢、程颐所继承和发展。

孟子主张万物一体，孟子说："万物皆备于我矣。反身而诚，乐莫大焉。""夫君子所过者化，所存者神，上下与天地同流，岂曰小补之哉？"（《孟子·尽心上》）到宋代程颢第一个明确地提出了"仁者以天地万物为一体"的思想（《二程遗书》卷二上）。

孟子的天人合一思想决定了他对于人和物的态度，《孟子·尽心上》载："君子之于物也，爱之而弗仁；于民也，仁之而弗亲。亲亲而仁民，仁民而爱物。"赵岐注说："先亲其亲戚，然后仁民，仁民然后爱物，用恩之次也。"

《孟子·万章上》载："昔者有馈生鱼于郑子产，子产使校人畜之池。校人烹之，反命曰：'始舍之，圉圉焉；少则洋洋焉；悠然而逝。'子产曰：'得其所哉！得其所哉！'校人出，曰：'孰谓子产智？予既烹而食之。'曰：'得其所哉，得其所哉。'故君子可欺以其方，难罔以非其道。"子产叫校人把活鱼放养到水池里，听说鱼悠然而逝，连声说："得其所哉！得其所哉！"这是一种爱护动物、尊重动物本性的行为。

九、《庄子》的生态思想

庄子在《庄子·齐物论》中提出"天地与我并生，而万物与我为一"的"天人合一"境界。庄子把一切都看成一样的，也就是"齐物"，取消了各种事物之间的差别，如《庄子·齐物论》载："天下莫大于秋毫之末，而泰山为小；莫寿于殇子，而彭祖为夭。"虽然秋毫与泰山、殇子与彭祖确实存在差别，但在庄子看来，是没有什么差别的。

庄子多次阐述他万物一体的思想，我们摘录几段。

《庄子·齐物论》载："故为是举莛与楹，厉与西施，恢恑憰怪，道通为一。其分也，成也；其成也，毁也。凡物无成与毁，复通为一。唯达者知通为一。"

《庄子·德充符》载："自其异者视之，肝胆楚越也；自其同者视之，万物皆一也。"

《庄子·大宗师》载："故其好之也一，其弗好之也一。其一也一，其不一也一。其一与天为徒，其不一与人为徒。天与人不相胜也，是之谓真人。"

《庄子·知北游》载："生也死之徒，死也生之始，孰知其纪！若死生为徒，吾又何患！故万物一也。是其所美者为神奇，其所恶者为臭腐；臭腐复化为神奇，神奇复化为臭腐。故曰：'通天下一气耳。'圣人故贵一。"

庄子主张放弃人的能动性。"不以心捐道，不以人助天，是之为真人。"（《庄子·大宗师》）"无以人灭天，无以故灭命，无以得殉名。"（《秋水》）由此达到"与天为一"的真人境界。但是这所谓"与天为一"，不是天人相合，而是完全违背了人的意志。所以荀子批评庄子"蔽于天而不知人"（《荀子·解蔽》）。

庄子主张顺应自然，他所梦寐以求的是一种回复到自然状态的社会，也就是"至德之世"，如《庄子·马蹄》载："吾意善治天下者不然。彼民有常性，织而衣，耕而食，是谓同德；一而不党，命曰天放。故至德之世，其行填填，其视颠颠。当是时也，山无蹊隧，泽无舟梁；万物群生，连属其乡；禽兽成群，草木遂长；是故禽兽可系羁而游，鸟雀之巢可攀援而窥。夫至德之世，同与禽兽居，族与万物并，恶乎知君子小人哉！同乎无知，其德不离；同乎无欲，是谓素朴；素朴而民得性矣。及至圣人，蹩躠为仁，踶跂为义，而天下始疑矣；澶漫为乐，摘僻为礼，而天下始分矣。故纯朴不残，孰为牺樽！白玉不毁，孰为珪璋！道德不废，安取仁义！性情不离，安用礼乐！五色不乱，孰为文采！五声不乱，孰应六律！夫残朴以为器，工匠之罪也；毁道德以为仁义，圣人之过也。"

庄子在《胠箧》篇中又重申了这一观点，他说："故绝圣弃智，大盗乃止；擿玉毁珠，小盗不起；焚符破玺，而民朴鄙；掊斗折衡，而民不争；殚残天下之圣法，而民始可与论议。擢乱六律，铄绝竽瑟，塞师旷之耳，而天下始人含其聪矣；灭文章，散五采，胶离朱之目，而天下始人含其明矣；毁绝钩绳而弃规矩，攦工垂之指，而天下始人含其巧矣。削曾、史之行，钳杨、墨之口，攘弃仁义，而天下之德始玄同矣。彼人含其明，则天下不铄矣；人含其聪，则天下不累矣；人含其知，则天下不惑矣；人含其德，则天下不僻矣。彼曾、史、杨、墨、师旷、工垂、离朱，皆外立其德而以爝乱天下者也，法之所无用也。"

庄子认为老子所说的小国寡民就是一种"至德之世"。《庄子·胠箧》载："子独不知至德之世乎？昔者容成氏、大庭氏、伯皇氏、中央氏、栗陆氏、骊畜氏、轩辕氏、赫胥氏、尊卢氏、祝融氏、伏羲氏、神农氏，当是时也，民结绳而用之，甘其食，美其服，乐其俗，安其居，邻国相望，鸡狗之音相闻，民至老死而不相往来。若此之时，则至治已。"

在《庄子·天地》篇中赤张满稽说："至德之世，不尚贤，不使能，上如标枝，民如野鹿，端正而不知以为义，相爱而不知以为仁，实而不知以为忠，当而不知以为信，蠢动而相使不以为赐。是故行而无迹，事而无传。"

十、《荀子》的生态思想

荀子把"天"看成是和人相对立的外在的自然界，人和自然界各有其规律。《荀子·天论》载："天行有常，不为尧存，不为桀亡。应之以治则吉，应之以乱则凶。强本而节用，则天不能贫；养备而动时，则天不能病；修道而不贰，则天不能祸。故水旱不能使之饥渴，寒暑不能使之疾，妖怪不能使之凶。本荒而用侈，则天不能使之富。养略而动罕，则天不能使之全。背道而妄行，则天不能使之吉。""天不为人之恶寒也辍冬，地不为人之恶辽远也辍广，君子不为小人匈匈也辍行。天有常道矣，地有常数矣，君子有常体矣。"

在此基础上，荀子提出了"明于天人之分""制天命而用之"的著名命题。如《荀子·天论》载："故明于天人之分，可谓至人矣。""大天而思之，孰与物畜而制之？从天而颂之，孰与制天命而用之？望时而待之，孰与应时而使之？因物而多之，孰与骋能而化之？思物而物之，孰与理物而勿失之也？愿于物之所以生，孰于有物之所以成？故措人而思天，则失万物之情。""明于天人之分"就是要明确天、人各自的职分。"制天命而用之"就是强调要了解天的规律，掌握天的规律，从而发挥人的主观能动性，运用天的规律为人类服务，他的理论观点具有积极意义。

荀子看到了人的主观能动性的一面，看到了人类改造自然的巨大潜力，荀子的观点是战国时期经济和社会进步在思想界的反映。荀子的思想具有西方哲学主、客二分的特点，但在中国思想史上没有变成主流思想。

第三节　先秦时期的环境保护措施

因为世代开发，导致环境一定程度的破坏，引起人们的注意。所以许多思想家的著作中涉及环境保护问题，历朝政府采取了一系列保护环境的措施。

一、制定环保法规，禁止滥伐滥捕

政府制定了保护山林、土地、动植物的法规，文献里有关这方面的内容是较多的。

《逸周书·大聚解》载："且闻禹之禁：春三月，山林不登斧斤，以成草木之长；夏三月，川泽不入网罟，以成鱼鳖之长。且以并农力执，成男女之功。夫然，则有生而不失其宜，万物不失其性，人不失其事，天不失其时，以成万财。万财既成，放此为人。此谓正德。"

《管子·地数》载："苟山之见荣者，谨封而为禁。有动封山者罪死而不赦。有犯令者，左足入，左足断。右足入，右足断。"封山育林期间，不准砍伐，法令非常严厉。

《管子·七臣七主》载："四禁者何也？春无杀伐，无割大陵，倮大衍，伐大木，斩大山，行大火，诛大臣，收谷赋。夏无遏水达名川，塞大谷，动土功，射鸟兽。秋毋赦过、释罪、缓刑。冬无赋爵赏禄，伤伐五谷。故春政不禁则百长不生，夏政不禁则五谷不成，秋政不禁则奸邪不胜，冬政不禁则地气不藏。"

《管子·八观》载："山林虽广，草木虽美，禁发必有时；国虽充盈，金玉虽多，宫室必有度；江海虽广，池泽虽博，鱼鳖虽多，网罟必有正，船网不可一财而成也。非私草木爱鱼鳖也，恶废民于生谷也。故曰：先王之禁山泽之作者，博民于生谷也。"

《礼记·王制》载："草木零落，然后入山林。""木不中伐不粥于市，禽兽鱼鳖不中杀不粥于市。"

《礼记·祭义》曾子论孝时说："树木以时伐焉，禽兽以时杀焉。夫子曰：'断一树，杀一兽，非以其时，非孝也。'"

《孟子·梁惠王上》载："不违农时，谷不可胜食也；数罟不入洿池，鱼鳖不可胜食也；斧斤以时入山林，木材不可胜用也。谷与鱼鳖不可胜食，材木不可胜用，是使民养生丧死无憾也。养生丧死无憾，王道之始也。"

《荀子·劝学》载："林木茂而斧斤至焉，树成荫而众鸟息焉。"

《荀子·致士》载："川渊深而鱼鳖归之，山林茂而禽兽归之。"

《荀子·王制》载："山林泽梁，以时禁发而不税，相地而衰政。""君者，善群也。群道当，则万物皆得其宜，六畜皆得其长，群生皆得其命。故养长时则六畜育，杀生时则草木殖，政令时则百姓一、贤良服，圣王之制也。草木荣华滋硕之时，则斧斤不入山林，不夭其生，不绝其长也。鼋鼍鱼鳖鳅鳝孕别之时，网罟毒药不入泽，不夭其生，不绝其长也。春耕夏耘，秋收冬藏，四者不失时，故五谷不绝而百姓有余食也。污池渊沼川泽，谨其时禁，故鱼鳖优多而百姓有余用也。斩伐养长不失其时，故山林不童而百姓有余材也。""修火宪，养山林薮泽草木鱼鳖百索，以时禁发，使国家足用，而财物不屈，虞师之事也。"

当时制定的法规对保护环境起了明显的作用，里革禁止鲁宣公在夏天捕鱼就是一个很典型的例子。《国语·鲁语上》记载鲁宣公夏天在泗水之渊捕鱼，鲁大夫里革将其渔网砍断扔掉，并且说："古者大寒降，土蛰发，水虞于是乎讲罛罶，取名鱼，登川禽，而尝之寝庙，行诸国，助宣气也。鸟兽孕，水虫成，兽虞于是乎禁罝罗，矠鱼鳖以为夏犒，助生阜也。鸟兽成，水虫孕，水虞于是乎禁罜䍡，设阱鄂，以实庙庖，畜功用也。且山不槎蘖，泽不伐夭，鱼禁鲲鲕，兽长麑䴥，鸟翼鷇卵，虫舍蚔蝝，蕃庶物也，古之训也。今鱼方别孕，不教鱼长，又行网罛，贪无艺也。"鲁宣公知错就改，说："吾过而里革匡我，不亦善乎！是良罟也，为我得法。使有司藏之，使吾无忘谂。"当时乐师存侍奉在侧，建议说："藏罟不如置里革于侧之不忘也。"

二、颁布月令，指导人们的各种活动

1. 《尧典》中的历法

早在尧的时候，已经由羲和负责观察天象，制定历法，颁布天下。《尚书·尧典》载："乃命羲和，钦若昊天，历象日月星辰，敬授人时。分命羲仲，宅嵎夷，曰旸谷，寅宾出日，平秩东作，日中星鸟，以殷仲春。厥民析，鸟兽孳尾。申命羲叔，宅南交，平秩南讹，敬致，日永星火，以正仲夏。厥民因，鸟兽希革。分命和仲，宅西，曰昧谷，寅饯纳日，平秩西成，宵中星虚，以殷仲秋。厥民夷，鸟兽毛毨。申命和叔，宅朔方，曰幽都，平在朔易，日短星昴，以正中东。厥民隩，鸟兽氄毛。帝曰：咨，汝羲暨和，其三百有六旬有六日，以闰月定四时成岁。"

日中、宵中，是昼夜等长，即春分、秋分两个节气；日永，是白天最长，即夏至节气；日短，是白天最短，即冬至节气。

多数专家经过研究比较一致地认为：火是星宿二，即天蝎座 α；虚是虚宿一，即宝瓶座 β；昴是昴宿、昴星团，即金牛座 17。对于鸟星是什么星，专家意见不一致。竺可桢认为是柳星张三宿中的星宿一，即长蛇座 α；伊世同认为是张宿一，即长蛇座 γ；陈遵妫认为是张宿二，即长蛇座 λ；李约瑟认为是张宿三，即长蛇座 μ。[①]

《尧典》中记载了四季天象、鸟兽生长规律和农业活动安排，这是目前能够见到的最早的月令性质的文件。

2. 《夏小正》

《夏小正》相传是夏朝的月令，《礼记·礼运》载孔子说："我欲观夏道，是故之杞，而不足征也，吾得夏时焉。"郑玄注："得夏四时之书也。其书存者有《小正》。"《史记·夏本纪》说："孔子正夏时，学者多传《夏小正》云。"它被收入西汉戴德所编的《大戴礼记》之中。其经文如下：

正月：启蛰。雁北乡。雉震呴。鱼陟负冰。农纬厥耒。初岁祭耒，始用畼。囿有见韭。时有俊风，寒日涤冻涂。田鼠出。农率均田。獭祭鱼。鹰则为

① 温克刚主编：《中国气象史》，气象出版社 2004 年版，第 23 页。

鸠。农及雪泽，初服于公田。采芸。鞠则见。初昏，参中。斗柄县在下。柳稊。梅、杏、杝桃则华。缇缟。鸡桴粥。

二月：往耰黍。禅。初俊羔，助厥母粥。绥多女士。丁亥，万用入学。祭鲔。荣堇采蘩。昆小虫，抵蚳。来降燕，乃睇。剥鳝。有鸣仓庚。荣芸，时有见稊，始收。

三月：参则伏。摄桑。委杨。羝羊。豰则鸣。颁冰。采识。妾子始蚕，执养宫事。祈麦实。越有小旱。田鼠化为驾。拂桐芭。鸣鸠。

四月：昴则见。初昏，南门正。鸣杙。囿由见杏。鸣蜮。王萯秀。取荼。秀幽。越有大旱。执陟攻驹。

五月：参则见。浮游有殷。鴂则鸣。时有养日。乃瓜。良蜩鸣。匽之兴，五日翕，望乃伏。启灌蓝蓼。鸠为鹰。唐蜩鸣。初昏，大火中。煮梅。蓄兰。颁马。

六月：初昏，斗柄正在上。煮桃。鹰始挚。

七月：秀雚苇。狸子肇肆。湟潦生苹。爽死。荓秀。汉案户。寒蝉鸣。初昏，织女正东乡。时有霖雨。灌荼。斗柄县在下，则旦。

八月：剥瓜。玄校。剥枣。栗零。丹鸟羞白鸟。辰则伏。鹿人从。驾为鼠。参中则旦。

九月：内火。遰鸿雁。主夫出火。陟玄鸟蛰。熊罴貊貉鼪鼬则穴，若蛰而。荣鞠。树麦。王始裘。辰系于日。雀入于海为蛤。

十月：豺祭兽。初昏，南门见。黑鸟浴。时有养夜。玄雉入于淮为蜃。织女正北乡，则旦。

十一月：王狩。陈筋革。啬人不从。于时月也，万物不通。陨麋角。日冬至。

十二月：鸣弋。元驹贲。纳卵蒜。虞人入梁。陨麋角。

译成白话文意思大概如下：

正月：蛰虫开始出动。雁向北飞。野鸡听到雷声展翅而鸣。鱼从水里往上蹿，顶起冰块。农夫要检查耒耜，修理农具，准备干活。把田间野草扼杀于萌芽之中。园子里韭菜发芽。这时东南的大风刮来，土壤逐渐解冻。田鼠出现。农夫开始整治田地。水獭将所捕的鱼陈列在水边，就像献祭一样。鹰这时还小。农夫在土地湿润的时候开始到公田里劳动。采摘蒿菜用于祭祀。鞠星出现。初昏，参宿在南方中天。北斗星的斗柄悬在下方。柳树萌芽。梅、杏、山桃树开花。莎草变成橘红色。鸡伏在地上用羽翼护着小鸡。

二月：到田里种黍。穿着单衣，从事劳动。羊羔开始吃草，不用吃母羊的奶了，这就等于帮助母羊，减轻了它养育羔羊的负担。这时行冠礼，娶媳妇，安定人心。丁亥日，学习军事舞蹈。用鲔鱼做祭品在宗庙祭祀。采摘堇菜和白蒿。众小虫开始出动，选择蚁卵做祭醢。燕子飞来了，观察可以筑巢的地方。剥鳝。仓庚鸟鸣叫着。蒿菜茂盛，长得高大，开始收割。

三月：参星落到西方地平线以下而隐藏不见。采桑。杨树蓬勃生长。公羊相互追逐。蝼蛄（土狗子）在鸣叫。给大夫分配冰块。采摘藏草。妾和妻开始育蚕，在蚕室里面做事。祈求小麦丰收。这时一般有小旱灾。田鼠变成鴽。梧桐树开始开花。班鸠鸣叫。

四月：昴星出现于东方。初昏，南门星位于正中。杞虫鸣叫。园圃里的杏树已经结果。蛤蟆鸣叫。王瓜长出来了。采摘苦菜。葽草长大。这时有大旱。把马驹抓住献给君王，训练马驹，使其学会驾车。

五月：参星出现。蜉蝣众多。鸠鸟鸣叫。白天在变长。开始吃瓜。蝉开始鸣叫。螗（蝉之别名）鸣叫五天（亦说十五天）然后闭嘴，到月望即第十五日而潜伏。移栽丛生的蓝蓼。鸠为鹰。唐蜩（即蝉）鸣叫。初昏，心宿位于正中。煮梅子晒成梅干。收集兰草，用以沐浴。按公母把马分为两群。

六月：初昏，北斗的斗柄位于正上方（即斗柄指向南方）。煮桃子晒成桃干。鹰开始学习搏击的技术。

七月：萑苇长高。狸子开始成熟。水池中长了浮萍。树上的果实和地下的块根都长熟了。莠草长高了。银河冲着门户呈南北向。寒蝉鸣叫。初昏，织女星向着正东。这时有连绵的秋雨。收割萑苇，储藏备用。北斗的斗柄悬在下方（即斗柄指向华北），这时天就亮了。

八月：把瓜收藏起来。穿着黑色和绿色的衣服。把枣从树上打下来。板栗落在地上。丹鸟以白鸟为美食。辰星落到西方地平线以下而隐藏不见。鹿像人一样成群结队。鴽变成鼠。参星位于正中天就亮了。

九月：心宿入而不见。鸿雁往南飞翔。主人按时烧火以杀害虫。燕子飞回南方。熊、罴、貊、貉、鼬、鼬于是挖地穴，准备冬眠。菊花开了。种小麦。国王开始穿皮衣。辰星拴在太阳旁边。雀入大海变成蛤。

十月：豺把兽杀死以后摆成一圈，像祭祀一样。初昏，南门星出现。乌鸦时而高时而低地迎风飞翔。这时夜变长了。玄雉进入淮水变成蜃。织女星向着正华北，天就亮了。

十一月：国王狩猎。检查兵器。为节省开支，随从不要太多。这个月，万物不通畅。麋鹿的角掉下来。到了冬至节气。

十二月：鹰隼鸣叫。蚂蚁在地下游动。把卵蒜献给国王。虞人到川泽去行使管理职权，严禁滥捕滥猎。麋鹿的角掉下来。

《夏小正》的文字佶屈聱牙，很难懂，现翻译出来供读者了解其丰富内涵，文中个别地方意思仍然不够明确。①

《夏小正》属夏历，正月建寅。《左传》隐公元年孔颖达疏："夏以建寅之月为正，殷以建丑之月为正，周以建子之月为正。三代异制，正朔不同。"《史记·律书》载："《夏正》以正月，《殷正》以十二月，《周正》以十一月，盖三王之正若循环，穷则反本。"十二个月依次与十二天干对应，每一个月记述的内容包括天象、物候、气候、农事、生活等。这是人们在长期观察的基础上进行的科学总结。

《夏小正》的颁布与流传，表明夏人掌握了天象、物候、气候的规律，能够合理安排农业等各种活动，也对保护自然环境起到了重要作用。

3.《诗经·豳风·七月》

《诗经·豳风·七月》是西周时期的月令，历法使用的是豳历，豳历的岁首是"一之日"，岁终为"十月"，与周历相当。它以诗歌的形式出现，文采斐然，便于记忆。月份的编排虽然基本按序排列，但有的重复而错杂，不如《夏小正》那样秩序井然。《七月》包括天象、气候、物候、农事、手工业、军事等内容。我们将《七月》的内容按月份归纳如下。

一之日（周历正月、夏历十一月）：天气寒冷，猎取貉和狐狸，为公子制作皮衣。

二之日（周历二月、夏历十二月）：寒风凛冽，没有衣服穿，怎么熬过寒冬? 农夫集合，打猎习武。小兽据为己有，大兽献给主人。收集冰块。

三之日（周历三月、夏历正月）：取粗翻土。把冰块放到冰窖中。

四之日（周历四月、夏历二月）：农夫扛着锄头到地里劳动。人们用羔羊和韭菜祭祀司寒之神。

---

① 参考温克刚主编：《中国气象史》，气象出版社 2004 年版，第 58—63 页。

蚕月（周历五月、夏历三月）：春天天气温暖，仓庚鸟鸣叫不停，女孩子提着竹筐，走在小道上，采摘桑叶。手摘不到的地方，就用斧斨把桑树枝砍下来。

四月（周历六月、夏历四月）：油菜生穗。

五月（周历七月、夏历五月）：蚱蜢蹦跳。

六月（周历八月、夏历六月）：蝉鸣。莎鸡飞翔。人们品尝梨子和李子，烹煮冬葵和豆。

七月（周历九月、夏历七月）：心宿向西方运行。杜鹃鸟鸣叫。蟋蟀在野外活动。吃瓜。

八月（周历十月、夏历八月）：农夫收割苇草，纺织丝绸，制作衣服，收获庄稼。蟋蟀在屋檐下。农夫打枣、摘葫芦。

九月（周历十一月、夏历九月）：主人分发衣服。蟋蟀在门口。农夫收拾青麻，采集苦菜，砍伐臭椿，修筑场圃，收获禾稼，到主人那里修筑房屋。开始下霜。

十月（周历十二月、夏历十月）：箨木落叶。蟋蟀钻到床下。农夫用火烘干房子，熏走老鼠，用砖堵上向北的窗子，用泥巴抹上竹编的房门，收割水稻，把场圃打扫干净。带着酒和羊，到主人家里，庆贺丰收，祝主人万寿无疆。①

《七月》虽是诗歌，但起到了月令的作用，指导人们按照自然规律安排各种活动。

周定王六年（公元前601年），单襄公说人们要按照各个季节的特点完成相应的任务。《国语·周语中》载单襄公说："夫辰角见而雨毕，天根见而水涸，本见而草木节解，驷见而陨霜，火见而清风戒寒。故先王之教曰：'雨毕而除道，水涸而成梁，草木节解而备藏，陨霜而冬裘具，清风至而修城郭宫室。'故《夏令》曰：'九月除道，十月成梁。'其时儆曰：'收而场功，偫而畚梮，营室之中，土功其始。火之初见，期于司里。'此先王所以不用财贿，而广施德于天下者也。今陈国火朝觌矣，而道路若塞，野场若弃，泽不陂障，川无舟梁，是废先王之教也。"

---

① 参考高亨注：《诗经今注》，上海古籍出版社1980年版，第199—206页。

4.《礼记·月令》和《吕氏春秋·十二纪》

更加系统的月令就属《礼记·月令》和《吕氏春秋·十二纪》了，二者文字基本相同，只有少数文字有差别。《礼记·月令》郑玄注：“陆曰：‘此是《吕氏春秋·十二纪》之首，后人删合为此记。’蔡伯喈、王肃云周公所作。”孔颖达疏同意郑玄的观点，也认为《礼记·月令》出自《吕氏春秋·十二纪》各卷之首章。二者谁早谁晚还没有定论。

二书按月编排，每月叙述顺序依次为天象、祭祀、物候、农业、军事等，内容更加丰富，体系日益完备。其中有不少内容涉及环境保护问题，如：

《孟春纪》：“乃修祭典，命祀山林川泽，牺牲无用牝。禁止伐木，无覆巢，无杀孩虫胎夭飞鸟，无麑无卵。……孟春行夏令，则风雨不时，草木早枯，国乃有恐。行秋令，则民大疫，疾风暴雨数至，藜莠蓬蒿并兴。行冬令，则水潦为败，霜雪大挚，首种不入。”国家举行祭祀山林川泽的仪式，不能用雌性动物作祭品，以免影响动物繁殖。不准伐木，不准毁坏鸟巢，不能杀死幼虫和飞鸟。……如果季节颠倒，春行夏令、秋令或冬令，也就是说春天的气候如果像夏天、秋天或冬天那样，就会出现各种各样的灾害。以下各月都讲到了这个问题。

《仲春纪》：“是月也，无竭川泽，无漉陂池，无焚山林。”“是月也，祀不用牺牲，用圭璧，更皮币。仲春行秋令，则其国大水，寒气总至，寇戎来征。行冬令，则阳气不胜，麦乃不熟，民多相掠。行夏令，则国乃大旱，暖气早来，虫螟为害。”仲春气候如果像秋天、冬天、夏天的气候，就会产生水灾、农业歉收或旱灾。

《季春纪》：“是月也，生气方盛，阳气发泄，生者毕出，萌者尽达，不可以内。”“是月也，命司空曰：时雨将降，下水上腾，循行国邑，周视原野。修利堤防，导达沟渎，闻通道路，无有障塞。田猎罦弋罝罘罗网喂兽之药无出九门。是月也，命野虞无伐桑柘，鸣鸠拂其羽，戴任降于桑。”“季春行冬令，则寒气时发，草木皆肃，国有大恐。行夏令，则民多疾疫，时雨不降，山陵不收。行秋令，则天多沉阴，淫雨早降，兵革并起。”

《孟夏纪》：“是月也，继长增高，无有坏隳。无起土功，无发大众。无伐大树。是月也，天子始絺。命野虞出行田原，劳农劝民，无或失时。命司徒循行县鄙，命农勉作，无伏于都。是月也，驱兽无害五谷，无大田猎。”“孟夏行秋令，则苦雨数来，五谷不滋，四鄙入保。行冬令，则草木早枯，后乃大水，败其城郭。行春令，则虫蝗为败，暴风来格，秀草不实。"

《仲夏纪》："令民无刈蓝以染，无烧炭。""是月也，无用火南方。""仲夏行冬令，则雹霰伤谷，道路不通，暴兵来至。行春令，则五谷晚熟，百螣时起，其国乃饥。行秋令，则草木零落，果实早成，民殃于疫。"

《季夏纪》："是月也，令渔师伐蛟取鼍，升龟取鼋。乃命虞人入材苇。是月也，令四监大夫合百县之秩刍，以养牺牲，以供皇天上帝名山大川四方之神，以祀宗庙社稷之灵。""是月也，树木方盛，乃命虞人入山行木，无或斩伐。""季夏行春令，则谷实解落，国多风咳，人乃迁徙。行秋令，则邱隰水潦，禾稼不熟，乃多女灾。行冬令，则寒气不时，鹰隼早鸷，四鄙入保。"

《孟秋纪》："完堤防，谨壅塞，以备水潦。""孟秋行冬令，则阴气大胜，介虫败谷，戎兵乃来。行春令，则其国乃旱，阳气复还，五谷不实。行夏令，则多火灾，寒热不节，民多疟疾。"

《仲秋纪》："是月也，日夜分，雷乃始收声，蛰虫俯户。杀气浸盛，阳气日衰。水始涸。……凡举事无逆天数，必顺其时，乃因其类。""仲秋行春令，则秋雨不降，草木生荣，国乃有大恐。行夏令，则其国旱，蛰虫不藏，五谷复生。行冬令，则风灾数起，收雷先行，草木早死。"

《季秋纪》："是月也，草木黄落，乃伐薪为炭。蛰虫咸俯在穴，皆墐其户。""季秋行夏令，则其国大水，冬藏殃败，民多鼽窒。行冬令，则国多盗贼，边境不宁，土地分裂。行春令，则暖风来至，民气解堕，师旅必兴。"

《孟冬纪》："是月也，乃命水虞渔师收水泉池泽之赋。无或敢侵削众庶兆民。""以为天子取怨于下。其有若此者，行罪无赦。""孟冬行春令，则冻闭不密，地气发泄，民多流亡。行夏令，则国多暴风，方冬不寒，蛰虫复出。行秋令，则雪霜不时，小兵时起，土地侵削。"

《仲冬纪》："是月也，日短至，阴阳争，诸生荡。君子斋戒，处必弇。身欲宁，去身色，禁嗜欲，安形性。事欲静，以待阴阳之所定。芸始生，荔挺出，蚯蚓结，麋角解，水泉动。日短至，则伐林木，取竹箭。""仲冬行夏令，则其国乃旱，气雾冥冥，雷乃发声。行秋令，则天时雨汁，瓜瓠不成，国有大兵。行春令，则虫螟为败，水泉减竭，民多疾疠。"

《季冬纪》："是月也，命渔师视渔，天子亲往，乃尝鱼，先荐寝庙。冰方盛，水泽复，命取冰，冰已入。令告民出五种，命司农计耦耕事，修耒耜，具田器。命乐师大合吹而罢。乃命四监收秩薪柴，以供寝庙及百祀之薪燎。是月也，日穷于次，月穷于纪，星回于天。数将几终，岁将更始。专于农民，无有所使。天子乃与卿大夫饬国典，论时令，以待来岁之宜。乃命太史次诸侯之列，赋之牺牲，以供皇天上帝社稷之享。乃命同姓之国，供寝庙之刍豢。令宰历卿大夫至于庶民土田之数，而赋之牺牲，以供山林名川之祀。凡在天下九州之民者，无不咸献其力，以供皇天上帝社稷寝庙山林名川之祀。""季冬行秋令，则白露蚤降，介虫为妖，四邻入保。行春令，则胎夭多伤，国多固疾，命之曰逆。行夏令，则水潦败国，时雪不降，冰冻消释。"

5.《逸周书·时训解》

《逸周书·时训解》一般认为属战国时代的作品，在《夏小正》和《月令》的基础上，首次把一年分为二十四节气，每个节气又以五天为一个小单元，分为三候，一年共七十二候。节气的排列顺序与现在略有差异，如惊蛰在雨水之前，谷雨在清明之前。到西汉末年（公元 1 世纪）二十四节气顺序才排列为：立春、雨水、惊蛰、春分、清明、谷雨、立夏、小满、芒种、夏至、小暑、大暑、立秋、处暑、白露、秋分、寒露、霜降、立冬、小雪、大雪、冬至、小寒、大寒，一直沿用到今天。①

三、设置环保机构

先秦时期在政府组织中专门设立了山虞、林衡、川衡、泽虞等保护环境的机构，如《周礼》卷十六载："山虞掌山林之政令，物为之厉，而为之守禁。仲冬斩阳木，仲夏斩阴木。凡服耜，斩季材，以时入之。令万民时斩材，有期日。凡帮工入山林而抡才，不禁。春秋之斩木不入禁。凡窃木者有刑罚。""林衡掌巡林麓之禁令，而平其守，以时计林麓而赏罚之。若斩木材，则受法于山虞，而掌其政令。""川衡掌巡川泽之禁令，而平其守，以时舍其守，犯禁者执而诛罚之。""泽虞掌国泽之政令，为之厉禁，使其地之人，守其财物，以时入之于玉府，颁其余于万民。"《左传》昭公二十年载晏子回答齐景公说："山林之木，衡鹿守之；泽之萑蒲，舟鲛守之；薮之薪蒸，虞候守之；海之盐蜃，祈望守之。"山林、川泽都有专门的机构管理。《管子·小匡》载："泽立

---

① 温克刚主编：《中国气象史》，气象出版社 2004 年版，第 97—99 页。

三虞，山立三衡。"

四、植树造林

植树造林是保护环境的一项重要措施。周定王六年（公元前601年），定王派单襄公首先到宋国聘问，然后假道于陈，出使楚国。路过陈国，看见陈国的情况是："火朝觌矣，道茀不可行，侯不在疆，司空不视途，泽不陂，川不梁，野有庾积，场功未毕，道无列树，垦田若艺，膳宰不致饩，司里不授馆，国无寄寓，县无施舍，民将筑台于夏氏。及陈，陈灵公与孔宁、仪行父南冠以如夏氏，留宾不见。"单襄公看到陈国的破败景象，预测陈国将亡。单襄公说陈国违背了周制，周制有哪些规定呢？《国语·周语中》载单襄公说："周制有之曰：'列树以表道，立鄙食以守路。国有郊牧，疆有寓望，薮有圃草，囿有林池，所以御灾也。其余无非谷土，民无悬耜，野无奥草，不夺民时，不灭民功。有优无匮，有逸无罢。国有班事，县有序民。'"周的法令规定在道路的两旁要栽树，作为道路的标志，薮泽里应种草，园囿里要种树。

《左传》昭公十六年记载："九月，大雩，旱也。郑大旱，使屠击、祝款、竖柎有事于桑山，斩其木，不雨。子产曰：'有事于山，艺山林也。而斩其木，其罪大矣。'夺之官邑。"在桑山举行祭祀活动，斩伐树木被视为大罪，应该栽种树木才是常理。子产夺其封邑，以示严惩。

《孟子·梁惠王上》载："五亩之宅，树之以桑，五十者可以衣帛矣。鸡豚狗彘之畜，无失其时，七十者可以食肉矣。"在房屋周围种植桑树，既可以养蚕，也可以保持水土，美化环境。

《管子·权修》载："一年之计，莫如树谷；十年之计，莫如树木；百年之计，莫如树人。"这句话强调人要有长远的打算，也反映了古人对树谷、树木、树人的深刻认识。

五、善待生物

《孟子·梁惠王上》载："君子之于禽兽也，见其生，不忍见其死；闻其声，不忍食其肉。是以君子远庖厨也。"中国哲学的主流是强调万物一体、天人合一，人与动植物都是宇宙的一部分，要善待动植物，也就是善待自己。

《孟子·尽心上》载："君子之于物也，爱之而弗仁；于民也，仁之而弗亲。亲亲而仁民，仁民而爱物。"赵岐注说："先亲其亲戚，然后仁民，仁民然后爱物，用恩之次也。"孟子讲仁民爱物，爱物也就是要善待自然，亲亲、仁民、爱物有先后逻辑顺序。

孟子认为人与禽兽的差别也就是那么一点点。《孟子·离娄下》记载："人之所以异于禽兽者几希，庶民去之，君子存之。舜明于庶物，察于人伦，由仁义行，非行仁义也。"孟子的"四端"正是人与禽兽的差别所在。《孟子·公孙丑上》记载："人皆有不忍人之心。……由是观之，无恻隐之心，非人也；无羞恶之心，非人也；无辞让之心，非人也；无是非之心，非人也。恻隐之心，仁之端也；羞恶之心，义之端也；辞让之心，礼之端也；是非之心，智之端也。人之有是四端也，犹其有四体也。"

六、节用材物

动植物虽然能够再生，但都有生长周期，过度消耗，则供不应求。矿物是不可再生的资源，取之无度，则不可能持续发展。因此，节用材物是保护环境的又一项重要措施。

《大戴礼记·五帝德》说黄帝"时播百谷草木，故教化淳鸟兽昆虫，历离日月星辰，极畋土石金玉，劳心力耳目，节用水火材物"。《史记·五帝本纪》也有相似的记载，说明黄帝已经懂得节约资源。

孔子主张"节用"，如《论语·学而》载："节用而爱人，使民以时。"

墨子也是主张"节用"的思想家，《墨子》一书中，《节用》分上、中、下三篇，其中下篇仅存目录，专门讨论节用问题。上篇认为节用的根本方法就是要"去无用之费"，不要铺张浪费。中篇借用古者圣王所立的节用之法，如"节用之法""衣服之法""节葬之法"等，阐述了节用的具体途径。

《墨子·七患》认为国有七患，第七患是"畜种菽粟不足以食之"。"凡五谷者，民之所仰也，君之所以为养也。故民无仰则君无养，民无食则不可事。故食不可不务也，地不可不力也，用不可不节也。""财不足则反之时，食不足则反之用。故先民以时生财，固本而用财，则财足。"《七患》集中体现了墨子要求节约财物的思想，认为社会的稳定依赖于财物，良好的社会需要充足的财物作为基础。财物一方面需要创造，另一方面要节俭。

楚昭王时，王孙圉出使晋国，晋定公宴请他，赵简子鸣其佩玉在旁相礼。赵简子问楚国的白珩还在不在？那件宝物是什么时候的？《国语·楚语下》记载王孙圉阐述楚国的珍宝观说："未尝为宝。楚之所宝者，曰观射父，能作训辞，以行事于诸侯，使无以寡君为口实。又有左史倚相，能道训典，以叙百物，以朝夕献善败于寡君，使寡君无忘先王之业；又能上下说于鬼神，顺道其欲恶，使神无有怨痛于楚国。又有薮曰云连徒洲，金木竹箭之所生也。龟、珠、角、齿、皮、革、羽、毛，所以备赋，以戒不虞者也。所以共币帛，以宾享于诸侯者也。若诸侯之好币具，而道之以训辞，有不虞之备，而皇神相之，寡君其可以免罪于诸侯，而国民保焉。此楚国之宝也。若夫白珩，先王之玩也，何宝之焉？圉闻国之宝六而已。明王圣人能制议百物，以辅相国家，则宝之；玉足以庇荫嘉谷，使无水旱之灾，则宝之；龟足以宪臧否，则宝之；珠足以御火灾，则宝之；金足以御兵乱，则宝之；山林薮泽足以备财用，则宝之。若夫哗嚣之美，楚虽蛮夷，不能宝也。"楚人以人才为宝，以珍贵的矿物、动物、植物为宝。楚人既然把这些东西视为宝物，一定会倍加珍惜爱护。

《礼记·礼运》载："用水、火、金、木，饮食必时。"也讲的是要节用材物。

荀子提倡节用，论述节用与富国的关系，《荀子·富国》说："足国之道，节用裕民而善藏其余。节用以礼，裕民以政。故知节用裕民，则必有仁义圣良之名，而且有富厚丘山之积矣。故明主必谨养其和，节其流，开其源，而时斟酌焉，潢然使天下必有余而上不忧不足。如是则上下俱富，交无所藏之，是知国计之极也。故禹十年水，汤七年旱，而天下无菜色者，十年之后，年谷复熟而陈积有余。是无它故焉，知本末源流之谓也。"

《韩非子》一书强调人在节俭过程中的主体作用，人要从各方面节俭。《韩非子·难二》说节俭是由人决定的，"俭于财用，节于衣食，宫室器械，周于资用，不事好玩，则入多。入多，皆人为也"。《韩非子·南面》记载韩非子的消费观念是量力而行："举事有道，计其入多，其出少者，可为也。"《韩非子·十过》提出了非常明确的观点："以俭得之，以奢失之。"《韩非子·显学》也有类似的说法："侈而惰者贫，而力而俭者富。"①

七、建立园囿

建立园囿，就是建立野生动植物园，是保护环境的重要举措之一，同时也与军事训练有关。有人认为建立园囿是统治者奢侈腐化的表现，这种看法有失偏颇。

商纣王在今天的安阳一带建造了园囿，名为沙丘苑台，这是我们目前所见到的世界上最早的国家动物园的记载。《史记·殷本纪》载："益收狗马奇物，充仞宫室。益广沙丘苑台，多取野兽飞鸟置其中。"

周文王建造了灵囿，因文王与民同乐，百姓可以自由出入，人们不认为灵囿占地太多。《诗经·大雅·灵台》记载："经始勿亟，庶民子来。王在灵囿，麀鹿攸伏。麀鹿濯濯，白鸟翯翯。王在灵沼，于牣鱼跃。"周文王的园囿灵囿里面养了各种动物，膘肥的鹿悠闲地卧在地上，鸟儿长着洁白的羽毛，灵沼里鱼儿欢快地跳跃。

张亚初、刘雨通过对西周金文官制的研究认为西周政府设置机构、安排人员管理园囿，如谏簋铭文记载周王命令谏继续"嗣王宥"，"宥"字郭沫若隶定为"囿"。《周礼·地官·司徒》下设囿人管理园囿，职责为："囿人掌囿游之兽禁，牧百兽，祭祀丧纪宾客，共其生兽死兽之物。"至迟在商朝晚期国家已经设置了园林和动物园，如上述沙丘苑台。②

春秋时期周天子和贵族也建有园囿。如周惠王夺取贵族芮国之圃为囿，《左传》庄公十九年（公元前675年）载："初，王姚嬖于庄王，生子颓，芮国为之师。及惠王即位，取芮国之圃以为囿。"

春秋时期齐国建造的园囿里还可以行船。《左传》僖公三年（公元前657年）载："齐侯与蔡姬乘舟于囿，荡公，公惧，变色，禁之，不可，公怒，归之，未绝之也，蔡人嫁之。"这个齐侯就是齐桓公，因蔡姬荡舟，齐桓公将蔡

---

① 参考王玉德：《试论先秦时期有关环境资源的节约思想》，《江汉论坛》2007年第1期。

② 张亚初、刘雨：《西周金文官制研究》，中华书局1986年版，第50页。

姬驱逐回国，蔡国又将此女改嫁。于是僖公二年，齐国就联合鲁、宋、陈、卫、郑、许、曹诸国军队攻打蔡国，接着又征伐楚国。

郑国的园囿名为原圃，秦国的园囿叫作具囿。《左传》僖公三十三年（公元前 627 年）载："使皇武子辞焉，曰：'吾子淹久于敝邑，唯是脯资饩牵竭矣。为吾子之将行也，郑之有原圃，犹秦之有具囿也，吾子取其麋鹿，以间敝邑，若何？'"

鲁成公还建造了一座鹿囿。《左传》成公十八年（公元前 573 年），"八月，邾子来朝，筑鹿囿"。杜预注："筑墙为鹿苑。"

鲁昭公还在郎地建造了一座园囿。《春秋》昭公九年（公元前 533 年）载："冬，筑郎囿。"《左传》昭公九年载："冬，筑郎囿。书时也。季平子欲其速成也。叔孙昭子曰：《诗》曰：'经始勿亟，庶民子来。'焉用速成，其以剿民也。无囿犹可，无民其可乎？"

鲁定公建造的园囿名叫蛇渊囿。《春秋》定公十三年（公元前 499 年）载："夏，筑蛇渊囿。"

晋国在蝼这个地方建造了一处园囿。《国语·晋语九》载："赵简子田于蝼，史黯闻之，以犬待于门。简子见之，曰：'何为？'曰：'有所得犬，欲试之兹囿。'简子曰：'何为不告？'对曰：'君行臣不从，不顺。主将适蝼而麓不闻，臣敢烦当日。'简子乃还。"

卫国也有园囿。《左传》襄公十四年（公元前 559 年）载："卫献公戒孙文子、宁惠子食，皆服而朝，日旰不召，而射鸿于囿，二子从之，不释皮冠而与之言。"

齐国在战国时期仍然有较大规模的园囿。《孟子·梁惠王下》载："齐宣王问曰：'文王之囿方七十里，有诸？'孟子对曰：'于传有之。'曰：'若是其大乎？'曰：'民犹以为小也。'曰：'寡人之囿方四十里，民犹以为大，何也？'曰：'文王之囿方七十里，刍荛者往焉，雉兔者往焉。与民同之，民以为小，不亦宜乎？臣始至于境，问国之大禁，然后敢入。臣闻郊关之内，有囿方四十里，杀其麋鹿者如杀人之罪。则是方四十里为阱于国中，民以为大，不亦宜乎？'"齐国的园囿位于郊关之内，即齐国首都临淄的郊外，面积方圆四十里。因为齐国刑法严酷，"杀其麋鹿者如杀人之罪"，所以百姓认为齐国的园囿太大了。

魏国建造了园囿，里面养了鸿雁、麋、鹿。《孟子·梁惠王上》载："孟子见梁惠王。王立于沼上，顾鸿雁、麋、鹿，曰：'贤者亦乐此乎?'孟子对曰：'贤者而后乐此。不贤者虽有此，不乐也。'《诗》云：'经始灵台，经之营之。庶民攻之，不日成之。经始勿亟，庶民子来。王在灵囿，麀鹿攸伏。麀鹿濯濯，白鸟鹤鹤。王在灵沼，于牣鱼跃。'文王以民力为台为沼，而民欢乐之，谓其台曰灵台，谓其沼曰灵沼，乐其有麋、鹿、鱼、鳖。古之人与民偕乐，故能乐也。《汤誓》曰：'时日害丧?予及汝偕亡。虽有池台鸟兽，岂能独乐哉?'"孟子引用《灵台》这首诗，说文王与民同乐，庶民不认为文王的园囿大，灵台高。而梁惠王独享其乐，就得不到庶民的拥护。

魏国的园囿见于文献记载的一个叫梁囿，另一个叫温囿。《孟子·梁惠王上》所载的这个园囿可能就是梁囿。温囿位于今河南温县。如《战国策·西周策》载："犀武败于伊阙，周君之魏求救，魏王以上党之急辞之。周君反，见梁囿而乐之也。綦毋恢谓周君曰：'温囿不下此，而又近。臣能为君取之。'反见魏王，王曰：'周君怨寡人乎?'对曰：'不怨。且谁怨王?臣为王有患也。周君，谋主也。而设以国为王扞秦，而王无之扞也。臣见其必以国事秦也，秦悉塞外之兵，与周之众，以攻南阳，而两上党绝矣。'魏王曰：'然则奈何?'綦毋恢曰：'周君形不好小利，事秦而好小利。今王许戍三万人与温囿，周君得以为辞于父兄百姓，而私温囿以为乐，必不合于秦。臣尝闻温囿之利，计岁八十金，周君得温囿，其以事王者，岁百二十金，是上党无患而赢四十金。'魏王因使孟卯致温囿于周君而许之成。"

云梦是楚国的天然园囿，物产丰富，有大量的犀、兕、麋、鹿、虎，云梦的柚、芹驰名天下。云梦还出产其他林木。

《左传》宣公四年（公元前605年）载："初，若敖娶于䢵，生斗伯比。若敖卒，从其母畜于䢵，淫于䢵子之女，生子文焉。䢵夫人使弃诸梦中，虎乳之。䢵子田，见之，惧而归，以告，遂使收之。楚人谓乳穀，谓虎於菟，故命之曰斗穀於菟。"《左传》这段记载说明云梦有老虎。

《国语·楚语下》载："又有薮曰云连徒洲，金木竹箭之所生也。龟、珠、角、齿、皮、革、羽、毛，所以备赋，以戒不虞者也。所以共币帛，以宾享于诸侯者也。"韦昭注："楚有云梦。薮，泽名也。连，属也。水中之可居者曰洲，徒其名也。"云连徒洲即指云梦，物产丰富，这里出产金、木、竹、箭、龟、珠、角、齿、皮、革、羽、毛，云梦不仅是天然的动物园，也是天然的植物园。

《墨子·公输》载："荆有云梦，犀、兕、麋、鹿满之。"

《楚辞·招魂》载："与王趋梦兮课后先，君王亲发兮惮青兕。"

《战国策·宋策》载："墨子曰：'荆之地方五千里，宋方五百里，此犹文轩之与敝舆也。荆有云梦，犀兕麋鹿盈之，江汉鱼、鳖、鼋、鼍为天下饶，宋所谓无雉兔鲋鱼者也，此犹粱肉之与糟糠也。荆有长松、文梓、楩、楠、豫章，宋无长木，此犹锦绣之与短褐也。'"

《战国策·楚策》载："于是，楚王游于云梦，结驷千乘，旌旗蔽日，野火之起也若云霓，兕虎嗥之声若雷霆。"

《吕氏春秋·仲冬纪·至忠》载："荆庄哀王猎于云梦，射随兕，中之。"

以上几条文献说明云梦里边不仅遍布着犀、兕、麋、鹿等，还有贵重名木长松、文梓、楩、楠、豫章等。

主要参考文献

一、古籍

（战国）韩非著，陈奇猷校注：《韩非子新校注》，上海古籍出版社 2000 年版。

（战国）吕不韦著，陈奇猷校释：《吕氏春秋新校释》，上海古籍出版社 2002 年版。

（汉）司马迁：《史记》，中华书局 1959 年版。

（汉）班固：《汉书》，中华书局 1962 年版。

（汉）刘向集录，（东汉）高诱注：《战国策》，上海古籍出版社 1978 年版。

（魏）王弼注，楼宇烈校释：《老子道德经注》，中华书局 2011 年版。

（晋）郭象注，（唐）成玄英疏：《庄子注疏》，中华书局 2018 年版。

（后晋）刘昫：《旧唐书》，中华书局 1975 年版。

（宋）李昉等编：《太平御览》，中华书局 1966 年版。

（宋）洪兴祖：《楚辞补注》，中华书局 1983 年版。

（清）阮元校刻：《十三经注疏》，中华书局 1980 年版。

（清）孙诒让撰，王文锦、陈玉霞点校：《周礼正义》，中华书局 1987 年版。

（清）胡培翚：《仪礼正义》，江苏古籍出版社 1993 年版。

（清）孙诒让：《墨子间诂》，中华书局 2001 年版。

（清）王先谦：《荀子集解》，中华书局 1988 年版。

《诸子集成》，上海书店 1991 年版。

王国维校：《水经注校》，上海人民出版社 1984 年版。

周振甫译注：《周易译注》，中华书局 1991 年版。

顾颉刚、刘起釪：《尚书校释译论》，中华书局 2005 年版。

黄怀信、张懋镕、田旭东：《逸周书汇校集注》，上海古籍出版社 1995 年版。

高亨注：《诗经今注》，上海古籍出版社 1982 年版。

杨伯峻编著：《春秋左传注》，中华书局 1981 年版。

《国语》，上海古籍出版社 1988 年版。

袁珂校注：《山海经校注》，巴蜀书社 1993 年版。

郭沫若、闻一多、许维遹：《管子集校》，科学出版社 1956 年版。

杨伯峻译注：《论语译注》，中华书局 1963 年版。

陈鼓应：《老子今注今译》，商务印书馆 2003 年版。

陈鼓应：《庄子今注今译》，中华书局 1983 年版。

杨伯峻译注：《孟子译注》，中华书局 1962 年版。

陈奇猷校释：《吕氏春秋校释》，学林出版社 1984 年版。

范祥雍编：《古本竹书纪年辑校订补》，新知识出版社 1956 年版。

方诗铭、王修龄：《古本竹书纪年辑证》，上海古籍出版社 1981 年版。

清华大学出土文献研究与保护中心编、李学勤主编：《清华大学藏战国竹简（壹）》，中西书局 2010 年版。

清华大学出土文献研究与保护中心编、李学勤主编：《清华大学藏战国竹简（贰）》，中西书局 2011 年版。

马承源主编：《上海博物馆藏战国楚竹书》（二），上海古籍出版社 2002 年版。

马承源主编：《上海博物馆藏战国楚竹书》（四），上海古籍出版社 2004 年版。

二、考古报告

中国科学院考古研究所、陕西省西安半坡博物馆编：《西安半坡——原始氏族公社聚落遗址》，文物出版社 1963 年版。

山东省文物管理处、济南市博物馆编：《大汶口：新石器时代墓葬发掘报告》，文物出版社 1974 年版。

中国社会科学院考古研究所编著：《殷墟妇好墓》，文物出版社 1980 年版。

山东省文物考古研究所等编：《曲阜鲁国故城》，齐鲁书社 1982 年版。

中国社会科学院考古研究所编著：《宝鸡北首岭》，文物出版社 1983 年版。

湖北省荆州地区博物馆：《江陵雨台山楚墓》，文物出版社 1984 年版。

周国兴、张兴永主编：《元谋人——云南元谋古人类古文化图文集》，云南人民出版社 1984 年版。

西安半坡博物馆等：《姜寨——新石器时代遗址发掘报告》，文物出版社 1988 年版。

中国社会科学院考古研究所编著：《胶县三里河》，文物出版社 1988 年版。

湖北省博物馆编：《曾侯乙墓》，文物出版社 1989 年版。

黄万波等：《巫山猿人遗址》，海洋出版社 1991 年版。

湖北省荆沙铁路考古队编：《包山楚墓》，文物出版社 1991 年版。

河南省文物研究所等编：《登封王城岗与阳城》，文物出版社 1992 年版。

中国社会科学院考古研究所编：《临潼白家村》，巴蜀书社 1994 年版。

湖北省文物考古研究所编著：《江陵九店东周墓》，文物出版社 1995 年版。

河北省文物研究所编：《燕下都》，文物出版社 1996 年版。

湖北省文物考古研究所：《江陵望山沙冢楚墓》，文物出版社 1996 年版。

山东省文物考古研究所等编：《枣庄建新——新石器时代遗址发掘报告》，科学出版社 1996 年版。

中国社会科学院考古研究所编著：《敖汉赵宝沟——新石器时代聚落》，中国大百科全书出版社 1997 年版。

北京大学考古学系等编著：《驻马店杨庄：中全新世淮河上游的文化遗存与环境信息》，科学出版社 1998 年版。

湖北省荆州博物馆等编著：《肖家屋脊：天门石家河考古发掘报告之一》，文物出版社 1998 年版。

四川省文物考古研究所编：《三星堆祭祀坑》，文物出版社 1999 年版。

河南省文物考古研究院编著：《舞阳贾湖》，科学出版社 1999 年版。

河南省文物考古研究所等：《三门峡虢国墓》，文物出版社 1999 年版。

黄石市博物馆：《铜绿山古矿冶遗址》，文物出版社 1999 年版。

龙虬庄遗址考古队编著：《龙虬庄：江淮东部新石器时代遗址发掘报告》，科学出版社 1999 年版。

英德市博物馆、中山大学人类学系、广东省文物考古研究所编：《英德史前考古报告》，广东人民出版社 1999 年版。

中国社会科学院考古研究所编著：《胶东半岛贝丘遗址环境考古》，社会科学文献出版社 1999 年版。

中国社会科学院考古研究所编著：《师赵村与西山坪》，中国大百科全书出版社 1999 年版。

山东省文物考古研究所编著：《山东省高速公路考古报告集（1997）》，科学出版社 2000 年版。

上海市文物管理委员会编著：《福泉山：新石器时代遗址发掘报告》，文物出版社 2000 年版。

西北大学文博学院考古专业编著：《扶风案板遗址发掘报告》，科学出版社 2000 年版。

中国社会科学院考古研究所编著：《山东王因：新石器时代遗址发掘报告》，科学出版社 2000 年版。

国家文物局三峡考古队编著：《朝天嘴与中堡岛》，文物出版社 2001 年版。

李天元主编：《郧县人》，湖北科学技术出版社 2001 年版。

内蒙古文物考古研究所等编著：《岱海考古（二）——中日岱海地区考察研究报告集》，科学出版社 2001 年版。

中国社会科学院考古研究所编著：《蒙城尉迟寺——皖北新石器时代聚落遗存的发掘与研究》，科学出版社 2001 年版。

洛阳市文物工作队编：《洛阳皂角树：1992—1993 年洛阳皂角树二里头文化聚落遗址发掘报告》，科学出版社 2002 年版。

上海市文物管理委员会编著：《马桥：1993—1997 年发掘报告》，上海书画出版社 2002 年版。

河南省文物考古研究所编著：《新蔡葛陵楚墓》，大象出版社 2003 年版。

湖北省文物考古研究所等编著：《邓家湾：天门石家河考古报告之二》，文物出版社 2003 年版。

内蒙古自治区文物考古研究所编：《庙子沟与大坝沟》，中国大百科全书出版社 2003 年版。

孟华平、周国平主编：《秭归庙坪》，科学出版社 2003 年版。

张万高主编：《秭归河光嘴》，科学出版社 2003 年版。

中国社会科学院考古研究所、广西壮族自治区文物工作队、桂林甑皮岩遗址博物馆、桂林市文物工作队编：《桂林甑皮岩》，文物出版社 2003 年版。

内蒙古自治区文物考古研究所编著：《白音长汗：新石器时代遗址发掘报告》，科学出版社 2004 年版。

陕西省考古研究所编著：《临潼零口村》，三秦出版社 2004 年版。

浙江省文物考古研究所等：《跨湖桥》，文物出版社 2004 年版。

中国社会科学院考古研究所编著：《滕州前掌大墓地》，文物出版社 2005 年版。

甘肃省文物考古研究所编著：《秦安大地湾：新石器时代遗址发掘报告》，文物出版社 2006 年版。

湖南省文物考古研究所编著：《彭头山与八十垱》，科学出版社 2006 年版。

国务院三峡工程建设委员会办公室、国家文物局编著：《巴东楠木园》，科学出版社 2006 年版。

北京市文物研究所等编：《昌平张营：燕山南麓地区早期青铜文化遗址发掘报告》，文物出版社 2007 年版。

北京大学考古文博学院、河南省文物考古研究所编著：《登封王城岗考古发现与研究（2002—2005）》，大象出版社 2007 年版。

湖南省文物考古研究所、国际日本文化研究中心：《澧县城头山——中日合作澧阳平原环境考古与有关综合研究》，文物出版社 2007 年版。

陕西省考古研究院、宝鸡市考古工作队编著：《宝鸡关桃园》，文物出版社 2007 年版。

中国社会科学院考古研究所编著：《南邠州·碾子坡》，世界图书出版公司 2007 年版。

安徽省文物考古研究所等编著：《蚌埠双墩:新石器时代遗址发掘报告》，科学出版社 2008 年版。

北京大学震旦古代文明研究中心、郑州市文物考古研究院编：《新密新砦：1999—2000 年田野考古发掘报告》，文物出版社 2008 年版。

河南省文物局、河南省文物考古研究所：《西南荒坡》，大象出版社 2008 年版。

内蒙古自治区文物考古研究所等编著：《西拉木伦河流域先秦时期遗址调

查与试掘》，科学出版社 2010 年版。

山东省文物考古研究所编：《海岱考古》（第三辑），科学出版社 2010 年版。

陕西省考古研究院、西北大学文化遗产与考古学研究中心编著：《高陵东营：新石器时代遗址发掘报告》，科学出版社 2010 年版。

中国社会科学院考古研究所编著：《黄梅塞墩》，文物出版社 2010 年版。

吉林省文物考古研究所等编著：《后太平：东辽河下游右岸以青铜时代遗存为主的调查与发掘》，文物出版社 2011 年版。

陕西省考古研究院、商洛市博物馆编著：《商洛东龙山》，科学出版社 2011 年版。

辽宁省文物考古研究所编著：《牛河梁：红山文化遗址发掘报告（1983—2003 年度）（中）》，文物出版社 2012 年版。

中国社会科学院考古研究所等编著：《蚌埠禹会村》，科学出版社 2013 年版。

韩国河、张继华主编：《登封南洼：2004～2006 年田野考古报告》，科学出版社 2014 年版。

三、今人著作

胡厚宣：《殷墟发掘》，学习生活出版社 1955 年版。

夏纬英校释：《管子地员篇校释》，中华书局 1958 年版。

水利电力部黄河水利委员会编：《人民黄河》，水利电力出版社 1959 年版。

王玉哲编著：《中国上古史纲》，上海人民出版社 1959 年版。

中国科学院考古研究所编：《新中国的考古收获》，文物出版社 1961 年版。

郭沫若主编：《中国史稿（初稿）》（第 1 册），人民出版社 1976 年版。

任美锷、杨纫章、包浩生编著：《中国自然地理纲要》，商务印书馆 1979 年版。

史念海：《河山集》（第二集），三联书店 1981 年版。

胡厚宣等：《甲骨探史录》，三联书店 1982 年版。

中国科学院《中国自然地理》编辑委员会：《中国自然地理：历史自然地理》，科学出版社 1982 年版。

李璠编著：《中国栽培植物发展史》，科学出版社 1984 年版。

中国社会科学院考古研究所编著：《新中国的考古发现和研究》，文物出版社 1984 年版。

何越教、朱履熹编著：《中国的矿产资源》，上海教育出版社 1987 年版。

张亚初、刘雨：《西周金文官制研究》，中华书局 1986 年版。

谭其骧：《长水集》（下），人民出版社 1987 年版。

国家文物局考古领队培训班：《兖州西吴寺》，文物出版社 1990 年版。

张光直、李光谟编：《李济考古学论文选集》，文物出版社 1990 年版。

闫国年：《长江中游湖盆三角洲的形成与演变及地貌的再现与模拟》，测绘出版社 1991 年版。

孙建中、赵景波等：《黄土高原第四纪》，科学出版社 1991 年版。

张家诚主编：《中国气候总论》，气象出版社 1991 年版。

周昆叔主编：《环境考古研究》（第一辑），科学出版社 1991 年版。

周昆叔：《铸鼎原觅古：中原要冲荆山黄帝铸鼎原考察纪要》，科学出版社 1999 年版。

周昆叔、宋豫秦主编：《环境考古研究》（第二辑），科学出版社 2000 年版。

周昆叔等主编：《环境考古研究》（第三辑），北京大学出版社 2006 年版。

周昆叔：《环境考古》，文物出版社 2007 年版。

施雅风主编、孔昭宸副主编：《中国全新世大暖期气候与环境》，海洋出版社 1992 年版。

张绪球：《长江中游新石器时代文化概论》，湖北科学技术出版社 1992 年版。

赵济等：《胶东半岛沿海全新世环境演变》，海洋出版社 1992 年版。

吉林大学考古学系编：《青果集：吉林大学考古专业成立二十周年考古论文集》，知识出版社 1993 年版。

向绪成编著：《中国新石器时代考古》，武汉大学出版社 1993 年版。

中国植物学会编：《中国植物学史》，科学出版社 1994 年版。

侯外庐等：《中国思想通史》（第一卷），人民出版社 1995 年版。

高至喜：《楚文化的南渐》，湖北教育出版社 1996 年版。

刘玉堂：《楚国经济史》，湖北教育出版社 1996 年版。

石泉、蔡述明：《古云梦泽研究》，湖北教育出版社 1996 年版。

文焕然、文榕生：《中国历史时期冬半年气候冷暖变迁》，科学出版社 1996 年版。

施雅风等主编：《青藏高原晚新生代隆升与环境变化》，广东科技出版社 1998 年版。

杨伯达：《古玉史论》，紫禁城出版社 1998 年版。

张树明主编：《天津土地开发历史图说》，天津人民出版社 1998 年版。

郭郛、（英）李约瑟、成庆泰：《中国古代动物学史》，科学出版社 1999 年版。

苏秉琦：《中国文明起源新探》，三联书店 1999 年版。

王玉德、张全明等：《中华五千年生态文化》，华中师范大学出版社 1999 年版。

张光直：《中国青铜时代》，三联书店 1999 年版。

黄春长：《环境变迁》，科学出版社 2000 年版。

谭其骧：《长水粹编》，河北教育出版社 2000 年版。

严文明：《农业发生与文明起源》，科学出版社 2000 年版。

顾德融、朱顺龙：《春秋史》，上海人民出版社 2001 年版。

钱耀鹏：《中国史前城址与文明起源研究》，西北大学出版社 2001 年版。

中国社会科学院考古研究所编著：《殷墟的发现与研究》，科学出版社 2001 年版。

邹衡：《夏商周考古学论文集》，科学出版社 2001 年版。

宋豫秦等：《中国文明起源的人地关系简论》，科学出版社 2002 年版。

中国社会科学院考古研究所编著：《中国考古学：夏商卷》，中国社会科学出版社 2003 年版。

梅雪芹：《环境史学与环境问题》，人民出版社 2004 年版。

蒙培元：《人与自然——中国哲学生态观》，人民出版社 2004 年版。

汤卓炜编著：《环境考古学》，科学出版社 2004 年版。

温克刚主编：《中国气象史》，气象出版社 2004 年版。

中国社会科学院考古研究所编著：《中国考古学：两周卷》，中国社会科学出版社 2004 年版。

王幼平：《中国远古人类文化的源流》，科学出版社 2005 年版。

莫多闻等主编：《环境考古研究》（第四辑），北京大学出版社 2007 年版。

莫多闻等主编：《环境考古研究》（第五辑），科学出版社 2016 年版。

梁方仲编著：《中国历代户口、田地、田赋统计》，中华书局 2008 年版。

栾秉璈编著：《古玉鉴别》，文物出版社 2008 年版。

［美］J. 唐纳德·休斯著，梅雪芹译：《什么是环境史》，北京大学出版社 2008 年版。

满志敏：《中国历史时期气候变化研究》，山东教育出版社 2009 年版。

杨升南、马季凡：《商代经济与科技》，中国社会科学出版社 2010 年版。

中国社会科学院考古研究所编著：《中国考古学：新石器时代卷》，中国社会科学出版社 2010 年版。

梅雪芹：《环境史研究叙论》，中国环境科学出版社 2011 年版。

夏正楷编著：《环境考古学——理论与实践》，北京大学出版社 2012 年版。

袁靖：《中国动物考古学》，文物出版社 2015 年版。

四、论文

李文漪等：《根据花粉分析试论湖南省北部全新世的古地理》，《中国第四纪研究》1962 年第 1 期。

刘金陵、李文漪、孙孟蓉、刘牧灵：《燕山南麓泥炭的孢粉组合》，《中国第四纪研究》1965 年第 1 期。

周昆叔：《对北京市附近两个埋藏泥炭沼的调查及其孢粉分析》，《第四纪研究》1965 年第 1 期。

周昆叔等：《察右中旗大义发泉村细石器文化遗址花粉分析》，《考古》1975 年第 1 期。

周昆叔：《上宅新石器文化遗址环境考古》，《中原文物》2007 年第 2 期。

贾兰坡等：《山西峙峪旧石器时代遗址发掘报告》，《考古学报》1972 年第 1 期。

计宏祥：《从动物化石看古气候》，《化石》1974 年第 2 期。

竺可桢：《中国近五千年来气候变迁的初步研究》，《考古学报》1972 年第 1 期。

华北地质研究所：《黑龙江呼玛兴隆第四纪晚期孢粉组合及其意义》，《华北地质科技情报》1974 年第 4 期。

王开发:《南昌西山洗药湖泥炭的孢粉分析》,《植物学报》1974 年第 1 期。

王开发等:《根据孢粉分析推断上海地区近六千年以来的气候变迁》,《大气科学》1978 年第 2 期。

王开发等:《太湖地区第四纪沉积的孢粉组合及其古植被与古气候》,《地理科学》1983 年第 1 期。

王开发、蒋新禾:《浙江罗家角遗址的孢粉研究》,《考古》1985 年第 12 期。

贾兰坡、张振标:《河南淅川县下王岗遗址中的动物群》,《文物》1977 年第 6 期。

贾兰坡:《北京人时代周口店附近一带的气候》,《地层学杂志》1978 年第 1 期。

孔昭宸、杜乃秋:《内蒙古自治区几个考古地点的孢粉分析在古植被和古气候上的意义》,《植物生态学与地植物学丛刊》1981 年第 3 期。

孔昭宸、杜乃秋:《山西襄汾陶寺遗址孢粉分析》,《考古》1992 年第 2 期。

汪佩芳等:《西藏南部全新世泥炭孢粉组合及自然环境演化的探讨》,《地理科学》1981 年第 2 期。

于海广:《山东泗水尹家城遗址第三次发掘简介》,《文史哲》1982 年第 2 期。

谢又予:《三江平原雁窝岛地区沼泽的成因问题》,《地理研究》1982 年第 2 期。

董光荣等:《由萨拉乌苏河地层看晚更新世以来毛乌素沙漠的变迁》,《中国沙漠》1983 年第 2 期。

杜乃秋、孔昭宸:《青海柴达木盆地察尔汗盐湖的孢粉组合及其在地理和植物学的意义》,《植物学报》1983 年第 3 期。

王永吉、李善为:《青岛胶州湾地区20000 年以来的古植被与古气候》,《植物学报》1983 年第 4 期。

吴维棠:《从新石器时代文化遗址看杭州湾两岸的全新世古地理》,《地理学报》1983 年第 2 期。

徐叔鹰等:《青海湖东岸的风沙堆积》,《中国沙漠》1983 年第 3 期。

刘和林、王德根:《冕宁"古森林"的研究》,《林业科学》1984 年第 4 期。

唐少卿等:《历史时期甘肃黄土高原自然条件变化的若干问题》,《兰州大学学报》(社科版)1984 年第 1 期。

中国社会科学院考古研究所山东队、山东省滕县博物馆:《山东滕县北辛遗址发掘报告》,《考古学报》1984 年第 2 期。

李文漪等:《河北东部全新世温暖期植被与环境》,《植物学报》1985 年第 6 期。

严富华、麦学舜、叶永英:《据花粉分析试论郑州大河村遗址的地质时代和形成环境》,《地震地质》1986 年第 1 期。

陈吉阳:《中国西部山区全新世冰碛地层的划分及地层年表》,《冰川冻土》1987 年第 4 期。

王淑英、王雨灼:《吉林省乾安县大布苏泡子晚全新世孢粉组合特征及其意义》,《植物学报》1987 年第 6 期。

降廷梅等:《河北省阳原县全新世孢粉及环境分析》,《北京师范大学学报》1988 年第 1 期。

汪世兰等:《马啣山地区全新世孢粉组合特征及古植被的演变规律》,《兰州大学学报》(自然科学版) 1988 年第 2 期。

许清海:《白洋淀地区全新世时期的孢粉组合和植被演替的初步认识》,《植物生态学与地植物学学报》1988 年第 2 期。

北京市文物研究所等:《北京平谷上宅新石器时代遗址发掘简报》,《文物》1989 年第 8 期。

陈佩英:《贵州省梵净山九龙池剖面全新世孢粉组合与古环境》,《贵州地质》1989 年第 2 期。

李元芳等:《海河河口地区全新世环境及其地层》,《地理学报》1989 年第 3 期。

韩淑媞、袁玉江:《新疆巴里坤湖 35000 年来古气候变化序列》,《地理学报》1990 年第 3 期。

湖南省文物考古研究所孢粉实验室:《湖南澧县彭头山遗址孢粉分析与古环境探讨》,《文物》1990 年第 8 期。

李吉均:《中国西北地区晚更新世以来环境变迁模式》,《第四纪研究》1990 年第 3 期。

苏州博物馆、吴江县文物管理委员会:《江苏吴江龙南新石器时代村落遗址第一、二次发掘简报》,《文物》1990 年第 7 期。

郑卓:《潮汕平原全新世孢粉分析及古环境探讨》,《热带海洋》1990 年第 2 期。

　　中国社会科学院考古研究所山东工作队：《山东临朐朱封龙山文化墓葬》，《考古》1990 年第 7 期。

　　李平日、方国祥、黄光庆：《珠江三角洲全新世环境演变》，《第四纪研究》1991 年第 2 期。

　　安徽省文物考古研究所：《安徽省濉溪县石山子遗址动物骨骼鉴定与研究》，《考古》1992 年第 3 期。

　　韩淑媞、瞿章：《北疆巴里坤湖内陆型全新世气候特征》，《中国科学》B 辑 1992 年。

　　王绍鸿、吴学忠：《福建沿海全新世高温期的气候与海面变化》，《台湾海峡》1992 年第 4 期。

　　曹家欣、刘耕年、石宁等：《山东庙岛群岛全新世黄土》，《第四纪研究》1993 年第 1 期。

　　李非等：《葫芦河流域的古文化与古环境》，《考古》1993 年第 9 期。

　　吴敬禄：《新疆艾比湖全新世沉积特征及古环境演化》，《地理科学》1995 年第 1 期。

　　羊向东、王苏民、薛滨、童国榜：《晚更新世以来呼伦湖地区孢粉植物群发展与环境变迁》，《古生物学报》1995 年第 5 期。

　　张玉芳、张俊牌、徐建明、林防：《黄河源区全新世以来的古气候演化》，《地球科学》1995 年第 4 期。

　　何德亮：《山东史前时期自然环境的考古学观察》，《华夏考古》1996 年第 3 期。

　　莫多闻等：《甘肃葫芦河流域中全新世环境演化及其对人类活动的影响》，《地理学报》1996 年第 1 期。

　　许雪珉等：《11000 年以来太湖地区的植被与气候变化》，《古生物学报》1996 年第 2 期。

　　彭金兰：《西藏佩枯错距今 13000—4500 年间的介形类及环境变迁》，《微体古生物学报》1997 年第 3 期。

　　宋长青、宋湘君：《内蒙古土默特平原北部全新世古环境变迁》，《地理学报》1997 年第 5 期。

　　冯起、王建民：《塔克拉玛干沙漠北部全新世环境演变（II）》，《沉积学报》1998 年第 2 期。

羊向东、朱育新、蒋雪中、吴艳宏、王苏民：《沔阳地区一万多年来孢粉记录的环境演变》，《湖泊科学》1998 年第 2 期。

张振克、吴瑞金、王苏民、夏威岚、吴艳宏：《近 8kaBP 来云南洱海地区气候演化的有机碳稳定同位素记录》，《海洋地质与第四纪地质》1998 年第 3 期。

苏志珠、董光荣、李小强、陈慧忠：《晚冰期以来毛乌素沙漠环境特征的湖沼相沉积记录》，《中国沙漠》1999 年第 2 期。

张玉兰、余素华：《深圳地区晚第四纪孢粉组合及古环境演变》，《海洋地质与第四纪地质》1999 年第 2 期。

包茂宏：《环境史：历史、理论和方法》，《史学理论研究》2000 年第 4 期。

童国榜、吴瑞金、吴艳宏、石英、刘志明、李月丛：《四川冕宁地区一万年来的植被与环境演变》，《微体古生物学报》2000 年第 4 期。

吴新智：《巫山龙骨坡似人下颌属于猿类》，《人类学学报》2000 年第 1 期。

吴新智：《古人类学研究进展》，《世界科技研究与发展》2000 年第 5 期。

黄萍、庞奖励、黄春长：《渭北黄土台塬全新世地层高分辨率研究》，《地层学杂志》2001 年第 2 期。

景民昌、孙镇城、杨革联、李东明、孙乃达：《柴达木盆地达布逊湖地区 3 万年来气候演化的微古生物记录》，《海洋地质与第四纪地质》2001 年第 2 期。

刘会平、唐晓春、孙东怀、王开发：《神农架大九湖 12.5kaBP 以来的孢粉与植被序列》，《微体古生物学报》2001 年第 1 期。

庞奖励、黄春长、张占平：《陕西五里铺黄土微量元素组成与全新世气候不稳定性研究》，《中国沙漠》2001 年第 2 期。

王金权、刘金陵：《长白山区全新世大暖期的氨基酸和碳同位素记录》，《微体古生物学报》2001 年第 4 期。

朱艳等：《石羊河流域早全新世湖泊孢粉记录及其环境意义》，《科学通报》2001 年第 19 期。

胡金明、崔海亭、李宜垠：《西辽河流域全新世以来人地系统演变历史的重建》，《地理科学》2002 年第 5 期。

王红亚、石元春、于澎涛、汪美华、郝晋民、李亮：《河北平原南部曲周地区早、中全新世冲积物的分析及古环境状况的推测》，《第四纪研究》2002 年第 4 期。

魏乐军、郑绵平、蔡克勤、葛文胜：《西藏洞错全新世早中期盐湖沉积的古气候记录》，《地学前缘》2002 年第 1 期。

安成邦、冯兆东、唐领余：《黄土高原西部全新世中期湿润气候的证据》，《科学通报》2003 年第 21 期。

侯虹：《渝东地区古代地质环境与盐矿资源的开发利用》，《盐业史研究》2003 年第 1 期。

许清海、肖举乐、中村俊夫、阳小兰、杨振京、梁文栋、井内美郎、杨素叶：《孢粉资料定量重建全新世以来岱海盆地的古气候》，《海洋地质与第四纪地质》2003 年第 4 期。

杨永兴：《小兴安岭东部全新世森林沼泽形成、发育与古环境演变》，《海洋与湖沼》2003 年第 1 期。

郑卓、王建华、王斌、刘春莲、邹和平、张华、邓韫、白雁：《海南岛双池玛珥湖全新世高分辨率环境记录》，《科学通报》2003 年第 3 期。

景爱：《环境史：定义、内容与方法》，《史学月刊》2004 年第 3 期。

靳桂云：《燕山南北长城地带中全新世气候环境的演化及影响》，《考古学报》2004 年第 4 期。

山东大学东方考古研究中心等：《山东寿光市大荒北央西周遗址的发掘》，《考古》2005 年第 12 期。

陈全家：《郑州西山遗址出土动物遗存研究》，《考古学报》2006 年第 3 期。

齐乌云：《山东沭河上游史前自然环境变化对文化演进的影响》，《考古》2006 年第 12 期。

王青、朱继平：《山东北部商周盔形器的用途与产地再论》，《考古》2006 年第 4 期。

朱士光：《关于中国环境史研究几个问题之管见》，《山西大学学报》（哲学社会科学版）2006 年第 3 期。

马萧林：《河南灵宝西坡遗址动物群及相关问题》，《中原文物》2007 年第 4 期。

姚政权、吴妍、王昌燧、赵春青：《河南新密市新砦遗址的植硅石分析》，《考古》2007 年第 3 期。

王建华等：《珠江三角洲 GZ-2 孔全新统孢粉特征及古环境意义》，《古地理学报》2009 年第 6 期。

山东大学考古系等：《山东东营市南河崖西周煮盐遗址》，《考古》2010年第 3 期。

山东省文物考古研究所等：《山东寿光市双王城盐业遗址2008 年的发掘》，《考古》2010 年第3 期。

山西省考古研究所等：《山西芮城清凉寺史前墓地》，《考古学报》2011年第 4 期。

甘肃省文物考古研究所：《甘肃肃北马鬃山玉矿遗址 2011 年发掘简报》，《文物》2012 年第 8 期。